해안위험관리

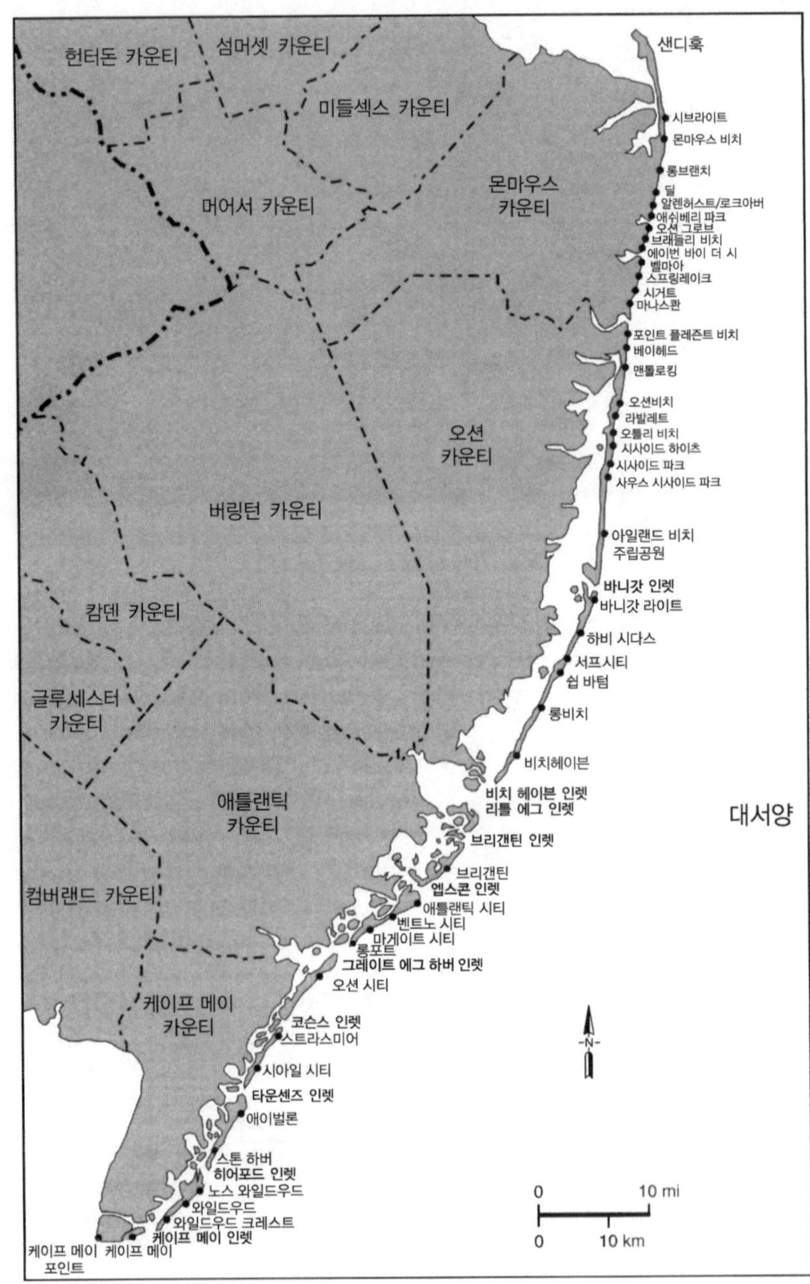

헌터돈 카운티
섬머셋 카운티
미들섹스 카운티
머어서 카운티
몬마우스 카운티
버링턴 카운티
오션 카운티
캄덴 카운티
글루세스터 카운티
애틀랜틱 카운티
컴버랜드 카운티
케이프 메이 카운티
샌디훅
시브라이트
몬마우스 비치
롱브랜치
딜
알렌허스트/로크아버
애쉬베리 파크
오션 그로브
브래들리 비치
에이번 바이 더 시
벨마아
스프링레이크
시거트
마나스콴
포인트 플레즌트 비치
베이헤드
맨톨로킹
오션비치
라발레트
오틀리 비치
시사이드 하이츠
시사이드 파크
사우스 시사이드 파크
아일랜드 비치 주립공원
바니갓 인렛
바니갓 라이트
하비 시다스
서프시티
쉽 바텀
롱비치
비치헤이븐
비치 헤이븐 인렛
리틀 에그 인렛
대서양
브리갠틴 인렛
브리갠틴
엡스콘 인렛
애틀랜틱 시티
벤트노 시티
마게이트 시티
롱포트
그레이트 에그 하버 인렛
오션 시티
코슨스 인렛
스트라스미어
시아일 시티
타운센즈 인렛
애이벌론
스톤 하버
히어포드 인렛
노스 와일드우드
와일드우드
와일드우드 크레스트
케이프 메이 인렛
케이프 메이 포인트
케이프 메이
N
0
10 mi
0
10 km

미국 뉴저지 주 해안지역

Coastal Hazard Management

Lessons and Future Directions from New Jersey

해안위험관리

미국 뉴저지 주 해안의 지역지리학에서 찾는 교훈

노버트 P. 슈티 · 더글러스 D. 오피아라 지음

유근배 옮김

한울

아카데미

COASTAL HAZARD MANAGEMENT
Lessons and Future Directions form New Jersey
by Norbert P. Psuty, Douglas D. Ofiara

역자 서문

1970년대 말 지도교수이셨던 고 박동원 교수님을 따라 서해안의 이곳저곳을 기웃거리면서 소중한 체험을 할 기회가 있었다. 서해안의 대부분 지역이 교통 오지였고, 해안선 곳곳에 철조망과 해안초소가 설치되어 있어 개발은 물론 접근조차 어려웠다. 지금은 거대한 공장이 들어서 있는 충남 독곶리를 비롯해서 신두리 일대에는 거의 자연상태의 해안사구가 펼쳐져 있었다. 대규모 간척사업도 진행되고 있었지만 천연상태의 간석지를 곳곳에서 관찰할 수 있었다. 바르하노이드 옆의 빈가에서 삼자고 사구를 파서 만든 우물의 물을 마시고 그 물로 세수도 했다. 겨울에도 선생님께서는 이른 아침 냉수마찰을 하셨다. 인간과 자연의 상생이 연출되어온 현장이었다.

유럽의 해안은 인간과 바다가 사투를 벌여온 현장이라는 느낌을 지울 수 없다. 미국의 해안은 다양한 지형과 함께 다양한 인간과 자연의 상호작용(문화지형학)을 보여주고 있다. 뉴저지 해안의 몇몇 자치읍에서는 해안제방과 목도로 철저히 인공화된 해안을 만날 수 있다. 이 때문에 해안의 인공화를 Newjerseyzation라고 부르기도 한다. 조지아의 해안에서는 과거 2백년 이상 인간의 간섭을 받지 않은 채 자연작용이 지배하고 있는 해안지형을 관찰할 수 있었다. 그런가 하면 노스캐롤라이나 해안에서는 해안제방을 금지하고 자연작용이 해안을 지배하도록 입법화를 추진한 노력의 결과로 복구된 해안을 만날 수 있다.

해안지형은 다양한 요소로 구성되어 있는 매우 섬세한 환경이다. 자연조건이 동일하더라도 문화현상, 즉 인간의 토지이용에 따라 해안현상은 크게 다르게 나타난다. 해안지형은 지구환경 변화, 예컨대 온난화와 해수면 상승,

또는 생물상의 변화를 민감하게 반영한다. 해양생태계와 육상생태계의 특성을 모두 갖추고 있다. 이 때문에 해안지형은 파랑의 특성 몇 가지 측면, 또는 퇴적물(표사)의 통계적 특성 몇 가지로 대표될 수 없다. 몇몇 통계적 특성을 바탕으로 모의실험하고 호안구조물을 설계하는 행위가 해안에 어떤 결과를 초래했는가는 세계의 해안 곳곳에서 찾을 수 있다. 더욱이 세월이 갈수록, 소득이 높아질수록, 인간의 해안이용 욕구는 더욱 높아져 왔다. 이 때문에 해안관리정책에는 세심한 배려가 필요하다.

지난 20여 년간 우리나라 해안에서는 유럽의 수백 년간 호안의 역사가 집약적으로 연출되었다. 천연의 간석지와 해안사구가 간척되고 관광지가 되면서 수많은 일화를 만들었다. 1821년 보스턴의 백베이에서 일어났던 소금먼지 소동이 시화지구를 비롯한 몇몇 간척지에서 발생했고, 해안제방으로 직선화된 해운대와 국립공원 안면도 백사장해수욕장에서는 사빈이 심각하게 침식되었다. 1990년대 초 간척사업의 문제가 나타난 후, 습지전문가가 폭증했던 것처럼, 안면도의 해안사구 훼손이 사회적 문제로 거론된 이후 갑자기 소위 나도 사구전문가들이 곳곳에서 나타났다. 인터넷에 떠도는 미시간의 호안사구(湖岸砂丘) 홍보자료가 해안사구지대 개발사업의 환경영향평가서에 개발논거로 인용되기도 하는 등 다양한 단편지식이 난무했다. 우이도의 사구는 깨어져서 보전 가치가 없다는 어떤 학자의 논평은 말문을 닫히게 했다. 해안의 역동성을 몰이해한 소이다.

이런저런 이유로 현실의 해안문제를 외면해왔다. 그러나 해안에 관한 균형 잡힌 시각을 소개해야 한다는 강박관념이 떠나지 않았다. 자료를 정리하던 즈음에 프렌치 교수의 『해안보호(Costal Defences)』를 접했다. 그리고 오랜 친구인 럿거스 대학 지리학과(해안해양연구소) 노버트 슈티 교수가 자신의 연구와 지역연구를 집약한 『해안위험관리(Coastal Hazard Management)』를 보내주었다. 프렌치 교수의 책은 이론과 실제에 관한 일반론이다. 슈티 교수의 저작은 이론과 실제를 지역현장에서 규명한 지역지리학적 해안지형학으로 그 속에는 해안을 치열하게 살아가는 전문가와 지역주민, 지방정부의 거버넌스(governance) 즉, 참여민주주의가 담겨 있다. 두 권 모두 꿈속에서도 기획하던 내용이었고, 특히 슈티 교수의 책은 우리 사회에서 십여 년 후에나 가능한 일이기 때문에 나의 책을 일단 미루고 이들의 책을 소개하기로 했다. 어언 사오 년 전의 일이다. 게으름으로 차일피일하다가 안식년을 얻어 꼭 이십 년 전 학창시절을 마무리했던 조지아 대학에서 두 책의 번역을 마쳤다.

이 책은 해안관리에 관한 폭넓은 시각을 제시하고 있다. 호안의 한두 분야 기술에 깊이 몰입해온 분들이나 해안을 공부하기 시작한 학생들에게 적합한 책이라고 판단된다. 역자의 능력이 부족해서 원저의 몇몇 부분은 심히 난해했다. 해안은 지리학, 지질학, 해양학, 해안공학 등 다양한 분야에서 공부하기 때문에 다루는 현상도 분야마다 관점의 차이가 있다. 하나의 현상에도 여러 용어가 사용되고 있고, 같은 용어도 분야에 따라 적용되는 공간범위가 다르기 때문에 역자의 주관을 배제하기 어려웠다. 예컨대, 해양공학에서 사용하는 연안표사는 연안퇴적물로, 소단(berm)을 범으로 정리하였다. 내용과 지리적 범위가 폭넓고, 원저자와 역자의 언어감각이 다르기 때문에 오역도 있을 것이다. 오역은 발견될 때마다 고칠 것이나, 강호제현의 질정을 고대하는 바이다.

교정과 타이핑으로 도움을 준 윤아영 양, 신영호 군, 류호상 군, 김성환 박사에게 고마움을 표한다. 이문이 박해 보이는 이 책의 출간을 선뜻 응해주셨을 뿐만 아니라 원고 도착을 오래 참아주신 도서출판 한울의 관계자 여러분께 심심한 감사를 전한다.

2007년 가을

미국 조지아 대학의 작은 연구실에서

유근배 식

한국어판 서문

한국의 독자들과 해안위험관리에 관한 나의 생각과 이해를 나누게 된 것을 매우 기쁘게 생각한다. 이 책에서 거론하는 사례 대부분이 내가 살고 있는 뉴저지 주에서 일어난 것이지만 해안위험관리의 문제와 개념, 접근방법 등은 다른 해안지역사회에서도 적용될 수 있을 것이다. 다른 사람들의 경험을 검토하고 적용함으로써 지식을 발전시킬 수 있고 해안자원을 더 효율적으로 관리할 수 있을 것이다. 독자들도 이 책을 통하여 경험에 동참하는 셈이다.

이 책을 한국에 소개할 수 있도록 배려하고 번역에 힘을 써준 서울대학교 유근배 교수에게 심심한 사의를 표한다.

노버트 P. 슈티

서문

1996년 여름, 럿거스 대학 해양해안과학연구소는 중요한 사업을 완결했다. 그것은 뉴저지 주의 해안운영과 해안관리에 적용할 수 있는 기초 자료와 정보를 평가하고 갱신하는 프로젝트였다(Psuty et al., 1996). 이 사업은 방대한 양의 수집 자료를 종합하는 것으로 해안과학, 해안공학, 경제학, 공공정책 등의 분야에 걸친 내용이 총망라되어 있다. 이 책은 이 프로젝트의 결과물인 방대한 자료와 정보를 과학자나 정치인, 그리고 일반대중을 포함한 이해집단의 구성원들이 쉽게 접할 수 있도록 구성하고 다듬은 것이다.

해안관리에서 의사결정과정을 발전시킨 견인차는 과학적 정보의 구축이었다. 자원보호와 유한자원의 할당이란 주제는 경제학자, 해안학자, 그리고 공무원들에게 난해하지만 해볼 만한 다차원적 문제로 부각되고 있다. 해안의 극심한 동적과정은 예측하기 어렵고, 해안보호를 위한 노력을 무산시키기 일쑤이다. 이와 같은 일을 당할 때마다 협소한 해안지대에서 상충하는 자연과정과 문화과정의 역동적 현상에 대한 이해가 촉구되며, 한편으로는 자원의 보호와 개선, 그리고 다른 한편으로는 집행 중인 계획사업에 한계를 설정해야 한다는 요구가 나타난다. 해안관리의 핵심에는 일반대중의 참여, 지역사회계획, 수용인구의 한계, 지구계획, 경제발전과 성장, 해안작용과정, 위험저감 등의 문제가 자리하고 있다.

이 책에서 논의될 주제에는 해안작용, 해안안정화, 이와 관련된 경제이론, 그리고 재해관리에 관한 새로운 정보가 망라되어 있다. 이러한 정보로부터 해안관리가 직면한 문제를 다루는 데 필요한 기본원리를 추출할 수 있을 것이다. 이 책은 해안안정화에 관련된 학자나, 개인, 정책입안자뿐만 아니라 뉴저지 또는 이와 유사한 해안환경에 관심을 갖고 있는 사람들을 염두에 두고 집필되었다. 즉, 관심이 있는 시민들에게는 해안관리에 대한 깊이 있는 이해를 돕고, 실무자들에게는 해안평가와 재해관리에 적용할 수 있는 해안작용, 해안지형, 해안안정화(고정화), 해수면 상승, 경제원리 등의 지식에 대한 심층적 이해를 돕기 위한 책이다. 현장, 지역, 주, 그리고 국가 차원에서 해안관리의 쟁점과 정책을 살펴보았다.

이 책의 주요 특징을 살펴보면 다음과 같다.

- 공공정책 입안을 좀 더 전체적 관점(holistic treatment)에서 다룰 수 있도록 해안관리문제를 해안과학, 공학, 경제학, 공공정책학 등과 연결하여 체계적으로 접근했다.
- 해안관리기법의 현장적용 예를 살펴보고, 해안작용과 해안관리의 기본 원리를 뉴저지 주의 사례와 연결시킴으로써 해안관리와 공공정책의 개선방안을 검토했다.
- 해수면 상승, 해안작용의 역동성 변화, 해안자원의 인위적 변형 등 장차 해안관리가 봉착하게 될 새로운 문제에 초점을 맞추기 위해 해안과학의 기초이론을 부각시켰다. 일관성이 있는 공공정책을 입안하기 위해서는 장기 계획에 단기적 위기관리 기법이 융합되어야 한다. 이렇게 함으로써 연구와 정책수단을 통해 동적 시스템 내에서 해안관리를 다룰 수 있게 된다.
- 해안환경관리와 해안지역사회의 재난위험 저감에 관련된 새로운 정보를 다룸으로써, 현재의 사고방식에 변화를 주고 해안주민과 해안관리당국에게 역동적인 해안문제를 다양한 시각에서 바라보도록 유도했다.
- 다양한 분야의 전문가, 정책입안자, 그리고 일반대중(공중) 사이의 대화를 촉발시키기 위해 가능한 한 넓은 독자층을 겨냥해서 집필했다. 해안학자, 경제학자, 실무자, 그리고 대중 사이의 지식과 의견 교환의 간극을

메워서 해안관리 분야의 협동연구를 조장시켜야 할 필요가 있다.

사의(謝意)

이 책의 집필과정에서 많은 사람들이 도움을 주었다. 자료와 정보수집의 첫 단계부터 뉴저지 주의 환경부(New Jersey Department of Environmental Protection, NJDEP)가 해안관리에 관련된 최신 자료를 지원해주었다. 특히, 환경부의 스티븐 위트니 씨는 전폭적인 지원을 아끼지 않았다. 마크 모릴로 씨는 지식뿐만 아니라 자료원에 대한 안내도 해주었다.

2년간의 자료 조사기간 동안에 가졌던 공중회합, 발표내용 등이 *Coastal Hazard Management*(1996)에 수록되었고, 이 기간 동안 함께 했던 동역자들은 여러 가지 부분들을 모아 하나의 사업으로 엮어나가기 위해 참으로 많은 애를 썼다. 수세인 파타, 마이클 드루카, 자니스 맥도널, 에리카 로어, 마이클 그레이스, 댄 콜린스, 헬렌 마티오니, 마이크 파둘라, 마이클 시겔, 석남수, 마래앤 새피, 조지 클라인, 제이슨 차이, 그리그 마티넬리 등 많은 분들의 협조와 노력에 감사한다.

차례

▌표 차례

❙ 그림 차례

제1장

역동적인 해안체계: 뉴저지의 사례

주요 목표는 진정한 의미에서 장기적 환경영향 저감과 손실저감이며, 미래세대가 불필요한 재난을 당하지 않도록 하는 일이다.

– D. S. Mileti, *Disasters by Design*(1999)

뉴저지 주의 해안당국이나 시민들은 뉴저지 해안의 특성과 질에 대해 크게 우려하고 있다. 해안지대 대부분이 개발되었고 공원이나 야생 조수보호구를 제외하고는 주택지나 상업용지로 분류되어 있다. 공한지는 거의 없고 해안지대는 여가선용을 위해 이곳을 찾는 관광객과 방문객으로 몸살을 앓고 있다. 몇몇 해변에서는 여름 임시거주 인구가 겨울철 상주인구의 다섯 배 내지 열 배에 달하는 곳도 있다. 관광철의 높은 인구밀도와 해안이용이 해안지역의 경제에 도움을 주지만, 지역에 따라 환경훼손과 삶의 질을 떨어뜨리는 원인이 되고 있다. 해안이 지나치게 개발(과개발)되었고, 이전에 풍성했던 자연환경과 자연의 질을 보여주는 얼마 남지 않은 흔적마저도 관광객들이 고갈시키고 있다고 많은 사람들이 생각하게 되었다. 해안선 도처에서 발견되는 돌제, 도류제, 사석 호안시설과 수직제방은 해안과정의 인위적 간섭을 나타내고 있다. 수질오염, 해빈으로 밀려든 해양쓰레기, 유류유출 등으로 해수욕장이 폐쇄되는 일도 산발적으로 일어나고 있다. 특히, 1987년과 1988년 해수욕장 폐쇄는 톱뉴스를 장식했는데 해수욕객의 급격한 감소는 경제적 손실로 이어졌다(Ofiara and Brown, 1999).

1922년 뉴저지 주정부는 상업 및 항해국 소속의 해안침식기술자문위원회를 구성했는데, 이는 주정부 단위에서 조직한 최초의 해안침식관련 위원회였다. 이를 통해 뉴저지 주가 오랫동안 해안의 질과 해안지역의 경제, 문화, 자연자원에 관심을 기울여왔음을 알 수 있었다. 이 위원회의 첫 번째 보고서, 「뉴저지 해빈의 침식과 보호」에서는 해빈 폭의 축소문제와 해안지역 공동체의 하부구조 훼손 문제에 대한 관심을 촉구하고 있다(NJBCN, 1922). 1930년의 보고서에서도 해빈 폭의 유실, 해변 건물과 하부구조의 주기적 훼손을 강조하고, 돌제와 해안제방과 같은 경성호안구조물의 배치를 자세히 기술하고 있다. 지난 수십 년간 해안침식을 방지하기 위한 노력이 경주되었으나 해빈과 재산의 손실은 오늘날에도 여전하다.

세계 대부분의 해안과 마찬가지로 뉴저지 해안도 시간의 경과와 함께 침식작용이 서서히 진행됨에 따라 경제적 성과, 구조물, 그리고 자원이 위협받고 있다. 이전 보고서들이 지적하는 바와 같이 이것은 최근의 현상만은 아니다. 예컨대, 1971년 미 공병단의 보고서는 뉴저지 해안선 204km의 82%를 심각한 침식해빈으로, 9%는 침식을 받으나 심각한 정도는 아니며, 9%는 침식을 받지 않는 안정해빈으로 분류하고 있다.

폭풍이 지난 후에 해안주민이 보여준 복구에 대한 결단에서 활기와 회복력을 찾아왔다. 해안 사주섬에서 건축이 가능한 공간은 지극히 협소하다. 이 협소한 공간상에 주택, 상업적 투기, 하부구조에 대한 투자가 이루어짐으로써 발전되어왔다. 이 과정은 시간이 지나면서 해빈과 수변까지, 마침내는 수역이나 습지의 매립을 통해 개발이 확장된다. 이러한 개발로 말미암아 해안지역이 침식, 범람, 풍해, 파랑내습 등의 자연재해에 점차 크게 노출되고 있다. 이러한 과정은 결국 자연재해에 대비한 시설투자와 재난구조금의 증액문제로 이어진다.

오랫동안 대부분의 해안에서는 '전선(line)을 고수'하려는 노력을 기울여왔다. '전선'이란 건축선, 가호안선(bulkhead line), 해안사구선, 또는 해안선을 가리킨다. 전선의 종류에 따라 제방을 설치하거나, 양빈을 하거나, 구조물을 설치해야 하기 때문에 전선의 유지에는 비용이 든다. 전선유지비용이 지역 공동체가 감당하기 어려운 수준으로 증가하기 때문에 비용의 대부분을 주정부나 연방정부가 지원해줄 것을 요구하게 된다.

우려

해안지역에 대한 우려는 일반대중, 해안거주민, 탐방객, 공무원, 연구자 등 여러 분야의 사람들 모두 가지고 있다. 관심과 우려가 모아지는 주요한 주제로는 침식, 해안사구, 해수면 상승, 공공안전, 양빈, 해안작용에 대한 인위적 개입 등이 있다. 넓은 해빈과 잘 발달되어 있는 사구시스템은 관광객을 유인하고 소비를 일으켜 지역의 경제발전을 지속시키는 해안지역사회의 주요한 자산으로 간주되고 있다. 그러나 해안거주민들 사이에는 자연환경이 악화되고 이것이 방치될 경우 해빈과 사구가 소실될 것이라는 불안감이 있다. 해안의 역동성을 무시하고 과개발된 지역이 많으며, 이로 말미암아 환경이 위험에 처한 곳이 많고, 현재 수준으로 미래의 환경이 유지되기 어려울 것이라는 어두운 전망이 드리워져 있다.

몇 년간 침식이 우세한 소실기간이 있고, 또 이어지는 몇 년간은 퇴적이 우세하여 원상태로 돌아가는 균형 시스템을 갖추고 있다면, 관심은 침식우세기간의 단기적 대비에 모아질 것이다. 그러나 소실기간의 침식작용이 극심하기 때문에 뉴저지 해안이나 세계 도처의 해안에서 퇴적물이 사라지고 육지는 후퇴하고 있다. 더욱이 뉴저지의 조위계나 관측기기의 기록에 따르면, 해수면이 상승하고 해안이 침수하는 과정에 있기 때문에, 침식이 일어나지 않는 해에도 해안선이 후퇴하고 있다.

해안사구는 누구나 귀중하게 여기는 해안지역의 자산이다. 해안사구의 발달을 보호하는 지방조례나 사구훼손에 부과하는 과태료 등은 훌륭한 제도이다. 해안사구 자체의 물리적 규모 또는 사구고는 자연재해를 어느 정도 억제하는 기능을 가지고 있지만 침식을 막지는 못한다. 큰 폭풍이나 해수면 상승은 해안사구의 침식과 훼손을 일으킨다. 사구전면에 침식이 일어나더라도 사구후면이 육지 쪽으로 이동할 수 있는 완충공간이 확보되어 있는 경우에는, 해안사구가 자연재해에 대한 훌륭한 방어기제 역할을 감당할 수 있다. 그러나 뉴저지 해안에는 그러한 완충지가 남아 있는 경우가 매우 드물기 때문에, 해안사구의 호안기능은 단기 내지 중기 대책에 불과하다.

해안주민의 안전위협 문제도 상존해 있다. 빈번한 폭풍과 범람이 일어나는 지역에 인구가 집중하고 개발밀도가 높기 때문에 공공안전의 문제가 제기되고 있다. 대부분의 뉴저지 해안은 지대가 낮은데, 특히 사주섬의 해발고도는 2m 내외다. 지형조건도 그렇지만 매립기술의 발달에도 원인이 있다. 범람의 빈도나 피해 정도가 증가하는 추세에 있고, 이는 해수면 상승으로 더욱 악화되고 있다. 도로사정과 교통체증에 기인하는 저지대의 재난대피 문제도 지적되고 있다. 고위험지대로 분류된 지역은 폭풍 때마다 범람이나 재산상의 손실이 발생하고 있다. 또 폭풍으로 심각한 침식이 발생하는 지역에는 주택붕괴 위험에 처한 곳도 있다. 이는 주민이나 탐방객의 위험에 직결되는 문제이다. 해안작용의 역동성에 대한 이해가 결여된 상태에서 진행되는 해안지역의 인구증가나 개발은 다시 해안안정화에 대한 요구로 이어진다. 1962년 3월에 내습했던 유명한 '재의 수요일' 북동풍 이후 뉴저지 해안 대부분에서 실시되었던 대규모 양빈사업을 제외하고는, 호안구조물에 의존하여 침식문제를 해결했었다. 그러나 1981년 이후부터 만성적 침식문제를 대비하는 과정을 보면, 경성호안구조물에서 양빈으로의 기술전환이 일어났다. 양빈은 지역신문에 자주 보도되는 것처럼, 지역선거에까지 큰 영향을 미치는 대망의 사업으로 간주되고 있다. 그러나 양빈은 잠정적인 대책이며, 더욱이 고비용의 대책이다. 역사적으로 연방정부가 양빈사업의 65%를 보조하고 있다. 나머지 사업비(35%)의 75%는 주정부가 분담하고, 지역공동체가 남은 부분의 예산을 충당한다. 그러나 연방정부의 보조금이 삭감될 것으로 전망되기 때문에, 주정부나 연방정부가 사업비의 대부분을 지원할 것으로 기대하는 지역정서와는 커다란 괴리가 나타날 것으로 예상된다. 1990년대 후반부터, 양빈사업에 필요한 퇴적물의 확보가 어려워짐에 따라 원빈의 준설토사를 사용하게 되었다. 뉴저지 주 해안안정화사업비에서는 연방정부 보조금을 제외한 부분은 공적자금으로 충당되어왔으나, 이러한 공적자금 사용의 정당성에 대한 의문이 제기되고 있다. 그러나 양빈사업이 필요한 지역공동체는 예외 없이 정부보조금 이외의 부분을 감당할 능력이 없다.

지방수준에서 해안시스템을 인위적으로 조작해온 예는 무수하다. 과거에는 해안제방, 돌제, 도류제, 사석구조 등을 축조하여 공동체 내의 해안선을 보호했다. 이러한 행위가 인접 공동체에 미치는 잠재적 영향에 대한 관심이나 우려는 없었다. 그러나 사정이 달라졌다. 어느 호안활동이나 하류에 영향을 미칠 수밖에 없다. 경제학에서는 개인이나 한 공동체가 다른 개인이나 공동체에 파급효과를 주지만 원인행위자가 이를 무시하는 고전적 문제를 외부효과라고 한다. 외부효과를 고려한다면, 개별적이고 국지적인 호안대책은 성과가 미약할 뿐만 아니라 하류에 위치한 공동체에 부정적인 영향을 끼친다고 할 수 있다.

퇴적물의 이동은 넓은 범위에 걸쳐서 일어난다. 퇴적물 이동이 일어나는 범위를 퇴적물 순환 셀, 퇴적물 순환 리치, 또는 셀(cell), 리치(reach)라고 하는데, 이 범위는 지역공동체의 경계(행정경계)를 넘어서는 경우가 대부분이기 때문에 행정구역과 지형작용의 경계는 상이하다고 보아야 한다. 해안관리는 자연현상을 포함하기 때문에 동질적인 또는 긴밀하게 연결된 지형작용을 반영하는 지역적 접근(regional approach)이어야 한다.

지역계획은 목적에 따라 적절한 유인책과 전략을 갖추어야 한다. 여기에는 셋백과 완충공간, 토지이용 밀도(한계) 설정 등 특정한 형태의 토지이용 규제가 적용될 수 있다. 또한, 공공정책의 개발에서 흔히 볼 수 있는 것처럼,

목적이행을 위한 주정부와 연방정부의 보조금이 필요하다.

전망

주요한 두 가지 국가정책의 변화에 따라 해안계획과 해안관리에서 차지하는 주정부의 역할에 중대한 변화가 일어날 전망이다. 첫째는, 1990년대 중반 빌 클린턴 전 대통령이 해안안정화기금의 직접 지불을 거부하고 향후 몇 년간 과거의 전통적 절차에 따르도록 명령했다. 이로 말미암아 미 공병단을 통해 해안안정화기금을 지불해왔던 연방정부의 역할에 변화가 일어났다. 연방보조금은 국회의 명령에 의해서만 가능하게 되었다. 양빈사업에서 50년 유지 부분의 연방정부 분담금을 삭감하기 위한 목적으로 기금분담액 산출방식에 관한 논의도 진행되고 있다. 따라서 장기 해안안정화사업부문에서 주정부의 재정부담이 증액될 것이다. 두 번째는, 연방정부 발의안에 포함되어 있는 국가 환경영향 저감전략의 제도화이다. 이 전략은 해안침식과 범람 등 자연재해의 위협과 손실을 줄이기 위한 것이다(FEMA, 1995a). 이 안에 따르면, 폭풍기간을 전후하여 위험지역으로부터 인구와 구조물의 이전에 기금을 사용하도록 지원하고 있다. 이 안의 몇몇 부분은 고위험지역 사유재산의 수용을 장려하기 위한 1987년의 업톤-존스 개정안과 국가홍수보험계획(NRC, 1990)에서 출발한 것이다.

위험저감, 또는 이 책에서 말하는 광의의 재해관리에는 많은 비용이 필요하다. 해안 저지대가 광범위하게 개발되어 있고, 더구나 이들 지역의 부동산 가치가 높기 때문이다. 인명과 재산의 피해를 줄이기 위해서는 공적자금과 일관된 공공정책, 장기 재난복구대책 등이 긴밀하게 조율되어야 한다. 현존하는 해안의 개발지역과 하부구조를 유지하기 위해서는 많은 비용이 주기적으로 지출되어야 한다. 주정부나 개별 지역공동체가 지금까지 적용해온 임시방편적이고 부분적 접근으로는 장기 침식문제나 해수면 상승문제에 적절히 대처할 수 없다. 이러한 문제들을 적절히 해결하기 위해서는 의사결정과정이 지역적(넓은 범위의) 차원에서 일어나야 하며, 장기 계획과 목표가 동시에 고려되어야 한다. 지역차원의 장기 계획을 개발하는 과정에서 주정부나 연방정부는 이러한 목적을 지원하는 적절한 프로그램을 통해 개별 지역공동체에 정보와 협조를 제공할 수 있다. 폭풍 직후가 해안계획 집행의 적기이며, 이를 위해서는 계획이 잘 정비되어 있어야 한다. 그렇지 않으면 기회를 놓치고 만다(Olshansky and Kartez, 1998; Mileti, 1999). 요약하면, 주정부와 연방정부의 정책과 해안안정화기금의 확보 여부가 뉴저지 해안의 장래를 결정할 것이다. 위험지역의 피해를 줄이고 사후복구비용을 절감시키기 위한 공공정책의 발전도 영향을 미칠 것이다.

뉴저지와 같이 해안지역을 끼고 있는 주에서 택할 수 있는 실질적 장기 대책으로는 어떠한 것들이 있을까? 해수면 상승으로 퇴적물 공급 감소 영향이 증폭됨에 따라 해안에는 침식과 침수가 지속될 것이고 해안지역공동체에 미치는 위협도 증가할 것으로 예상된다. 호안선의 보강과 유지에 지불되었던 주정부와 연방정부의 보조금이 삭감된다면, 해안정책의 방향은 해안안정화보다는 해안선조정(기획하에 해안선을 내륙으로 이전되도록 허용하는 과정)으로 선회해야 할 것이다. 즉, 자연재해에 취약한 지역을 확인해나가면서 해안지역의 공공안전을 강화시켜야 한다. 재난저감계획에는 중소규모의 폭풍에 대비한 단기적 접근과 함께 고위험지역에서 인구와 시설을 이전시키는 장기 대책이 포함되어야 한다.

대부분의 해안지역에는, 해안사구의 발달이나 소규모 양빈사업과 같은 단기적 대책을 통해 소규모의 폭풍에 대비할 수 있다. 이 같은 정황 속에서 완만하게 진행되는 퇴적물 공급 감소추세와 해수면 상승효과는 인위적 간섭으로 가려질 수 있다. 그러나 대규모 폭풍은 해안선에 뚜렷한 변화를 일으켜, 당국으로 하여금 획기적인 호안대책, 예컨대 대규모 양빈사업이나 토지이용 변화를 절감케 한다. 장래에는 해안선 유지에 더 많은 퇴적물이 필요하고,

인구와 시설이 해안에 더욱 집중되고, 토지개발기술이 더욱 발전할 것이기 때문에 해안안정화를 위한 투자가 급증할 것이다. 이에 대한 증거는 최근 대재난으로 발생하는 손실의 증가추세에서도 잘 나타난다(H. J. Heinz Center, 2000b; Kunreuter, 1998; Ofiara and Psuty, 2001).

해안에 대한 수요가 계속 증가하고 있기 때문에 지속적인 이용과 보전을 위해서는 양질의 정보와 창조적 관리전략이 필요하다. 해안작용은 보다 광범위한 지역적 차원에서 일어나기 때문에 지역적 차원의 관리가 효율적이다. 다른 주에서는 지역적 차원의 종합관리를 채택하고 있다. 이때 행정경계를 초월한 파트너십이 필수적이다. 이러한 맥락에서 군 단위와 시 단위를 포용하여 뉴저지 주 전체의 해안과 해안재해를 담당할 단일 기구를 설립할 수도 있을 것이다. 단일한 기구가 발휘할 수 있는 일관성과 효율성을 바탕으로, 일반대중과 여러 지방계획당국과의 긴밀한 협조를 이끌어낸다면 명료한 해안관리 목표를 세울 수 있을 것이다.

공공안전을 향상시키기 위해서는 장기 목표를 개발해야 한다. 이 목표에는 재난관리전략이 포함되어야 하고, 이 목표는 지방 공동체들의 목표 또는 의견을 수합하여 주차원에서 결정되고 지역적 차원에서 시행되어야 한다. 이 목표는 뉴저지 주의 미래 해안관리 목표와도 일치해야 한다. 예컨대 2050년의 예상 해수면 상승수치와 이에 상응하는 변화를 반영할 해안환경과도 조화될 수 있어야 한다.

폭풍 직후 고위험지역의 토지이용을 변경시키는 것과 같은 주정부 차원의 장기대책 개발은 매우 중요하다. 폭풍 직후가 이러한 변화를 추진하고 해안개발에 수정을 가할 수 있는 유일한 기회이기 때문이다(Olshansky and Kartez, 1998; Mileti, 1999). 소규모 폭풍에도 피해를 입는 저지대는 이러한 맥락에서 특히 중요하다. 고위험지역의 토지이용에 상한선을 부과하는 용도지구 지정(zoning)에 관한 조례를 제정하는 등의 새로운 정책이 필요하다. 지방정부의 자연자원관리담당자들이 의사결정과정에서 최신의 정확한 정보를 이용할 수 있도록 기술 자료의 수집을 업무에 포함시키는 것도 필요하다. 해안환경과 관련된 잠재적 위험에 관한 사회교육도 필요하다. 해안주민이 위험에 대한 경각심을 가지고 있을 때, 대규모 폭풍피해 보상으로 발생하는 예산상의 문제와 함께 공공안전에 대한 인식이 높아질 수 있다. 필자들이 수행한 연구사업(1996)에 따르면, 해안재해문제 특히 안전문제에 대한 강조, 해안재해가 초래하는 손실의 저감을 위해서 다양한 유인책이 필요하다는 내용의 사회교육이 중요하다. 이러한 관점에서 위험저감관리기술과 혁신적 토지이용이 적절히 적용된다면 피해를 크게 경감시킬 수 있을 것이다. 이러한 정책들은 폭풍의 영향을 낮추는 해안시스템의 자연기능을 되살릴 수 있기 때문에 모든 이해당사자들에게 편익을 가져다줄 수 있을 것이다.

제2장

뉴저지의 해안선:

해안지형과 지형발달사

미국의 해안은 형태가 매우 다양하므로 해안침식관리 계획수립 과정에서 이러한 차이가 반영돼야 한다. 개발수준, 토지이용, 해안구조물의 차이는 자연적 다양성을 더욱 복잡다단하게 만들고 있다. 인위적 간섭에 민감하게 반응하는 해안이나 하천, 수로 등에서 퇴적물의 출처와 싱크(sink)에 특히 주목해야 하며, …… 따라서 국지적 조건과 함께 지역적 문제를 고려해야 한다.

– NRC, *Coastal Erosion Management*

뉴저지는 해안지대에서 나타나는 역동적 현상과 지형의 다양성이라는 관점에서 실험실을 방불케 한다. 203km에 걸친 해안선에는 다양한 크기의 사주섬과 사취, 낮은 해안절벽, 넓은 해안사구지대로 이루어진 공원, 조수통로와 연결된 내만과 하구역, 작은 섬들, 그리고 광대한 습지가 전개되어 있다. 한편, 많은 인구가 해안에 거주하면서 경성구조물, 양빈, 토지이용규제, 환경영향저감대책 등을 적용하여 다양한 자연작용을 제어하는 실험장이기도 하다. 문제와 쟁점, 대책, 그리고 충돌이 상존하고 있다. 공중의 피해를 저감하고 불확실한 미래의 사건을 대비하는 일에는 많은 난관과 비용이 수반된다. 불확실하고도 역동적인 해안환경 속에서, 그것도 특정한 지역에서 미래의 손실저감을 위한 적절한 단기대책과 장기대책을 마련하기 위해서는 최선의 지식과 정보가 필요하다.

다양한 해안작용과 지형, 쟁점이 뉴저지에 고유한 것은 아니다. 관광과 휴양산업이 주요한 경제부문을 차지하고 있는 해안지역, 악화되고 있는 해안환경이 우려되고, 사주섬의 지형요소를 갖고 있는 지역이라면 뉴저지와 유사한 고뇌가 있을 것이다. 파랑, 조석, 해수면, 해빈단면 등과 같은 해안선에 영향을 미치는 요소와 함께 퇴적물수지의 위축, 해수면 상승, 생물자원

고갈문제 등 해안지역이 직면한 위협은, 자연과 문화과정이 연출해내는 기본적인 상호작용으로 해안보호에 관심을 가지고 있는 모든 집단이 관심을 보이는 부분이다. 뉴저지와 인접지역의 인구과밀 현상은 해안의 저질화를 더욱 부추기고 있으며, 해안지역에서 일어날 수 있는 우려와 함께 개선의 기회도 모식적으로 나타나고 있다. 이 장에서는 이러한 관점에서 뉴저지 해안지대의 지질과 지형학적 특성을 설명하고자 한다.

해안선의 지형사는 특정한 기준을 가지고 나눈 리치(reach)라는 지형구역을 기초로 접근하는 것이 편리하다.[1] 지형구역은 해안공학자, 실무자, 해안과학자들에게 편리한 도구개념이 될 수 있다. 침식, 운반, 퇴적의 과정을 기초로 리치와 리치의 경계를 정할 수 있다. 이러한 접근은 관리 목적에서 고려하는 미시적 수준, 또는 자연계의 최소 기능단위라고 할 수 있으며, 거시적 또는 넓은 차원의 지역적 접근(regional approach)과 대비된다. 미시적 접근은 해안의 형태단위(지형단위)를 기초로 이루어진다. 이러한 지형단위는 지역적 접근에서 무시될 수 있다. 여기에서 중요한 것은 해안선의 다양성과 다양성에서 유래하는 역동적 과정을 관리와 정책적 접근에 반영해야 한다는 점이다. 해안지형학적 지식이 뒷받침될 때에 해안선 변화의 동인과 과정을 이해할 수 있다. 해안관리란 결국 해안재해의 역동성과 해안 정주시설에 관련된 것으로, 거주지와 하부구조의 피해를 관리하는 문제라고 할 수 있다. 공공안전을 증진시키고 해안의 자연자산과 문화적 자원을 보호할 수 있는

1) 지형구역이라고 번역하는 이유는 reach라는 용어가 지형학, 특히 퇴적물의 공급(source) 또는 침식과 운반, 퇴적(또는 sink) 등 일련의 지형과정을 염두에 두고 사용되고 있기 때문이다. 이러한 연속적 과정의 개념은 지형학적 사고에 필수적 요소로서 자연환경의 관리에 광범위하게 적용되어왔다. 이러한 자연과정은 다루고 있는 시스템에 따라 크기를 조절할 수 있지만, 일반적으로는 자연과정이 연속되는 비교적 넓은 범위를 가지고 있다. 이 책에서는 이러한 개념에 기초하여 지역이란 개념을 자연과정을 연속적으로 반영하는 넓은 범위로 사용하고자 한다 – 역자 주.

관리도구와 정책을 선택하기 위해서는 변화와 함께 변화의 장기적 경향에 대한 이해가 반드시 뒷받침되어야 한다.

배경

해안에서는 퇴적물에 작용하는 파랑과 흐름, 바람의 상호작용을 통하여 사주섬, 사취, 조수통로, 하구역, 해빈, 그리고 사구 등의 해안지형이 형성되고 변화되어 나간다. 인간활동, 예컨대 토지이용도 해안지형의 과정에 포함된다고 할 수 있다. 해안은 시스템 내에서 또는 시스템의 경계를 넘어서서 퇴적과 침식의 현상이 연결되면서 끊임없이 변화한다. 해안의 어느 부분은 이동하고, 어느 부분은 문화적 과정을 통해 변모하고, 어느 부분은 보전되고, 어느 부분은 개발되기도 한다. 해안에 관한 정보를 수집하면 현재와 과거의 조건들을 이해할 수 있다.

그러나 미래는 그렇지 않다. 과거의 조건으로부터 경향을 이해할 수 있고, 역사적 기록을 참조하여 미래를 전망할 수는 있지만, 어떤 사건, 예컨대 '대형 폭풍'을 예측한다는 것은 불가능에 가깝다. 그러나 대형 폭풍은 발생할 것이다. 지난 세기의 해수면 상승과 변화율도 계측할 수 있다. 대부분의 학자들은 21세기의 상승률이 높을 것으로 예상하지만 예상 상승률은 학자마다 다르다.

미래의 해안환경에 주요한 영향을 미치는 영력(agency)으로 폭풍이 중요한가 아니면 해수면 상승이 중요한가, 또는 양자의 상대적 중요성인가를 파악하는 것이 필요하다. 그러나 무엇보다 환경조건이 변하고 미래에도 변화가 계속될 것이라는 사실을 이해하는 것이 더 중요하다. 해안환경에 관련된 정보를 종합하여 변화의 크기와 영향, 역동성을 이해한다면 현재와 미래에 관한 의사결정이 현명하게 이루어질 것이다.

자료개발

해안의 다양한 특성(변수)들은 기계적으로 측정되고 있다. 해안의 변화를 주도하는 주요 작용을 도식화할 수 있는 파랑과 조석에 관한 자료도 수집되고 있다. 그밖에 해빈과 사구, 구조물, 그리고 인문환경, 발전(변화)에 관련된 자료가 수집되고 있다. 여러 기관과 단체가 수집하고 있는 자료를 종합하여 자료은행을 구축하면, 이른바 지지(地誌, 지역지리학)의 기초가 이루어진다.

파랑계: 파랑활동의 계측

뉴저지 해안의 여러 곳에서 파랑계가 운용되고 있지만, 정보가 시공간적으로 분산되어 있다. 폭풍기간에 관련된 방향, 지속시간, 강도 등 다양한 조건을 파악할 수 있는 더 풍부한 자료, 시공간적으로 연속된 자료가 필요하다. 이러한 관점에서 광범위한 지역에 걸친 파랑정보시스템(Wave Information System)의 일부로 미 공병단이 산출한 20년 모의파랑자료는 매우 중요하다(Jensen, 1983).

그 밖의 파랑계측 자료로는 앰브로즈 라이트(no. ALSN6)에 관측소를 가지고 있는 미 국립해양기상국의 해양자료센터가 수집한 1989년 12월부터 1997년 12월까지의 비파향 실관측파고자료가 있고, 뉴저지 롱브랜치로부터 약 60km 떨어져 있는 계류부(no. F291)에서 1991년 4월부터 수집한 비파향 및 파향 파랑자료가 있다. 럿거스 대학이 운영하는 리틀에그 조수통로에서 약 5km 떨어진 장기 환경관측점 지점(Leo-15)의 파랑자료는 파향계 관측이 1991년 10월부터 현재까지 산발적으로 이루어졌고 기록시간 단위도 주단위에서 월단위까지 나타나는 등 일관성이 결여되어 있다.

파랑정보시스템(Wave Information System)

미 공병단의 WIS 자료셋은 20년간의 기상시스템을 모의한 것으로 바람자료로부터 산출된 파랑자료를 포함하고 있다. 수면 위로 불어가는 바람에너지로부터 파랑에 전이되는 에너지를 결정하는 물리적 관계를 이용하여 파랑이 해안을 향하여 진행할 때 일어나는 파고, 파장, 파주기, 파향 등을 계산한다. 이와 같이 바람자료를 이용하여 파랑의 특성을 역산하는 기법을 파추산이라고 하는데, 이 모형에서는 파랑 집합의 3분위, 즉 유의파가 계산된다.

일반적으로 파랑은 외해에서 발생하여 폭풍지역을 벗어난 후 대부분의 에너지를 유지한 채로 해양을 지나간다. 해저에 끌리는 등의 방해를 받지 않고 진행되기 때문에 심해파라고 한다. 그러나 육지에 가까운 천해에 진입하면서 파랑의 궤도운동이 해저와 상호작용하면서 파랑의 크기와 특성이 변한다. 특히, 파봉선의 굴절을 통하여 파랑이 해안에 접근하는 방향이 조절된다. WIS 자료셋은 심해파(Phase I waves)의 산출로부터 시작된다. 파랑이 천해역에 진입하여 굴절을 시작하면 천해파(Phase II waves)가 산출된다. 천해역 수심 10m 내외에서 파랑이 해저와 상호작용을 일으키고 퇴적물을 이동시키며 계속 굴절하는 과정을 겪으면서 극천해파(Phase III waves)를 생성한다. 이 수심에서 내륙 방향으로 이행하면서 파봉선은 해안선과 더욱 평행해지며 해저지형의 영향이 더욱 커진다.

WIS 모의법은 20년간의 기상시스템 자료를 기초로 파랑을 계산하고, 이를 근거로 특정 구역 해안선의 파후를 산출하는 것이 목적이다. 이 모의법으로 계산된 근안의 파후는 방향과 크기로 표현되는 입사파랑의 분포로 구성되며, 방향과 크기는 20년 평균값이다. 파랑의 크기는 퇴적물의 이동량에 영향을 미치고, 파랑의 방향은 연안류와 퇴적물의 이동방향을 결정하기 때문에 모두 중요하다. 모의로 산출된 3단계 파랑자료 셋은 16km 내지 20km 길이의 특정 지역 또는 구역(compartment)에 관련된 것이다(그림 2.1). 외해로부터의 입사하는 파랑에 대한 각 구역의 노출방향도 자료에 포함되어 있다. WIS의 중요한 부분 가운데 하나는 해안선에 대한 입사파랑의 방향이

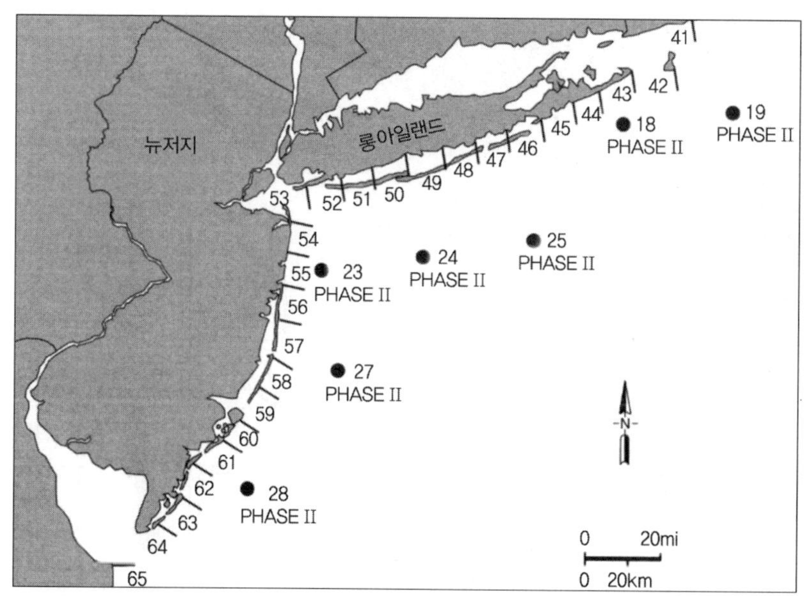

그림 2.1. 뉴저지 주와 인접 주 해안에 분포된 파랑측정지점. 천해파(Phase II waves)의 측정지점은 비교적 깊은 수심에, 극천해파(Phase III waves)의 측정지점은 해안에 가까이 위치한다 (Jensen, 1983에서 수정).

다. 그림 2.2의 세 가지 파랑장미(wave rose)는 서로 다른 파후를 나타내고 있다. 이들은 서로 비교적 짧은 거리에 분포하고 있지만 대조적인 조건을 보이고 있다. 각 파랑장미는 관측소에 접근하는 파랑의 상대적 크기와 빈도 분포를 부채꼴로 표현하고 있다. 이 그림에서 북동부로부터 직접 진행해 오는 큰 규모의 파랑을 롱아일랜드와 뉴잉글랜드가 방어하고 있다는 것을 알 수 있다. 북동부에 중심을 둔 폭풍으로부터 접근하는 파랑은 뉴잉글랜드 주위에서 굴절하고 뉴저지 해안에 도착할 즈음에는 동이나 동남동 방향으로부터 입사한다. 따라서 몬마우스 카운티의 해안에 도달하는 대부분의 파랑은 동쪽이나 동남쪽으로부터 입사하며 퇴적물은 북쪽으로 이동한다. 이와는 대조적으로 오션 카운티에서는 뉴잉글랜드의 보호효과가 약화되어 북쪽으로부터 입사하는 파랑이 늘어난다. 오션 카운티로 입사하는 파랑의 대부분

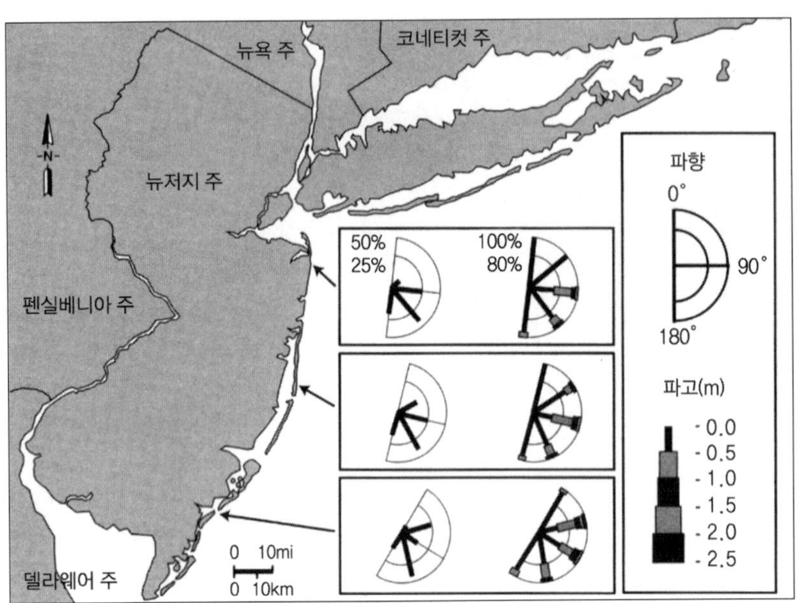

그림 2.2. 파랑측정지점 54와 57, 61의 파랑장미. 좌측의 기호는 입사파랑의 사분면을 보여준다. 우측기호는 파고별 비율을 보여준다.

이 남동쪽으로부터 입사하는 것으로 계산되지만, 대규모 파랑은 동-북동으로부터 입사한다. WIS 프로그램의 계산결과를 보면, 오션 카운티의 남쪽 경계로 갈수록 퇴적물이 남쪽으로 이동하는 경향이 뚜렷해진다. 오션 카운티의 북측에서는 파랑의 상당 부분이 동쪽으로부터 입사한다. 연안퇴적물 이동은 외빈의 국지적 지형에 영향을 받으며, 대부분의 퇴적물 교환은 해안에 평행한 방향보다는 수직 방향, 즉 향안/이안의 방향으로 이루어진다. 애틀랜틱 카운티와 케이프 메이 카운티에서는 뉴잉글랜드 효과가 없으며, 북동 방향에서 입사하는 대규모 파랑으로 말미암아 순퇴적물 이동은 남향을 나타낸다.

WIS 자료가 파후와 잠재적 퇴적물 이동방향의 지역적 차이를 능숙하게 산출하지만, 실제 파랑자료의 상세한 정보를 반영하지는 못한다. 자료 세트

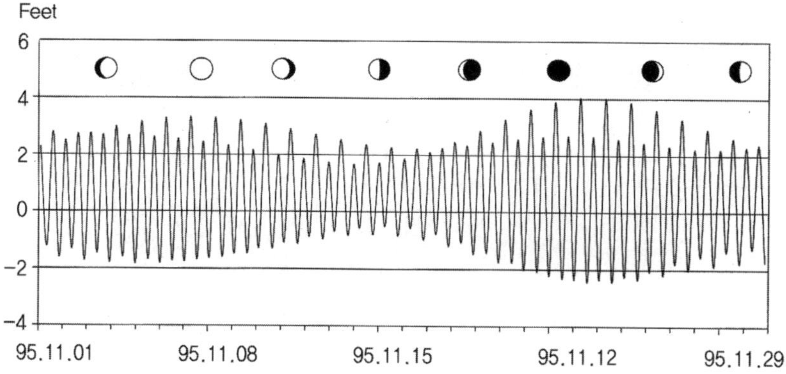

그림 2.3. 월간 조수위의 변화. 1995년 11월 뉴저지 주 애틀랜틱 시티의 자료. 삭(朔)은 검정색 기호로, 보름달은 흰색 기호로 표시.

는 오랜 기간에 걸친 평균상태를 나타내기 때문이다. 예컨대, 1962년의 이상폭풍과 같은 특이한 상황은 나타낼 수 없다. 폭풍파랑자료의 개별 사건이 나타내는 차이를 평준화시키기 때문이다.

조위계: 수위 측정

뉴저지 해안의 조석은 반일주조(半日週潮)로 매일 두 번의 고조와 저조가 발생한다. 그림 2.3에 도시되어 있는 애틀랜틱 시티의 1개월 조석변동은 매일 2회의 진동을 명확하게 보여준다. 여기에는 달의 위상—실제로는 지구, 달, 태양의 위치—도 관계가 있다. 지구와 태양, 달이 일직선상에 놓이는 신월이나 만월에는 세 개의 중력방향이 일치하여 고조위와 저조위를 최대화시켜 조차를 증가시킨다. 신월과 만월의 사이에는 조수위의 변동량이 작아 조차가 감소한다. 일반적으로 이러한 과정을 통하여 매월 2회의 최대조차와 최고조위가 발생하는데 이를 대조(大潮)라 한다. 이에 대해 조차가 작은 경우를 소조(小潮)라 한다. 해양에 미치는 달과 태양의 인력으로 조석이 발생하고 천체의 궤도를 따라 규칙적으로 운행하기 때문에

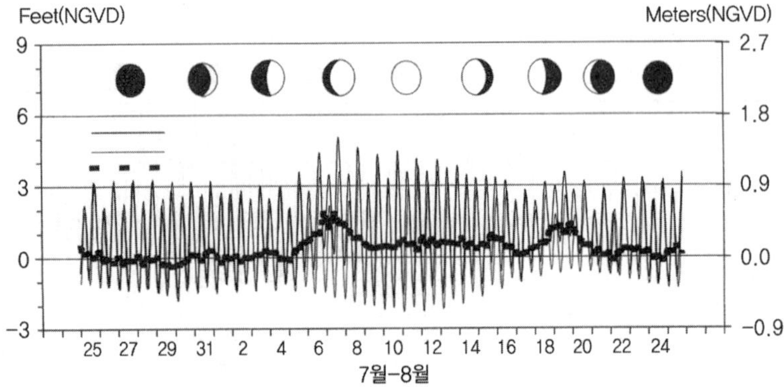

그림 2.4. 허리케인 글로리아 내습기간(1985년 8월 6일~8일)의 조수위·물때를 나타낸다(그림 2.3 참조). 폭풍해일은 예측수위와 실제수위의 차를 의미한다(NOS 홈페이지: http://tidesonline.nos.noaa.gov/).

조위를 예측할 수 있다. NOAA의 NOS는 미국 전역의 연간조위표를 작성하고 있다. 뉴저지 북부 샌디훅의 평균조위는 1.42m이며, 조차는 대조 때에 2.13m, 소조 때에 0.91m이다. 남부의 애틀랜틱 시티는 평균조차가 1.25m이며 대조 때에는 1.98m로 증가한다.

실제의 조위는 예측조위와 차이가 날 수 있는데 바람이나 폭풍이 물을 밀어올리거나 밀어내기 때문이다. 최근 NOS는 웹사이트(http://tidesonline.nos.data)에 실시간에 가까운 조위기록을 등록하기 시작했다. 예측조위와 관측조위의 결합을 통해 바람과 폭풍이 예측조위에 미치는 영향을 측정할 수 있고 폭풍해일의 크기를 산출할 수 있다. 1985년 8월 6일에서 8일 사이의 애틀랜틱 시티의 조위를 추적하면 허리케인 글로리아의 영향을 알 수 있다. 허리케인 중심부 주위의 저기압과 폭풍파가 합력하여 해안의 수위를 높였다. 관측기록과 예상치의 차이는 폭풍이나 폭풍해일의 결과로 빚어지는 것이다. 그림 2.4는 허리케인 글로리아가 통과하면서 나타난 수위의 상승하강 혹은 폭풍해일을 잘 보여주고 있다. 폭풍은 해안의 역동성을 구성하는 한 부분이다. 폭풍기록은 파랑자료나 조위자료에 수록되어 있다.

해빈과 해안

해빈과 해안은 파랑과 해류가 대륙 주변에 작용하여 이루어낸 지형이다. 해빈은 규모의 관점에서 해안과 차이가 있다. 해빈은 해수면의 상하방향으로, 또는 해수면을 중심으로 모래(mass of sand)로 구성된 지형이며, 퇴적물을 이동시키는 파랑, 흐름, 바람과 끊임없이 상호작용을 일으킨다. 해빈은, 해안사구에서부터 연안사주에 이르는 퇴적물 공유(교환) 시스템의 일부를 구성하고 있다. 이것은 해빈과 사구, 원빈대 사이에 모래가 유통되는 것을 가리킨다. 즉, 한부분에서 퇴적이 일어나면 다른 부분에서는 침식이 일어난다. 이 때문에 해안선(coastline)에 비해 해안(coast)은 폭이 넓은 지형이다. 해안은 해안선을 따라 전개되며 육상과 해양의 양방향으로 어느 정도 확장되는 지대이다. 예컨대, 뉴저지의 임해 군지역(coastal counties)이나 미국 남동부 해안지역(the southeastern coast)이라고 할 때 이러한 개념의 의미를 갖는다고 할 수 있다. 해안은 해빈, 해안사구, 연안사주 등을 포함하는 해빈대(海濱帶)뿐만 아니라 사주섬, 조수통로, 해안습지, 하구역, 내만의 육역 경계, 해식애·해안단애, 그리고 그 밖의 해안에 자리 잡고 있는 지형을 포함하고 있다.

해안작용과 해빈단면

모래가 충분한 해안에서는 해빈단면의 한 지점에서 다른 지점으로 모래를 이동시키는 작용에 따라 해빈에서 사구로 이어지는 지형단면이 발달한다. 지형단면에 걸쳐서 퇴적물을 잃는 것보다 얻는 것이 많으면, 결과는 퇴적으로 나타나며 단면의 위치는 바다 쪽으로 이동한다. 이와는 반대로 손실이 더 큰 경우는, 침식이 일어나 내륙으로 단면이 이동한다. 지형단면은 지형작용의 결과이기 때문에 바다나 육지 방향으로 이동하더라도 단면의 형태는 대체로 유지된다. 침식이나 퇴적은 단면이 육지 또는 바다 방향으로 이동하면서 나타난다. 이러한 과정과 반응 사이의 원리를

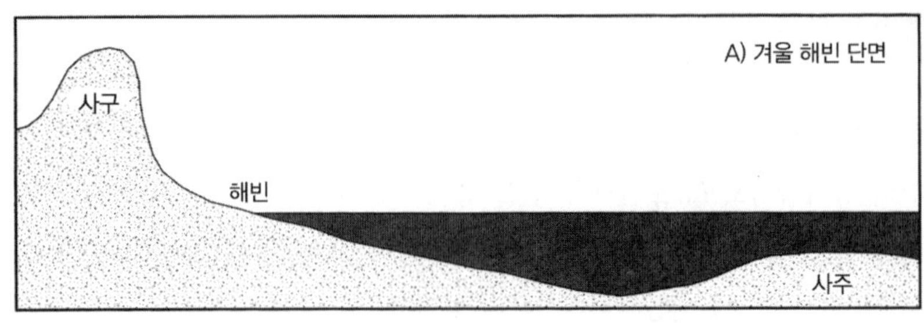

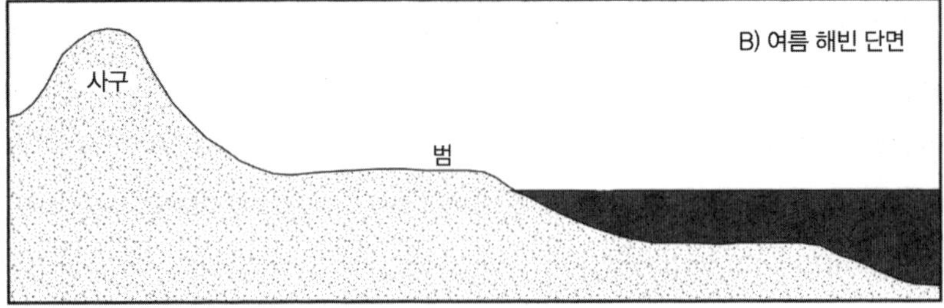

그림 2.5. 사구/해빈/연안사주의 모래 공유 시스템.
(a) 좁고 경사가 급한 해빈과 잘 발달된 연안사주로 구성된 동계해빈단면.
(b) 넓고 평평한 범과 보다 평평한 외해부로 구성된 하계해빈단면.

이해한다면, 폭풍 피해를 덜 받는 상업지나 주택지를 선정할 수 있다.

파랑이 해안에 접근하면서 원빈대의 해안단면과 상호작용을 일으키기 시작한다. 파랑은 물과 접촉하고 있는 퇴적물을 움직인다. 일반적으로 퇴적물의 운동이 시작되는 지점은 수심 10m로 알려져 있다. 이 지점으로부터 파랑은 해저와 상호작용을 일으키고 육지 방향으로 퇴적물을 이동시킨다. 수심이 낮아질수록 파랑이 움직일 수 있는 퇴적물의 양도 증가한다. 파랑이 해안으로 진행하는 과정에서 연안사주가 위치한 지점부터 쇄파가 일어나기 시작한다. 사주가 없는 경우에는 해빈에서 쇄파가 일어난다.

연안사주에서 쇄파가 일어나는 경우에는 저수심에서 새로운 작은 파랑이 생성되어 해빈에서 부서진다. 쇄파는 퇴적물을 교란시켜 움직이도록 하는데, 그 정도(크기)는 쇄파가 소비한 에너지, 그리고 퇴적물의 크기와 무게에 따라 정해진다.

낮고 긴 파랑은 쇄파를 억제하고, 이때 해저의 교란수준도 상대적으로 낮다. 경우에 따라서는 모래를 전빈 위로 밀어 올려 퇴적시킨다. 이러한 과정을 통해 해빈의 고도와 폭이 증가하는데, 대부분의 퇴적물은 연안사주에서 이동한 것이다. 규모가 크고 경사가 급한 파랑이 발생하면 일반적으로 사주주변과 해빈단면 전체에서 퇴적물 교란이 일어난다. 또한 이 가운데 많은 퇴적물이 해빈으로부터 연안사주로 이동하여 사주가 발달한다. 퇴적물은 해빈이나 사주로부터 외해빈의 더 깊은 곳으로 운반된다. 정온상태에서는 10m 이상의 수심에 퇴적된 토사를 가동시켜 해빈으로 되돌릴 수 없다. 따라서 10m 이상의 수심으로 이동된 퇴적물은 소실로 간주된다. 심해로 이동한 퇴적물은 해빈-사구시스템의 관점에서는 손실이며, 이는 침식상태를 가리킨다.

고에너지 파랑기가 지나고 저에너지 파랑조건이 되면 퇴적물은 향안 방향으로 이동한다. 이러한 현상은 폭풍우로 인해 침식을 받은 해빈이 겪는 회복과정에서 잘 나타난다. 폭풍직후 수변의 해빈단면에 낮게 퇴적이 시작된다. 며칠이 지나면 모래가 단면의 낮은 지점을 채우고 점점 높은 지점에서 퇴적이 일어난다. 해빈단면상의 원빈에서 해빈에 이르는 퇴적물(모래) 공유체제는 이러한 과정을 통해 이루어진다. 회복율과 회복 정도는 심해저와 연안하류로 유실되는 퇴적물의 양과 함께 상류로부터 유입하는 퇴적물의 양과도 관계가 깊다. 유실량과 유입량이 같다면 해빈단면은 원상대로 회복될 것이다. 그러나 전체 퇴적물수지가 '음'으로 나타나면 단면의 손실이 일어나고, 단면과 해안선은 육지 방향으로 이동하게 될 것이다. 그러나 퇴적물 공유시스템 내에서 일어나는 퇴적물 이동은 유실이 아니다. 그것은 잠정적 재배치일 뿐이며 재배치의 과정이 반복되면서 원상태의 단면으로 회복된다. 사구와 연안사주는 해빈단면과 퇴적물공유시스템에서 중요한 요소를 구성하고 있다. 해안사구는 해수면 위에서, 사주는 해수면 아래에서 모래저장고 역할을 한다. 이 때문에 모래의 공급이 부족한 해안에서는 해안사구의 규모가 작고 연안사주가 존재하지 않는 경우가 있다. 해안제방과 같은 구조물 앞에서는 원빈의 경사가 해양 쪽으로 갈수록 급해져서 사주 형태의 모래 저장고가 나타나지 않는 경우가 많다. 이것은 폭풍 이후 해빈을 복구할 모래가 없다는 것을 의미한다. 같은 조건이 해안제방 앞부분(전면)의 사질퇴적물에도 적용된다. 경사가 급하고 연안사주가 발달되어 있지 않기 때문에 폭풍 이후 되돌아올 사질퇴적물이 없기 때문이다.

해안작용과 뉴저지 해안

해안은 매우 다양한 지형요소로 조성된다. 샌디훅, 아일랜드 비치 주립공원, 롱비치 아일랜드, 브리갠틴, 시아일 시티, 애이벌론, 케이프 메이메도우스 등의 자연경관과 함께 카지노나 높은 빌딩이 늘어선 애틀랜틱 시티와 같이 넓은 개발지대가 해안지역에 나타난다.

해안지대에는 와일드우드와 같은 폭넓은 해빈이 있는가 하면 훨씬 좁은 해안, 그리고 해빈이 소멸된 곳도 있다. 다양성은 해안의 중요한 특성이며, 뉴저지 주민이나 다른 지역으로부터의 내방객에게도 다채로운 경험을 갖게 한다.

해안선이 침식을 받지 않는다면 해안지역의 관심은 토지이용이나 시민의 욕구충족 부분에 모아질 것이다. 폭풍이 시민의 안전과 하부구조를 위협하지 않는다면, 지역사회의 관심은 지역 내의 자원관리에 초점을 둘 것이다. 그러나 장기간의 침식은 해안선과 함께 해빈, 해안, 사구를 내륙으로 이동시키고 있다. 더욱이 폭풍이나 폭풍해일, 범람, 파랑내습과 같은 단기적 사건은 해안지역의 특성을 크게 변모시키고 있다. 해안시스템의 역동성은 장기적 과정과 단기적 과정으로 이루어져 있다. 해안지역은 정적인 문화현상으로 충만한 곳이기 때문에, 다양한 자연과정에 따라 일어나는 지속적인 위험이 해안주민의 생명이나 가옥, 건물, 하부구조 등의 투자시설, 그리고 다양한 직업(생계)에 영향을 미친다.

해안지형

뉴저지 해안지형은 수천 년 전부터 일어난 사건들의 축적이다. 현재 관찰되는 지형은, 해수면 상승으로 이전의 해안지형이 침수되고 이에 따라 퇴적물이 재배치되는 과정을 겪으면서 변모해오고 있는 최근의 모습일 뿐이다. 해안을 따라 퇴적물을 운반하고 재배치하는 바람, 파랑, 조석, 해류의 작용에 따라 사주섬과 하구역 서식처가 확장과 축소를 겪어오면서 환경조건은 변해왔다.

플라이스토세의 마지막 빙하극성기에 해당하는 2만 년 전경에는 해수면이 현재보다 약 135m 낮았다. 지구상의 물 가운데 상당량이 육상의 빙하로 묶여 있었기 때문에, 전 세계의 해수면은 현재보다 훨씬 낮았다. 당시에는 뉴저지 해안이 현재보다 약 160km 정도 바다 쪽으로 나가 있었다. 전 세계의 기온이 상승하고 빙하가 녹으면서 해수면이 상승하기 시작했고, 이에 따라 대륙 주변과 대륙붕이 침수되기 시작했다. 해수면 상승률은 일정하지 않았다. 또한 빙하가 다시 성장하고 해수면이 저하되는 기간도 있었다. 그러나 7,500년 전에는 현재보다 13~15m 낮았고, 해안선은 현재보다 바다 쪽으로 수 킬로미터 떨어져 있었다. 그 이후에는 해수면 상승이 이전에 비해 완만하게 일어났는데 전체 해수면 상승의 10% 정도가 지난 7,500년 동안 발생하였다. 대륙붕의 특성, 특히 조지 해퇴나 스틸왜건 해퇴와 같이 중요한 어장의 형성과정과 뉴잉글랜드 대륙붕의 침수과정에서 일어난 퇴적물 이동에 관한 내용은 틸 등(Teal and Teal, 1969)이 능숙하게 다루고 있다.

해수면은 둔화되는 속도로 계속 상승하다가 2,500년 전부터는 상승률이 뚜렷하게 낮아졌다(그림 2.6). 이때의 해수면은 현재보다 2m 정도 낮았고, 해안선의 위치는 대체로 현재와 비슷했다. 뉴저지 북부에서는 해안선이 다소 바다 쪽에 나가 있었던 반면에, 남부에서는 내륙 쪽에 들어와 있었다.

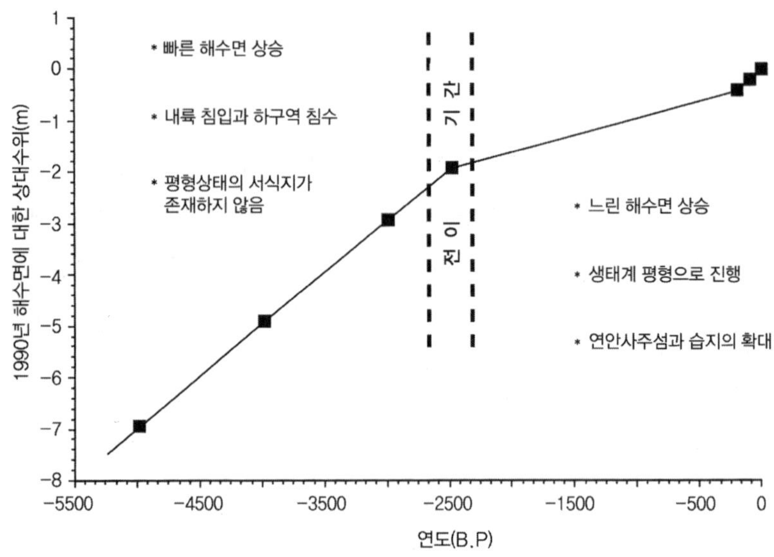

그림 2.6. 주요 변화를 고려한 뉴저지 해수면 상승곡선. 대부분의 해안지형은 해수면 상승속도가 완만해진 약 2,500년 전 이후에 형성되었다(Psuty, 1992).

2,500년 전 당시의 사주섬은 고도가 낮고, 규모가 작고, 협소한 리본 형태의 사질퇴적체로, 워시오버(washover)가 자주 일어났고 이동성이 극히 높았다. 해수면 상승률이 높았던 그 이전의 수천 년 동안에는 현재 브리갠틴 섬 북부에서 관찰되는 것과 같이 해빈과 해안사구의 발달이 미약했다(그림 2.7). 해진으로 대륙붕 주변에 침수가 진행되면서 해빈은 내륙으로 후퇴하였다(그림 2.8A).

2,500년 전 해수면 상승률이 크게 둔화됨에 따라 해안선의 모래퇴적이 늘어나 해빈이 확장되기 시작했고, 사주섬의 폭과 고도가 증가하기 시작했다(그림 2.8B). 워시오버의 빈도는 크게 떨어졌고 사주섬의 내륙 방향으로의 이동도 크게 둔화되거나 중지되었다. 사주섬의 성장을 일으킨 퇴적물의 출처는 원빈대이며, 이 가운데에는 해수면 상승이 급속하게 일어났던 과거에 침수된 퇴적물도 포함되어 있다. 해수면이 상대적으로 안정되면서 파랑

그림 2.7. 좁은 해빈. 오버워시로 일부가 파열된 낮은 사구. 사주섬은 내륙을 향해 이동하고 있다. 모래가 내륙으로 이동하면서 과거의 염습지가 노출된다. 뉴저지의 노던 브리갠틴 아일랜드

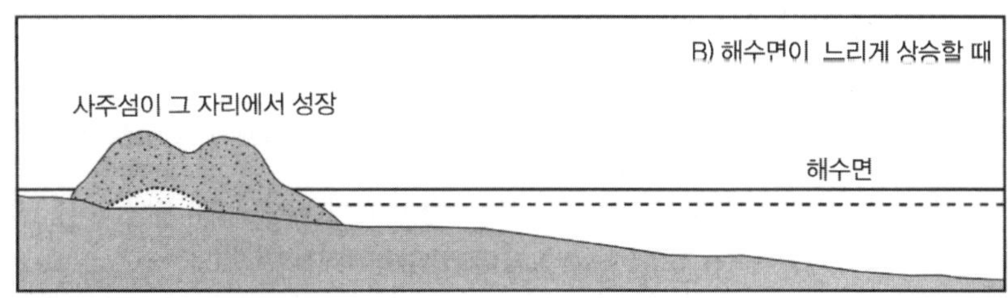

그림 2.8. 해수면 상승과 연안사주섬의 발달

(A) 해수면이 빠르게 상승하는 기간에는 사주섬이 낮고 좁음.

(B) 해수면의 상승이 느리게 진행되는 기간에는 사주섬이 넓어지고 높아짐. 전사구 시스템이 성장함.

그림 2.9. 연안사주섬과 육지 사이의 내만이 매립되고 있다. 뉴저지 주의 스트라스미어.

과 유동이 해안을 따라 퇴적물을 이동시키고 사주섬을 확대시키게 되었다. 퇴적물이 만(bay)을 채우기 시작하면서 만은 개방수역 서식처에서, 광대한 간석지와 염습지로 변모하는 과정을 밟게 되었다. 해안선의 성장과 습지의 발달을 일으킨 동인은 해수면 상승률의 상대적 둔화와 퇴적물 공급이다. 상승률의 둔화와 함께 퇴적물의 공급이 일어나게 됨에 따라 사주섬이 모래를 저장하기 시작했고 바다 쪽으로 성장하기 시작했다. 만에 퇴적물이 저장되고 광활한 수역에는 드넓은 습지가 형성되었다(그림 2.9).

그러나 이전에 해수면 상승으로 침수되었던 외해빈에서의 퇴적물 공급에는 한계가 있었다. 낮은 수심대의 퇴적물이 일단 소진됨에 따라 퇴적이 끝나고, 안정을 이루고 있는 부분으로부터 손실이 발생하는 부분으로 퇴적물의 이동이 시작되었다. 퇴적물의 이동률은 대체공급원의 여부 또는 대체공급원의 특성에 따라 차이를 보였다. 몇몇 사주섬에는 퇴적물의 양이 많았고 하류의 사주섬에 퇴적물을 공급했던 것으로 보인다. 요약하면 사주섬의 고도와 폭을 증가시킬 수 있었던 최초의 퇴적물 공급원이 소진된 후 뉴저지 해안으로부터 연안류와 이안류를 따라서 퇴적물이 이동되는 상태로 변했다.

이러한 역행경향은 장소에 따라 다소 늦게 시작된 곳도 있지만 대체로 500년 전부터 나타났다. 현재 해안지대의 가용 퇴적물량은 전반적으로 줄어들었다. 따라서 사주섬은 완만한 속도로 퇴적물을 잃으면서 축소되고 있다. 몇몇 경우에는 이러한 손실이 해빈과 사구의 침식으로 또는 해빈단면의 내륙이동으로 나타난다. 또 다른 경우에는 워시오버가 반복됨에 따라 낮고 좁은 샌드쉬트의 흔적이 나타난다. 워시오버는 사주섬 발달 단계의 초기와 축소단계의 후기에 공통적으로 나타나는 사건이다(그림 2.8). 이 두 단계에서 사주섬은 내륙 방향으로 움직이는데, 이때에는 퇴적물의 공급이 제한을 받고, 사주섬의 고도와 폭도 미약하다. 극단적인 예로는, 사주섬 말단 주위의 작은 섬들의 유실이나 섬 일부의 소실이다. 고지도상에 현재의 해안선보다 바다 쪽에 위치해 있었던 이름만 남아 있는 가로나 자산이 그 증거이다. 사실, 대부분의 지역에서 뉴저지의 사주섬은 아직도 퇴적물을 많이 보유하고 있으며, 오버워시 현상은 흔하지 않고, 섬의 위치가 변하지 않는다. 그러나 홀게이트의 사주섬 남측 가장자리와 시아일 시티의 웨일비치나 브리갠틴섬 북부와 같은 몇몇 지점에서는 워시오버가 빈번하게 일어난다. 이러한 현상은 사주섬의 쇠퇴를 가리키는 증상이며 이러한 과정을 통해 사주섬의 해양 측 가장자리에서 내만 측 가장자리로 퇴적물이 이동한다. 이것은 해수면 상승이 급속했던 2만 년 전에서 2천 5백만 년 전 사이에, 낮고 좁은 사주섬이 육지 방향으로 이동했던 기간에 탁월하게 나타났던 지형과정과 동일하다. 또한 폭풍해일이 사주섬 저지대의 개발지역을 범람시켰던 1962년 3월 재의 수요일 폭풍과 같은 주요 폭풍 기간에 발생했던 것과 같은 현상이기도 하다.

뉴저지 사주섬들의 배열과 지형은 미 동부해안 전체 사주섬의 발달 경향을 그대로 따르고 있다(Fisher, 1967). 이 책 속표지의 지도에서 보는 바와 같이 사주섬 열과 본토 사이의 간격은 북쪽에서는 협소하고 남쪽으로 가면서 넓어진다. 사구섬의 열은 몬마우스 카운티의 중간부분에서 시작한다. 북쪽에서는 본토에서 연안 방향으로 사취, 즉 샌디훅이 짧게 뻗어 있다. 남향으로는 길고 좁은 사주섬으로 이어지다가 하류에서는 짧은 북채 형태의 사주섬들이 나타난다. 남쪽의 백베이(backbay)[2)]에는 비교적 광범위한 습지와 함께 수많은 조수통로가 형성되어 있다.

해안선은 긴 세월의 자연작용을 반영하여 공간적 다양성을 갖추고 있다. 파랑, 흐름, 바람은 현존하는 해안선에 작용하며 지속적으로 해안지형을 변화시켜 나간다. 해안에는 문화발전의 자취가 뚜렷하며 문화활동은 지형형성과정에 영향을 미치고 있다. 지형과 문화경관은 시간의 흐름과 더불어 변화될 것이다.

뉴저지 해안의 특성과 지역구분

뉴저지 해안지형에 관한 심도 있는 거시적 연구는 없으나, 사주섬 발달이나 역사적 관점의 해안발달에 관한 연구를 통해 전체적인 윤곽을 이해할 수 있다(Nordstrom et al., 1977, 1986). 미 공병단은 지형구역(reach)에 관한 상세한 조사를 기초로 미시적 연구를 진행해왔다. *Limited Reconnaissance Report*(U.S. ACOE, 1990)에는 연구결과에 대한 개관을 소개하고 있다. 이 보고서 이후, 미 공병단은 지형구역별 또는 지역별 연구를 완결시켰거나 진행 중에 있다. 그 구역은 샌디훅에서 마나스콴, 마나스콴 인렛에서 바니갓 인렛, 바니갓 인렛에서 리틀 에그, 브리갠틴 인렛에서 그레이트 에그 하버 인렛, 그레이트 에그 하버 인렛에서 타운센즈 인렛, 타운센즈 인렛에서 케이프 메이 인렛, 그리고 로우어 케이프 메이

2) 해안지역의 작은 하천이 흘러드는 작고 얕은 내만.

메도우스에서 케이프 메이 포인트 등이다. 구역별 보고서에서는 개괄보고(Reconnaissance Report)와 함께 참고문헌 목록, 도표화된 정보가 수록되어 있다.

뉴저지 주에서도 해안선의 변화에 관련된 중요한 자료를 작성해오고 있다. 해안선지도사업은 환경보호국의 소관으로 자료의 수집, 저장, 수정, 공간정보 분석 등을 지리정보시스템으로 접근하고 있다. 이러한 GIS를 통해 지난 150년간에 걸친 해안선 이동 경향을 추적할 수 있게 되었다. 뉴저지 해안단면 네트워크(New Jersey Beach Profile Network: NJBPN)의 일환으로 1986년부터 해안선을 따라 대략 1마일 간격으로 매년 해빈단면을 측량하고 있다. 사구로부터 수심 15~20피트에 이르는 범위가 측정되고 있으며, 단면자료의 축적으로 매년 일어나는 변동과 전반적 경향을 구분해낼 수 있게 되었다. 뉴저지 지질조사소는 단면으로부터 추출한 정보를 바탕으로 사질퇴적물의 체적변화를 상세하게 조사해오고 있다(Uptegrove et al., 1995).

지형지역

뉴저지 해안은 대체로 5개의 넓은 지형단위로 구성되어 있다(Nordstrom et al., 1977). 이러한 구분은 대륙 주변에서 해안작용이 발생해온 결과이다. 해안지형과 이에 관련된 서식환경, 그리고 퇴적물의 이동방향과 운반 등이 어우러져 서로 구분되는 경관단위를 이루고 있다. 샌디훅에서 케이프 메이 포인트까지의 해안지역을 다섯 단위로 구분하면 다음과 같다.

사주 사취

- 북부 사주 스핏 — 길이 16km
- 북부헤드랜드 — 길이 30km
- 북부 사주섬군 — 길이 67km

- 남부 사주섬군 — 실이 80km
- 남부헤드랜드 — 길이 5km

지형학적 구분을 기준으로 한 이 다섯 개의 지역은 다시 13개의 해안구역(Oceanfront compartment) 또는 지형구역(reach)으로 나뉜다(그림 2.10). 앞서 간략하게 설명한 지형구역은, 그 지역에 작용하는 지형형성작용의 조합에 따라 구분된다. 자연적 특성, 지형작용과 이에 따른 형태가 지형구역의 특성을 결정한다. 많은 경우에 조수통로가 해안을 따라 일어나는 퇴적물 순환셀(Cell) 또는 연안 셀(Littoral Cell)을 나누고 있기 때문에 지형구역의 경계가 되고 있다.

지형구역마다 상이한 지형 조합(geomorphological association)과 침식/퇴적 패턴이 형성되어 있다. 뉴저지해안보호종합계획(New Jersey Shore Protection Plan, 이하 NJSPMP로 칭함)에서는 해안의 침식률을 1등급에서 4등급으로 분류하였다(NJDEP, 1981). 지형구역 내의 특정한 부분에서 발생하는 탁월한 침식과 퇴적을 기록하고 있으며 침식률 등급의 범주는 다음과 같다.

- 침식 Ⅰ등급 — 심각한 침식
- 침식 Ⅱ등급 — 뚜렷한 침식
- 침식 Ⅲ등급 — 보통수준의 침식
- 침식 Ⅳ등급 — 침식이 없음

지형구역의 경계는 폐쇄시스템에서 보는 바와 같이 완전히 차단되어 있지 않다. 즉, 조수통로는 절대적 경계라고 할 수 없다. 즉, 퇴적물이 조수통로를 넘어서서 통과할 수 있다. 조수통로는 양측의 지형구역과 상호작용하는 역동적인 부분이기 때문이다. 도류제가 설치된 조수통로는 퇴적물수지의 관점에서 상하류에 긍정적(양의) 영향과 함께 부정적(음의) 영향을 미친다.

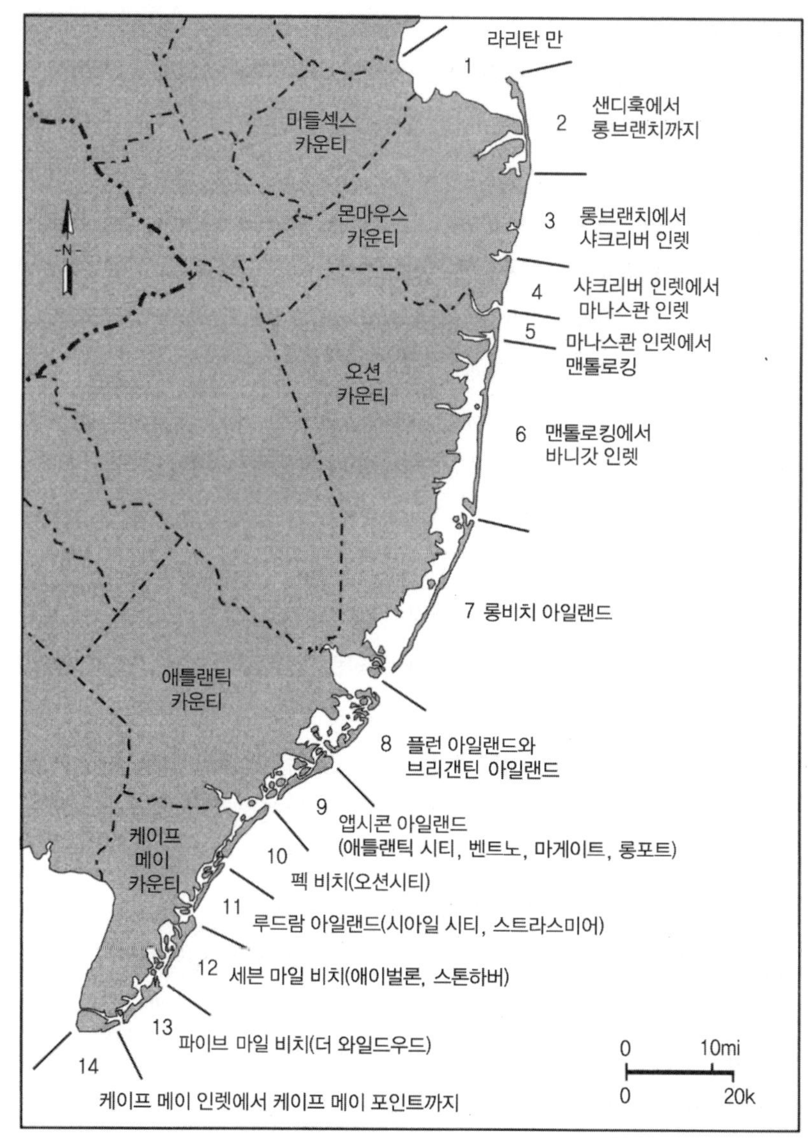

그림 2.10. 뉴저지 해안의 지형구역(NJDEP, 1981).

그러나 도류제가 설치되어 있지 않은 조수통로는 퇴적물을 저장하거나 방출하며 인접 해안과 상호작용을 일으킨다. 조수통로는 경계라는 편의성을 제공하는 동시에 미시적 수준에서는 해안작용의 변화가 일어나는 곳이기도 하다. 즉, 퇴적물의 이동을 일으키는 조석, 파랑, 그리고 파랑이 일으키는 흐름이 드나드는 곳이기 때문이다.

이 책에서 다루는 지형구역은 NJSPMP에 따른 것이다. 라리탄 만에서 샌디훅에 이르는 지형구역 1, 케이프 메이 포인트에서 펜스랜딩에 이르는 지형구역 15, 그리고 펜스 랜딩에서 트렌톤에 이르는 지형구역 16은 NJSPMP에서 만과 하도로 나타나기 때문에, 대서양 해안선재평가보고서(Psuty et al., 1996)에서 생략되었다. 이 책에서도 그 예에 따라 13개의 지형구역을 다루기로 한다.

지형구역 2. 샌디훅에서 롱브랜치
지형구역 3. 롱브랜치에서 샤크리버 인렛
지형구역 4. 샤크리버 인렛에서 마나스콴 인렛
지형구역 5. 마나스콴 인렛에서 멘톨로킹 자치읍
지형구역 6. 멘톨로킹 자치읍에서 바니갓 인렛
지형구역 7. 바니갓 인렛에서 리틀 에그 인렛
지형구역 8. 리틀 에그 인렛에서 앱시콘 인렛
지형구역 9. 앱시콘 인렛에서 그레이트 에그 하버 인렛
지형구역 10. 그레이트 에그 하버 인렛에서 코슨스 인렛
지형구역 11. 코슨스 인렛에서 타운센즈 인렛
지형구역 12. 타운센즈 인렛에서 히어포드 인렛
지형구역 13. 히어포드 인렛에서 케이프 메이 인렛
지형구역 14. 케이프 메이 인렛에서 케이프 메이 포인트

연안관리에서 지형구역의 개념

연안관리의 맥락에서 지형구역이란 자연과정, 퇴적물운반시스템, 그리고 지형을 유기적으로 조직하는 수단이다. 비교적 단순한 개념을 이용하여 지형구역의 경계를 새로 정의하면 지형구역의 수를 조정할 수도 있다. 지형구역의 개수 자체는 중요하지 않지만, 연안관리에서 해안을 통합적 관점에서 접근할 수 있도록 연안지역을 나누고 조직할 수 있다는 데 의미를 갖는다.

반면에 연안지역을 행정단위로 나누면 퇴적물 순환 셀이라는 자연과정을 인위적으로 나누는 결과를 초래할 수 있다. 해안작용의 공간적 조합과 그 크기는 지형구역에 따라 독특하고 행정구역과는 무관하기 때문에, 해안관리에 지형구역적 접근을 선택하는 것이 현명하다. 지형구역 개념은 해안침식방지계획이 인접 해안지역에 미치는 악영향, 예컨대 하류효과(downdrift effect)를 줄일 수 있는 잠재력이 있다.

이러한 악영향이 외부효과로 간주되고 한 개인이나 한 지역공동체의 행위가 다른 사람이나 공동체에 미치는 영향이 고려되지 않기 때문에 타인이나 타 공동체의 사회적 비용이 증가한다. 이러한 문제를 피하기 위해서는 보다 넓은 지역적 차원에서 효용성을 갖는 전략을 세워야 한다. 이러한 전략에는 해안작용과 퇴적물 이동, 해빈-사구의 상호작용, 인위적 간섭 등 여러 현상이 영향을 미치는 공간적 범위가 반영되어야 한다.

다음에 설명되는 내용은 1995년 또는 1996년까지의 뉴저지 해안에 관한 것이다. 몇몇 경우에서는 그 이후의 양빈사업으로 해빈이 확장되고 구조물이 토사로 덮이기도 했다. 양빈은 연안관리대책에 포함시켰지만 양빈으로도 퇴적물 공급 부족을 초래한 조건을 변경시키지는 못했다. 해안선 특성의 장기적 경향과 함께 단기 관리대책에도 주의를 기울일 필요가 있다.

북부헤드랜드

뉴저지 해안지형의 발달은 북부 해안의 대륙부에서 시작된다. 몬마우스 카운티의 대서양 해안 대부분은 해양에 직접 노출된 대륙 가장자리로 구성되어 있다. 이 부분의 해안은 침식지형의 기반암 곶으로 6~7m 높이의 해안절벽을 이루고 있다. 뉴저지의 동단을 구성하고 있다. 이와 같이 비교적 낮은 돌출부는 뉴저지 해안의 독특한 요소로서 북부헤드랜드를 형성하고 있다. 북부헤드랜드는 지형구역 3과 4로 나뉜다.

지형구역 3: 롱브랜치에서 샤크리버 인렛까지

지형구역 3은 북부헤드랜드를 점하고 있다. 롱브랜치에서 샤크 리버 인렛까지 41.5km에 이르며, 롱브랜치 시티, 딜 자치읍, 알렌허스트 자치읍, 로크아버 빌리지, 애쉬베리 파크 시티, 오션 그로브(넵튠 타운십), 에이번 바이더 시 자치읍 등의 지역공동체가 자리 잡고 있다. 이 지형구역은 해식애가 특징적이며 연안퇴적물(연안표사) 이동방향은 북향이 우세하다. 해식애가 가장 높은 곳은 롱브랜치와 딜 사이로 약 7m의 높이이며, 이 지점으로부터 남북으로 이행하면서 낮아진다.

해식애 마루는 해안선에 수직 방향으로 달리는 하곡과 만나면서 곳곳에서 끊어져 있는데, 패인 하곡은 해안절벽에서 내륙으로 확장되어 있다. 하곡가운데 몇몇은 그 곡저가 현재의 해수면보다 낮기 때문에 담수호를 이루고 있다. 이 경우 샌드릿지(만입구 사주)가 해안선의 전면을 막고 있기 때문에 하천이 바다로 직접 유입할 수 없다. 딜레이크, 렉 폰드나 그 밖의 하곡은 폭풍 직후 바다로 열려 있지만, 하천의 유량이 조수통로를 유지할 만큼 충분하지 못하기 때문에 폭풍 이후 파랑의 활동으로 곧 막힌다. 샤크 강을 제외하고는 대부분의 하곡은 규모가 작기 때문에 조석(해수교란)이 일어나지 않는다.

지형구역 3에서는 오랫동안 외해빈 방향이나 연안류를 따라 퇴적물이

그림 2.11. 해안에 설치된 돌제와 그 밖의 해안구조물. 침수된 계곡에 호수가 형성됨. 뉴저지 주 알렌허스트-에스버리 파크.

유실되어왔기 때문에, 해식애가 존재할 뿐 넓은 천연상태의 해빈은 발달하지 못했다. 그러나 1990년대 중·후반에 뉴저지 주정부의 양빈계획에 따라 외해빈으로부터 수백만 입방야드의 토사를 해식애 기저부에 공급하였다. 1996년부터 1999년 사이에 두 번의 양빈사업을 통하여 폭 30m, 평균저조위를 기준으로 3m 높이의 해빈을 조성하였다. 롱비치 지역은 380만 입방야드, 애쉬베리 파크에서 샤크리버 인렛 사이의 해안에는 260만 입방야드가 공급되었다. 퇴적물 부족을 겪었던 시스템에 퇴적물을 입력함에 따라 해안의 상태가 크게 달라졌다. 그러나 이 지역의 침식 경향은 계속될 것이고, 새로 공급된 토사도 계속 침식될 것이다. 그러나 침식과정에는 시간이 소요되기 때문에, 이 기간 동안 북부헤드랜드의 해식애지대는 1996년 이전과는 달리 넓은 폭의 인공해빈을 갖추고 있을 것이다. 이와 같은 대규모 양빈 이전에는 해빈의 폭이 남쪽에서 넓었고 북으로 갈수록 협소했었다. 예컨대 롱비치의 해빈은 매우 좁았고, 웨스트 엔드와 알렌허스트 사이에는 해빈이 없었다. 해빈의 폭은 오션 그로브에서 점차 넓어지다가 샤크리버 인렛 도류제의 북측에서 다시 좁아졌다. NJBPN(Farrel et al. 1994, 1995, 1997, 1999: Update et al. 1995)에 따르면, 이들 해빈은 침식이나 퇴적과정에서 급속한 변화도 만성적인 경향도 보이지 않았다. 환언하면, 해식애 해빈에서 나타나는 특징 때문에 이동 가능한 토사의 양이 극히 빈약했기 때문에 증분이나 결손분이 없었다.

지형구역 3에서는 여러 가지 해안선 안정대책과 관리가 이루어지고 있다. 해안선에 수직 방향으로 축조한 돌제, 해안제방, 사석호안, 해식애 전면의 수직벽 또는 가호안, 가항 조수통로 측면의 도류제 등이 적용되어왔다. 한편, 지형구역 2에 축조한 해안제방이 남쪽으로 지형구역 3까지 연결되는데, 세븐 프레지던트 주립공원 주변에 있는 롱브랜치 시티 오션애비뉴 404번지 북측에서 끝난다. 공원에는 해안선에 대해 수직 방향으로 세운 구조물은 없지만, 사석 호안구조물과 가호안의 강구조 호안이 롱브랜치 오션애비뉴 북측 경계에서 시작하여 남으로 웨스트엔드까지 연결되어 있다. 딜과 알렌허스트에도 딜의 알링톤애비뉴를 제외한 대부분의 해안선에 돌제와 가호안, 사석호안이 설치되어 있다. 애쉬베리 파크부터 남쪽으로는 목재로 구성된 가호안이 인공구조물의 주를 이루고 있다. 이 가운데 극히 몇몇은 암석 기초를 적용하고 있다. 1986년부터 1992년 사이에는, 알렌허스트의 소규모 양빈사업을 제외하고는 양빈이 거의 이루어지지 않았다.

알렌허스트와 딜 사이에는 매우 긴 돌제가 설치되어 있기 때문에 퇴적물이 북쪽으로 이동하는 것을 억제하고 있다. 이로 말미암아 딜의 해식애에는 침식이 가중되고 있으며 퇴적물의 양이 극히 제한적이기 때문에 돌제 남측에 수백피트 폭의 해빈이 있을 뿐이다. 돌제 북측에는 뭍으로 드러나는 해빈(dry beach)이 없다. 해식애 가장자리의 작은 만입지형에는 포켓비치가 형성되어 있다. 롱브랜치의 세븐 프레지던트 주립공원에서 보는 바와 같이

그림 2.12. 뉴저지 주 롱브랜치의 해안. 사주섬이 없는 곳으로 다수의 돌제와 피복공이 해안을 직선화하고 있다. 연안류는 북향을 나타내고 있다.

포켓비치의 이용빈도는 매우 높다.

지형구역 3에는 최근 연립주택(town house)과 아파트 단지가 들어서고 있다. 롱브랜치 해안제방의 낮은 해식애 위에도 사정은 유사하다. 딜의 토지 이용은 해식위에 개발된 단독주택지가 특징적이다. 해안지역에도 점차 1년 내내 상주하는 인구(가옥)가 늘어가고 있다. 해안에는 공한지가 거의 대부분 사라졌다. 다만, 시정부의 해빈 클럽과 사적인 해빈 클럽, 그리고 세븐 프레지던트 주립공원이 공공의 공한지로 남아 있을 뿐이다.

롱브랜치 시티 롱브랜치의 해안선은 6.8km에 이른다. 1981년 타카니시 호의 남쪽 지역은 침식 I등급으로, 북쪽은 침식 II등급으로 분류되었다. 이 시에는 길이 약 60m에서 150m에 이르는 34기의 돌제와 5기의 T 형 돌제가 설치되어 있다. 해안선을 따라서는 3,180m의 암석과 목재로 구성된 해안제방(가호안)이 축조되어 있다(U.S. ACOE, 1990). 돌제의 재료가 다양한데, 13기는 암석과 목재, 1기는 목재, 23기는 암석, 2기는 암석과 강구조로

그림 2.13. 북부헤드랜드의 침식해안에 적용된 피복공. 좁은 해빈과 해안침식단애로 구성된 만입부가 보인다. 뉴저지주 딜(1994년).

이루어져 있다.

딜 자치읍 딜의 해안선은 2.5km에 이르며, 암석 돌제 사이의 협소한 포켓비치가 특징적이다. 포켓비치의 배후에는 3~6m 높이의 해식애가 둘러쳐져 있다. 해식애는 폭풍기간에 침식을 받으며, 대부분의 경우 해빈 뒤에 해안사구가 존재하지 않는다. 딜 자치읍은 1981년 침식 I등급으로 분류되었다. 단기 해안안정화대책으로 주민들은 해식애 기저부에 콘크리트 사석호안과 가호안을 설치했다. 자치읍은 60m에서 180m에 이르는 10기의 돌제를 설치했는데, 이 가운데 6기는 암석으로, 4기는 암석과 목재로 구성되어 있다. 호안구조물은 암석, 암석-강구조 등으로 이루어져 있고, 210m, 200m, 그리고 450m의 3부분으로 나누어져 있다. 가호안의 높이는 7m, 길이는 150m에 달한다.

로크 아버 빌리지와 알렌허스트 자치읍 2기의 긴 돌제 사이에 위치한 로크 아버와 알렌허스트의 해안선은 매우 짧기 때문에 이들 지역공동체의 해안은 하나의 단위로 거동한다. 알렌허스트의 해안은 0.4km, 로크 아버의 해안은 0.3km에 불과하지만, 각각의 해빈단면은 상이하다. 알렌허스트와는 달리 로크 아버는 해빈 배후에 식생으로 피복된 해안사구가 있다. 이들 해빈은 1981년 침식 I등급으로 분류되었다. 알렌허스트에는 2기의 돌제가 있는데, 각각 암석구조와 암석-목재구조로 이루어져 있다. 알렌허스트에는 길이 450m, 높이 6.5m의 콘크리트 가호안이 설치되어 있다.

애쉬베리 파크 시티 애쉬베리 파크의 해빈 길이는 1.5km에 이른다. 양빈 이전에는 후빈고도가 1.0m로 매우 낮았기 때문에 폭풍파가 빈번히 사질퇴적물을 도로까지 밀어올렸다. 비교적 긴 돌제의 직하류에서는 침식이 일어나 해안선이 내륙으로 들어가 있다. 이 돌제는 사석경사제로 보강되었지만 기저부 아래에 침식이 발생하고 있다. 협소한 해빈에는 사구시스템이 존재하지 않는다. 폭풍해일의 침입을 대비한 가호안과 그 위에 목도가 설치되어 있다. 애쉬베리 파크에는 5기의 돌제가 설치되어 있는데, 그 가운데 하나는 L자형으로 파라마운트 컨벤션 홀 앞에 축조되어 있다. 5기 가운데 3기는 암석, 2기는 암석-목재로 구성되어 있고 길이는 170~185m에 달한다.

오션 그로브(넵튠 타운십) 오션 그로브에는 길이 0.9km 미만의 해빈이 있고 해빈 뒤에는 식생과 울타리로 보전된 작은 사구시스템이 있다. 오션 그로브는 135~165m에 이르는 4기의 암석-강구조의 돌제를 가지고 있다. 이 가운데 2기에는 연안류와 퇴적물이 이동할 수 있는 10m 내외의 개구가 설치되어 있다(U.S. ACOE, 1990).

브래들리 비치 자치읍 1.6Km에 약간 미달하는 브래들리 비치에는 샤크리버 인렛에 설치된 비교적 긴 도류제의 영향으로 연안퇴적물 고갈 상태가 나타나고 있다. 도류제가 북향의 연안퇴적물 이동을 차단하고 있기 때문이다. 1981년 브래들리 비치는 침식 I등급으로 분류되었다. 이곳에는 3기의 긴 암석 돌제와 함께 황폐화된 채 방치되어 있는 다수의 목재 돌제가 발견된다. 돌제에는 연안류가 통할 수 있도록 개구를 만들었고 길이도 줄였다. 목재구조를 지지하기 위해서 해빈 쪽의 돌제 말단부는 암석으로 보강되었다.

사구는 없지만 1999년에 계획된 양빈사업에는 사구시스템의 조성이 포함되어 있다. 1992년 대규모 폭풍피해 이후, 이전의 위치에서 내륙으로 12m 이동시켜 파티오 블록의 목도를 설치하였다. 이것은 해양에 노출된 해안에서 반복적으로 일어나는 피해를 저감시키기 위해 시정부가 수행한 선택적 해안선조정(기획후퇴)의 좋은 본보기라고 할 수 있다.

에이번 바이 더 시 자치읍 이 자치읍의 해안선은 0.8km이며, 샤크리버 인렛의 직상류에 위치하고 있다. 이곳의 해빈은 매우 협소하며 사구시스템이 결여되어 있다. 샤크리버 조수통로의 북측에 도류제가 설치되어 있고 4기의 긴 돌제가 축조되어 있다. 도류제는 188m에 이르고, 돌제는 58m에서 187m의 길이를 가지고 있다. 낮은 해식애 앞부분의 양빈사업이 2000년에 계획되어 있다.

지형구역 4: 샤크리버 인렛에서 마나스콴 인렛까지

샤크리버 인렛에서 마나스콴 인렛에 이르는 지형구역 4는 길이가 약 9.4km에 이르며, 토지이용은 주로 주택지와 상업지로 구성되어 있다. 벨마아 자치읍, 스프링 레이크 자치읍, 시거트 자치읍, 그리고 마나스콴 자치읍이 입지하는 이 구역은 지형적으로 뉴저지 해안선 북부헤드랜드의 연장이다. 지형구역 3과 같이 연안류의 방향은 북향이 탁월하고 해안은 2~5m 높이의 낮은 해식애로 이루어져 있다. 기저부에는 사질퇴적체가 나타난다.

이 지점에서 북쪽으로 샌디훅까지의 범위에서 가장 폭넓은 해빈이 샤크리버 인렛의 남쪽 지역에서 발견된다. 조수통로에 설치된 도류제는 북으로 향하는 많은 양의 퇴적물을 차단하고 있다(그림 2.14). 1990년대 후반의 양빈사업 이전에는, 벨마아 해안 남쪽 부분의 해빈은 좁았고 스프링레이크와의 경계부분에서 최소의 폭을 갖고 있었다. 해빈 폭은 마나스콴과 시거트 사이에서도 협소했다. 지형구역 4에는 해안을 따라 작은 규모의 해안사구 시스템이 이어져 있다. 벨마아의 낮고 좁은 식생피복의 사구가 해빈 뒤의 목도를 따라 이어지다가 남쪽의 코모 호 근처에서 끝난다.

스프링레이크의 해식애 말단과 내셔널가아드비이치(군부대 주둔지로 시거트와 마나스콴 사이의 주정부 소유의 해안)를 사구가 덮고 있다. 마나스콴에는 원래의 전사구가 아직 건재하지만, 대부분 주택이 들어서 있다. 1980년대에 마나스콴 목도에 새로운 인공사구가 조성되었다.

이 지형구역에는 전역에 다양한 구조물이 설치되어 있다. 해안선 거의 전체에 걸쳐 가호안이 설치되어 있고 양측 경계의 조수통로에는 도류제가 축조되어 있다. 돌제는 어느 곳에서나 찾을 수 있으며, 해안단애의 기저부에서 해양을 향해 뻗어 있다. 해식애 전면에 사빈을 조성하기 위해 550만 입방미터의 토사가 사용된 양빈산업이 1997년부터 1999년 사이에 걸쳐 수행되었다. 1994년 7월 스프링레이크의 남쪽 지역에 실험적으로 잠제가 설치되었으나 양빈사업 이전에는 뚜렷한 해빈퇴적이 일어나지 않았다.

샤크리버 인렛 지형구역 4의 최북단인 샤크리버 인렛은 조수통로 입구로부터 해양에 이르는 수로의 사행화를 막기 위한 것이었다. 20세기 초 암석 도류제의 축조를 통해 안정화되었다. 도류제의 상류인 남측에는 퇴적이 눈에 띄게 일어나는 반면, 하류인 지형구역 3에는 퇴적물 고갈이 일어나 침식이 가속되고 있다.

그림 2.14. 샤크리버 인렛의 도류제로 유발된 해빈확장. 상류에 돌제가 설치되어 있고, 침수하곡에 호수가 자리 잡고 있다. 뉴저지 주 벨마아의 노덜리 드리프트

그림 2.15. 좁은 해빈이 내륙과 해빈 위의 보도와 인접해 있다. 사구가 해안과 육지의 연결부를 덮고 있다. 침수하곡에 호수가 형성되어 있다. 뉴저지 주의 스프링레이크

벨마아 시 벨마아 해안에는 비교적 낮은 고도의 해식애가 2.3km에 걸쳐 전개된다. 해식애 앞의 해빈은 돌출한 도류제 주변 북단에서 폭이 가장 넓다가 남쪽으로 이행하면서 좁아지고 있다. 코모 호는 대서양으로 뻗어나갔던 대륙의 하곡이 침강하면서 발달한 전형적인 익곡(溺谷)이다. 1981년에 샤크리버 인렛에서 남부 벨마아의 코모 호에 이르는 해안은 침식 III등급지로 코모 호 앞의 해안은 침식 II등급지로 분류되었다. 벨마아의 해안구조물로는 4개의 암석 돌제와 1개의 도류제가 있다. 182m에서 190m에 이르는 돌제에는 개구가 있어 연안류가 통한다. 도류제의 길이는 270m이다.

스프링레이크 자치읍 스프링레이크 자치읍의 해안선은 3.2km에 달한다. 북단의 협소한 해빈에는 낡아서 더 이상 기능을 못하는 가호안이 발견된다. 낮은 해식애를 해안사구 시스템이 덮고 있으며, 사구전면에는 목도가 설치되어 있다. 몇몇 구간의 목도 전면에는 지름 약 1m의 콘크리트 디스크가 옹벽의 형태로 연결되어 있다. 이 구조물은 이안제와 같이 퇴적에 별다른 도움이 되지 못하고 있다. 1981년 스프링레이크는 침식 III등급지로 분류되었다. 이 구역에는 150m~195m 길이의 11개의 돌제가 설치되었다(U.S ACOE, 1990).

시거트 자치읍 시거트의 해안선은 2.3km에 달한다. 1999년의 양빈사업 이전에는 중앙부분의 해안단애 고도가 5m 정도였다. 단애는 남북으로 이행하면서 약간 낮았다. 해안단애는 토사로 덮혔고 특히 남측 말단부는 사구시스템과 유사해졌다.

시거트 북부에는 해빈으로부터 일정한 거리를 두고 건물이 세워져 있다. 몇몇 공동체에서는 주거건물로부터 바다 쪽으로 하부구조와 목도가 설치되어 있다. 중앙부 낮은 해안단애 전면의 해빈 위에 목도가 설치되어 있다.

1981년 시거트는 침식 II등급지로 분류되었다. 시거트에는 6개의 암석 돌제와 7개의 목제돌제가 있고, 내셔널 가드 주둔지의 해변에는 3개의 암석 돌제와 1개의 목재 돌제가 있다(U.S. ACOE, 1990). 그 길이는 36m에서 170m에 이른다.

마나스콴 자치읍 마나스콴은 지형지구 4의 최남단에 위치한 공동체로 1.6km의 해빈을 가지고 있다. 해빈의 폭이 협소한데 이는 마나스콴 인렛에 설치된 도류제의 영향을 받았기 때문이다.

이 지역의 지형학적 특징은 시거트와 포인트 플레즌트를 연결해주고 있는 만입구 사주섬(baymouth barrier islands)으로 대표되며 사주섬은 규모가 큰 만입지형을 가로지르고 있다. 만은 마나스콴 강을 통해 대서양으로 연결되어 있고, 이 하천의 수로는 비교적 긴 도류제로 유지되고 있다. 수로는 바니갓 베이의 북쪽으로 연결되어 있다. 만입구 사주섬의 바다 쪽에는 아스팔트 도로가 설치되어 해빈-사구 구역과 상업·주택지구를 구분짓고 있다(그림 2.16). 마나스콴 도류제와 북으로 흐르는 연안류의 영향으로 말미암아 도류제의 직하류(북측) 해빈은 경사가 급하고 협소하다.

1981년 마나스콴은 침식 II등급지로 분류되었다. 마나스콴에는 해안을 따라 사질퇴적물을 유지하기 위한 목적으로 12개의 돌제가 설치되어 있고, 조수통로에 설치된 긴 도류제로 말미암아 하류에는 퇴적물 고갈이 발생하고 있다. 돌제 가운데 3기는 암석, 1기는 암석-목재, 그리고 3기는 암석-강구조로 이루어져 있다(U.S. ACOE, 1990). 돌제의 길이는 45m에서 166m이며, 도류제는 313m에서 375m에 이른다.

북부의 사주 사취

샌디훅의 사취는 북부헤드랜드의 침식산물과 외해빈으로부터의 퇴적물이 지속적인 흐름을 따라 북쪽으로 운반되어 형성된 것이다.

그림 2.16. 보도와 인공사구. 경사가 급한 해빈에 구조물이 설치되어 있다. 뉴저지 주 마나스콴(1995).

이전에는 내비싱크 강과 쉬류스베리 강 유역의 퇴적물이 사취를 통과했던 조수통로를 통해 해양으로 이동했다. 20세기 초 대규모 해안제방의 축조가 시작되어 조수통로가 막히게 됨에 따라 사취가 연결되었다. 한편, 조수통로를 따라 유입하던 이 지방의 하천퇴적물이 차단되었고, 해안제방 외측의 해빈은 사라졌다. 1994년에서 1996년까지 790만 입방야드의 퇴적물이 양빈에 사용되어 해안제방의 전 구간에 해빈이 조성되었다. 몬마우스 비치와 시브라이트의 두 공동체가 사취의 근저에 입지하고, 게이트웨이 국립유원지의 샌디훅 부분은 국립공원사무소가 운영하고 있다. 북부의 사주 사취가 지형구역 2를 구성하고 있다.

지형구역 2: 샌디훅에서 롱브랜치까지

지형구역 2가 뉴저지 해안의 북단부를 이루고 있다. 롱브랜치의 경계에서 샌디훅의 북단까지의 길이는 17.9km에 달한다. 롱아일랜드와 뉴잉글랜드

그림 2.17. 롱브랜치에서 내륙과 연결된 샌디훅 사취. 시브라이트와 몬마우스 해안개발지역. 돌제를 갖춘 해안제방이 바다 쪽으로 사취의 외곽을 두르고 있다.

의 보호효과로 말미암아 이 지역의 파랑은 연중 동쪽이나 남동쪽으로부터 입사하는데, 남동쪽이 더 우세하다.

이러한 조건으로 퇴적물을 운반하는 연안류는 주로 북쪽으로 흐른다. 오랫동안 이 흐름은 북부의 헤드랜드 해식애의 침식산물과 외해빈으로부터 유입하는 퇴적물을 라리탄 만으로 운반해왔고, 이에 따라 샌디훅이 길게 형성되었다(그림 2.17).

샌디훅과 북부헤드랜드에 연결되어 있는 부분은, 퇴적물 공급, 폭풍효과, 내비싱크 강과 쉬류베리 강의 유량 등의 변동에 따라 확대와 축소를 반복해왔고 사취를 뚫고 지나가는 조수통로도 개폐를 경험해왔다. 이에 따라 샌디훅은 섬을 이루기도 했었고, 현재와 같이 북부헤드랜드에 연결되기도 했다.

지형구역 2의 대부분은 퇴적물 고갈상태에 있다. 퇴적의 역사를 가지고 있는 곳은 샌디훅 말단의 북서부분이 유일하다. 사취의 단절을 막고, 사취의 폭이 가장 협소한 남쪽부분과 해안철도를 보호하기 위하여 4.6m 높이의 해안제방이 20세기 초에 시작하여 1926년에 완성되었다. 몬마우스 비치의 2.6km와 시브라이트의 5.9km에 걸쳐 해안제방이 연결됨에 따라 현재 이 지역의 지형형성과 상황에 큰 영향을 미치게 되었다. 이 부분에서 일어난 인위적 해안선 조작은, 해안선 변동의 긴 기록과 안정화 문제를 극복하기 위해 경주된 많은 노력 때문에 전 세계의 해안지형학자들에게 널리 알려져 있다.

해안제방 외측의 양빈은 수많은 안정화사업 가운데 가장 최근에 수행된 것으로 모니터링이 진행되고 있다. 지형구역 2에는 경성호안 구조물이 주류를 이루고 있다. 해안제방이 설치된 이후 100년 가까이 지나면서 수많은 수리와 수선을 겪어왔다. 북으로 흐르는 퇴적물을 차단하기 위해서 다양한 크기와 형태의 돌제가 해안제방에서 해양 방향으로 설치되었다. 샌디훅 국립공원에는 5기의 목재 돌제와 6기의 암석 돌제가 30m에서 182m의 길이로 설치되어 있다. 시브라이트에는 길이 48m에서 182m의 돌제 25기가 설치되어 있는데, 6기는 암석, 12기는 목재, 4기는 암석-목재, 3기는 암석-강재로 만들어져 있다(U.S. ACOE, 1990). 경우에 따라 돌제와 연결된 구석에 포켓비치가 형성된다.

해안의 긴 연장에서 파랑에너지를 차단하거나 소산시키는 해빈이 없기 때문에 해안제방에서 직접 쇄파가 일어나고 있다. 일단 해안제방이 축조되면, 사취의 수면 아래 부분이 침식을 받고 침식산물이 해양 쪽으로 이동된다. 이에 따라 외해빈의 수심이 깊어지고 해빈의 수변경사가 급해지며, 해안제방을 지지하던 기저부 퇴적물이 유실되어 해안제방의 토대가 훼손된다. 이러한 훼손에 폭풍조건이 가세하여 곳곳에서 해안제방이 붕괴되어왔다.

해안제방이 건설된 1926년 이전에는 현재 해안제방 말단부의 하류지역, 즉 국립공원의 게이트웨이 국립유원지가 위치한 사취 부분은 그 폭이 매우 넓었다(그림 2.18). 최근 수십 년간 이 부분에서 침식이 심하게 진행되어왔고

그림 2.18. 게이트웨이 국립유원지 샌디훅 지구. 좁은 샌디훅 사취. 사진 중간 부분(크리티칼 존)의 해변에 해안제방이 설치되어 심각한 침식을 유발시키고 있다.

1978년에는 사취가 끊어질 위기에 놓이게 되었다.

1978년 오버워시가 처음으로 여러 번 일어났고 도로가 유실되고 사취가 단절될 형편이었다. 세 번에 걸친 대규모 양빈사업(1982~1984년에 295만 입방야드, 1989~90년에 250만 입방야드, 1997~1998년에 28만 7천 입방야드)으로 해안제방 말단부 크리티칼 존(critical zone)의 침식부분이 잠정적으로 보강되었다. 그러나 해안선 침식이 진행되어 이와 유사한 위협이 재현될 가능성이 높다. 이 부분은 1981년 침식 I등급지로 분류되었다.

크리티칼 존의 북측은 20세기 동안 비교적 안정적이었고, 퇴적물수지도 균형을 유지하였다. 샌디훅의 북서 말단부에는 퇴적이 진행되어 샌디훅 수로와 라리탄 만으로 확장되고 있으며, 해로는 자주 준설되고 있다.

시브라이트-몬마우스 비치의 해안선은 수십 년 동안 해안제방의 기저부로 구성되어 있었다. 1994년에서 1996년 사이에 폭 30m, 해발고도 3m의 해빈을 조성하는 양빈사업이 수행되었다(그림 2.19). 1981년 이 두 지역은

그림 2.19. 해안제방의 바다 쪽으로 양빈이 실시됨(1994~1996). 뉴저지 주 시브라이트.

침식 I등급지로 분류되었다.

크리티칼 존 북쪽의 국립공원에는 잘 발달된 사구지역들이 있다. 전사구의 일부는 천연상태이고 몇몇은 국립공원 관리자들이나 해안경비대 또는 국방부에서 조성한 인공사구다. 높이 6~7m의 자연사구 몇 개가 샌디훅의 북부를 가로질러 지나가고 있다. 이들 사구열은 독특할 뿐 아니라 잘 보전되어 있어 샌디훅의 지형발달사에 중요한 의미를 지닌다.

시브라이드 해안신 진체와 몬마우스 비치 해안신 일부에 걸쳐서 양빈 해빈의 육지 쪽 가장자리를 따라 식생피복이 이루어진 고도 1m 내외의 낮은 사구열이 형성되어 있다. 샌디훅 공원 인근의 시브라이트는 휴양도시이다. 중심부에는 주택지와 함께 상업지가 집중되어 있다. 최근에는 연립주택과 콘도미니엄 단지가 들어서고 있으며, 연중 상주하는 주택이 늘어나는 경향이다. 고도는 해안제방의 4.6m를 제외하고는 1~3m로 매우 낮으며 해안제방 전면의 해빈에도 불구하고 범람이 빈발하고 있다. 몬마우스 비치는 주택지로 구성된 공동체이며, 시브라이트에서와 같이 연립주택과 아파트 단지가 개발되고 연중 상주주택이 눈에 띄게 늘어나는 추세이다.

북부 사주섬군

북부헤드랜드에서 남쪽으로 진행하면, 뉴저지 해안의 주요 지형적 특성의 하나인 북부 사주섬군이라고 불리는 길고 폭이 좁은 사주섬 열이 나타난다. 이곳에서부터 뉴저지의 사주섬 시스템이 시작된다. 과거에 여러 개의 섬으로 갈라놓았던 조수통로들의 흔적이 발견되는 두 개의 긴 사주섬이 시스템의 시작이다. 사주섬에는 한때 큰 규모의 사구시스템이 있었던 흔적이 남아 있다. 현재는 주택지와 관광시설의 개발로 완전히 변형되었다. 사빈에 많은 돌제가 남아 있어 해안고정을 위한 노력이 잘 드러나 있다. 아일랜드 비치 주립공원의 지형에서 인위적 변형 이전의 사주섬이 가지고 있었던 자연환경의 특성을 찾아볼 수 있다. 이 지역은 지형구역 5, 6, 7로 구성되어 있다.

지형구역 5: 마나스콴 인렛에서 멘톨로킹 시까지

지형구역 5는 마나스콴의 조수통로에서 멘톨로킹까지의 연장으로 북부헤드랜드에서 긴 사주섬 사이의 점이지대를 구성하고 있다. 마나스콴 인렛 인근지역은 침식이 심하게 일어난 북부헤드랜드 부분으로 깊은 만입지형들로 이루어져 있다. 만입지형의 해양 측 가장자리에서부터 사주섬이 시작된다.

본토의 육지는 남서방향을 달리는 반면에 사주섬을 남북방향을 가지고 있기 때문에 남쪽으로 진행하면서 육지로부터 완전히 분리되기 시작하며, 본토와 사주섬 사이에는 바니갓 베이가 자리 잡고 있다. 이 지형구역의 길이는 4.9km이며, 포인트 플레즌트 비치 자치읍과 베이헤드 자치읍이 자리 잡고 있다. 이 구역의 해안지역은 마나스콴 인렛 도류제의 상류를 제외하고는 협소한 해빈 폭을 가지고 있고 해빈의 경사가 급한 특성을 나타낸다.

포인트 플레즌트 비치 자치읍의 해안단애 지역은 개석이 심하게 진행되어 있고, 고도는 0~2m에 불과하다. 해빈과 사구의 모래가 해안단애를 덮고 있다. 과거 해안평야의 퇴적물이 해양에 직접 노출되어 있는 뉴저지 해안선 부분에서 베이헤드의 포어시츠 애비뉴는 최남단을 점하고 있다. 포어시츠 애비뉴 이남의 해안선은, 헤드랜드로부터 형성된 사취, 만입구사주섬 (baymaouth barriers), 사주섬 등으로 구성되어 있다.

해안지형들 모두는 각각의 발달을 거치고 모여져서 오늘날 사취와 같은 모습의 반도를 구성하고 있다. 바니갓 인렛에서 끝나는 이 반도를 구성하는 퇴적물은, 헤드랜드의 침식으로 발생한 것과 과거 수천 년 동안 해수면이 상승함에 따라 파랑작용으로 대륙붕에서 서쪽으로 운반된 것이다.

지형구역 5의 사주섬 부분의 해빈은 남쪽으로 가면서 점차 협소해진다. 마나스콴 인렛의 도류제 남측의 모래 퇴적현상을 근거로 판단할 때, 연안퇴적물 순이동은 북쪽으로 일어나고 있다. 뉴잉글랜드의 보호효과가 감소함에 따라, 마나스콴 인렛의 남쪽에서는 연안류의 남쪽 성분이 점차 증가한다. 종래에는 연안퇴적물 이동의 남북 성분이 균형을 보였으나, 점차 남쪽으로의 순이동이 나타난다.

포인트 플레즌트 비치 자치읍 포인트 플레즌트 비치 자치읍의 해빈단면은 2.9km이며, 남쪽으로 갈수록 폭이 좁아진다. 1981년 북쪽은 침식 IV등급지, 남쪽은 침식 III등급지로 분류되었다. 북단의 해빈에서 폭이 최대로 나타나고 사구도 관찰되지만, 레저활동이 심하게 일어나 자연적 발달이 억제되고 있다(그림 2.20). 유원지와 위락시설이 토지이용의 주를 이루고 있다. 목도 외측에 낮은 사구열이 조성되어 있다.

베이헤드 자치읍 베이헤드의 해안은 1.9km로 중간 규모의 해빈 폭을

그림 2.20. 마나스콴 인렛 북부의 넓어진 해빈. 모래가 해안 내륙부 경계에 퇴적됨. 침수된 하곡에는 호수가 형성되어 있음. 남부 사주섬군 시스템이 그림 상단의 육지까지 확장되고 있다. 포인트 플레즌트, 뉴저지.

가지고 있으며, 식생피복과 사구울타리가 잘 정비된 중대규모의 사구시스템이 나타난다. 이 사구시스템은 베이헤드 해안선 전체에 연결되어 있어 완충 기능과 함께 해안 쪽 가로망 말단부의 공간을 보강하는 역할을 하고 있다. 사구시스템을 지나 해빈으로 통하는 보도가 설치되어 있다.

1981년 베이헤드의 해빈은 침식 III등급지로 분류되었다. 저조 때 드러나고 고조 때 잠기는 돌제 10기가 설치되어 있다. 이 가운데 8기는 목재로, 2기는 암석으로 구성되어 있다(U.S. ACOE, 1990). 돌제의 길이는 45m에서 76m에 이르며, 전사구 아래에는 1,260m의 암석 해안제방이 설치되어 있다(그림 2.21).

지형구역 6: 멘톨로킹 자치읍에서 바니갓 인렛

지형구역 6은 맨톨로킹 자치읍에서 바니갓 인렛까지 32.5km 길이의 해안

그림 2.21. 폭풍 이후 인공사구로 매몰되어 있던 사석공 제방이 해빈의 내측 경계를 따라 노출되어 있다. 1992년 12월 뉴저지 주의 베이헤드 사주섬의 일부.

을 가지고 있다. 이 구역에는 멘톨로킹 자치구, 노만디 비치, 오션비치(브릭 타운십), 시사이드 하이츠 자치읍, 시사이드 파크 자치읍, 사우스 시사이드 파크(버클리 타운십), 그리고 아일랜드 비치 주립공원이 자리 잡고 있다. 대규모 폭풍이 일어나면 이 구역이 뚫려져 가끔 새로운 조수통로가 만들어지고는 했다.

오틀리 비치와 시사이드 하이츠의 경계는 한때 그렌베리 인렛에 있었던 곳으로 톰스 하구역 입구에서 직접 바다 쪽으로 위치해 있었다. 인렛 위치의 역사는 사주섬 시스템 내에서 조수통로가 형성되고 이동하는 예라고 할 수 있다. 이 사취의 남쪽 16km에 걸쳐서 아이랜드비치 주립공원이 자리 잡고 있다. 이 부분이 뉴저지 해안에서 가장 긴 공한지이며 주정부가 소유한 해안 가운데 가장 큰 곳이기도 하다.

바니갓 인렛에서는 연안퇴적물이 남쪽으로 운반된다. 고지도나 고해도를 참조하면 1866년에서 1932년 사이에 바니갓 인렛이 남쪽으로 1,125m 이동하여 연평균 17m 움직인 것으로 나타난다. 최초의 암석 도류제가 건축됨으로써 고정되었다(Farrell and Leatherman, 1989).

1986년부터 1995년까지 수행된 해빈조사에 따르면, 구역 내 대부분에서 퇴적물 손실이 발생한 반면, 도류제 근처 아일랜드 비치 주립공원 남단에서는 적지 않은 퇴적이 일어났다. 지형구역 6은 중규모의 해빈 폭을 가지고 있고, 여러 지역공동체에서 사구발달을 촉진시켜왔다. 시사이드 하이츠와 시사이드 파크 북쪽을 제외하고 해안사구가 구역 전체에서 발견되고 있다.

멘톨로킹의 해안에는 사유지가 많은 반면, 시사이드 하이츠에는 넓은 공공 위락장소와 목도를 중심으로 여가공간이 개발되어 있는 등 지형구역 6의 개발 내용은 다양하다. 시사이드 하이츠 남쪽의 개발형태는 단독주택과 작은 모텔이 주를 이루고 있다. 아일랜드 비치 주립공원이 이 구역의 남단을 차지하고 있다. 대부분 미개발 상태로 보존되어 있는데, 북쪽은 자연상태, 중앙부에는 하부구조가 갖추어진 공공해수욕장, 그리고 남쪽은 어느 정도의 훼손이 진행되었다.

멘톨로킹 자치읍 멘톨로킹의 해빈은 3.2km에 이르며, 중규모의 해빈 폭과 5~6.5m 높이의 해안사구가 발달해 있다. 자치읍 전역에 걸쳐 주택지가 넓게 조성되어 있고 주택도 해빈으로부터 충분한 완충공간을 두고 건축되었다(그림 2.22). 사우스 멘톨로킹 부분에는 사구시스템이 오버워시의 위험을 완충시키고 있다. 과거에는 조수통로의 형성과정이 지형구역 6의 특성을 이루고 있었다. 1981년 멘톨로킹은 침식 III등급지로 분류되었다.

노만디 비치 자치읍 노만디 비치의 해빈은 0.8km에 이르며 중규모의 해빈 폭을 가지고 있다. 1981년 이곳은 침식 III등급지로 분류되었다. 곳에 따라 협소하고 끊어지기는 했지만, 이곳의 해안사구는 바다로부터 주택을

그림 2.22. 관리가 잘 이루어진 전사구. 뉴저지 주 멘톨로킹.

보호하고 있다. 오래된 주택들 가운데 더러는 해안사구 위에 위치하고 있어 큰 규모의 폭풍에는 취약하다. 폭풍이 사구기저부를 침식하게 되면 주택의 기초가 패여 무너질 수 있기 때문이다.

오션비치(브릭 타운십)　　오션비치는 중규모의 해빈 폭을 가지고 있으며 길이는 1.2km에 달한다. 해빈 곳곳에 식생피복이 이루어지고 사구울타리가 쳐진 사구가 관찰된다. 수변 가까이의 해빈에는 큰 콘도미니엄이 자리 잡고 있는데, 이곳에는 사구가 없고 콘도미니엄 전면의 해빈 폭도 넓지 않다. 1981년 이 해빈은 침식 III등급지로 분류되었다.

라발레트 자치읍　　라발레트의 해빈은 폭이 좁으며, 길이는 2.1km에 이른다. 목도가 대부분의 해안에 설치되어 있다(그림 2.23). 3.6m에서 4.5m 높이의 사구시스템은 식생피복이 빈약하고 사구울타리가 세워져 있다. 라발

그림 2.23. 단독주택과 보도, 인공사구. 뉴저지 주 라발레트

레트는 1981년 침식 III등급지로 분류되었다. 라발레트에는 90m에서 106m의 암석 돌제 9기가 있고, 목재가호안이 638m에 걸쳐 설치되어 있다.

오틀리 비치(도버 타운십) 오틀리 비치의 해빈 길이는 1.2km이며, 해빈 폭은 중규모에 속한다. 목도와 목도 끝에는 전망대가 설치되어 있다. 해빈 뒤의, 목도 전면에는 사구울타리가 설치된 식생피복의 사구시스템이 위치해 있다. 해빈에는 어떤 경성호안구조물도 설치되어 있지 않다. 오틀리 비치는 1981년 침식 III등급지로 분류되었다.

시사이드 하이츠 자치읍 시사이드 하이츠의 해안은 1.2km에 달하며, 해빈 폭은 중규모에 속한다. 자치읍 전체 해안에 목도가 설치되어 있고, 이 목도는 시사이드 파크 자치읍의 일부까지 확장되어 있다. 목도 하부에는 가호안이 설치되어 있다. 이곳에는 사구가 없으며, 위락목적으로 해빈 폭을 적정하게 유지하는 것 외에는 해안관리계획을 가지고 있지 않다. 1981년 시사이드 하이츠는 침식 III등급지로 분류되었고, 이 분류는 아직 정확히 유지되고 있다. 해빈의 인공구조물로는 바다로 확장되어 있는 두 개의 부두가 전부이다.

시사이드파크 자치읍(Seaside Park Borough) 시사이드파크의 해빈은 2.7km에 달하며, 중규모의 폭을 갖고 있다. 해빈에는 인공구조물이 설치되어 있지 않다. 이 지역은 1981년 침식 II등급지로 분류되었다. 목도 외측에 위치한 2~3m 높이의 인공사구는 사구관리프로그램의 적용을 받고 있다. 사구울타리가 쳐져 있는 사구열에는 식생피복이 잘되어 있고 주기적으로 시비(施肥)하고 있다. 목도에서 사구를 통해 해빈으로 이어지는 접근로는 남동방향으로 설치되어 있다. 이것은 북동방향에서 접근하는 폭풍파의 육상침입 속도를 낮추기 위한 배려이다. 한편, 위락목적의 부두지역에는 사구가 전혀 없다.

사우스 시사이드파크(버클리 타운십) 사우스 시사이드파크 해안의 길이는 1.1km이다. 해빈의 폭은 중규모이며 경성구조물이 없다. 사구울타리가 설치된 해안사구는 15년에 걸쳐 4~6m의 규모로 발달했고, 식피는 대부분 자연적으로 형성된 것이다 1981년 이 지역은 침식 III등급지로 분류되었다.

아일랜드 비치 주립공원 아일랜드 비치 주립공원의 해안길이는 15.2km에 이른다. 자연상태의 해빈으로 중규모의 폭을 가지고 있다. 북쪽은 자연구역으로 해빈은 제한적으로 위락에 이용되고 있다(그림 2.24). 중앙부분은 해수욕과 위락에 이용되는 구역이고, 남쪽은 위락활동으로 해빈에서 비치버기(사발이)도 사용할 수 있다. 주지사 여름별장 전면의 해안을 제외하고는 공원 전역에 걸쳐 해안사구는 비교적 자연상태로 보전되어 있다. 공원의 북부와 중앙부에는 두개의 뚜렷한 사구열이 발달해 있는데, 내륙의 사구열에는 관목, 초본류, 작은 나무들이 무성하게 자라고 있다. 사구열에는 사륜구동차량이 통과할 만한 크기의 파열부(브리치)가 형성되어 있다. 직선은 아니

그림 2.24. 분리된 대규모 전사구열. 뉴저지 주 아일랜드 비치 주립공원의 북부지대.

지만, 큰 폭풍이 일어날 때에는 이 파열부를 통해 대형폭풍해일파가 공원 내부로 진입할 가능성이 있다. 5~9m 높이의 전사구는 부분 연결되어 있으며 사구사초류(비치그래스)로 덮여 있다. 곳에 따라 모래가 내륙으로 불려가면 전사구에는 큰 규모의 블로우 아웃(blow out) 또는 갭이 형성되기도 한다. 그러나 블로우 아웃 바로 내륙 쪽에 높은 사구열(리지)이 이어진다. 이러한 과정을 통해 해침이 일어나더라도 해안사구가 유지된다.

이 공원의 사구는 자연상태지만 사구울타리와 말뚝이 사구보전에 사용된 흔적도 나타난다. 공원의 주요 인공구조물은 바니갓 인렛에 설치된 암석 도류제로 약 1500m의 길이를 가지고 있다. 도류제로 가까이 이행하면서 해빈 폭이 증가하며 순연안류와 순퇴적물 이동이 남쪽으로 발생한다는 것을 지시하고 있다.

지형구역 7: 바니갓 인렛에서 리틀에그 인렛(롱비치 아일랜드)

롱비치 아일랜드는 사주섬으로, 이 구역부터 해안선의 방향이 남-남의 방향으로 바뀐다. 이 섬의 길이는 28.8km로 뉴저지의 사주섬 가운데서 가장 길며, 북부 사주섬군의 최남단을 이루고 있다. 이 구역에는 바니갓 라이트 자치읍, 하비 시다스 자치읍, 서프시티 자치읍, 쉽 바텀 자치읍, 비치헤이븐 자치읍, 롱비치 타운십이 자리 잡고 있다. 이 가운데 롱비치 타운십은 러브레이디스, 브랜트 비치, 비치헤이븐 크레스트의 세 지역으로 구성되어 있다. 섬지역 전체가 위락지로 분류되었으며 고밀도개발이 이루어졌다. 다만 남단의 2.9km는 포어시츠 국립야생조수 보호구역의 일부(홀게이트 유닛)로 지정되어 있기 때문에 미개발지역이다.

해안 전역에 돌제가 조밀하게 설치되어 연안퇴적물 이동속도가 낮으며, 이로 말미암아 톱니형(오프셋) 지형이 형성되어 있다. 개발과정에서 지형고도가 낮아지고 평탄해져왔기 때문에 폭풍에 취약하다. 해빈의 폭은 좁고 경사가 급해서, 해안침식 위험이 크다.

과거 50년 동안의 개발로 해양 쪽과 내만쪽 모두 크게 변모하였다. 1950년 이전에는 해안사구 150m 이내에 주택이나 모텔이 없었다. 오늘날에는 지역 내 대부분에서 평균고조면으로부터 60m 이상의 높은 건물이 발견된다. 롱비치 아일랜드는 재난대피의 관점에서 심각한 문제를 가지고 있다. 몇 개에 불과한 도로는 섬을 종단할 뿐이며 본토와 연결된 교량은 하나에 불과하다. 내만쪽의 대부분 지역도 크게 변모했다. 습지가 간척되어왔고 해발고도가 극히 낮은 간척지와 내만으로 이어지는 수로 가장자리에도 주택이 들어서 있다.

롱비치 아일랜드를 따라 남으로 흐르는 연안류가 탁월하다. 바니갓 인렛은 매우 긴 도류제로 안정화되어 있어 하류효과(downdrift effect)가 나타나고 있다. 반면에 섬 남단의 비치헤이븐 인렛에는 인공구조물이 전혀 설치되어 있지 않으며, 매년 60m 이상의 활발한 이동을 보이고 있다. 1981년에 이

지형구역의 대부분은 침식 III등급지로 분류되었고 쉽 바텀 자치읍, 브랜트 비치, 그리고 비치헤이븐 자치읍의 일부에는 침식이 뚜렷하게 일어나는 침식 II등급지로 분류되었다. 이러한 지역을 제외하고는 침식을 받고 있는 해빈과 가장 가까운 건물과 도로 사이에는 충분한 셋백(완충공간)이 확보되어 있다.

바니갓 라이트에는 큰 규모의 자연사구가 발달해 있으며 바니갓 인렛의 직하류에는 넓은 완충지대가 자리 잡고 있다. 그 밖의 롱비치 아일랜드 해안에는 4~5m 높이의 인공사구열이 조성되어 있다. 이 사구열에는 무수한 사구울타리선이 설치되어 있고, 해빈 접근로는 철저한 정비와 통제를 받고 있다. 시비와 인공식재 프로그램이 수행되고 있다. 야생조수보호구의 사구는 고도 1~2m로 낮으며, 무수한 곳에서 파열부(블리치)가 관찰된다.

이 지형구역에는 경성호안기법뿐만 아니라 연성호안기법이 적용되어왔다. 1962년 재의 수요일 북동풍이 재해를 초래한 후, 1962~1963년 사이에 섬의 전역에 걸쳐 양빈사업이 수행되었다(Podfaly, 1962). 최근 수년 동안에는 바니갓 인렛의 양빈사업에 준설토를 사용했기 때문에, 양빈사업은 대체로 섬의 북부 사분지 일 구간에 집중되었다.

1990년 초 트럭을 이용한 양빈사업이 러브레이디스에서 한 차례 있었고, 하비 시다스에도 1990년 초에 양빈사업이 있었다. 브랜트 비치에서도 트럭을 이용한 양빈이 간헐적으로 수행되었다. 이 구역의 돌제는 낮은 사석마운드 형태로 240~365m씩 떨어져 있다. 하비 시다스의 암석 돌제는 예외적으로 비교적 높으며 육지 쪽으로는 가로 끝까지 연장되어 있다. 비치헤이븐의 암석 돌제는 이와 유사한 형태를 가지고 있다.

바니갓 라이트 자치읍 바니갓 라이트 해안의 길이는 약 2.7km이며, 해빈 폭은 넓다. 식생피복이 잘되어 있는 해안사구가 배후에 자리 잡고 있다. 1991년 바니갓 인렛의 남측 도류제 수선사업으로 롱비치 아일랜드

그림 2.25. 바니갓 인렛의 도류제. 도류제에 인접한 해빈은 확장되고 있고 인렛의 하류는 침식현상으로 소규모의 만이 형성되고 있다.

북단부의 해빈이 큰 영향을 받게 되었다. 도류제로부터 1천 피트 이내의 범위에서 해안선이 바다 쪽으로 수백 피트까지 이동했다(그림 2.25). 퇴적체의 폭은 바니갓 라이트와 러브레이디스의 경계로 이행하면서 좁아진다. 바니갓 라이트에는 13기의 돌제가 있는데, 대부분 활발한 퇴적활동으로 매몰되었고, 도류제는 1기가 있다. 1기는 암석-목재 코어, 3기는 목재-암석, 5개는 목재, 나머지 5기는 암석으로 구성되어 있다. 돌제의 길이는 50m에서 155m에 이르며, 도류제는 900m에 달한다(U.S. ACOE, 1990).

하비 시다스 자치읍 하비 시다스의 해안은 3km에 이르며, 해빈 폭은 매우 좁다(그림 2.26). 해빈 뒤에 사구시스템이 위치하고, 11기의 암석 돌제는 길이가 98m까지 나타난다(U.S. ACOE, 1990). 1981년 이 지역은 침식 III등급지로 분류되었지만 바니갓 인렛 도류제의 하류효과로 말미암아 주요 폭풍철

그림 2.26. 좁은 해빈과 사구지대. 고밀도 거주지 개발구역. 롱비치 아일랜드 북부 지역. 뉴저지 주.

에는 심각한 침식이 발생할 가능성이 있다.

서프시티 자치읍 서프시티의 해안선은 약 2km에 이르며, 해빈 폭은 중규모에 속한다. 사구는 높이 6~7m로 유지되며, 4.8m 이하의 높이는 발견되지 않는다. 모든 사구에는 식생피복이 이루어져 있고, 해빈접근로는 사구 위에 설치되어 있다. 서프시티에는 7기의 목재-암석 돌제가 있고, 길이는 약 100m에 이른다.

쉽 바텀 자치읍 쉽 바텀의 해안선은 2km에 이르고 해빈 폭은 중규모에 속한다. 사구안정화를 위해 시비를 하며 사구울타리를 설치했다. 건축제한선에서 사구의 높이는 4.8m로 유지되고 있다. 몇몇 가로 말단부에는 돌제가 있다. 가호안은 4.25m 높이를 유지하고 있다. 7기의 목재-암석 돌제가 있으며, 그 길이는 약 100m에 달한다(U.S. ACOE, 1990).

그림 2.27. 돌제와 해안 사주섬. 해안선의 들쑥날쑥한 지형은 해안구조물과 일련의 개발과정과 연관이 있다. 뉴저지 주 롱비치 아일랜드의 남부 지역.

롱비치 타운십(러브레이디스, 브랜트 비치, 비치헤이븐 크레스트) 롱비치 타운십의 행정구역은, 이 섬의 다른 자치구 사이에 산재되어 있다. 롱비치 타운십의 해안선은 약 14.9km이며 해빈 폭은 중규모에 속한다. 사구울타리와 식생을 갖춘 사구시스템은 4.25m에서 4.8m 높이로 관리되고 있다. 70m에서 130m의 길이를 갖는 돌제 65기가 있으며, 이 가운데 50기는 목재-암석으로, 나머지 5기는 암석으로 구성되어 있다.

비치헤이븐 자치읍 비치헤이븐의 해안선은 2.9km에 달하며, 해빈 폭은 중규모에 속한다. 수많은 사구울타리와 충분한 완충공간이 확보되어 있기 때문에 해안사구가 원활하게 발달되고 있다. 고조위보다 훨씬 높은 고도의 돌제가 설치되어, 그 하류의 홀요크 에비뉴에는 해안선이 45m이상 내륙으로 치우쳐져 있다. 비치헤이븐에는 10기의 돌제가 있는데, 8기는 암석, 1기는 목재, 1기는 목재-암석으로 구성되어 있고, 길이는 90~100m에 이른다.

에드윈 비 포어시츠 국립야생조수보호구(홀게이트 유닛) 이 야생조수보호구는 자연상태의 미개발지로 연방정부가 소유하고 있다. 해빈폭은 중규모이며 길이는 2.7km에 이른다. 이곳에는 고도가 낮은 사구가 몇 개의 열을 형성하고 있으며, 섬 말단부에는 이들 사구열이 곡선을 그리고 있다. 몇몇 지점에서 식생회복이 잘되어 있는 전사구열은 오버워시 과정으로 끊어져 있다. 내륙을 거쳐 내만으로 퍼져 있는 샌드팬(sandfans)이 오버워시의 증거라고 할 수 있다.

남부 사주섬군

남부 뉴저지 해안에 이르면, 사주섬의 형태는 길고 좁은 형태에서 짧은 '북채' 형태로 바뀐다. 북채 형태라고 불리는 이유는 상류부는 폭이 넓고 하류부는 좁기 때문이다. 사주섬의 해안선은 조수통로에서 한쪽으로 치우치는 옵셋 현상을 나타낸다. 북채의 넓은 폭 부분의 해안선은 좁은 부분에 비해서 항상 해양 쪽으로 치우쳐 있다. 이로 말미암아 상류의 둥근 말단부는 퇴적물을 받아서 저장하고 하류로 퇴적물을 공급하는 역할을 한다. 이러한 연쇄적 과정의 결과로 상류부의 조수통로와 해양 쪽 해안선은 매우 역동적이며, 위치이동이 크게 일어난다. 조수통로의 외해빈 쪽 모래톱과 상류의 둥근 말단부에서 일어나는 파랑굴절로 말미암아 퇴적물 저장과 사주섬의 전반적 형태가 조장된다. 해양 쪽의 조수통로 직하류에서는 퇴적물 결핍이 일어난다. 북채 하류방향의 협소한 말단부는 사주섬의 종적 확장이 일어나는 장소이며, 동시에 다음 조수통로가 메워지는 장소로도 간주된다. 이러한 여러 가지 해안작용으로 말미암아 자연사구시스템에서는 사주섬 상류부에 크고 불규칙하며 개석이 나타나는 사구가 형성된다. 이 형태는 하류로 갈수록 형태를 잘 구비한 단일한 전사구의 열로 이행된다. 이 사구열은 하류로 갈수록 고도가 낮아지다가 사주섬 말단부에서는 전사구의 초기 퇴적체 군으로 나타난다. 남부 사주섬군은 북부 사주섬군에 비해 거리상 대륙에 더 가까우며, 습지가 광범위하게 발달한 내만은 수심이 얕다.

사주섬을 나누고 있는 7개의 조수통로 가운데 5개는 완전히 조절되고 있지 않다. 즉, 수로의 유지를 위한 도류제가 설치되어 있지 않다. 해빈에는 돌제와 가호안이 일반화되어 있고, 애이벌론과 케이프 메이 시티에는 해안 제방이 설치되어 있다. 와일드우드의 몇 부분을 제외하고 침식문제는 어느 곳에서나 나타난다. 남부 사주섬군 전역에 양빈이 시행되어왔다. 지형구역 8, 9, 10, 11, 12, 13 그리고 14가 이 사주섬군에 속한다.

지형구역 8: 리틀에그 인렛에서 앱시콘 인렛까지

지형구역 8의 해안선은 9.6km에 달한다. 플런 아일랜드와 브리캔틴 사주섬으로 구성되어 있으며, 이는 행정적으로도 에드윈 B 포어시츠 국립야생조수보호구(EBFNWR· 브리갠틴 유닛)와 브리갠틴 시로 이루어져 있다. 연안류는 남향이 탁월하다.

플런 아일랜드와 브리갠틴 사주섬은 서쪽 가장자리에 광범위한 하구역시스템을 가지고 있다. 본토와 사주섬을 갈라놓고 있는 하구역에는 비거주의 작은 섬들, 수심이 얕은 만, 염습지, 갯골, 그리고 석호로 이루어져 있다. 염습지의 발달은, 오버워시 과정과 조수통로를 따라 백베이로 운반된 많은 퇴적물이 만의 일부를 매립하기 때문에 일어난다(그림 2.28). 두꺼운 세사와 유기물층위에 형성된 얇은 조립사질층은, 해빈과 사구에서 비롯된 것이다. 이 모래층은 염습지와 만의 퇴적층 위를 지나 완만한 속도로 내륙으로 이동하고 있다. 폭풍이 지난 후, 해빈의 모래가 깨끗이 씻겨나간 곳에는 과거의 염습지층이 드러나기도 한다. 이러한 현상은 두 섬에서 모두 발견된다. 모래와 사주섬시스템 전체는 육지 방향으로 이동하고 있다.

에드윈 B 포어시츠 국립야생조수보호구역(브리갠틴 유닛) 에드윈 B 포어시츠 국립야생조수보호구역은 브리갠틴 사주섬 북단 미개발지 해안 3.2km와 플런 아일랜드로 구성되어 있다. 플런 아일랜드는 1994년에 끊어져 현재는

그림 2.28. 미국 동부해안지역에서는 보기 힘든 미개발 사주섬. 새로운 조수통로가 1994년 섬을 양분하였다. 뉴저지 주 플렌 아일랜드

두 개의 섬으로 구성되어 있으며(그림 2.28), 사람이 살고 있지 않다. 야생조수 보호구역에는 오버워시가 흔하게 발생하고 있다. 플런 아일랜드는 활발한 이동을 하고 있지만, 개발이 일어나지 않은 곳이기 때문에 침식위험지구로 분류되어 있지 않다.

야생조수보호구역의 다른 부분을 구성하고 있는 브리갠틴 사주섬 북쪽 구역은 좁고 균일한 해빈 폭을 가지고 있다. 렉 인렛이라고 불리기도 하는 브리갠틴 인렛이 플런 아일랜드와 브리갠틴 사주섬 사이에 위치하여 야생조수보호구역을 구분하고 있다. 브리갠틴 인렛에는 도류제가 없다.

플런 아일랜드의 북쪽 가장자리에는 잘 발달한 6m 높이의 해안사구가 있다. 이 부분은 과거의 해안선이며, 조수통로의 이동에 따라 현재는 해안선에서 50m 떨어져 있다. 그 밖의 해안선에는 0.5~1.5m의 낮은 전사구가 발달해 있는데 빈번한 오버워시와 파열(브리치, breach)을 겪고 있다.

그림 2.29. 앱시콘 인렛 상류의 해빈과 사구의 성장. 앞부분에 보이는 것은 브리갠틴 시티고 뒤에 보이는 것은 애틀랜틱 시티다. 조수로를 중심으로 사주섬의 해안선이 어긋나 있다.

브리갠틴 시티 야생조수보호구역을 제외한 그 밖의 브리갠틴 사주섬은 브리갠틴 시티에 속하며, 해안선 길이는 6.4km를 약간 상회한다. 야생조수보호구와의 경계부분에서 해빈은 어긋나 있다. 야생조수보호구역의 해안선은 퇴적물수지상 부족으로 내륙으로 이동하고 있으나, 시의 해안선은 금속제 가호안, 사석호안, 양빈 등으로 하부구조를 보호하고 있기 때문이다(그림 2.7). 브리갠틴 시티의 북쪽은, 폭이 좁은 해빈 뒤에 매우 낮고 불연속의 폭이 좁은 사구시스템을 가지고 있다. 연속적이고 형태를 구비한 사구시스템은 브리갠틴 호텔 이남에서 발견된다. 이 사구열은 섬의 남단까지 연장되는데, 남쪽으로 갈수록 해빈의 폭이 넓어지고 사구도 커진다. 남단의 사구지대는 폭이 55m에서 70m에 이르고 높이는 2~3m에 달한다. 전사구열은 식생피복이 잘 이루어져 있다. 좁은 해빈과 돌제구조가 취약하기 때문에 1981년 브리갠틴 시티의 북쪽 부분은 고도가 낮고 침식 I등급지로 분류되었다.

이 지역의 개발시설은 고조위에 근접해 있고, 건축물은 폭풍파의 위협에 노출되어 있다. 브리갠틴 사주섬의 중앙부에는 넓은 폭의 해빈이 있으나 개발이 이루어진 지역이 폭풍의 침입과 훼손 위험에 노출되어 있기 때문에 침식 II등급지로 분류되었다. 남단 부분은 앱시콘 인렛의 북측 도류제의 영향을 받고 있다(그림 2.29). 도류제 상류에 위치하기 때문에 퇴적물이 쌓여 해안보호기능이 탁월한 넓고 높은 해빈이 형성되어 있다. 이 지역은 1981년에 침식 IV등급지 즉, 침식이 없는 곳으로 분류되었다. 브리갠틴 시티에는 28기의 돌제가 있고, 그 길이는 20m에서 190m에 이른다. 도류제는 앱시콘 인렛을 따라 1기가 설치되어 있으며, 그 길이는 1135m이다. 21기는 목재로, 7기는 목재-암석으로 구성되어 있다. 브리갠틴에는 8지점에 가호안이 설치되어 있었는데, 그 가운데 6개는 목재로, 1개는 목재-암석으로, 1개는 금속으로 구성되어 있다.

지형구역 9: 앱시콘 인렛에서 그레이트 에그 하버 인렛까지

지형구역 9는 사주섬으로 구성되어 있으며, 해안선은 12.8km에 이른다. 단속적인 해안사구열을 따라 북쪽에서 남쪽으로 이행하면서 해빈의 폭은 점차 줄어든다. 뉴저지에서 가장 집중적으로 개발된 섬으로 애틀랜틱 시티, 벤트노 시티, 마게이트 시티와 롱포드 자치읍이 자리 잡고 있다. 섬 서쪽에는 수많은 얕은 수심의 만, 작은 무인도, 염습지, 갯골, 그리고 석호로 구성되어 있고, 연안퇴적물 이동은 남향이 탁월하다.

연안지형의 역동적 변화가 이 지역의 특징이다. 19세기 중반 무렵에는 섬은 작은 조수통로로 나누어진 두개의 북채형 사주섬이었다. 조수통로의 위치는 현재 벤트노가 자리한 곳이다. 이 두 섬 외에도 작은 섬들이 합병되어 현재의 섬을 형성하였다. 북채형태의 사주섬들의 공통점은 외해쪽과 내만쪽 모두에 광범위한 모래톱을 가진 조수통로가 위치한다는 점이다. 상류의 둥근 말단부가 가장 역동적이며, 이곳에 거대한 모래톱이 퇴적물을 저장하고 방출함에 따라, 주변 특히 하류 쪽 가장자리와 해양 쪽의 해빈이 성장과 축소를 거듭해왔다. 앱시콘 인렛은 한쌍의 도류제를 통하여 조수로의 위치

그림 2.30. 북채형 사주섬의 북쪽 말단에 위치한 카지노시설. 1992년 12월 폭풍 이후 잔존한 소규모 사구 위로 애틀랜틱 시티의 보도가 지나간다.

가 안정화되어 있지만, 특히 도류제 하류와의 퇴적물 교환에 따라 애틀랜틱 시티 북부의 외해측 해빈의 폭은 증감을 반복한다. 현재는 침식국면을 나타내고 있기 때문에 호안활동이 진행되고 있다. 목도 아래에 비교적 높은 가호안과 함께 돌제가 설치되어 있고, 양빈사업이 빈번하게 수행되고 있다.

20세기 초 또 다른 조수통로의 지형과정은 앱시콘 아일랜드 남단 부분의 영향을 받아왔다. 남쪽의 협소한 말단부가 섬에서 떨어져나가면서 10개 블록이 소실되었다. 이것은 하류 방향의 다음 섬으로 퇴적물이 이전되는 과정의 일부이며, 이와 유사한 현상이 뉴저지 여러 사주섬의 하류 말단부에서 발생해오고 있다.

애틀랜틱 시티 애틀랜틱 시티는 5.4km의 해안선을 가지고 있다. 앱시콘 인렛의 도류제는 인근 퇴적물을 유지하는 데 도움이 되지만, 남쪽으로 가면서 해빈의 폭은 감소한다. 호텔과 카지노가 집중적으로 들어선 해안에서는 해빈 폭이 특히 협소하다(그림 2.30). 애틀랜틱 시티에는 해양으로 뻗어 있는 몇 개의 부두가 있고 해안 전역에 목도가 설치되어 있다. 시의 북쪽 카지노

그림 2.31. 해빈 위의 보도. 해빈 단면상에 사구는 존재하지 않으며, 가호안이 상부해빈에 위치하고 있다. 뉴저지 주 버몬트.

시설 앞의 해빈에는 호안시설로 지오튜브(geo-tube)가 인공사구열의 코어로 사용되고 있다. 그 밖의 해빈지역에서는 고형핵을 사용하지 아니한 인공사구가 조성되어 있다.

1981년 애틀랜틱 시티의 북부는 침식 II등급지로, 남부는 침식 III등급지로 분류되었다. 애틀랜틱 시티에는 50m에서 185m 길이의 돌제가 19기, 360m의 암석 도류제가 1기 설치되어 있다. 6기의 돌제는 목재-암석, 7기는 암석, 7기는 목재로 되어 있다. 또한 두 곳에 목재 가호안이, 그리고 한 곳에 암석 피복공이 설치되어 있다.

벤트노 시티 벤트노에는 좁은 폭의 해빈이 2.7km에 달하며, 산발적으로 작은 해안사구가 나타난다. 고조위에 목도가 설치되어 있고, 목도에서 가로 말단부까지 잔교가 이어져 있다(그림 2.31). 남쪽에서는 가호안과 목도가 약 45m의 간격을 이루고 있는데, 이 부분이 후빈과 같은 기능을 하고 있다. 1981년 벤트노 시티 북부는 침식 III등급지, 남부는 침식 II등급지로 분류되었다. 벤트노 시티에는 13기의 가호안이 설치되어 있는데, 5기는 목재로 6기는 콘크리트로 나머지 2기는 콘크리트-목재로 구성되어 있다(U.S. ACOE, 1990).

마게이트 시티 마게이트 시티의 해안선은 2.6km에 이르며 해안의 폭은 좁다. 가호안으로 이루어진 해안선의 작은 만입에는 사구의 잔재가 남아 있다. 남단에서 해빈의 폭은 3배로 증가한다. 마게이트는 몇몇 개발지역이 해빈까지 확장되어 있기 때문에 지그재그 형태의 개발선이 특징적이다.

1981년 마게이트 시티는, 해빈과 호안구조물의 국지적인 상태에 따라 침식 II등급지에서 침식 III등급지로 분류되었다. 38m에서 130m 길이의 돌제 14기가 설치되어 있다. 이 가운데 9기는 목재로, 3기는 암석으로, 나머지 2기는 목재-함석으로 구성되어 있다. 마게이트에는 19개의 가호안이 있는데, 2기는 콘크리트, 12기는 목재, 4기는 목재-콘크리트, 1기는 콘크리이트 블록으로 구성되어 있다.

롱포트 자치읍 롱포트는 지형구역 9의 최남단, 즉 북채 형태 사주섬의 협소한 부분에 위치해 있다. 해안선의 길이는 2.4km에 이른다. 해빈은 고도가 낮고 폭이 좁으며 사구시스템이 없다(그림 2.32). 해빈 전역에 걸쳐 가호안과 해안제방이 축조되어 있으며, 두 구조 모두 폭풍 때 월파 가능성이 있다. 1981년 침식문제의 심각성과 함께, 사유재산과 하부구조의 잠재적 위험성을 기초로 침식 I등급지, 즉 심각한 침식지로 분류되었다. 롱포트에는 70m에서 155m 길이의 돌제 11기가 있으며, 1기는 목재로, 8기는 목재-암석으로, 2기는 암석으로 구성되어 있다. 또한 2기의 콘크리트 해안제방과 1기의 암석 피복공 제방을 가지고 있다(U.S. ACOE, 1990).

그림 2.32. 뉴저지 주 롱포트 사주섬의 남부, 고밀도 개발지역. 사구가 없으며, 가호안이 좁고 낮은 해빈 위에 설치되어 있다.

지형구역 10: 그레이트 에그 하버 인렛에서 코슨스 인렛까지

지형구역 10은 하나의 사주섬으로 이루어졌으며, 해안선의 길이는 약 12.6km에 이른다. 이 구역은 위락지로 분류되어 있는 오션 시티와 코슨스 인렛 주립공원으로 이루어져 있다. 코슨스 인렛 주립공원은 사주섬의 남단에 위치한 미개발지역이다. 오션 시티의 북단은 그레이트 에그 하버 인렛에 면해 있으며, 다른 조수통로입구와 같이 높은 침식가능성과 재난위험에 노출되어 있다. 1981년 이 지역은 침식 II등급지로 분류되었다. 사주섬의 남단에 접해 있는 코슨스 인렛은 자연상태이며, 호퍼준설이 중단된 1971년 이후부터 준설이 없었다. 주정부는 현재 이 조수통로를 안정화시킬 계획이 없으며, 항로도 1984년 이후 공식적으로 폐쇄되었다. 조수통로 내부에 퇴적물이 쌓이면서 코슨스 인렛은 좁아져 왔다.

오션 시티 해안선의 길이는 11.4km에 이른다. 북채의 둥근 말단부에 해당하는 북단에는 지난 수년간 상당한 해안선 변동을 겪어왔다. 지난 50년

그림 2.33. 사구지대. 뉴저지 주 오션 시티의 중앙부에 인접한 미개발지에 사구지대가 자리잡고 있다.

간 내만과 조수통로 모래톱으로부터 토사를 준설하여 해빈에 공급해오고 있다. 최근 사구의 조성과 보존에 힘쓴 결과 시의 북부나 그 밖의 고립된 포켓지형에서 목도 외측 해양 쪽으로 눈에 띄게 사구가 성장하고 있다. 그러나 시의 남부에는 사구가 존재하지 않는다(그림 2.34).

섬의 북부와 중앙부에서 낮은 목재 돌제를 이용하여 퇴적물 운반 속도를 낮추어왔다(그림 2.35). 이들의 중앙에는 가호안이 조성되어 있고, 남부에는 사석 경사제가 설치되어 있다. 1981년 오션 시티의 해빈은 침식 I등급시로 분류되었다. 그러나 뉴저지 해빈단면 네트워크의 최근 자료에 따르면, 북부와는 달리 섬의 중앙부분에는 해빈침식 문제가 심각하지 않다(Farrell et al., 1994).

가호안과 돌제의 설치와 함께 주기적인 양빈사업이 순퇴적물 손실률을 줄이는 데 도움이 되었던 것으로 보인다. 과거에는 오션 시티 당국이, 그레이트 에그 하버 베이에서 준설한 소량의 사질퇴적물을 섬 반대편의 해빈에

그림 2.34. 뉴저지 주 오션 시티의 남부 해빈에 설치된 가호안. 소규모 사구와 협소한 해빈, 광대한 습지가 보인다.

그림 2.35. 북채형 사주섬의 북부에 위치한 돌제. 섬 전체가 개발지역으로 해안사구는 띄엄띄엄 남아 있다.

공급했었다. 대규모 사업은 1990년대에 시작되었다. 1992년과 1993년에 걸쳐 620만 입방야드의 토사가 섬의 북부 해빈에 공급되었고, 소규모의 양빈이 빈번하게 수행되었다(1994년에 60만 6,000입방야드, 1995년에 170만 입방야드, 1997년에 80만 입방야드). 1991년 10월, 1992년 1월에 일어난 폭풍과 이들보다 훨씬 강력했던 1992년 12월의 폭풍으로 발생한 피해를 비교하면, 양빈사업의 보호효과를 알 수 있다.

오션 시티에는 48기의 돌제가 설치되어 있으며, 그 길이는 25m에서 325m에 이른다. 이 가운데 32기는 목재로, 10기는 암석으로, 2기는 목재-강재로, 2기는 암석-목재 코어로, 1기는 암석-목재로, 1기는 암석-콘크리이트로 구성되어 있다(U.S. ACOE, 1990). 12기의 가호안은 목재로 구성되어 있고, 1기는 강철말뚝으로 구성되어 있다. 이 외에 2개의 목재-암석으로 축조한 돌제형 방파제, 1기의 샌드백 피복공, 그리고 3기의 가호안-피복공이 설치되어 있다. 가호안-피복공은 1기는 목재로, 1기는 목재-암석-목재로, 1기는 목재-암석으로 구성되어 있다.

지형구역 11: 코슨스 인렛부터 타운센즈 인렛까지

지형구역 11, 즉 루드럼 아일랜드는 길이가 13.8km에 이른다. 코슨스 인렛부터 타운센즈 인렛까지 이 구역에는 스트라스미어(어퍼 타운십)와 시아일 시티가 자리 잡고 있으며, 토지이용상 위락지로 분류되어 있다.

사주섬의 북단, 즉 스트라스미어가 자리 잡고 있는 북채의 둥근 말단부에서는 해빈 폭이 좁고(그림 2.36), 남단의 시아일 시티에서는 해빈 폭이 넓다. 코슨스 인렛과 타운센즈 인렛 근처의 해안선은 지난 50년간 퇴적이 일어나고 안정을 유지하고 있는 반면, 중앙부의 해안선은 후퇴해왔고 퇴적물 부족이 일어나고 있다. 이러한 관점에서 루드럼 아일랜드는 뉴저지 사주섬들 가운데 특이한 편이다.

시아일 시티의 대부분 지역에 걸쳐 고조위선 가까이에서 개발이 이루어지

그림 2.36. 북채형 사주섬의 말단. 인렛에는 퇴적이, 하류에는 침식이 일어나고 있다. 배경 해빈에 가호안과 해안구조물이 보인다. 뉴저지 주 스트라스미어.

고 있기 때문에, 중규모의 폭풍에도 피해를 입을 수 있다. 1981년 이 구역 전체가 침식 I등급지로 분류되었다. 북쪽 조수통로에 접한 해안선은 침식 II등급지로 분류되었는데, 1990년대는 심각한 침식의 영향을 받았다. 코슨스 인렛이 접한 해안선은 침식 III등급지로 분류되었다. 이 조수통로에서 안정화사업이나 준설 등의 관리가 수행된 바는 없었다. 스트라스미어의 북단 부분이 조수통로를 향해 성장함에 따라 관측이 시작된 이후 최근에 통로가 가장 협소해졌다(Farrell Leatherman, 1989).

루드럼 아일랜드에 공급되는 퇴적물은 크게 제한받고 있다. 양빈과 경성 호안 대책으로도 해빈 폭을 유지할 수 없었고, 해빈은 심각한 침식상태에 놓여 있다. 이 구역에는 여러 차례의 양빈사업이 수행되었는데, 최근의 양빈사업으로는 스트라스미어에서 1984년, 시아일 시티에서 1999년에 있었다. 이 구역에서는 1990년대에 일어난 폭풍으로 큰 훼손을 당했다. 사구가 완전히 침식되었고 섬 곳곳에서 오버워시가 일어났다.

그림 2.37. 1992년 1월 폭풍으로 도로를 넘어 발생한 오버워시. 도로의 바다 측에 모래제방이 재건되고 있다. 뉴저지 시아일 시티의 북부.

스트라스미어(어퍼 타운십) 스트라스미어의 해안선은 3.7km에 달하며 해빈 폭은 협소하다. 중앙부에서는 해빈이 소실되어 가호안까지 해양환경이 밀려왔다. 가장 넓은 해빈은 북쪽 조수통로 해안선에서 나타난다. 여러 곳에서 해빈의 폭이 너무 좁아 사구시스템이 유지되지 못하고 있다. 인공사구의 훼손이 일어나 수많은 복구를 해왔다. 폭풍으로 침식을 받고 사구로부터 씻겨나간 모래가 서쪽의 염습지와 도로 서쪽에 쌓이기도 했다. 스트라스미어는 38m에서 152m의 길이에 이르는 돌제 13기가 있다. 이 가운데 5기는 목재로, 7기는 목재-암석으로 구성되어 있다. 길이 966m, 높이 2.7m의 목재 가호안이 조성되어 있고, 파랑이 사구에 도달하기 전에 그 에너지를 소산시키기 위해 해빈에 말뚝 쇄파기(wavebreaker)를 설치했다(U.S. ACOE, 1990).

웨일비치는 스트라스미어와 시아일 시티에 걸쳐 있는 폭이 협소한 해빈으로 심각한 위험에 처해 있다. 인접해안을 따라 설치한 호안구조물(2기의 돌제)에도 불구하고 조수통로 모래톱의 파굴절과 퇴적물 공급 부족으로 발생하는 침식을 저감시키지 못하고 있다. 여러 차례의 인공사구 조성 노력에도 불구하고 저고도의 협소한 해빈 특성 때문에 성과를 거두지 못하고 있다.

시아일 시티 시아일 시티는 약 7.7km의 해안선을 가지고 있으며, 해빈의 폭은 협소하고 경사는 급하다. 시아일 시티는 이 섬에서 가장 집중적으로 개발된 부분이다. 시의 남쪽은 해빈 폭이 넓지만, 고도는 낮은 편이다. 1990년대 이전에는 28번가에서 58번가 사이에 아스팔트로 조성된 해안산책로의 해양 측에 해안사구가 발달되어 있어서 완충기능을 가지고 있었다. 58번가 북쪽에는 3~5m 높이의 사구가 파랑공격으로부터 주택지를 보호하고 있다. 이곳에 비교적 폭넓고 높은, 그리고 식생피복이 잘 이루어진 사구가 있었으나, 1991년 10월과 1992년 12월의 두 차례 폭풍으로 파괴되었다(그림 2.38). 남쪽의 해안에는 보도가 없이 주택들이 낮은 사구의 완충공간을 유지한 채 해빈을 마주하고 있다. 시아일 시티에는 16기의 돌제가 있으며 그 길이는 90m에서 218m에 이른다(U.S. ACOE, 1990). 이 가운데 4기는 목재로, 11기는 목재-암석으로, 1기는 암석으로 구성되어 있다. 해빈 폭이 매우 협소한 남단의 개발지에는 지오튜브가 설치되어 해안제방의 기능을 수행하고 있다.

지형구역 12: 타운센즈 인렛에서 히어포드 인렛까지

세븐마일 비치로 알려진 타운센즈 인렛에서 히어포드 인렛까지의 해안선 길이는 21.6km에 이르며, 이곳에는 위락기능을 가지고 있는 애이벌론 자치읍과 스톤하버 자치읍이 자리 잡고 있다. 이 북채 형태의 사주섬은 둥근 북단에서는 침식과 퇴적이 반복되어왔으며, 남단에서는 뚜렷한 침식을 겪어왔다.

타운센즈 인렛은 애이벌론 북부의 토지를 잠식해왔다. 20세기 초기에 조수통로가 남서 방향으로 이동을 시작하면서 점차 계획상의 시가지 5개

그림 2.38. 해빈에 설치된 돌제. 중앙부에는 사구가 없고 보도와 가호안을 갖춘 고밀도 주거지가 보인다. 뉴저지 주 시아일 시티.

블록을 거의 소실시켰다. 시아일 시티의 양빈사업을 위해 타운센즈 인렛을 준설했던 1978년에 조수통로의 주수로가 다시 이동하기 시작하여 침식이 더 발생했다. 이 침식에 대처하기 위해 양빈사업이 수행되었지만, 성과는 없었다. 1981년 이 조수통로에 면한 해안은 침식 III등급지로 분류되었다.

이 지형구역의 남단 부분은 말단 돌제의 하류에서 발생하는 해안선 변위(이동)의 고전적 사례가 되었다. 히어포드 인렛은 현재 뉴저지 주에서 가장 넓은 조수통로가 되었다. 사주섬 남단 2마일에 설친 1981년에 침식 V등급지로 분류된 히어포드 인렛의 해안선에 도류제는 없으나 암석 피복공과 짧은 돌제가 단단한 호안선을 이루고 있다. 이 부분은 미개발지로서 스톤하버 자치읍이 자연보존구역으로 지정하고 있다.

애이벌론 자치읍 비교적 안정적이고 중규모의 해빈 폭을 가지고 있는 애이벌론의 해안선은 12.5km에 달한다. 1981년 침식 IV등급지로 분류되었

그림 2.39. 북채형 사주섬의 말단. 양빈으로 해안제방 외측의 해빈폭이 확장되었다. 뉴저지 주 애이벌론.

다. 1995년의 양빈사업으로 해빈 위편에 설치된 해안제방은 모래로 덮여있다(그림 2.39). 듄 드라이브의 동쪽 구간에 위치한 사구시스템은 잘 보전되어 있다. 이 사구지대는 높이 10m 이상의 대규모이며 주립공원과 국립공원 내의 사구지대를 제외하고 뉴저지에서 면적이 가장 넓다.

타운센즈 인렛에서 인접한 애이벌론의 일부는 조수통로를 따라 설치된 가호안과 피복공으로 보호되고 있다. 애이벌론에는 6기의 돌제가 있으며, 그 길이는 70m에서 243m에 이른다. 이 가운데 4기는 암석구조, 1기는 암석을 채운 목재구조, 1기는 목재구조이다(U.S. ACOE, 1990). 애이벌론에는 395m길이의 암석 해안제방, 길이 1215m의 목재-암석구조의 가호안, 그리고 목재-암석 가호안-피복공도 설치되어 있다(U.S. ACOE, 1990). 이러한 호안 구조물 이외에 지오-튜브로 구성된 잠제가 1933년 타운센즈 인렛의 입구에 실험적으로 축조되어 있다.

스톤하버 자치읍 스톤하버 자치읍의 해안선은 5.8km에 이른다. 해빈은

그림 2.40. 사주섬 내 대규모 사구지대. 개발 이전의 원 지형을 보존하고 있다. 뉴저지 주 애이벌론.

북쪽에서 중규모의 폭을 보이다가 남쪽으로 이행하면서 점차 협소해진다(그림 2.41). 1986년에서 1991년 사이에 고도 1~2m의 협소한 사구가 조성되었다. 1981년 스톤하버의 북단지역은 침식 IV등급지로 분류되었다. 스톤하버의 해안선에는 넓은 간격을 가진 일련의 돌제가 축조되어 해빈에 모래를 억류하고 있으나 하류지역에 악영향을 미치고 있다. 마지막 돌제 주위에서 발생하는 퇴적물 고갈, 파굴절, 파회절 등의 복합적 원인으로 말미암아 스톤하버의 남쪽에서는 심각한 하류 침식효과가 지속되어왔다. 해빈 폭이 협소하고 개발이 고조위선 가까운 위치에서 이루어졌기 때문에 침식 I등급지로 분류되었다. 스톤하버에는 11기의 돌제가 있다. 이 가운데 5기는 목재-암석으로, 3기는 암석으로, 3기는 목재-보강석으로 축조됐고, 그 길이는 106m에서 245m에 이른다. 이외에도 135m에서 2020m에 달하는 4개의 가호안과 함께 각각 88m와 245m 길이의 피복공 2기가 설치되어 있다.

그림 2.41. 협소한 해빈 상의 돌제. 그 뒤로 인공사구와 가호안으로 보강된 해안선이 보인다. 뉴저지 주 스톤하버.

지형구역 13: 히어포드 인렛에서 케이프 메이 인렛까지

히어포드 인렛에서 케이프 메이 인렛까지는 12.2km의 해안선을 가지고 있다. 이 지형구역에는 노스와일드우드 시티, 와일드우드 시티, 와일드우드 크레스트 자치읍, 그리고 미 해안경비대 캠프가 자리하고 있다. 이 구역은 위락도시로 구성되어 있고, 해빈의 폭이 상당히 넓어 침식 I등급지는 발견되지 않는다(그림 2.42). 이 가운데 와일드우드는 폭이 약 365m에 이르는 가장 넓은 해빈을 가지고 있다. 그러나 이 구역 내의 해빈은 0.5m의 비교적 낮은 해발고도를 유지하고 있기 때문에 백중사리나 폭풍해일 기간에는 범람이 발생한다.

북서부분에는 케이프 메이 인렛의 도류제로 인하여 퇴적이 발생하고, 섬 북단부분에서는 자연적 퇴적이 일어난다. 수십 년 전부터 퇴적은 스톤하버 쪽의 조수통로에서 많은 양의 퇴적물이 와일드우드와 노스와일드우드에 위치한 북채의 둥근 말단부로 운반되기 시작한다. 그러나 조류와 함께 폭풍

그림 2.42. 북채형 사주섬의 말단. 성장하는 해빈이 식생으로 피복된 사구지대와 연결되어 있다. 뉴저지 주 노스와일드우드와 와일드우드.

파가 조수통로에 접한 노스와일드우드의 해안선을 따라 침식을 일으켜왔기 때문에 조수통로 입구의 해빈 폭은 매우 협소해졌다. 침식을 받고 있는 해안선을 따라 가호안, 해안제방, 돌제 등의 호안구조물이 설치되어왔다. 노스와일드우드의 조수통로 해안선 서단(西端)은 1981년 침식 III등급지로 분류되었다. 반면에, 북단의 동안에 위치한 조수통로 해안은 침식 II등급지로 분류되었다.

노스와일드우드 시티 노스와일드우드 시티는 사구가 뒷받침하고 있는 넓은 해빈을 가지고 있으며, 해안의 길이는 4.6km에 이른다. 이 해빈의 폭이 계속 넓었던 것은 아니다. 1963년에는 평균고조위가 목도까지 닿았으나 최근 수십 년 동안 상류의 사주섬으로부터 퇴적물을 공급받아 해빈의 폭이 크게 확장되었다. 1981년 노스와일드우드의 남단은 침식 IV등급지로

그림 2.43. 낮고 평평한 해빈. 위락용 부두가 성장하는 해빈 위에 걸쳐 있고 군데군데 식생피복이 존재한다. 사구열은 없다. 뉴저지 주 와일드우드.

분류되었다. 사석과 콘크리트 구조의 돌제 3기가 있으며, 그 길이는 2.3m에서 57m에 이른다. 264m에서 1,580m에 달하는 높이 3.5~3.8m의 가호안 4기가 설치되어 있다. 2기의 가호안은 목재-널말뚝으로 1기는 강말뚝으로, 1기는 콘크리트-암석-벽돌 혼성구조로 구성되어 있다. 3기의 피복공은 각각 암석-목재-사석 구조, 콘크리트 사석구조, 암석과 그라우트 구조 등으로 이루어져 있다(U.S. ACOE, 1990).

와일드우드 시티　　와일드우드 시티의 해안은 2.2km에 달하며, 뉴저지 주에서 가장 넓은 해빈과 낮은 사구 시스템이 특징이다(그림 2.43). 넓은 해빈의 폭으로 말미암아 남부 뉴저지 가운데에는 파랑공격으로부터 가장 안전하다. 1981년 남단부분이 침식 II등급지로 분류되었지만 와일드우드의 해안 대부분은 침식 IV등급지로 분류되었다. 현재 해빈은 어떤 치명적인

그림 2.44. 케이프 메이 인렛의 도류제 상류에 발생한 퇴적. 해빈에 돌제가 있고 들쭉날쭉한 해안선이 인렛에 연결되어 있다. 해안경비대 기지와 와일드우드 크레스트가 보임.

침식도 받지 않고 있다. 경성구조물은 전혀 설치한 바 없다. 휴양철 기간을 여름철 이상으로 확장시키기 위한 목적으로 새로운 컨벤션센터 건립을 추진하고 있다. 이 건물은 해빈 위에 세워질 예정이다.

와일드우드 크레스트 자치읍 와일드우드 크레스트 자치읍은 3km의 해안선을 가지고 있다. 해빈의 고도는 낮으며, 와일드우드에 비해 해빈의 폭은 좁다. 자연상태의 양호한 식생피복을 갖춘 약 2m 높이의 사구가 있으며, 해빈에서 몇 개의 사구열이 발견된다. 와일드우드 크레스트의 남부는 가호안 외측에 사구가 형성되어 있다. 1981년 와일드우드 크레스트의 해안은 대부분 침식 II등급지로 분류되었고, 남단은 침식 III등급지로 분류되었다. 현재 이 해빈은 상당히 넓으며 뚜렷한 침식을 받은 흔적이 없다. 와일드우드 크레스트에는 높이 3.4m, 길이 1,580m의 가호안이 설치되어 있다.

미 해안경비대 주둔지가 사주섬의 남단에 위치해 있으며 해안선이 1.9km에 이른다. 케이프 메이 인렛에 도류제를 설치한 이후, 이 지역에는 수천 피트 크기의 퇴적지형이 형성되었다. 조수통로의 암석 도류제는 해안경비대 주둔지에 인접한 해빈에 영향을 미치고 있으며, 길이는 1,383m에 달한다(U.S. ACOE, 1990).

지형구역 14: 케이프 메이 인렛에서 케이프 메이 포인트까지

지형구역 14는 해안을 따라 10.1km의 길이를 가지고 있으며, 뉴저지 해안의 최남단 해안선을 구성하고 있다. 이 구역에는 미 해안경비대 캠프, 케이프 메이 시티, 그리고 케이프 메이 자치읍이 자리 잡고 있다. 미 해안경비대 캠프와 케이프 메이 시티가 사주섬을 점하고, 케이프 메이 자치읍은 이 지형구역의 남서쪽 모퉁이에 위치해 있으면서 남부헤드랜드 지역의 일부를 구성하고 있다. 케이프 메이 포인트 주립공원과 함께 자연보호단체(Nature Conservancy)가 소유하고 있는 토지의 일부(사우스 케이프 메이 메도우즈, 로우어 타운십)가 케이프 메이 시티와 케이프 메이 자치읍 사이의 해안선을 구성하고 있다.

케이프 메이 인렛의 도류제로 말미암아 퇴적물 고갈현상과 이에 따른 침식현상이 발생하고 있다(그림 2.45). 특히 돌제와 해안제방으로 말미암아 침식문제가 국지적으로 악화되고 있다.

사우스 케이프 메이 메도우즈와 케이프 메이 시티 사이의 경계는 3번가 돌제의 남서쪽을 지나고 있다. 케이프 메이에 설치된 일련의 돌제는, 남서쪽으로 운반되는 제한된 양의 퇴적물을 효과적으로 차단하고 있다(그림 2.46). 이에 따라 사우스 케이프 메이 메도우즈, 케이프 메이 포인트 주립공원, 그리고 케이프 메이 포인트는 상대적으로 퇴적물 고갈상태에 있었다. 1990년대의 양빈사업으로 말미암아, 현재 퇴적물은 3번가에 위치한 말단 돌제를 우회하여 운반되며 메도우에서 해안 방향으로 해빈이 형성되고 있다. 케이프 메이 시티가 수행한 양빈사업에는 1991년에 140만 입방야드, 1993년에 41만 5천 입방야드, 1995년에 33만 1천 입방야드, 1997년에 36만 6천

그림 2.45. 케이프 메이 인렛 도류제. 상류에서 퇴적이 일어나기 때문에 하류의 인접해안 대부분에서 침식 발생.

그림 2.46. 돌제와 퇴적물. 케이프 메이 시티 해안을 경유하는 퇴적물 이동이 방해를 받아서 해안선의 옵셋(들쑥날쑥함)이 커짐. 뉴저지 주 케이프 메이 시티.

입방야드, 1999년에 36만 입방야드의 퇴적물이 사용되었다. 앞으로 2년 간격으로 비슷한 양의 퇴적물이 양빈될 것으로 전망된다.

이전에는 콜드 스프링 인렛으로 불렸던 케이프 메이 인렛부터 케이프 메이 시티의 오션애비뉴까지의 지역은 가속화되는 해빈침식과 함께 큰 폭풍에는 보호효과가 없을 것으로 판단되는 노후화된 해안제방으로 1981년 침식 I등급지로 분류되었다. 케이프 메이 시티 서부의 해빈은 상류해빈의 조건에 영향을 크게 받기 때문에 침식 II등급지로 분류되었다. 이 지역에는 암석 돌제가 설치되어 있고, 해빈의 폭은 중·소규모에 속한다. 로우어 타운십과 케이프 메이 포인트 주립공원이 침식을 받고 있지만, 하부구조 또는 개발시설과 침식영력 사이에서 충분한 셋백이 확보되어 있기 때문에 이 지역은 침식 III등급지로 분류되었다. 케이프 메이 포인트는 과거의 침식경향이 고려되어 침식 II등급으로 분류되었다.

케이프 메이의 북동쪽에 위치한 해안경비대 주둔지의 해안선에는 한때 비행장이 있었으나 건축물은 빈약하다. 이 지역은 케이프 메이 인렛의 도류제 하류에 위치해 있기 때문에, 매년 6m의 급속한 침식을 받아왔다.

케이프 메이 시티 케이프 메이 시티의 해안선은 6.6km에 이르고 있다. 1990년의 양빈사업 이전에는 해빈의 폭이 좁거나 고조시에는 해빈이 존재하지 않았다. 지속적인 침식으로 말미암아 돌제가 세워지고 해안제방이 계속 보강되어왔다. 해안개발이 집중적으로 일어나고 해안관리구조물이 설치됨에 따라 해안선후퇴가 중지되었다. 이에 따라 외해빈의 경사가 급해졌다. 그러나 양빈사업을 통하여 돌제구간이 퇴적물로 채워지고 해안제방 외측에 사구조성계획이 집행되었다, 케이프 메이 시티에는 14기의 돌제와 1기의 암석 도류제가 설치되어 있다. 돌제의 길이는 45m에서 240m에 이르며, 도류제의 길이는 1,333m이다. 돌제 5기는 목재보강구조, 9기는 암석구조를 가지고 있다. 또한 5개의 암석 해안제방은 길이가 122m에서 135m에

그림 2.47. 뉴저지 남서부 해빈의 침식현상. 퇴적물의 부족으로 해빈이 협소해지고 사구단애가 발달했다. 돌제가 연안퇴적물 이동을 간섭하고 있다. 케이프 메이 포인트.

이르며, 높이는 약 4.25m나 된다. 1기의 목재 가호안은 길이가 1,125m, 높이가 4.4m에 이른다.

케이프 메이 포인트 자치읍 케이프 메이 포인트 자치읍는 1.8km의 해안선을 가지고 있다. 해안선 대부분에 걸쳐서 해빈 폭이 좁으며 인공사구 시스템을 갖추고 있다(그림 2.47). 케이프 메이 포인트는 남부헤드랜드로 일컬어지는 대륙의 오래된 부분이며, 뉴저지 남서지점에 위치한 낮은 해안단애로 이루어진 해안이 특징이다. 사주섬 시스템에서 유래한 사질퇴적물이 해안단애 노출부를 덮고 있다. 케이프 메이 메도우즈스의 해안 쪽에 좁은 완충공간이 형성되어 있다. 케이프 메이 메도우즈즈는 사주섬과 대륙 사이에 형성된 습지다. 1981년 케이프 포인트의 동부지역은 침식 III등급지로 분류되었고, 서부지역은 침식 II등급지로 분류되었다. 케이프 메이 포인트는

9기의 도류제를 가지고 있다. 이 가운데 6기는 목재-암석으로, 3기는 암석으로 구성되어 있다(U.S. ACOE, 1990).

이 돌제의 길이는 85m에서 152m에 이른다. 또한 1기의 목재 가호안은 길이가 425m, 높이가 3.6m에 이른다. 이밖에도 1994년 5월에서 6월 사이에 케이프 메이 포인트 동쪽 외해빈에 잠제가 설치됐다.

제3장

해안선 변동:
시간에 따른 변위

침식위험지대의 지도화 작업에는 해안선의 역사적 변화를 추적하는 방법을 사용할 수 있다. 이때 지질 등의 차이가 있기 때문에 침식률을 추정하는 과정에 세심한 주의가 필요하다. FEMA는 침식위험지구(E-Zone)의 토지소유주들에게 침식 정도에 관한 효과적이고도 균형을 갖춘 정보를 제공하기 위한 기법을 개발해야 한다.

– National Research Council, *Managing Coastal Erosion*(1990)

해안침식은 해안시스템으로부터 퇴적물이 유실되어 해안선이 육지 방향으로 이동하는 것을 의미한다. 그러나 해안침식의 동인과 측정은 단순하지 않다. 해안시스템 자체에 내재된 자연적 변이가 다양한 시간 스케일에 걸쳐 일어나고, 이 현상도 해안선의 위치에 반영되기 때문이다. 장기적으로는 해수면 상승에 따른 해진(海進)의 결과로 해안선이 내륙으로 이동한다. 이 변동의 폭에는 퇴적물 공급의 시공간적 차이, 폭풍빈도의 시간적 차이, 그리고 시스템 전체의 퇴적물 증감(the general pulsing of sediments through the system)이 초래하는 변이도 포함된다. 수많은 단기적 변동이 내재되어 있기 때문에 해안선 이동 경향을 추적하기 위해서는 수십 년 이상의 기간이 필요하다. 해빈의 특성, 사구형태, 외해빈의 단면 등에 관한 장기간의 관측 자료와 정보를 통해 해안선 변동을 일으키는 자연 요소들을 파악할 수 있고, 이러한 지식은 관리정책에 도움이 되고 있다. H. J 하인츠연구소(2000a, b)는 해안침식 비용에 대한 오해를 지적하고 있다. 이를 바로잡기 위해서는 해안선 변동량에 관한 축척된 양질의 자료와 함께, 해안선 보호를 위해 부담하는 사회적 비용에 대한 해안지역 주민들의 올바른 이해가 필요하다. 해안변동 관측에는 장기적 해안선 변동뿐만 아니라 단기적 변동에 대한 깊은 이해와 함께 해안선 변동에 관한 지식이 전제되어야 한다.

현재의 지식수준에서 해안선 변동에 영향을 미치는 자연환경 요소 가운데 두 가지가 가장 중요한 것으로 알려져 있다. 첫째는, 해안시스템 내에서 가용한 퇴적물의 양이고, 둘째는 해수면 상승률이다. 자연적 변동 이외의 인위적 간섭도 중요하다. 이러한 변수들이 오늘날 관찰되는 해안선 변동의 주요 원인이다.

퇴적물 공급

전통적으로 해빈은 외부로부터 운반되어온 퇴적물이 수괴와 육괴의 접촉점(연안대)에 쌓이는 자연작용을 통해서 유지되어왔다. 일반적으로 해빈의 사질퇴적물의 주요 출처는 하천이다. 내륙에서 침식된 물질이 하천을 따라 운반되고, 해안선 주변에 부려진다. 미시시피 강의 삼각주 지역이 이러한 퇴적작용의 좋은 예라고 할 수 있다. 그러나 뉴저지 주에는 해안에 퇴적물을 방출하는 큰 하천이 없다(그림 3.1) 대부분의 하천이 흘러 들어가는 만이나 하구역이 퇴적물을 모으고 있기 때문에, 하천퇴적물이 해빈으로 운반되지 않는다. 이러한 사정은 뉴저지에 독특한 것은 아니다. 미국의 동부해안지대는 대체로 이와 유사하다.

두 번째 출처는 파랑과 흐름에 의해 대륙 가장자리에서 일어나는 침식이다. 이 현상은 수괴 가장자리의 해식애(海蝕崖)나 낮은 단애(斷崖)에서 발견된다. 뉴저지에서는 몬마우스 카운티와 케이프 메이 카운티의 일부 해안에 나타나는 낮은 침식단애가 이러한 예이다. 이러한 침식현상으로 주변의 해빈에 모래가 공급되지만, 웬만한 규모의 해빈을 유지할 수 있는 양에는 이르지 못한다. 더욱이 해안절벽의 침식을 줄이기 위해 축조한 인위적 구조물과 해안제방으로 말미암아 그 양이 크게 줄어들고 있다. 뉴저지 해안지역에서 이러한 출처의 퇴적물은 비교적 중요하지 않다. 그 밖에 뉴저지 해빈의

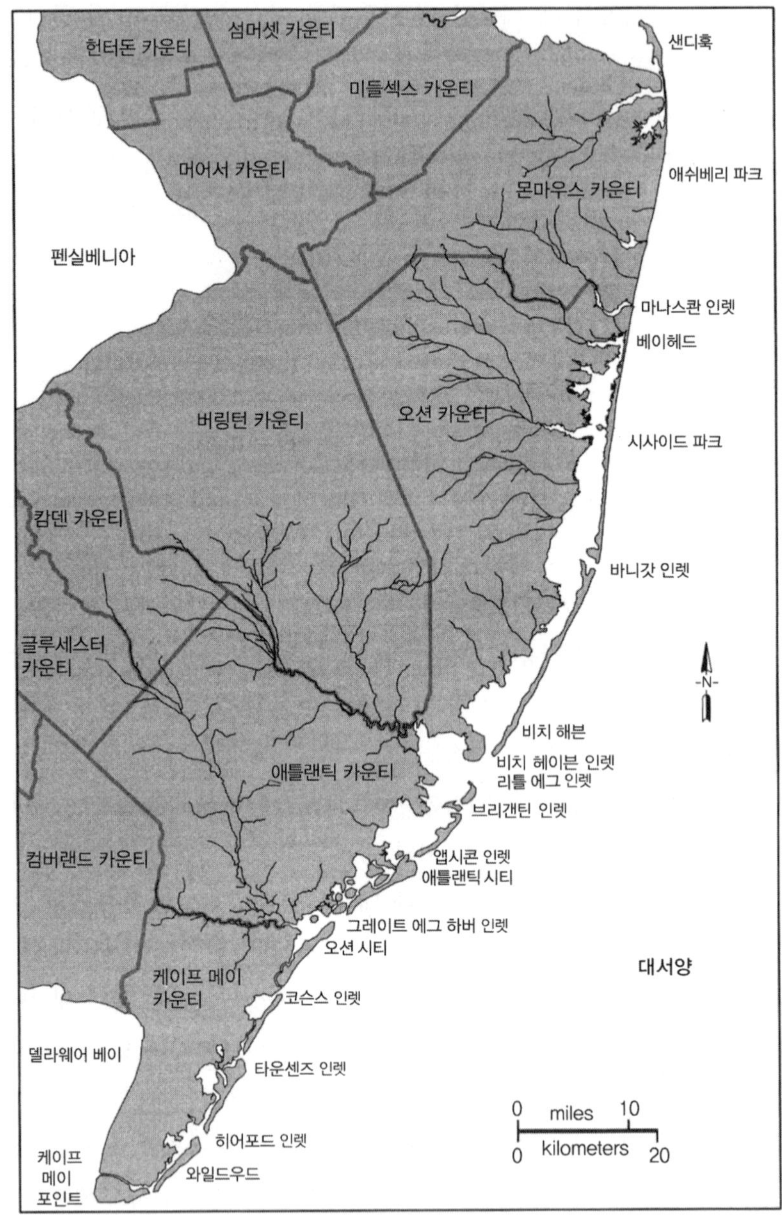

그림 3.1. 뉴저지 해안지역의 소하천유역.

모래 공급원으로는 외해빈이 있다. 해수면 상승이 일어났던 지난 수천 년 동안, 사질 해안평야가 침수되면서 많은 양의 모래가 바다에 잠겼다. 파랑은 해저를 따라 육지 방향으로 이 모래를 이동시키고 해빈에 퇴적시킬 수 있다. 실제로 폭풍 이후에 발생하는 해빈의 회복은 파랑이 모래를 외해빈부터 해빈단면으로 이동시키는 과정이다. 그러나 외해빈의 공급원에도 한계가 있다. 파랑이 교란을 일으킬 수 있는 수심 이내의 사질퇴적물이 모두 가동되어 운반되고 나면 공급은 더 이상 이루어지지 않는다. 더 이상 새로운 퇴적물이 고갈된 외해빈대를 채우지 않기 때문이다. 가용 퇴적물이 존재하는 한에서 외해빈대가 공급원의 기능을 한다. 해안과학자들은 뉴저지 해안이 이미 그 한계에 도달했다고 믿는다.

외해빈대에 아직 모래 공급원이 있지만, 수심이 너무 깊고 거리가 멀어서 표면파와 흐름이 이를 가동시키지 못한다. 한계수심 내의 지역에서만 파랑과 흐름의 자연작용을 통해서 퇴적물이 육지 방향으로 이동할 수 있음을 고려할 때 외해빈대의 퇴적물은 사실상 고갈된 것이나 다름없다. 이러한 심해의 사질퇴적물은 외해빈의 준설을 통해서 침식해빈에 인위적으로 공급되고 있다.

인위적인 해안퇴적물 공급에도 불구하고, 뉴저지 해안에서는 완만하지만 지속적인 퇴적물 유실이 오랜 기간에 걸쳐 일어나고 있다. 해빈으로부터 외해빈의 심해나 연안하류 방향으로 퇴적물이 유실되고 있으나 이를 보충할 새로운 천연 공급원이 없다. 해빈, 사주섬, 낮은 해안단애 등 대서양의 해안선을 이루고 있는 여러 지형에서 순퇴적물 손실이 완만하게 일어나고 있다. 전반적 결과는 완만한 해안선 이동(변위)이며, 해안선 침식이 관찰되고 해안선의 내륙이동으로 나타난다. 이 과정은 자연적인 것이며, 이러한 현상을 초래한 환경조건은 전 세계 대부분의 해안에서 관찰된다.

과거에는 사주섬의 대규모 사구에서 모래가 공급됨으로써 해안선 이동이 억제되었다. 사구의 모래가 침식으로 발생하는 유실을 보완하거나 손실의 속도를 낮추어 해안선 변동에 완충역할을 했으나, 현재 뉴저지 해안에서 사구가 많이 사라졌기 때문에 사구로부터 모래 공급이 일어나지 않고 있다. 모래유실의 원인으로는 인위적 영향도 있다. 조수통로를 유지하기 위한 도류제나 개발지역을 보호하기 위한 호안구조물은 퇴적물의 운반과정을 교란시킨다. 몇몇 구조물은 퇴적물 운반 속도를 높인다. 해빈으로 회귀할 수 없는 심해로 유도하기도 한다. 연안퇴적물의 이동과 분포에 영향을 미쳐 한 부분에서는 퇴적을, 인근에서는 침식을 발생시킨다. 전반적으로 인공구조물이 퇴적물의 공급을 감소시키지는 않지만, 퇴적물의 재배치를 초래하여 지역에 따라 편익과 손해를 끼친다.

트럭이나 준설파이프 라인을 이용하여 새로운 퇴적물을 해빈-사구시스템에 공급할 수도 있다. 일반적으로 1마일 이상 떨어진 외해빈대의 20~25m 이상의 수심에서 준설하거나 육상에서 확보한 퇴적물을 양빈에 사용한다. 이러한 과정은 비용이 많이 들기 때문에 양빈사업에는 철저한 사전평가가 전제되어야 한다. 양빈은 퇴적물수지에 영향을 주지만 침식이나 장기적 퇴적물 손실을 일으키는 원인을 제거할 수는 없다. 새로 공급된 퇴적물은 자연작용에 의해 침식되고 만다. 사질퇴적물의 관리는 해안지역의 중요한 쟁점이다. 이 쟁점은 유실되는 모래를 억류하는 방안, 양빈물질의 탐색, 양빈 조건의 확보 등과 관련되어 있다.

해수면 상승

해수면 상승은 해안선을 내륙으로 이동시키지만, 풍부한 퇴적물 공급으로 바다 쪽으로 퇴적이 크게 일어나는 곳에서는 그렇지 않다. 해수면 상승과 퇴적물 부족이 동시에 발생하는 곳에서는 문제가 배가 되어 해안선이동률은 더욱 증가된다. 사주섬의 해안과 같이 경사가 완만한 곳에서는 해안단애의 수평이동거리는 해수면 상승의 수직성분의 100배에 달한다. 그러나 해안절벽에서는 수평적 변위는 훨씬 작다. 해수면 상승에 대한 해안선의 반응에는 시간적 지체가 있는 것으로 보인다. 해수면 상승에 따라 해안선이 즉각 내륙으로 이동하지 않을 수도 있다. 대형폭풍이 일어나 퇴적물을 가동시키고 해빈이 복구되는 과정을 통해서 높아진 해수면과 평형을 이루는 해빈단면이 형성된다. 이 평형해빈단면은 폭풍 이전의 해빈과는 다른 형태를 가진다. 이전의 해빈단면은 상승 이전의 해수면과 평형을 이루었을 것이다. 이와 같이 폭풍 이후 이전의 해빈단면으로 복구되지 않는다는 것은 해수면 상승과 퇴적물수지상의 변화에 대한 해안선의 반응이며, 해안선 이동은 시간적 지체를 가지고 주기적으로, 또는 단속적으로 일어난다.

해안선 위치의 변화

퇴적물 공급과 해수면 상승 이외에도 해안선의 변동률에 영향을 미치는 요소로는 해양에 대한 노출 정도, 연안류의 지속성, 국지적 퇴적물 이동, 호안구조물 등이 있다. 해안선의 변동률이나 침식률은 이러한 요소의 조건에 따라 차이를 보인다. 이러한 차이는 사주섬과 절벽해안에서 큰 대조를 보인다. 사주섬 간의 차이도 나타나지면 사주섬 내에서도 차이가 발생한다. 돌제, 도류제, 해안제방에 대한 반응에서도 큰 차이를 나타낸다.

해안선의 역사적 변천을 살펴보면 시공간적으로도 커다란 차이가 나타난다. 여러 해안지역에서 순퇴적기간이 순침식기간 사이에 산재되어 나타난다. 이러한 변이는 노드스트롬 등(Nordstrom et al., 1977)의 해안선 위치 비교 연구에 잘 나타난다. 이 연구는 고해안 조사자료와 항공사진을 통해 여러 기간에 걸친 해안선 변동을 양과 음의 변위로 정리하고 있다(그림 3.2).

최신 자료와 가장 오래된 자료를 비교하는 대신 19세기의 자료와 20세기의 자료를 분리하여 분석했는데, 이전의 해안은 자연상태였지만 20세기의

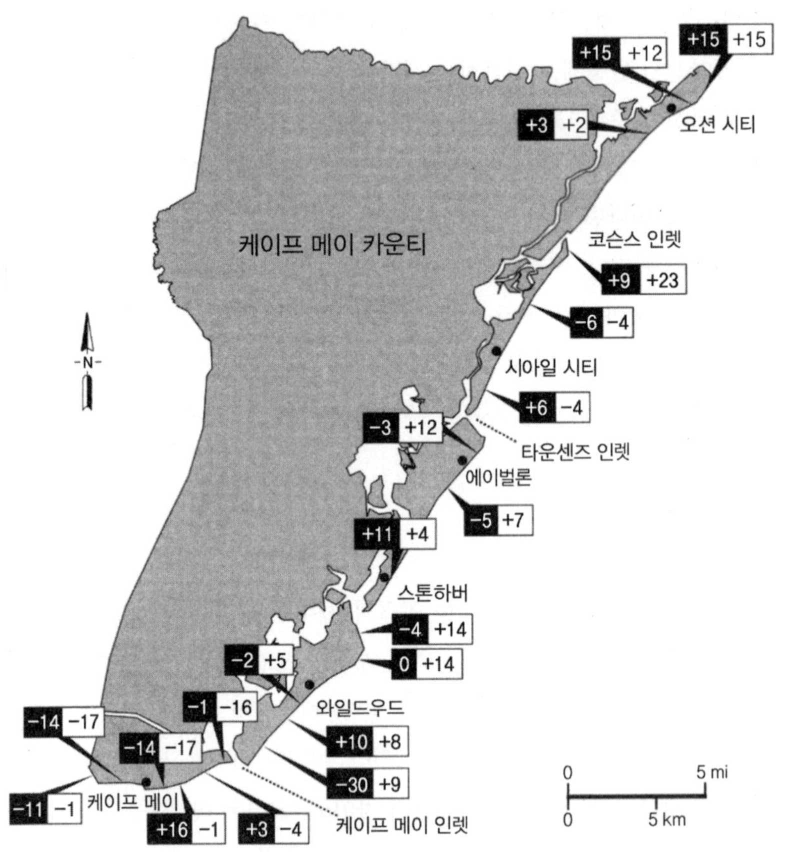

그림 3.2. 케이프 메이 카운티 해안선 변동(단위. 피트/년). 100여 년의 자료를 활용(Nordstrom et al., 1977). 19세기에 실시된 측정은 흰색 칸에 20세기에 실시된 측정은 검정색 칸에 표시됨. 20세기에는 해안선과 조수로에 구조물이 설치된 시기이다.

해안에는 인위적 조작이 많았기 때문이다. 그림 3.2는 케이프 메이 카운티를 대상으로 한 분석을 보여주고 있는데, 자료기간은 지점에 따라 차이가 있다. 장소에 따라 변동률이 일치하기도 하고 불일치하기도 하는데, 이는 자연적 변동과 함께 인위적 간섭이 있었기 때문이다.

뉴저지 환경보호국이 발행한 CD-ROM 자료에는 해안선의 역사적 변화

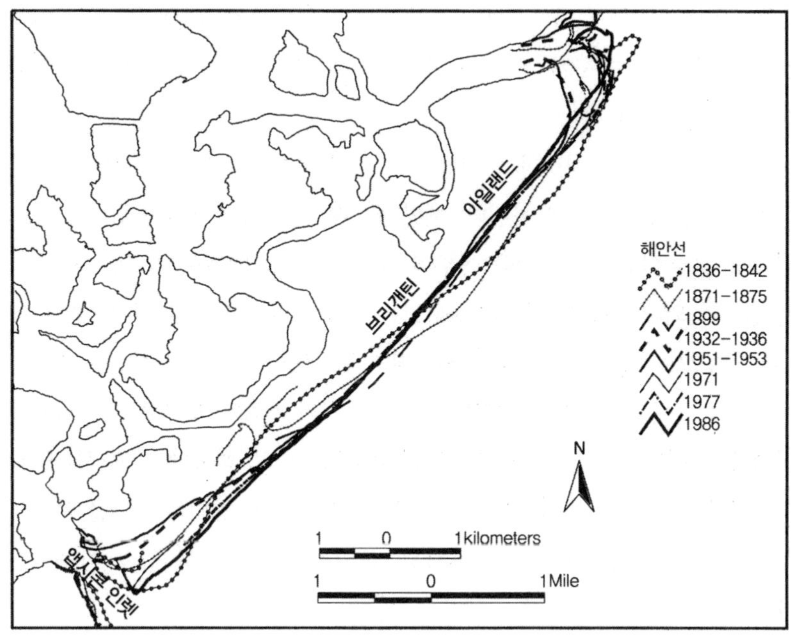

그림 3.3. 브리갠틴 아일랜드 해안선의 변화, 1936~1986(NJDEP, 1995).

가 수록되어 있다. 1986년 해안선을 기준으로 1830년대의 해안선까지 정리하고 있기 때문에 다양한 기간의 해안선 변동을 분석할 수 있다. 한 시점의 전체 해안선의 위치를 추적할 수 있고, 해안선 변동의 경향, 사주섬의 상류부와 하류부 사이의 상호작용, 호안구조물의 영향, 양빈사업 등에 관한 정보를 얻을 수 있다. 자료는 지리정보시스템의 구조로 정리되어 CD에 수록되어 있다. 그림 3.3은 브리갠틴 섬의 예로, 1836년부터 1986년 사이의 해안선 위치를 보여주고 있다. 이 섬의 북단(상류부)은 매우 역동적 변화를 보여주고 있는데 자료기간 동안 1.0km의 변위가 발생했다. 이 섬의 앱시콘 조수통로 말단부는 1940년 도류제가 건설될 때까지 내륙으로 이동했고, 도류제 건설 이후는 해안선이 바다 쪽으로 움직여서 현재에 이르고 있다. 1871년과 1875년 사이의 자료는 앱시콘 인렛이 현재보다 약 3km 상류에 위치했었다는 것을 보여주고 있다. 사주섬에서 조수통로가 위치했던 부분이 폭풍의 피해를 받으면 쉽게 개구가 생기거나 섬이 나누어질 수 있기 때문에 이러한 정보는 매우 중요하다.

침식을 막거나 침식경향을 역전시키기 위한 인위적 노력 때문에 해안선 변위의 일반적 패턴이 왜곡된다. 해안제방과 같이 해안선에 평행하게 축조된 구조물은 인위적 해안선을 이루며, 구조물 바로 바깥쪽에 지속적인 침식을 일으켜 외해빈의 경사를 급하게 만든다. 돌제나 도류제와 같이 해안선에 수직 방향으로 설치된 구조물은 해빈대의 연안퇴적물 이동에 간섭을 일으켜 해안선을 들쑥날쑥하게 톱니모양으로 변형시키고 해빈의 폭도 불균일하게 만든다. 이러한 구조물의 상류에는 퇴적이 일어나고, 하류에는 퇴적물 공급의 제한으로 해안선이 내륙으로 치우쳐 자리 잡는다. 양빈은 해빈을 복구하고 퇴적물수지의 입력을 증가시켜 해안선을 바다 쪽으로 이동시킨다.

이러한 해안안정화 대책은 모두 해안선의 위치를 조작하고, 해안선변위 경향에 영향을 미친다. 해안선의 위치에 영향을 미친 자연작용과 함께 문화적 과정을 고려하고, 사구로부터 해빈을 거쳐 외해빈에 이르는 전체 단면상의 변화를 고려함으로써 변화나 변화율의 성격 또는 내용을 파악해야 한다.

시간적 변이는 있지만, 1990년대 후반 몇몇 구역에서 대규모 양빈사업이 수행되기 이전에는 뉴저지 해안의 대부분에서 순침식과 해안선의 내륙 방향 이동을 겪어왔다(U.S. ACOE, 1971, 1990; Nordstrom et al., 1977). 사주섬의 하류 말단부나 사주사취의 말단부는 이와는 달리 퇴적이 일어났지만, 바다 방향으로의 확장이라기보다는 사주섬이나 사취의 종적 확장이나 하류방향으로의 이동이었다. 사주섬 상류부의 둥근 말단부는 항공사진이나 해도에서 관찰할 수 있는 것처럼 긴 주기를 가지고 침식과 퇴적을 반복해왔다. 사주섬 상류부에서 사질퇴적물이 방출되면 하류부의 해안선 이동량은 둔화되는 경향을 갖는다. 해안선의 변위는 퇴적물 교환의 장기적 과정과 함께 단기적

과정에 대한 반응이다. 뉴저지 해안선에는 자연적 주기나 해안안정화라는 문화적 노력이 모두 반영되어 있다. 해안선 변위의 시간적 경향을 설명하는 과정에서 이 두 가지 요소를 분리할 때는 각각의 영향이 특정한 기간에 걸쳐 있다는 것에 유념해야 한다.

분석 대상기간이 길수록 자연적 변이나 문화적으로 발생한 변이가 평준화되며 일반적 순경향 또는 순조건(general net situation)이 추출된다. 따라서 두 수준의 분석이 유용하다. 즉, 국지적 수준의 단기적 변동과 보다 넓은 지역적 범위에서 장기적 변동을 분석하는 것이 필요하다.

침식에 관한 새로운 자료: 뉴저지 해빈단면 네트워크

뉴저지 주정부는 해안선 변화에 관한 자료를 축적하기 위해 비교적 새로운 시도를 해오고 있다. 1986년부터 시작된 뉴저지 해빈단면 네트워크는 약 1마일 간격으로 해빈단면을 측정하고 있다. 초기에 공원이나 야생조수보호구역과 같은 공공시설용지는 이 프로그램에서 제외되었으나 1990년대부터 포함되었다. 이 단면자료는 항공사진 등 공간자료를 비교하는 과정에 중요한 보충자료로 활용될 수 있는데, 단면자료에는 사구지대, 해빈지대, 가까운 외해빈대가 포함되어 있다.

측성은 각각 단먼을 따라 이루어지며 딘면의 상대를 기록하게 된다(그림 3.4). 현재는 15년간의 기록이 축적되어 있다. 죄조에는 수심 1~2m까지 측정했으나, 평균수심 6m까지 측량하고 있다. 기록기간이 길어짐에 따라 시간에 따른 해빈의 상태를 비교할 수 있고, 변화 경향과 함께 변화량을 측정할 수 있게 되었다.

이러한 성과로 해안과학자나 해안계획 당국이 모두 해안의 시공간적 변화를 상세하게 검토할 수 있는 자료를 갖추게 되었다. 단면 측정으로부터

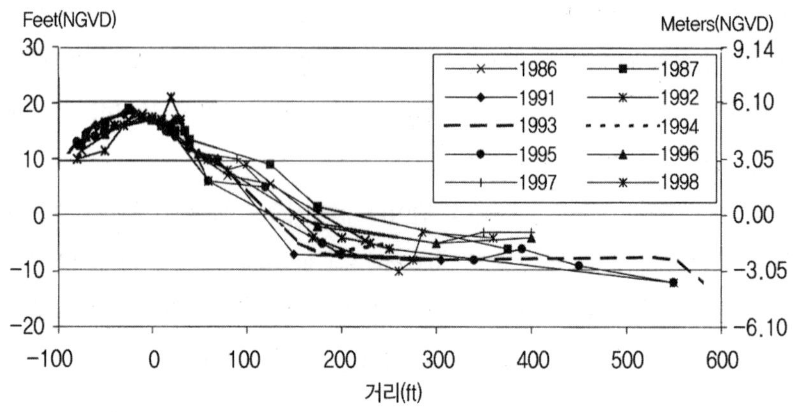

그림 3.4. 노만디 비치 해빈단면 151의 기복 변화. 뉴저지 해빈단면망 1986~1998(Farrell et al., 1988, 1994, 1995, 1997, 1999).

추출된 자료는 단면 전체의 변화를 나타내고 있다. 사구에서 침식된 양과 외해빈에서 퇴적된 양이 같다면(반대의 경우에도) 단면의 순변화량은 0이다. 따라서 순변화가 '양' 또는 '음'이라는 것은 단면상에서 퇴적물 또는 단면적이 증가하느냐 감소하느냐를 가리키는 것이며, 퇴적물이 단면 내에서 위치 이동을 일으키는 것을 지시하는 것이 아니다. 자료의 해석과 이용 과정에서 측정상의 특성을 염두에 두어야 한다. 단면은 1년에 한 차례 가을철에 측정된다. 단면이 공간적으로 좁은 경우, 예를 들면 저수심대의 폭이 좁은 경우에는 폭풍기간의 침식과 폭풍 이후의 해빈회복에 관련된 퇴적물의 이안-향안 방향의 이동이 제대로 파악되지 않을 수 있다.

최근에는 좀 더 깊은 수심까지 단면이 측정되기 때문에 이러한 문제는 경감되었다. 해빈대에서 변화량이 크고, 사구나 외해빈대의 변화량이 작다는 것을 보여주는 그림 3.2에서도 이와 같은 정황을 이해할 수 있다.

단면조사에는 인공사구조성이나 양빈과 같이 단면 내에 퇴적물을 공급(입력)하는 국지적 단면조작이 잘 나타난다. 양빈은 단면상에 퇴적물의 증분을 일으켜 단면의 정상 상태를 왜곡시킨다. 해마다의 측정기록을 통해서, 최초의 변화량과 이후의 변화량을 추적할 수 있고, 인접 지점들 사이의 상호작용을 파악할 수 있다.

퇴적물수지

각각의 단면 자료는 한 시점에서 사구-해빈-외해에 이르는 지형을 단면의 형태로 기록하고 있다. 시간의 경과에 따라 기록되는 두 단면을 비교하면 관측기간 동안의 단면 변화량을 2차원의 면적으로 산출할 수 있다. 이 정보를 바탕으로 체적변화, 즉 퇴적물의 증감을 파악한다. 예를 들면 해빈 피트당 1입방야드(270ft³)의 사질퇴적물 체적변화가 있었다고 한다면, 두 단면의 면적 차이는 270평방피트가 된다. 이 정보를 1마일 간격의 측정단면 사이의 해빈에 적용하여 1마일 길이의 해빈에 걸쳐 발생한 퇴적물 체적변화를 측정할 수 있다. 이 1마일 구간의 체적변화는 단순한 계산과정을 통해 측정된다. 연속되는 등조사시점의 단면적을 비교하여 변화량을 측정하고 같은 방법으로 측정한 인접 조사지점의 변화량을 얻은 후에, 두 변화량의 평균을 구한다. 이 값이 이 구간(1마일)의 1년간의 평균변화량이다. 이러한 계산을 바탕으로 각 구간에서 일어난 조사기간 11년 동안 발생한 체적의 연간 변화를 정리한 것이 표 3.1이다.

1986년과 1997년 사이에 걸친 단면변화는 해빈 1피트당 입방야드로 표현되어 있는데, 11년간의 변화 규모와 변화량의 공간적 분포를 지도화한 것이 그림 3.5와 그림 3.6이다. 각 해빈구역별 평균수치는 장기적인 자연의 경향과 함께 해빈 모래 공급에 의한 인위적 조작을 나타내고 있다. 양의 평균수치는 대부분 양빈지역과 일치한다. 예컨대 단면조사선 184-178의 시브라이트와 몬마우스 비치의 해빈, 조사선 163-256의 샤크리버 인렛에서 마나스콴 인렛 사이의 해빈, 조사선 125-122의 오션 시티의 해빈, 조사선 108-104의 케이프 메이의 해빈이 그러하다.

그 밖의 바니갓 인렛이나 앱시콘 인렛, 케이프 메이 인렛에 설치된 도류제

표 3.1. 각 단면구간의 1986~1997년간 평균 연간 부피변화(단위: 세제곱야드/피트)

단면구간 번호	평균 부피변화	양빈 여부
285-284	-7.87*	$
284-184	-8.82*	
게이트웨이 엔트런스		
184-183	23.47	$
183-282	65.90*	$
282-182	66.39*	$
182-181	23.42	$
181-180	17.44	$
180-179	10.94	$
179-178	12.23	$
롱브랜치 시티 경계		
178-177	13.14	$
177-176	1.26	
176-175	-.008	
175-174	1.36	
174-173	0.72	
173-172	-.012**	
172-171	-0.39**	
171-170	-2.55	
170-169	-1.55	
169-168	-.037	
168-267	-1.31*	
267-167	-1.7*	
167-166	-1.51	
166-165	-1.05	
165-164	-1.42	
사크리버 인렛		
163-162	3.75	$
162-161	9.21	$
161-160	7.65	$
160-159	11.27	$
159-158	18.42	$
158-157	17.15	$
157-256	22.92*	$

단면구간 번호	평균 부피변화	양빈 여부
마나스콴 인렛		
156-155	-0.92	
155-154	-2.7	
메타드콘크 리버		
154-153	-0.81	
153-152	-0.74	
152-151	0.18	
151-150	0.07	
150-149	0.1	
149-148	0.82	
148-147	2.01	
147-247	-1.61*	
247-246	-2.7*	
246-146	0.61*	
바니갓 인렛		
245-145	16.85*	$
145-144	-5.84	$
144-143	-9.05	
143-142	-2.68	
142-241	0.88*	
241-141	2.5*	
141-140	1.72	
140-139	0.20	
139-138	-2.48	
138-137	2.52	
137-136	2.29	
136-135	-1.08	
135-234	1.91*	
리틀 에그 인렛		
134-133	-1.68	
133-132	2.6	$
132-131	6.37	
앱시콘 인렛		
130-129	2.05	$
129-128	1.67	
128-127	-0.99	
127-126	-0.81	$

단면구간 번호	평균 부피변화	양빈 여부
그레이트 에그 하버 인렛		
225-125	-15.39*	$
125-124	12.17	$
124-123	21.24	$
123-122	6.68	
코슨스 인렛		
121-120	-10.52	
120-119	-2.61	
119-118	-0.54	$
118-117	-0.90	$
타운센즈 인렛		
216-116	25.28*	$
116-115	5.85	$
115-114	3.59	
114-113	-1.37	
113-212	11.73*	
히어포드 인렛		
111-110	14.42	
110-109	9.51	
109-208	7.04*	
케이프 메이 인렛		
108-107	19.66	$
107-106	5.13	$
106-105	5.6	$
105-104	6.36	$

자료: Upregrove et al.(1995); Farrell et al.(1994, 1995, 1997, 1999); http://www.usace.army.mil/
*1994~1997 **1987~1992 only

의 상류에서 관찰되는 '양(+)'의 효과는 구조물에 의한 것이다. 구조물의

하류에서 '음(-)'의 효과가 관찰되는 예는 두 곳이지만, 대부분의 음의 효과는 양빈사업으로 중화되었다. 양빈이나 구조물의 영향으로 어느 단면에서도 지속적인 '양'이나 '음'의 변화를 보이지 않았으며, 해빈도 지속적인 양이나

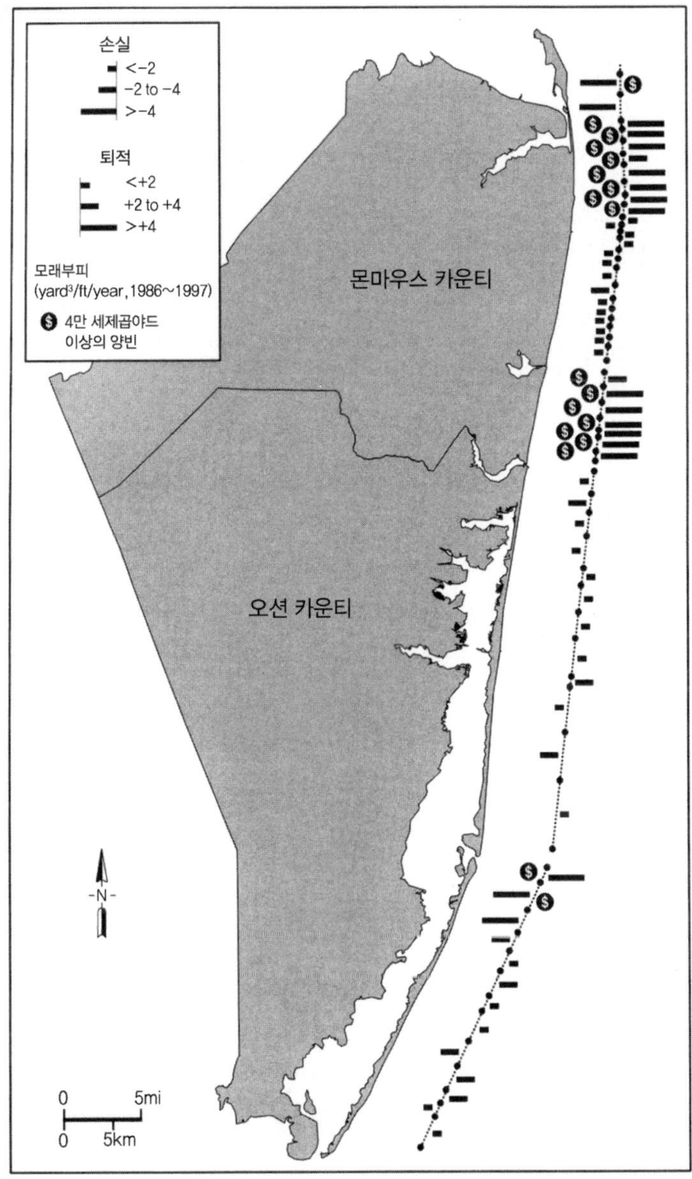

그림 3.5. 몬마우스 카운티와 오션 카운티의 해빈단면 구간별 연간 평균 퇴적물 부피변화 1986~1997(Uptegrove et al., 1995; Farrell et al., 1994, 1995, 1997, 1999).

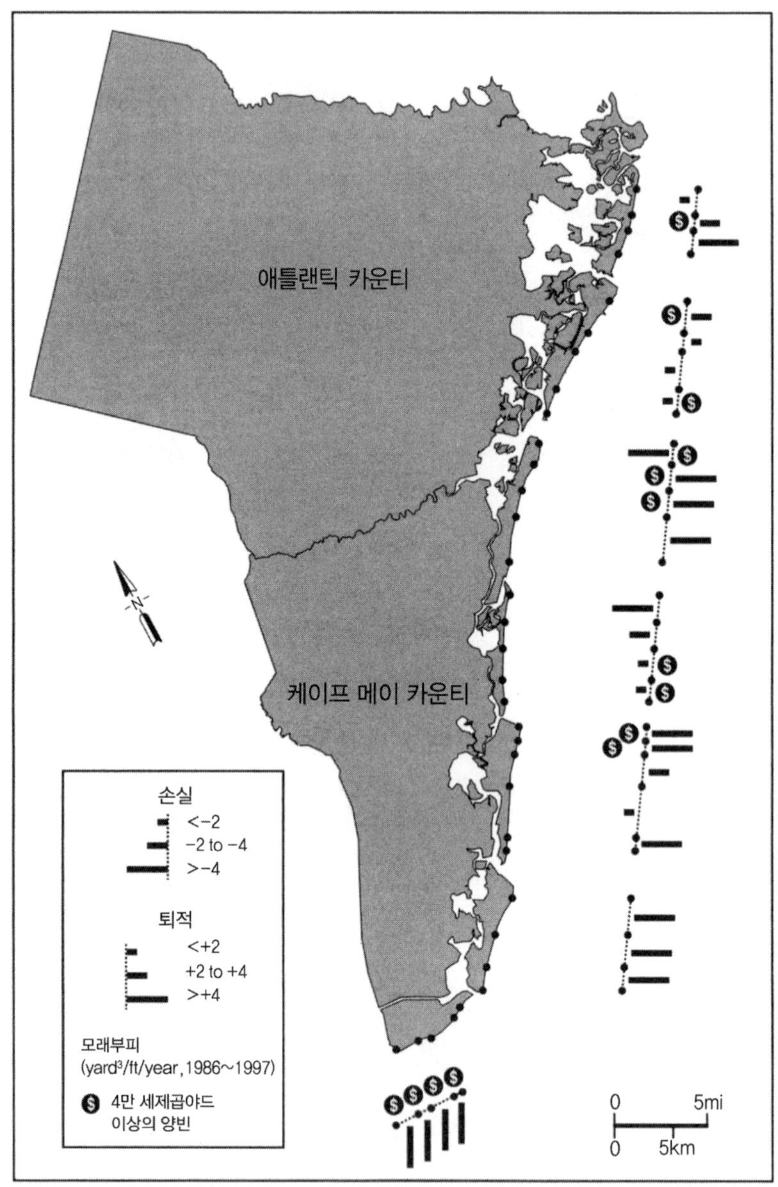

그림 3.6. 애틀랜틱 카운티와 케이프 메이 카운티의 해빈단면 단위상의 연간 평균 퇴적물 부피변화 1986~1997(Uptegrove et al., 1995; Farrell et al., 1994, 1995, 1997, 1999).

음의 퇴적물수지 변화를 보이지 않았다. 순증이나 순감을 나타내는 구역이 있지만, 구역 내의 변동패턴을 반영하는 것으로 보인다. 아마도 이것은 우발적인(episodic) 연안퇴적물 이동을 지시하는 것일 수도 있다.

뉴저지 해안단면 축적자료에 점차 최신 자료가 보충됨에 따라 현재의 양빈사업이 초래하는 영향에 대한 이해도 깊어지고 있다.

해안선 변위(변동)

NJBPN 자료로부터 추출할 수 있는 또 다른 정보는, 국가측지수준점(NGVD, National Geodetic Vertical Datum)을 기초로 측정된 각 단면상의 해안선 연평균 변동량이다(그림 3.7, 그림 3.8, 표 3.2). NGVD는 1929년에 설정한 수준점으로, 1960~1978년의 조위기록으로 산출한 평균해수면보다 약 0.16m 낮으며, 2000년의 평균해수면보다 약 0.27m 낮다. 해안선 위치 측정에서 NGVD 기준면을 자주 참조하지만, 일년 간격의 측정자료를 비교한다는 것은 문제가 있다. 단면상의 퇴적물 이동과 함께 연안 방향의 해빈지형 변동으로 발생하는 단기적 변이 또는 NGVD 해안선 위치상의 '잡음' 때문이다. 그림 3.7과 3.8에 도시되어 있는 자료는 조사기간의 연평균 변화를, 표 3.2의 자료는 연평균 변화와 순변화를 나타내고 있다.

양빈과 그 이후의 조정국면은 즉시 나타나기 때문에 매년 변화량을 측정하는 것이 특히 중요하다. 양빈사업과 호안구조물은 측정과 변화량에 영향을 주기 때문에 반드시 고려되어야 한다. NGVD 해안선에 일어나는 매년의 변동은 자연작용의 변이와 함께 양빈사업의 차이를 모두 포함하고 있다. 그러나 자료기간이 긴 경우에는 단기 변동 또는 잡음이 평활화되고 전반적 경향을 보여준다. 몬마우스 비치(단면조사선 180~178)나 대부분의 오션 시티(단면 조사선 125-123)에서는 바다 쪽으로의 순이동이 크게 나타나는데, 이것은 양빈사업 시기와 일치하고 있다. 11년간의 자료기간 동안 다른 지역에서는 해빈폭 변동이 작았는데, 이는 연간 변화(interannual variation)로 보인다.

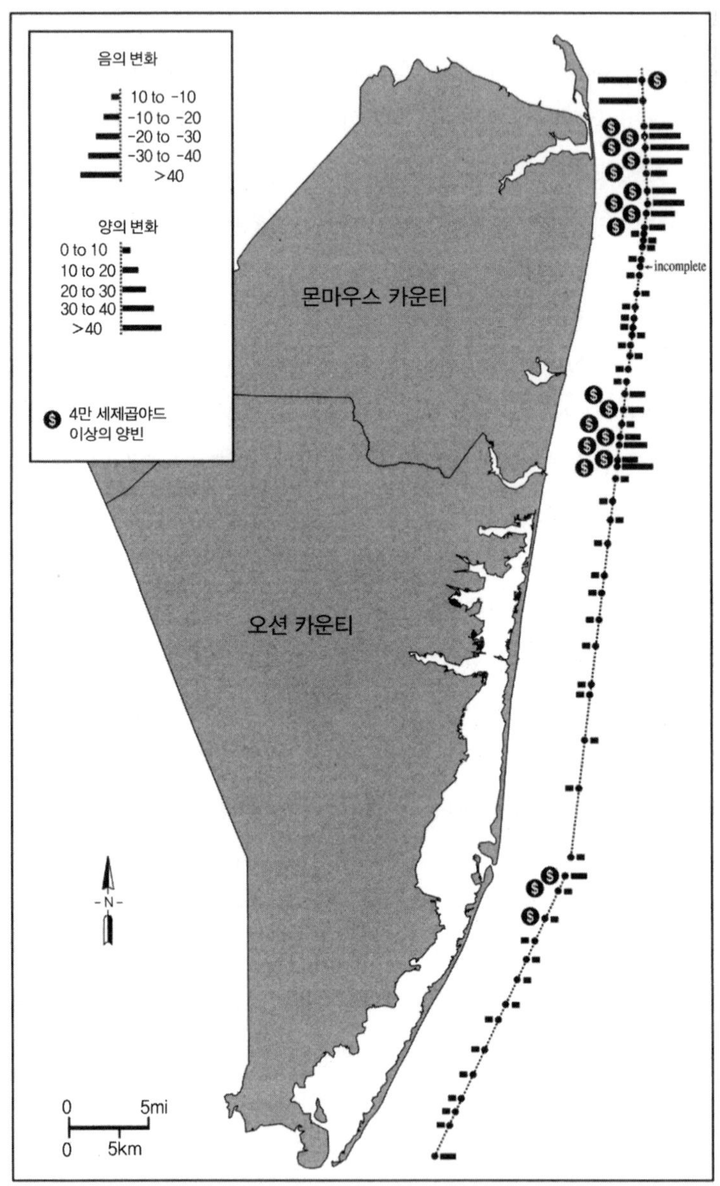

그림 3.7. 미 측지수준원점과 해빈단면 간 교점의 연평균 변화(단위: 피트). 몬마우스 카운티와 오션 카운티(Uptegrove et al. 1995; Farrell et al., 1994, 1995, 1997, 1999).

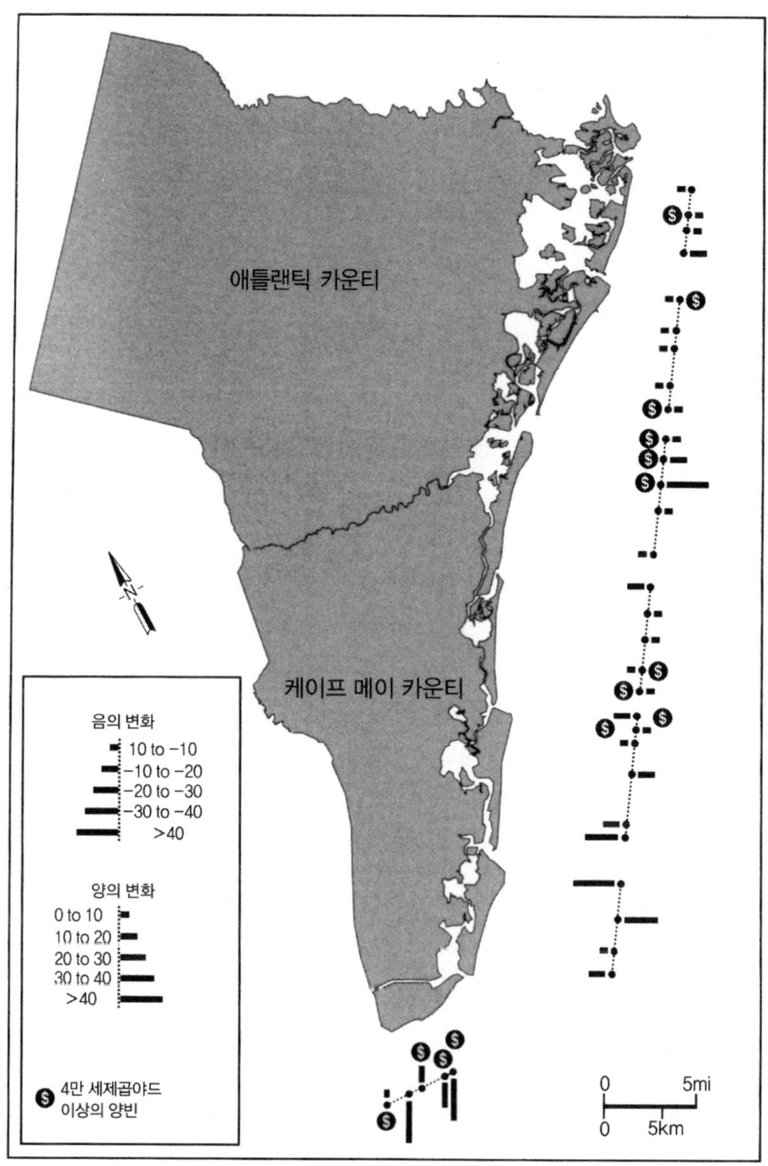

그림 3.8. 미 측지수준원점과 해빈단면 간 교점의 연평균 변화(단위: 피트). 애틀랜틱 카운티와 케이프 메이 카운티(Uptegrove et al. 1995; Farrell et al., 1994, 1995, 1997, 1999).

표 3.2. 해안선의 연간 변화(1986~1997, 단위: 피트)

단면 번호	순 변화	평균 변화	양빈단면
285*	-255.1	-101.8	$
284*	-171.1	-52.4	
게이트웨이 엔트런스			
184	+234	+21.3	$
183	+380	+34.5	$
282*	+360	+128.6	$
182	+405	+36.8	$
181	+215	+19.6	$
180	+238	+21.6	$
179	+435	+39.5	$
178	+301	+27.4	$
롱비치시티 경계			
177	+211	+19.2	$
176	-1	-0.1	
175	+36	+3.3	
174	+34	+3.1	
173	- 43	-3.9	
172		Incomplete	
171	- 20	-1.8	
170	+41	+3.7	
169	-35	-3.2	
168	-10	-0.9	
267	-45	-4.1	
167	+8	+0.7	
166	-51	-4.6	
165	+1	+0.1	
164	-31	-2.8	
샤크 리버 인렛			
163	-9	-0.1	
162	+117	+10.2	$
161	+121	+11.0	$
160	+83	+7.6	$
159	+210	+19.1	$
158	+279	+25.4	$
157	+180	+16.4	$
256*	+110	+39.3	$
마나스콴 인렛			
156	+63	+5.7	
155	-47	-4.3	
154	+2	+0.2	

단면 번호	순 변화	평균 변화	양빈단면
메타드콘크 리버			
153	-25	-2.3	
152	-15	-1.4	
151	-41	-3.9	
150	-48	-4.4	
149	-48	-4.4	
148	-22	-2.0	
147	-40	-3.6	
247	+95	+8.6	
246	-31	-3.8	
146	+92	+9.2	
바니갓 인렛			
245*	+50	+17.8	$
145	+82	+7.5	$
144	+28	+2.5	$
143	-29	-2.6	
142	+12	+1.1	
241*	+15	+5.0	
141	+15	+1.4	
140	-36	-3.3	
139	-8	-0.7	
138	-32	-2.9	
137	-36	-3.3	
136	-75	-6.8	
135	+57	+5.2	
234**	+60	+21.4	
리틀 에그 인렛			
134	-39	-2.3	
133	+44	+4.0	
132	+44	+4.0	
131	+157	+14.3	
엡시곤 인렛			
130	-30	-2.3	$
129	-11	-1.0	
128	-45	-4.1	
127	-28	-2.5	
126	+34	+3.1	$
그레이트 에그 하버 인렛			
225**	+15	+5.0	$
125	+220	+10.0	$
124	+475	+43.3	$
123	+102	+9.3	

단면 번호	순 변화	평균 변화	양빈단면
122	-79	-7.2	
코슨스 인렛			
121	-182	-16.5	
120	+6	+0.5	
119	-37	+3.4	
118	-36	-3.4	$
117	+15	+1.4	$
타운센즈 인렛			
216*	+50	+17.8	
116	+72	+6.6	$
115	-22	-2.0	
114	+117	+10.6	
113	-120	-11.8	
212**	+90	+30	
히어포드 인렛			
111	-441	-40.1	
110	+346	+31.6	
109	-40	-3.6	
208**	-50	-16.9	
케이프 메이 인렛			
108	+511	+46.6	$
107	+312	+28.4	$
106	-184	-16.7	$
105	+609	+55.4	
104	-70	-6.4	$

자료: Uptegrove et al.(1995); Farrell et al.(1994, 1995, 1997, 1999); http://www.usace.army.mil/
* 1995.1~1997.10.
** 1995.10~1997.10.

가호안, 해안제방, 인공사구선, 그 밖의 인위적 조작으로 해안선의 내륙이동이 제한되었고, 부분에 따라서는 단면 전체의 변위가 억제되었다.

내재된 잡음과 해안선의 일시적 변동에 따른 측정상의 문제에도 불구하고, 이러한 자료를 다른 자료와 함께 연결시키면 해안선 변동의 일반적 경향을 파악할 수 있다.

고재해 위험지대의 판정

해안의 자연재해를 관리하기 위해서는 위험에 크게 노출된 해안지역을 파악하는 것이 필요하다. 연방재해관리청(FEMA)은 국가홍수보험계획에의 편입조건으로 각 지역공동체의 고위험지역 파악을 요구하고 있다. 이러한 시도는 원조가 상대적으로 더 필요한 지역에 적용할 수 있는 정책개발에 유익할 것이다. 위험관리도구는, 여러 영역에서 공적 재산이나 사적 재산이 위험에 노출되는 범위를 축소시킬 수 있다. NJBPN의 해안단면 자료는 취약지역을 확인할 수 있는 유용한 도구라고 할 수 있다. 이전에는 미 공병단이 수행한 국가해안선조사(National Shoreline Study)에서 취약지역을 추적할 수 있는 참고자료를 확보했다. 이 자료에 따르면 뉴저지 해안선의 82%가 심각한 침식지역으로 분류된다(그림 3.9). 1981년 뉴저지해안보호종합계획(NJSPMP)에서는 개발지역의 위험에 대한 노출 정도를 기초로 심각한 침식지역을 분류하고 있다. 이에 따르면 뉴저지 해안선의 32%가 이 범주에 속한다(NJDEF, 1981). 그 이후 노드스트롬 등(Nordstrom et al., 1986)의 연구에서도 심각한 침식지역을 설명하면서 뉴저지 해안지역의 20%가 이에 속한다고 하였다. 침식지역에 관련된 이상의 세 가지 자료는 어느 정도의 공통점을 가지고 있다. 그러나 연구목적이 서로 달랐기 때문에 심각한 침식지역의 지리적 분포에서 차이를 보이고 있다.

이들 연구는 침식지역 분석에서 서로 다른 기준을 사용했다. 해안지역을 침식범주(erosion categories)로 분류하기 위해서는 번서 일련의 기준을 개발해야 한다는 것이 이들의 연구경험에서 얻은 중요한 시사점이다. 위험 수준, 고위험지역의 확인 등의 결정기준이 있어야 한다. 위험노출을 지시하는 요소들을 확인한 이후, 그 위험 정도를 파악함에 따라 위험노출지역을 검토해나가는 절차를 따르는, 이른바 '절차에 따른 파악(procedural identification)'을 적용한 '일련의 기준'을 마련하는 것이 필요하다.

과거에 사용한 다섯 가지의 기준은 다음과 같다

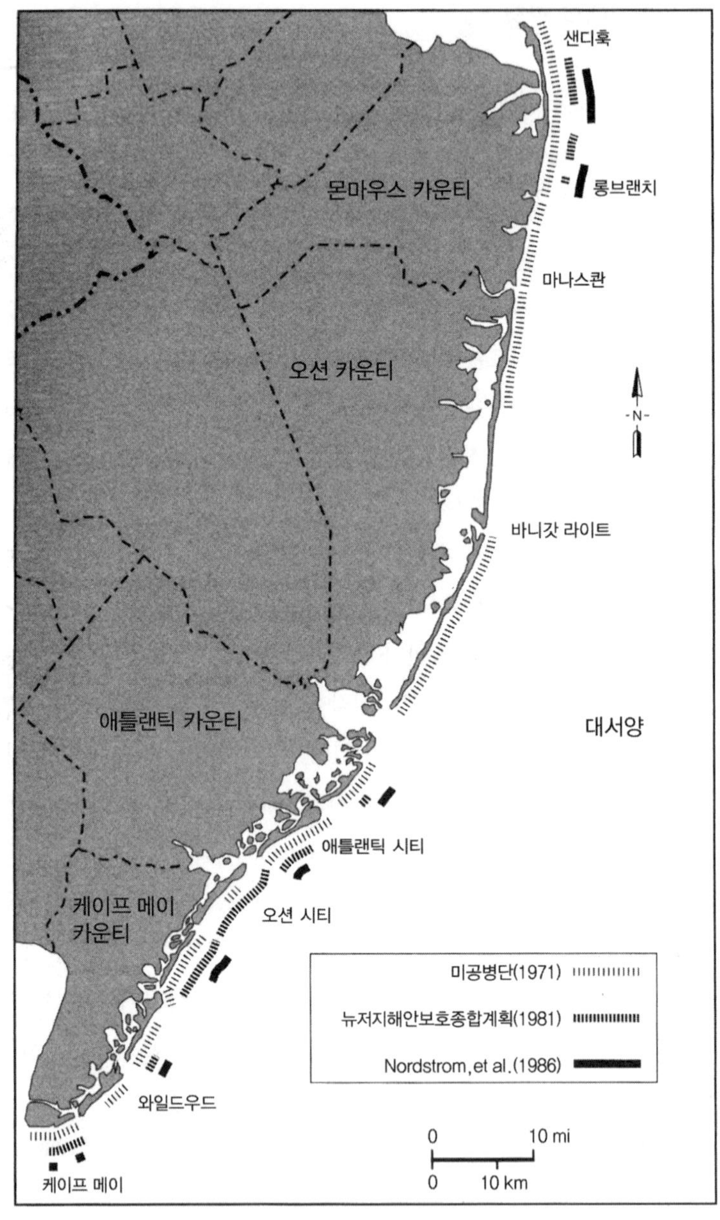

그림 3.9. 침식해안의 분포(U.S. AOCE, 1971; Nordstrom et al., 1986; NJDEP, 1981).

- 침식률 — 해안선 이동
- 조수통로와의 근접 정도 — 위치
- 사주섬의 단절 또는 개구(breachers)
- 오버워시 지역
- 고도

침식률 – 해안선 이동

침식자료를 기준으로 고위험 해안지역의 확인에 사용되는 요소로는 해빈의 상대적인 폭과 고도, 사구의 존재 여부, 퇴적물수지, 개발밀도 등이 있다(NJDEF, 1981). 침식률이 높은 지역에 위치한 재산은 대규모 해안폭풍이 일어날 때마다 반복적으로 피해를 입는다고 볼 수 있다. 호안구조물이 설치되어 있거나 양빈사업이 수행된 지역은 예외일 수 있다. 이러한 곳에서는 해안선의 안정성과 이에 대한 상이한 시간 축척에서 일어나는 해안선 이동을 반영하는 변수를 관찰해야 한다.

조수통로와의 근접 정도

특성상 조수통로는 매우 역동적이기 때문에 인접한 지역은 빈번한 침식과 퇴적을 겪는다(NJDEF, 1985). 사주섬의 하류 말단부는 흔히 고도가 낮고 오버워시가 자주 일어난다. 상류 말단부는 사구가 잘 발달된 경우가 많지만 심한 침식을 받기도 한다. 도류제와 같은 구조물이 조수통로의 이동에 영향을 미친다.

사구섬의 개구

과거에 조수통로가 있던 위치나 조수통로 개구가 있었던 위치는 역사기록을 통하여 확인된다(NJSDEF, 1985). 이러한 지역 가운데 많은 경우에 고도가 낮고 인접지역에 비해 응집력이 작은 퇴적물로 구성되어 있기 때문에 대형 폭풍이 발생하면 상대적으로 더 취약한 상태에 처한다. 폭풍기에 심한 침식이나 개구가 발생할 가능성이 높기 때문에 이러한 지역에 위치한 개발시설은 범람과 폭풍관련 피해를 입을 위험이 높다. 하비시다스 마을이 좋은 예인데, 1962년 재의 수요일 폭풍으로 말미암아 재산세 부과 기준으로 50%의 재산을 잃었다. 특히 과거의 조수통로가 위치했던 지점에 발생한 개구로 피해가 심했다(Savadove and Buchholz, 1993).

오버워시 지역

이전에 오버워시가 발생했던 지역은 폭풍피해 기록이나 항공사진을 통해서 확인할 수 있다(NJSDEP, 1985). 이러한 지역에는 반복적인 범람이 일어날 가능성이 높다. 따라서 이러한 지역 주변의 구조물로 인해 반복적으로 폭풍관련 피해를 입을 개연성이 크다.

고도

저고도 지역은 쉽게 범람에 노출되어 있다. 염습지를 개발하는 과정에서 채택하는 매립고도는 고조위를 약간 상회하는 것이 대부분이다. FEMA는 범람피해 위험지역의 관점에서 고도를 주요 기준으로 삼고 있다.

해안선 이동과 해안관리

수많은 구조물과 제방이 퇴적물 이동을 간섭하고 퇴적물의 체적에 인위적 변화를 초래한 많은 양빈사업을 고려한다면, 뉴저지 해안이 자연작용에 따라 자유로운 발달을 겪어오지 못했다는 사실은 조금도 이상하지 않을 것이다. 해빈에 대한 인위적 간섭이 무수히 이루어져 왔기 때문에, 뉴저지 해안선의 특징을 결정짓는 조건을 다 설명하거나 매 시점의 해안선을 자세히 기록한다는 것은 불가능하다. 해안을 안정화시키기 위한 인위적 간섭이나 시도에 대한 정성적 설명이 뒷받침된다면 해안선 위치 자료가 더욱 효용을 갖게 될 것이다. 사질퇴적물의 이동에 간섭을 일으키는 해안선에 평행한 구조물이나 길이가 특별히 긴 돌제나 도류제의 경우에는 특히 더 그러하다.

해안선 관리는 사질퇴적물(모래)의 관리라고 생각할 수 있다. NJSPMP (NJDEF)와 미 공병단의 *Limited Reconnaissance Report*(1990)에서 볼 수 있듯이 뉴저지 해안은 장기적인 순침식을 겪어왔다. 뉴저지 해안선의 일부는 심각한 침식지역으로, 또 다른 일부는 중간 정도의 침식지역으로, 또는 안정적인 비침식지역으로 분류되어왔다. 해안관리의 효율성을 높이기 위해서는 지형구역 또는 지역마다 적합한 관리전략을 적용해야 한다. 각 지역의 관리전략은 퇴적물 유실 이력, 구조물의 설치 여부, 해안선 토지이용에 따라 차별화되어야 한다. 해안선 자료로부터 얻을 수 있는 통찰력에는 다음과 같은 것이 있다.

- 해안선 변동과 퇴적물의 관리는 지역적 차원에서 접근되어야 한다.
- 3차원 자료와 변화량 측정수단으로서 퇴적물 체적 자료가 바람직하다 (해안선 위치에 관한 2차원 자료에 비해서).
- 해안선 변동의 자연적 변이, 특히 조수통로에서의 자연적 변이를 감안하여 지형구역 또는 지역 내에서 달성할 수 있는 정책 목표를 세워야 한다.
- 해안단애로 이루어진 해안은 퇴적물이 부족하고 사주섬의 퇴적체에 비해 쉽게 침식되지 않기 때문에, 북부헤드랜드의 대부분은 장기간에 걸쳐 비교적 안정상태를 유지하고 있다.
- 호안구조물, 특히 조수통로의 구조물은, 구조물을 중심으로 상류와 하류의 해안선이 서로 반대방향으로 치우치게 만든다.

- 퇴적물 교환에는 단기간의 변이가 많이 포함되어 있기 때문에 경향 파악을 위해서는 장기간의 기록이 필요하다.
- 양빈은 국지적으로 단기적 양(+)의 효과(해안선의 바다 쪽 이동)를 초래한다.
- 퇴적물의 축소와 해수면 상승의 영향으로 말미암아 중기에서 장기의 시간 축척에 걸친 해안선의 내륙 이동이 예상된다.
- 고위험지역의 파악은 손실과 피해를 줄이기 위한 재해관리대책의 적용을 향한 첫걸음이다. 위험을 지시하는 요소나 위험 정도를 확인하는 일련의 기준을 개발하여 적용해야 한다.

결론

해안선 변동은 인위적(문화적) 과정과 자연작용의 산물이다. 해수면의 상승과 함께 파랑과 해류의 작용에 의해 해안지역이 얼마나 영향을 받느냐 하는 것은 바로 이러한 작용들에 따라 결정된다. 사주섬의 대서양 측과 내만 측의 양 해안선에서 사질퇴적물이 자연작용에 따라 유실되고 있다. 완만하지만 측정 가능한 속도로 사주섬이나 본토의 해안지역이 침수되고 있다.

외해빈대나 그 밖의 지점에서 확보한 모래를 해빈에 공급함으로써 해안선 이동을 어느 정도 완화시킬 수 있다. 해안위험관리 원칙의 적용을 위해서는 위험지역을 체계적으로 확인해나가는 과정이 개발되어야 한다.

제4장

해안폭풍:

해안시스템과 해안관리에 미치는 영향

폭풍해일의 잠재적 파괴력은 1입방야드의 바닷물 중량이 4분의 3톤에 가깝다는 것을 생각하면 쉽게 짐작할 수 있다. 폭풍해일이 지나가는 길에 놓인 것은 어느 것이나 파괴될 수 있다.

– J. M. Williams and I. W. Duedall, *Florida Hurricanes and Tropical Storms*(1997)

허리케인 앤드류는 해안지역이 얼마나 취약하며 대규모 허리케인이 국가에 끼치는 재정적 손실 규모가 어떠한지 보여줌으로써 해안폭풍에 대한 인식을 근본적으로 바꾸어놓았다. 1992년 이전에는 보험전문가나 국가재난관리 담당자, 재정전문가들은 캘리포니아 대지진 정도의 재해가 국가 보험시장을 무력화시킬 수 있다고 믿었다. 허리케인 앤드류는 대형 폭풍도 그 이상의 손실을 초래할 수 있음을 유감없이 드러냈다.

– Insurance Research Council and the Insurance Institute for Property Loss Reduction(1995)

폭풍은 해안지대에서 내구적 변화를 일으키는 주요한 영력이다. 폭풍은 해빈과 사구, 조수통로 등의 다양한 해안지형 환경에서 퇴적물을 가동시키고 이동시킨다. 폭풍은 사주섬을 변형시키고, 낮은 해안단애를 침식하고, 습지를 범람시키고, 습지에 퇴적물을 공급하고, 저지대를 침수시킨다. 폭풍은 압도적 위력을 가지고 있다. 해빈이 사라지기도 하고, 사구가 깎여나가 평탄해지기도 하고, 목도는 끊겨나가 바다에 빠져버리기도 한다. 이 모든 것이, 폭풍해일과 강한 폭풍파로 말미암아 발생할 수 있다.

폭풍에 대한 관리 차원의 대응은 매우 중요하다. 초기 대응으로는 주민을 피난시키거나 안전대책을 강구하고, 폭풍 후에는 또 다른 형태의 관리가 필요하다. 폭풍 손실을 평가하고 복구대책을 집행해야 한다. 양빈, 사구조성, 사회기간시설 수리, 보험청구서 작성 등에서부터 재산의 폐기처분, 용도지구 재조정, 토지이용계획의 변경에 이르기까지 많은 업무가 뒤따른다.

과거의 폭풍이 보여주었던 역동성으로부터 교훈을 얻는 것은 매우 중요하다. 최소한 이를 통하여 미래의 손실 위험을 증가시키지는 않을 수 있기 때문이다. 지난날의 폭풍상황을 검토하는 것으로부터 해안변화의 규모를 알아낼 수 있다. 해안폭풍에 관한 정보를 종합하는 것은 재난위험에 대한 이슈를 제기하는 기회가 된다. 또한, 해안관리와 손실 저감, 공공안전, 고밀도 개발지역의 폭풍영향 저감 등에 관한 문제를 제기할 수 있는 계기를 마련하기 때문에 중요한 의미를 갖는다.

1980년 이후의 악천후

해안폭풍에 대해서는 과학적 관심과 함께 대중의 관심도 크다. 과학적 측면으로는 루드램(Ludlam, 1983)의 뉴저지 천후시스템 개관이 유익하며, 해안과 해안의 개발지역에 끼쳐온 주요 폭풍의 영향에 관해서는 사바도브와 뷰홀쯔(Savadove and Buchholz, 1993)의 저작이 잘 설명하고 있다. 폭풍에 관해서는 이 밖에도 해안의 여러 지역에 걸쳐 자주 거론되어왔다(Methot, 1988; Lloyd, 1994). 1980년부터 악천후에 대한 정보는 해안에 미치는 폭풍의 영향을 파악하는 데 도움이 되어왔다.

뉴저지의 해안에는 북동폭풍(northeasters)과 허리케인이 주요한 영향을 미치고 있다. 과거에 비해서 1980년 이후 폭풍의 빈도와 강도가 증가해왔다. 1980년부터 1998년까지 발생한 북동풍 가운데 12개가 대규모 폭풍(major storms)으로 간주되며, 하부구조와 해빈시스템에 미친 손실은 그림 4.1, 그림 4.2, 그림 4.3에 나타나 있다. 이 가운데 1984년 10월, 1987년 1월, 1991년 10월(할로윈 폭풍), 1992년 1월, 1992년 12월, 1993년 3월, 1994년 3월, 1996년 1월의 블리자드, 1996년 3월, 1997년 11월 등에 발생한 폭풍이 특기할 만하다. 1997년 12월부터 1998년 2월까지 특히 악천후가 심했고, 폭풍이 지속적으로 빈발했던 것으로 유명하다.

1980년 이후에는 대서양 중부에서 발생한 몇 번의 허리케인, 이 가운데 특히 1985년의 허리케인 글로리아가 해안지역에 큰 영향을 미쳤다. 허리케인 플로이드는 폭우를 동반하여 뉴저지 내륙에 커다란 손실을 입혔으나 해안에는 그다지 큰 영향을 미치지 않았다. 폭풍에 관한 자료가 축적되면서

그림 4.1. 훼손된 보도와 가호안. 도로를 덮은 오버워시 퇴적물. 뉴저지 주 시거트(1992년 12월).

그림 4.2. 침식사구와 훼손된 보도. 뉴저지 주 마나스콴(1992년 1월).

그림 4.3. 침식해안사구. 과거의 사구울타리와 가호안 피복공이 노출되어 있다. 뉴저지 주 오션 시티.

뉴저지 해안에 폭풍위험이 지속되어왔다는 것을 알 수 있다. 이 장에서 다루고 있는 정보의 출처는 국립기상청, 뉴저지 주 환경보호부, 미 공병단, 국립해양기상청(NOAA), 국립해양조사소(NOS), 뉴저지 해안지역의 지방신문 등이다. 고조위에 관한 자료는 NOAA의 웹사이트(http://co-ops.nos.noaa.gov)와 미 공병단과 NOS의 보고서에서 얻었다.

폭풍의 상대적 강도를 비교하고 폭풍을 평가하기 위해서는 분류체계가 필요하다. 허리케인에 대해서는 사피어-심프슨 등급(Saffir-Simpson Scale)이, 북동폭풍에 대해서는 돌란-데이비스 등급(Dolan-Davis Scale)이 개발되어왔는데, 이 등급체계(축척체계)들은 폭풍의 세기를 위계적으로 분류하고 있다(Dolan and Davis, 1992). 다른 방법으로는 발생 확률의 적용을 들 수 있다. 역사적 자료를 이용하여 특정한 수위나 폭풍의 재현 확률을 통계적으로 기술하는 방법으로, 예컨대 100년 확률 폭풍 범람(100년에 1회 일어날 확률)과 같이 기술한다. 등급이나 확률값을 적용하여 상이한 크기의 폭풍에 따른 자연의 반응이나 관리대책을 검토할 수 있게 되었다. 과거에 발생한 폭풍의 정도에 기초하여, 미래의 대규모 폭풍이 초래할 영향을 평가하고 그 잠재적 환경파괴를 저감하기 위한 관리전략을 제시하기 위하여 실행계획을 수립할 수 있다.

북동폭풍과 허리케인

북동폭풍 또는 북동풍

북동폭풍은 뉴저지 해안선을 따라 비교적 빈번하게 발생하는 폭풍이다. 북동폭풍의 중심이 해안에 도착하면 자연환경과 함께 개발시설에 피해를 끼치는데, 허리케인의 피해보다 심한 경우도 있다. 북동폭풍은 기술적으로 한랭중심부를 갖는 사이클론(Cold-core Cyclone)이라고 할 수 있는 전선 시스템으로, 열대저기압인 허리케인에 비해 낮은 온도의 수면에서 발생한다. 북동풍은 상층풍 순환의 영향도 받는데, 대체로 제트기류가 남향하는 10월에서 4월까지가 북동풍 계절이라고 할 수 있다.

북동풍은 지속기간이 길기로 유명하다. 며칠간 계속 불기 때문에 그 기간 동안 조석주기가 여러 차례 경과하기도 한다. 취송거리가 수백~수천 킬로미터에 이르기 때문에 풍속은 32~80km/h에 이른다. 예컨대 1991년의 할로윈 폭풍의 취송거리는 3,125km에 달했다. 긴 취송거리와 긴 지속시간으로 말미암아 거대한 파랑을 발생시켰고 이에 따라 동부해안 일대에 대규모 폭풍해일이 수반되었다. 북동풍의 특징이라고 할 수 있는 높은 조위와 높은 파랑에너지로 인하여 뉴저지에서는 커다란 재산과 인명 피해, 그리고 해안 침식이 일어난다.

돌란-데이비스 체계는 북동폭풍을 다섯 가지 범주로 나누고 있다(표 4.1). 이 분류체계는 최초 노스케롤라이나의 케이프 하터라스에 발생했던 1,347회의 폭풍을 파고와 지속기간에 따라 비교하는 과정에서 발전된 것이다. 상대적인 파력(波力)의 분포를 분석하여 5개의 등급으로 나누었다. 발생빈도

표 4.1. 돌란-데이비스 북동폭풍 분류

폭풍 등급	1급 약함	2급 보통	3급 주의	4급 심각	5급 아주 심각
해빈침식	미약	보통	해빈 전체	침식과 해안선후퇴	아주 심각한 수준
사구침식	없음	미약	주의할 수준	하부 해빈단면 침식 심각	완전한 파괴
오버워시	없음	없음	없음	마을규모 수준의 피해	모래톱/수로에 모래더미
재산손실	없음	보통	국지적	마을규모 수준의 피해	지역 수준의 피해
평균 첨두 파고	6.6피트	8.2피트	10.8피트	16.4피트	23피트
평균 지속시간	8시간	18시간	34시간	63시간	96시간
상대빈도	49.7%	25.2%	22.1%	2.4%	1%

자료: Dolan and Davis(1992).

의 약 50%를 차지하는 약한 폭풍을 1등급으로 하고, 발생빈도 1%의 강력한 폭풍을 5등급으로 정하였다. 각 등급의 폭풍이 해빈이나 사구, 지역사회에 미치는 영향까지 해설하고 있다. 이 분류체계는 폭풍의 등급을 정하고 재해의 위험 정도를 분석하는 과정에서 극히 유용하기 때문에 해안 연구자들뿐만 아니라 재난관리당국자들 사이에서 널리 사용되고 있다.

허리케인

온난 중심부를 갖는 사이클론(warm-core cyclones)으로 알려진 허리케인은 저기압 영역으로, 북반구에서는 시계반대 방향의 바람이 주위를 에워싸고 있다. 허리케인은 악천후와 강풍을 동반하기 때문에 진행로나 진행로 주변에 심각한 손실을 일으킨다. 대서양에서 발생하는 허리케인은 비전선성 시스템으로 열대나 아열대의 해수면에서 발생하여 성장한다. 허리케인은 아프리카 서해안에서 시작되는 것으로 알려져 있으며(Doehring, Duedall and Williams, 1994), 멕시코 만, 카리브 해, 플로리다 만 말단부 주변

표 4.2. 사피어-심프슨의 허리케인 척도

등급	정의와 수준
1급	풍속 74~95마일/시간 혹은 폭풍해일은 평소보다 4~5피트(1.22~1.52m) 높은 수위. 건물에서 실질적인 피해 없음. 손실은 주로 고정하지 않은 이동식 주택, 관목울타리, 수목 등에서 발생. 몇몇 해안도로는 침수되고 잔교가 약간의 손실을 입는다.
2급	풍속 96~110마일/시간 혹은 폭풍해일은 평소보다 6~8피트(1.83~2.44m) 높은 수위. 건물의 지붕, 문, 창문 등 손상. 식생이나 이동식 주택, 잔교 등은 상당한 손실을 입음. 해안, 저지대 소개로는 폭풍의 눈이 오기 전 2~4시간 정도 침수. 보호지역으로 대피하지 않은 소형 배들은 계류장을 파손한다.
3급	풍속 111~130마일/시간 혹은 폭풍해일은 평소보다 9~12피트(2.74~3.66m) 높은 수위. 소규모 단독주택과 시설 건물들에 벽면이 벗겨지는 것을 포함하여 심각한 구조적 손상 발생. 이동식 주택은 완전 파괴. 해안 인근의 범람으로 보다 작은 시설은 파괴되고, 보다 큰 시설은 부유물로 인해 손상을 입는다. 해수면으로부터 고도 5피트(1.52m) 미만의 저지대는 내륙으로 6마일(9.6km)까지 침수된다.
4급	풍속 131~155마일/시간 혹은 폭풍해일의 수위는 평소보다 13~18피트(3.96~5.49m) 높은 수위. 소규모 주택의 경우 벽면의 파손이 보다 심각하며 경우에 따라서는 지붕이 완전히 벗겨지기도 한다. 해빈지역의 침식은 심각하다. 해안선 근처 낮은 고도의 구조물이 심각하게 파손된다. 해수면으로부터 고도 10피트(3.05m) 미만의 저지대는 침수된다. 내륙으로 6마일(9.6km) 안에 위치한 거주민들은 모두 소개되어야 한다.
5급	풍속 155마일/시간 혹은 평소보다 18피트(5.49m) 높은 수위. 대다수 주택과 산업용 건물 지붕이 완전히 파손된다. 조그만 시설건물이 딸린 건물은 전파되기도 한다. 해수면으로부터 고도 15피트(4.57m), 500야드(455m) 미만에 위치한 구조물은 심대하게 손상된다. 해안선에서 5~10마일(8~16km) 이내의 저지대의 거주지역은 대대적인 소개가 이루어져야 한다.

자료: www.nhc.noaa.gov.
주: 실제 폭풍해일 수치는 해안 배치와 다른 요소들에 따라 상당히 달라진다.

해역에서 성장한다. 허리케인의 크기와 강도는 바람의 불어가는 범위(풍역, windfield), 강수의 범위(강수역, rainfield), 온난해역에 머무르는 시간에 따라 정해진다.

허리케인의 발생에는 온난수역이 필요하기 때문에 허리케인은 계절을 탄다. 일반적으로 6월에서 11월까지 발생하며 극성기는 9월 중순이다. 강력한 폭풍을 형성하고, 발달과 이동과정이 신속하며, 상륙도 신속하게 이루어진다. 북동풍과 비교하면 허리케인이 상륙하는 면적은 특이할 정도로 작으며 피해지역도 다소 국지적이다(Dolan and Davis, 1994). 사피어-심프슨 등급은 풍속과 함께 대기압, 폭풍해일 등, 지역사회에 끼치는 피해를 기초로 허리케인을 분류한다(http://www.nch.noaa.gov). 이 등급은 해안지역사회에서 겪는 위험 수준을 기술하는 도구로도 활용되는데, 예컨대 '위험지도(hazard map)' 등은 이 등급에 따라 작성된다. 허리케인이 뉴저지에 상륙하는 경우는 드물지만, 허리케인이 동반하는 고조위의 파랑은 뉴저지 해안에 침식과 범람, 재산상의 손실을 초래한다.

대규모 해안폭풍

1980년 이후의 대규모 북동풍

1980년부터 1998년까지 뉴저지 해안에는 최소한 25회의 북동풍이 내습했다. 이 가운데 12회는 대규모 폭풍으로 간주되고 있는데, 비정상적으로 긴 지속시간과 높은 수위, 광범위한 피해, 혹은 이상의 요소들의 결합으로 5년 확률 고조위를 초과하는 높은 수위가 발생했기 때문이다. 이러한 폭풍현상은 뉴저지 해안환경을 형성하는 중요한 영력이기 때문에 이 가운데 몇몇 주요 폭풍을 간단히 설명하고자 한다. 수위 또는 조위는, 3장에서 설명한 것처럼 1929년에 설정한 국가측지수준원점에 따라 측정된다. NGVD로 표기되는 국가측지수준원점은 해안지역의 해안고도 기준점이다. NGVD 기준면은 애틀랜틱 시티에서 1960년과 1978년 사이에 측정한 평균해수면보다 0.16m 아래에 위치한다. NGVD는 불변(constant

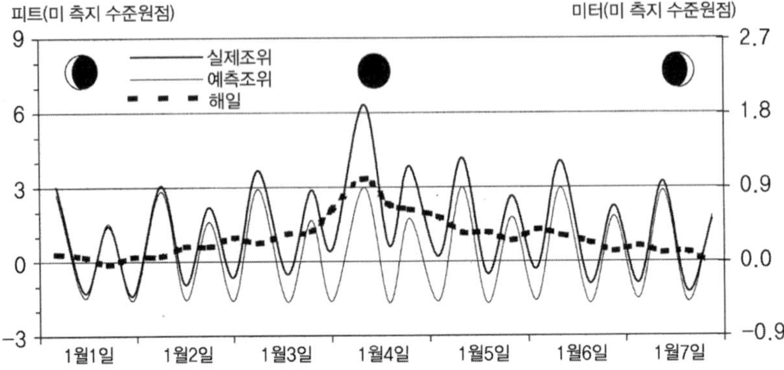

그림 4.4. 1992년 1월 폭풍(http://co-ops.nos.noaa.gov/).

surface)이므로, 해수면 상승이나 지반침하 등을 고려하지 않아도 무방하며 장기간의 폭풍파와 범람을 비교할 수 있다.

각 폭풍의 특성은 애틀랜틱 시티에서 기록되는 수위자료에서 파악된다. 정상적인 조석의 영향으로 발생할 것으로 예상되는 수위, 즉 예측조위와 관측조위를 비교하여 폭풍의 시작, 지속기간, 종료시점을 파악할 수 있다. 그림 4.4에 도시되어 있는 1992년 1월 초의 폭풍을 통하여 그 과정을 설명하면 다음과 같다. 세 가지 수치가 있는데, 가는 선은 예상조위로 매일 두 번의 고조와 두 번의 저조를 나타낸다. 이 가운데 1회의 고조와 저조가 각각 다른 1회의 고조와 저조에 비해 고조위는 더 높고 저조위는 더 낮다. 1월 4일은 신월로 조차가 큰 대조였다. 관측조위와 예상조위를 비교하면, 폭풍의 영향 때문에 며칠 동안 관측조위가 예측조위보다 높았다. 최대관측조위가 일어났던 시기가 최대예상조위 시기와 일치하며, 폭풍의 효과가 대조시기와 잘 일치하고 있다. 점선으로 표시된 세 번째의 자료는 예상조위와 관측조위의 차이, 즉 폭풍해일 또는 폭풍단파를 나타낸다. 1월 4일에 두 조위의 차가 가장 컸으며, 폭풍의 영향은 1월 2일 오전에 시작하여 1월 7일 오전까지 5일간 지속되었다. 그러나 두 조위의 차이가 30cm 이상이었던 기간은 3일에 불과했고, 수위가 대조의 고조위보다 높았던 기간은 더 짧은 2일간이었으며, 약 0.9m의 대규모 폭풍단파는 하루에 집중되었다. 해일수위의 기록을 분석해보면, 이 폭풍은 10년 확률의 재현기간을 약간 상회한다. 이 밖에 대조의 고조위보다 높았던 5회의 고조 주기가 자연환경과 개발시설에 영향을 미쳤다. 이 기간에 해빈의 높은 부분과 사구가 침식을 받았고, 시가지와 저지대가 침수되고 하부구조가 훼손되었다. 습지와 내만 주변의 개발지역이 모두 물에 잠기기도 하였다. 그림 4.4에 나타나 있는 폭풍의 특성(신호)은, 기상학적으로 중규모에 속하는 폭풍이 대조와 결합이 될 때 발생하는 상황으로 몇 번의 조석주기를 통하여 대조범람(spring-tide flooding)이 반복된다는 것을 보여주고 있다. 조위와 해안침수를 고려할 때 대규모 폭풍에 속한다. 1980년 이후에 발생한 그 밖의 대규모 폭풍은 각각의 특성을 가지고 있다. 이들의 특성은 수위사료와 해안에 미친 영향을 통하여 설명된다.

1984년 3월 28일과 31일 사이의 폭풍

1984년 3월 28일에서 29일 사이에 극성을 부린 북동풍은, 이제는 기억 속에서 사라져버린 1962년 재의 수요일 폭풍 이후 뉴저지 해안을 강타한 대형 북동풍이었다. 다행하게도 이 폭풍은 신속히 지나갔고 정상적인 고조위를 상회한 해일은 두 번의 고조기에 불과했다. 애틀랜틱 시티 검조소의 수위기록에는 3월 29일 고조위가 NGVD를 2.07m 상회한 것으로 나와 있다(그림 4.5). 최대 외해 해파는 3.6~6.4m로 같은 날 발생했다(U.S. ACOE, 1985). 폭풍기간 동안 뉴저지 해안의 조위는 NGVD 기준으로 2.13m를 상회하였다. 내만의 조석단파는 외해쪽 해안에 비해 낮았고 예상고조위를 0.61m 상회했다. 폭풍이 가장 격렬했던 시기는 29일 오전이었고 12시간 지속되었다. 해안 전역에 걸쳐 범람이 일어나 주택과 상가가 침수되고, 도로가 폐쇄되고, 해빈침식이 크게 발생했다.

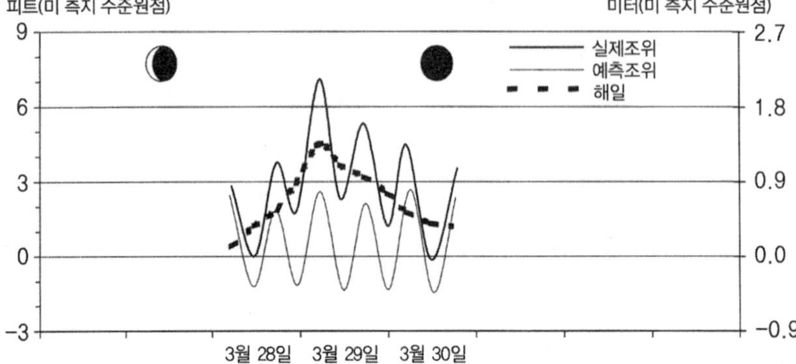

그림 4.5. 1984년 3월 폭풍(http://co-ops.nos.noaa.gov/).

1987년 1월 1일과 2일 사이의 폭풍

1987년 1월 2일에 절정을 나타냈던 북동풍은, 십년에 한 번 꼴로 발생하는 근지점조와 삭망으로 위력이 크게 증가되었다. 근지점은 달이 지구의 가장 가까이 위치하는 시기로 해양에 미치는 인력이 증가하여 이상고조를 발생시킨다. 태양과 달, 지구가 일직선상에 놓이는 삭망 때는 해양에 미치는 중력이 최대가 되어 대조를 일으킨다. 이 두 가지 천체현상이 동시에 발생하면

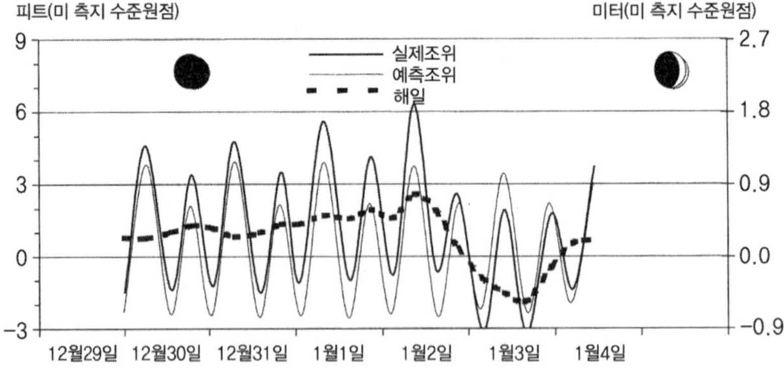

그림 4.6. 1987년 1월 폭풍(http://co-ops.nos.noaa.gov/).

전 세계의 조석과 조차가 비정상적으로 높아진다. 더욱이 대규모 폭풍과 겹치게 되면 수위는 더욱 높아진다(그림 4.6). 뉴저지의 태음조는 조차 1.98m로 예상되었다. 전형적으로 평균조차는 1.35m에서 1.7m를 나타낸다. 그러나 근지점과 삭망, 중규모의 폭풍이 겹치면서 조위는 NGVD를 1.92m 상회하고, 조차는 2m 이상, 그리고 폭풍단파는 약 0.76m에 달했다. 고조가 3회 일어나는 동안 0.52m 이상의 해일이 지속되어 상부 해빈 부분과 저지대가 침수되었다. 소규모에서 중규모의 범람과 해빈침식이 해안선 전역에 걸쳐 일어났고, 남부 해안의 피해가 가장 심했다(Philadelphia Inquirer, 1987).

1991년 10월 28일에서 11월 3일 사이에 발생한 폭풍

할로윈 폭풍이라고 불리는 폭풍이 1991년 10월 30일 뉴저지 해안을 내습했다. 이 대규모 폭풍은 세 가지 특성을 가지고 있다. 지속풍이 해양에서 댐과 같은 형태로 12m 이상의 파고를 발생시켜 조류나 감조하천이 밖으로 흘러나가지 못했다. 이에 따라 해안에서 160km 거리에 걸친 내륙에 범람이 일어나고, 폭풍해일파는 NGVD기준으로 2.23m에 달했다. 맑은 하늘 아래 높은 파랑이 전 해안선에 밀려들었다(그림 4.8). 수위는 예측조위를 4.43피트

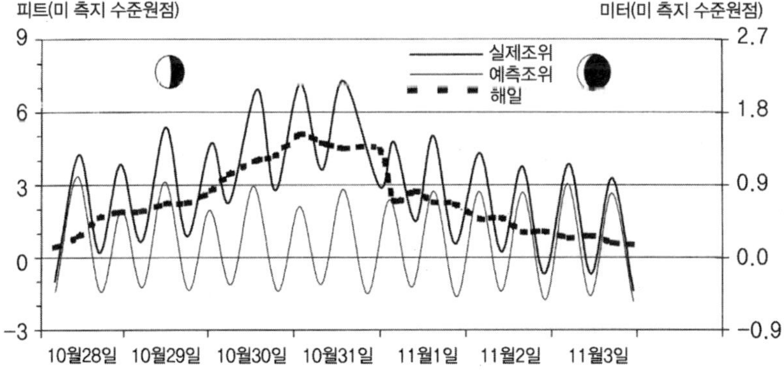

그림 4.7. 1991년 10월 폭풍(http://co-ops.nos.noaa.gov/).

그림 4.8. 해안제방에 부딪히는 폭풍파. 뉴저지 주의 시브라이트. 1991년 10월의 할로윈 폭풍.

상회하였고, 상회기간은 7회의 고조기 동안 계속되었다. 폭풍은 114시간 지속되었고(Ludlam, 1991) 최대 폭풍파가 지난 이후에도 96시간이나 고조위가 계속되었다. 폭풍해일은 사주섬뿐만 아니라 내만지역, 내륙지역까지 대규모 범람을 일으켰다. 지역에 따라 사구가 훼손 또는 완전히 끊어져 개구가 발생했고 범람으로 도로가 완전히 폐쇄되기도 했다. 고조위와 파랑의 파괴력이 지속됨에 따라 목도가 심하게 훼손되었다(NOAA, 1992).

1992년 1월 3일에서 7일까지 발생한 폭풍

1992년 1월에 발생한 북동풍은 일반적인 북동풍과는 큰 차이가 있었다. 이 폭풍은 규모가 작았고, 신속히 발달하여 약 24시간 만에 뉴저지 해안을 휩쓸고 지나갔다(Shelby, 1992; U.S ACOE, 1993a). 그러나 1989년 1월의 폭풍과 같이 대조와 근지점조가 함께 발생하면서 조차를 증폭시켰다. 폭풍의 영향이 지속된 기간이 며칠에 불과했지만, 폭풍해일파 가운데 하나의 정점이 뚜렷했다. 애틀랜틱 시티에서 기록된 최대조위가 1월 4일에 NGVD

기준 1.92m를 약간 상회하여 폭풍단파는 3.34피트로 나타났다.

이 폭풍은 뉴저지 해안 전역에 피해를 일으켰다. 여러 해빈에서 심한 침식이 일어났고, 1.5m의 침식단애가 형성되기도 했다. 곳에 따라 해빈이 완전히 끊어지고 모래더미가 도로에 쌓이기도 했다(U.S ACOE, 1993a). 범람으로 도로 훼손이 일어나고, 여러 곳에서 사구울타리가 유실되었다.

1992년 12월 10일에서 17일 사이에 발생한 폭풍

1992년 12월 중순에 '세기의 폭풍'이 뉴저지 해안에 상륙했다(그림 4.9). 약 1,600km에 이르는 긴 취송거리와 비정상적으로 높은 파랑을 동반한 이 폭풍은 델라웨어와 뉴욕 사이의 지역을 내습했다. 12월 10일에서 13일 사이에 5~10cm의 강수가 발생하여 범람에 가세했다. 11일 밤에는 폭풍의 극성기와 대조가 중첩되어, 고조위가 애틀랜틱 시티에서 NGVD 기순 약 2.13m였고, 120km 정도 떨어진 샌디훅에는 2.6m까지 나타났다. 폭풍은 12회의 조석주기에 걸쳐 약 140시간 지속되었다. 최대 해일파는 폭풍초기에 대조와 겹치면서 발생하였지만, 0.6m 이상의 해일파는 9회의 고조에 걸쳐 나타났다. 이때마다 염습지와 인근지역이 범람하고 상부 해빈까지 도달했

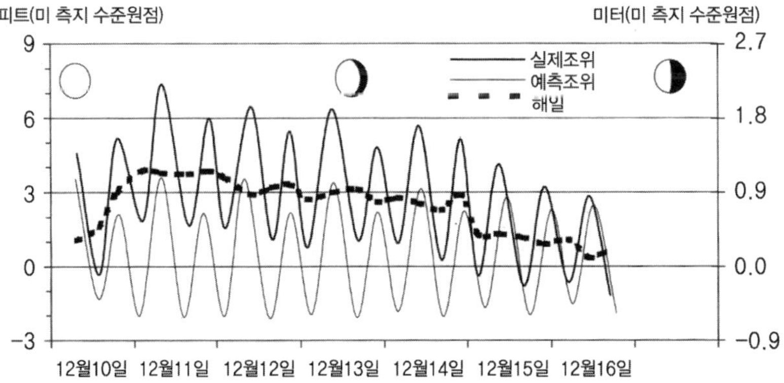

그림 4.9. 1992년 12월 폭풍(http://co-ops.nos.noaa.gov/).

다. 이 폭풍이 뉴저지 해안에 커다란 영향을 미쳤다. 해빈침식은 전 해안에서 뚜렷했고, 해안제방과 목도, 사구 등에 훼손이 발생했다. 1.52m까지 범람하여, 가든스테이트파크웨이를 포함해서 수많은 도로가 폐쇄되었고, 저지대의 수많은 주택이 침수되었다. 이 폭풍은 1944년의 허리케인이 몰고온 NGVD 기준 2.32m의 폭풍해일파 다음으로 가장 높은 2.26m(애틀랜틱 시티 조위기록)를 기록하였다.

1994년 3월 1일에서 5일 사이에 발생한 폭풍

1994년 3월의 북동풍은 비교적 조용한 폭풍 시즌에 발생했다. 이 폭풍이 소조 직전에 일어났지만 대규모 폭풍해일이 수반되었다(그림 4.10). 최대조위는 NGVD 기준으로 1.89m였고, 해일파는 1.0m에 달했다. 고조위 가운데 하나는 사구에까지 닿았고, 두 번은 정상고조위보다 2피트 상회하였다. 폭풍으로 전 해안에 걸쳐 소규모에서 대규모의 해빈침식, 도로폐쇄, 상가와 가옥의 침수피해가 발생했다. 이 북동풍은 약 50시간 지속되었는데, 이 가운데 36시간 동안 특히 맹렬했다.

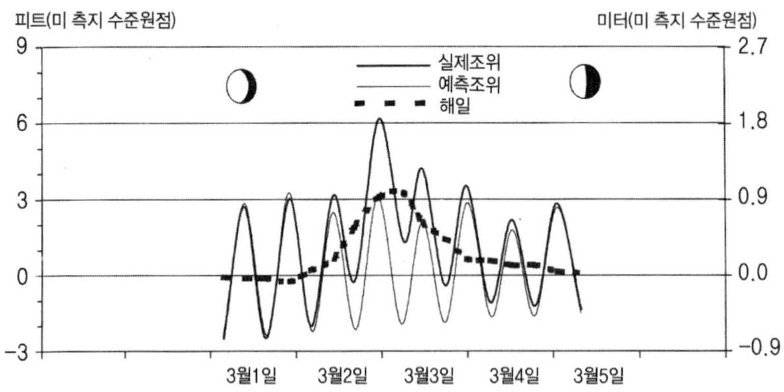

그림 4.10. 1994년 3월 폭풍(http://co-ops.nos.noaa.gov/).

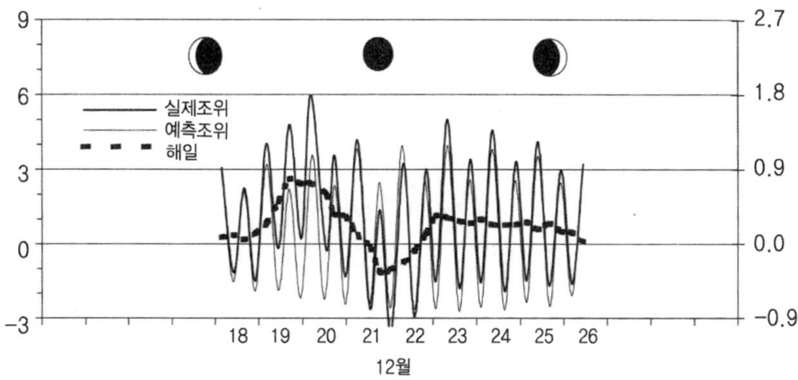

그림 4.11. 1995년 12월 폭풍(http://co-ops.nos.noaa.gov/).

1995년 12월 19일에서 23일에 발생한 폭풍

1995년 12월 폭풍 발생 기간 동안 대조 직전 매우 강력한 저기압이 해안을 따라 뉴저지를 지나갔다(그림 4.11). 폭풍 초기에 강력한 바람이 파랑과 물을 해안으로 밀어붙였고, 이로 말미암아 수위는 NGVD 기준 1.8m가, 해일파는 예상고조위보다 0.79m가 높게 나타났다. 저기압 중심부가 북동으로 이동하면서, 바람이 이안방향으로 바뀌고 수위가 NGVD 기준 1.1m, 예상저조위보다는 0.36m 이하로 급속히 낮아졌다. 이 폭풍의 특성(신호)은 특별히 좋은 정보를 제공하고 있다. 즉, 풍향이 향안인가 혹은 이안인가에 따라서 국지적으로 수위가 차이가 난다. 또한 폭풍효과와 대조가 중첩되면 고조위와 저조위가 모두 증폭된다.

1996년 1월 7일부터 10일 사이에 발생한 폭풍

1996년의 블리자드는 '세기의 대폭풍' 다음으로 큰 폭풍이었다. 이 폭풍의 지속기간은 비교적 짧았다. 약 48시간 지속되어 3회의 고조를 일으켰다(그림 4.12). 그러나 많은 강설로 뉴저지 주 전체를 위험에 빠트렸다. 정상상태에 비해 0.9m~1.2m 높았고 파고는 4.5~7.6m에 달했다(Lelis, 1996).

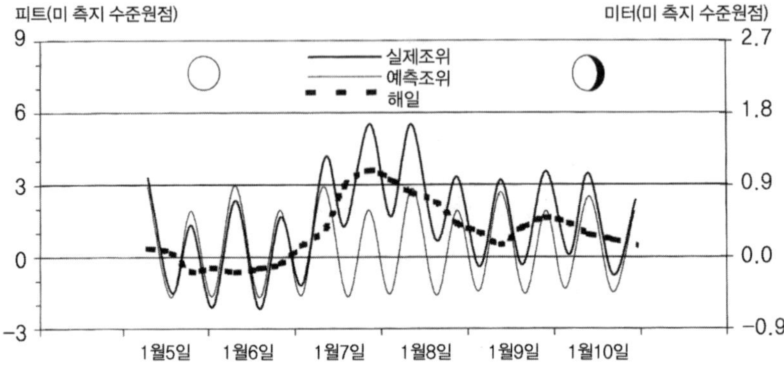

그림 4.12. 1996년 1월 폭풍(http://co-ops.nos.noaa.gov/).

1월 7일의 폭풍극성기에 고조위는 NGVD 기준 1.5m를 상회하였으나, 그 주초에 있었던 대조 이후 조차가 줄어들면서 폭풍의 영향도 줄어들었다. 폭설과 강풍이 동반되었기 때문에 실제보다 더 큰 규모로 인식되었으나, 높은 수위에 비해 폭풍의 강도는 중간규모였다. 국지적으로 침식이 크게 일어나 3.7m에 이르는 단애가 형성되기도 하였다(Bates and Moore, 1996). 사구울타리와 목도가 여러 곳에서 찢겨나갔다. 사구가 끊어지고 많은 눈과 비가 내렸기 때문에 범람이 일어나 도로가 물에 잠기고 저지대의 가옥은 수해를 입었다.

1996년 3월 19일에서 21일에 발생한 폭풍

1995년 3월, 전선성 폭풍과 대조가 결합하여 이상고조위를 발생시켰다(그림 4.13). 최대고조위는 1.92m였고, 해일파는 0.94m를 나타냈다. 최대수위는 3월 19일의 고조 1회 동안 계속되었지만, 이 밖에 3회의 고조기간에도 해일파는 0.3m를 상회하였다. 이 폭풍은 대조와 중첩될 때 폭풍해일 기간이 증가한다는 것을 보여주고 있다.

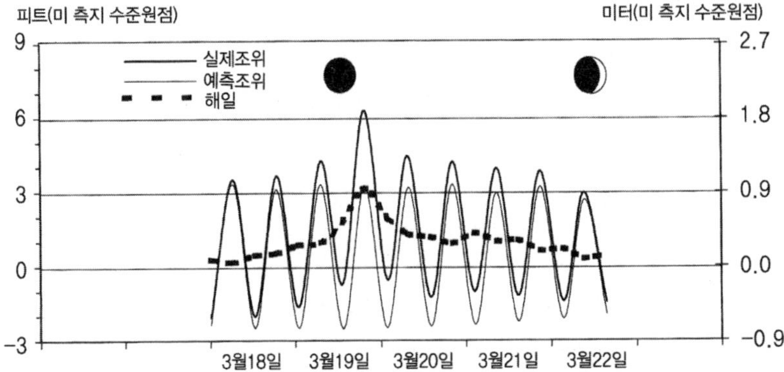

그림 4.13. 1996년 3월 폭풍(http://co-ops.nos.noaa.gov/).

1996년 12월 3일에서 17일에 발생한 폭풍

몇몇 기상 패턴은 지속기간과 함께 폭풍상노로 말미암아 탁월하게 나타난다. 해빈과 사구를 침식시킨 높은 수위와 파랑을 몰고 온 몇 회의 폭풍이 있었던 1996년 12월 상반기가 그러했다(그림 4.14). 최초의 폭풍은 12월 6일 NGVD를 기준으로 1.73m의 고조위를 발생시켰다. 10일의 대조 이후 13일에 1.77m의 고조위가 다시 발생하였다. 13일 고조위가 절대수치상으로

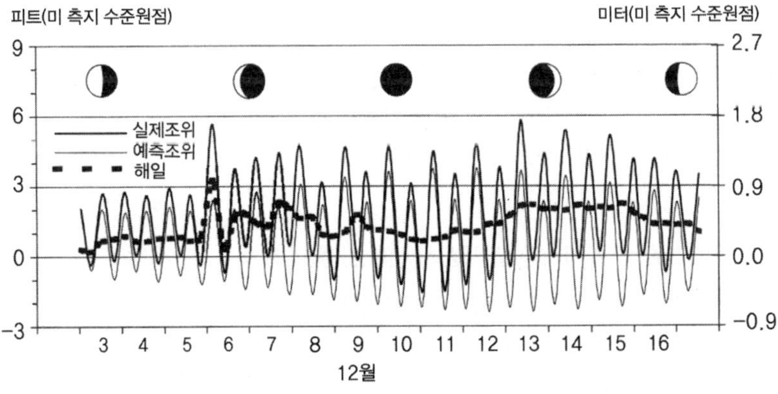

그림 4.14. 1996년 12월 폭풍(http://co-ops.nos.noaa.gov/).

는 높았지만, 해일파는 0.66m로 6일의 0.99m에 비해 작았다. 몇 회에 걸친 폭풍의 영향이 지속되었기 때문에 기간 내내 수위가 높게 유지되었다. 이 기간 동안 관측고조위가 예측조위보다 높았던 것은 16회나 되었다. 이에 따라 지속적인 범람과 해빈침식이 일어나고, 해안을 따라 사구 앞부분에 침식단애가 발생하였다.

1977년 11월 13일에서 16일 사이에 발생한 폭풍

11월 중순 대조와 겹친 겨울 폭풍은 수위를 상승시켰다(그림 4.15). 11월 14일 NGVD 기준으로 1.81m의 최대수위가 일어났고, 이때 동반된 해일파는 0.63m에 달하였다. 4회의 고조위 기간 내내 높은 수위가 유지되었고, 5.2m에 달하는 심해파가 발생하여 해안침식이 발생했다(NOAA, 1998).

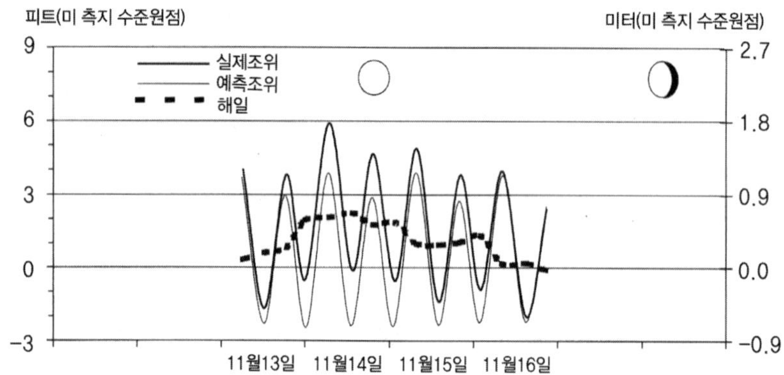

그림 4.15. 1997년 11월 폭풍(http://co-ops.nos.noaa.gov/).

1998년 1월 27일에서 2월 8일 사이에 발생한 폭풍

지난 20년 동안에 발생한 최대수위 가운데 2회가 일주일 간격으로 발생했다(그림 4.16). 1월 28일 늦은 1월의 폭풍이 대조와 중첩되면서 수위를 1.76m나 끌어올렸다. 일주일 후 소조에 근접했던 2월 5일에는 또 다른 폭풍이

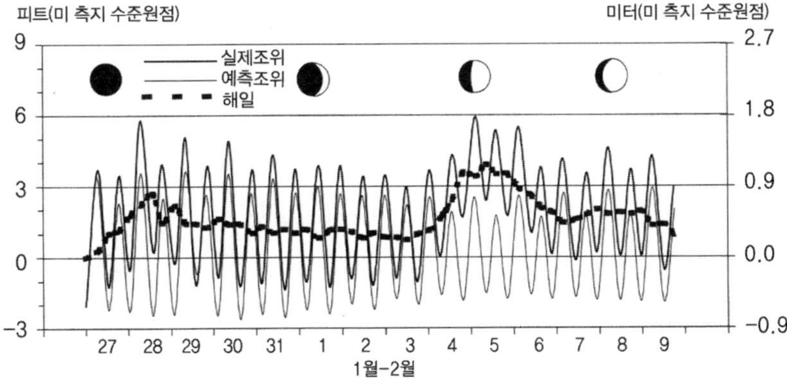

그림 4.16. 1998년 1-2월 폭풍(http://co-ops.nos.noaa.gov/).

수위를 NGVD 기준으로 1.81m 상승시켰다. 1월의 폭풍해일파는 대조 조위상의 0.82m인 반면에, 2월에는 소조 조위상에 1.89m의 해일피기 발생했다.

각각의 폭풍으로 높은 수위가 긴 시간 유지되었다. 1월의 폭풍 기간에는 3회의 이상 최대고조위와 함께 예측대조위보다 높은 고조위가 11회나 연속되었다. 2월의 폭풍에도 3회의 고조가 있었는데, 이들의 높이는 0.15m 이내의 차이를 보였고, 대조위보다 높은 고조위가 총 10회나 되었다. 두 번의 폭풍은 저지대에 장기간의 침수를 일으켰다. 해빈은 이 기간 내내 침식을 받아 많은 퇴적물이 유실되었다. 곳곳의 해빈이 낮아졌고, 사구는 이후의 폭풍에 매우 취약한 상태에 놓이게 되었다.

그 밖의 대규모 북동폭풍

수위와 피해의 관점에서는 앞에서 살펴본 폭풍에 비해 영향이 작았지만, 1980년 이후 뉴저지 해안선에 영향을 미친 폭풍은 많았다. 지속기간이 짧더라도 폭풍은 해빈지형에 영향을 미친다. 위력이 약한 폭풍도 퇴적물의 순손실을 일으킬 수 있고, 이것은 해빈의 크기를 축소시킨다. 일반적으로 '그 밖의 대규모 폭풍'으로 불리는 폭풍은 소규모 내지 중규모의 침식을 일으켰고, 몇몇 사구나 호안구조물을 훼손시켰고, 저지대의 국지적 범람을 일으켰다. 비교적 짧은 지속기간의 폭풍 계절을 대표적으로 보여주는 예로 1994년 12월과 1995년 11월이 적당하다.

1994년 12월 24일에는 12시간 동안, 1995년 11월 15일에는 24시간 동안 예상고조위보다 수위가 높았다. 이 두 예에서 중요한 것은 누적효과의 특성이다. 해빈의 퇴적물 유실과 저지대의 범람은 해안사구의 완충능력을 감소시키기 때문에 다음에 내습하는 폭풍의 피해를 가중시킨다. 1997년 겨울의 예를 살펴보면, 폭풍과 폭풍 사이에 충분한 복구를 하지 못했기 때문에 각각의 폭풍에서 예상되는 것보다 훨씬 커다란 변화가 발생했다.

1980년 이후의 주요 허리케인

1980년 이후 미국 동부해안에 수많은 허리케인이 발생했지만, 뉴저지 해안을 따라 진행하여 폭풍해일과 높은 파랑을 일으킨 예는 몇몇에 지나지 않는다(표 4.3). 허리케인 펠릭스가 해안에 영향을 미쳤던 좋은 예이다. 1995년 8월 7일에서 9일 사이에 펠릭스가 뉴저지 해안 남동부의 대서양에 머물러 있으면서 수위를 상승시키고 높은 파랑을 일으켰다 (Prichard, 1995). 몇몇 전문가들은 펠릭스를 1992년 12월의 북동풍과 비교하

표 4.3. 1980년 이후 뉴저지 해안에 영향을 미친 허리케인

허리케인명	일시	풍속(km/h, mile/h)	사피어-심프슨 척도
딘	1983년 12월 30일	32(20)	1 이하
조세핀	1984년 10월 13~14일	40(25)	1 이하
글로리아	1985년 9월 27일	128(80)	약한 2
봅	1991년 8월 19일	40(25)	1 이하
펠릭스	1995년 8월 7일	>32(>20)	1 이하

자료: U.S. ACOE(1996).

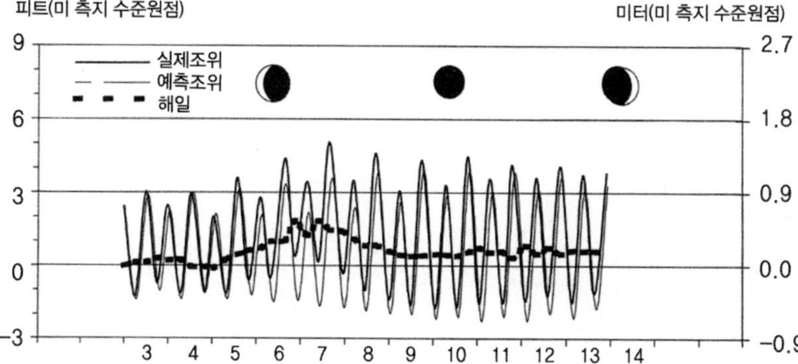

그림 4.17. 허리케인 펠릭스, 1995년 8월(http://co-ops.nos.noaa.gov/).

지만(Lelis, 1995), 펠릭스가 영향을 끼쳤던 기간의 고조위는 NGVD 기준으로 1.68m 미만이었고(그림 4.17), 앞에서 설명한 어떤 북동풍 고조위보다도 낮았다. 폭풍기간 내내 수위는 예상고조위보다 지속적으로 0.6m~0.9m 높았으나, 소조와 중첩되었기 때문에 범람효과가 낮았다. 높은 파랑과 긴 폭풍기간 때문에 범람과 강풍, 심한 해빈 침식 등의 피해가 이어졌으나 1984년 3월이나 1992년 12월에 발생한 북동풍의 피해보다는 작았다.

뉴저지 해안선에 도달하는 허리케인에 관한 한, 가장 큰 관심은 지속기간에 있다. 일반적으로 허리케인은 신속하게 이동한다. 이에 대해 대표적인 예외는 허리케인 데니스로, 1999년 8월 26일에서 9월 6일에 이르는 일주일 동안 노스캐롤라이나 외해에 머물러 있었다. 허리케인은 강력하고 신속하게 이동하기 때문에 국지적 범람과 해빈침식을 일으킨다. 이상적으로 높은 해일파를 발생시키지는 않았지만 허리케인 죠세핀(그림 4.18)은 60시간에 걸쳐 예상고조위보다 훨씬 높은 수위를 발생시켰다(그림 4.19). 이와 대조적으로 허리케인 봅은 고조위를 약 12시간 동안 발생시켰기 때문에 영향이 미미했다. 허리케인 딘과 같은 경우에는 수위에 미치는 영향이 없어서 예상고조위와 대체로 일치한다. 또 다른 경우에는 북동풍과 유사한 영향을 일으

그림 4.18. 허리케인 조세핀의 피해를 입은 사주섬. 홀게이트 지구에 전사구의 잔해가 보인다. 포어시츠 국립야생조수보호구역. 1984년 10월.

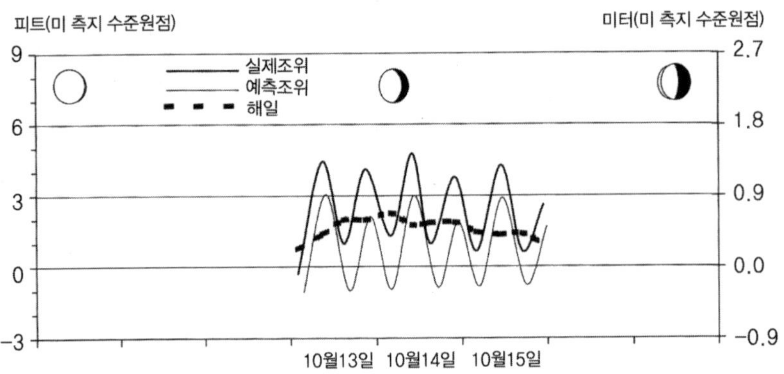

그림 4.19. 허리케인 조세핀, 1984년 10월(http://co-ops.nos.noaa.gov/).

킨다. 1985년 늦은 9월에 발생한 허리케인 글로리아는 대조와 중첩되는 기간에 높은 수위를 초래하여 NGVD 기준으로 2.61m까지 상승시켰다(그림 4.20). 이 수위는 이전의 20년 동안에 발생한 대부분의 폭풍보다 약간 강했고, 기록상에 나타난 가장 강력한 폭풍 그룹에 비해서는 약간 낮은 강도를 보였

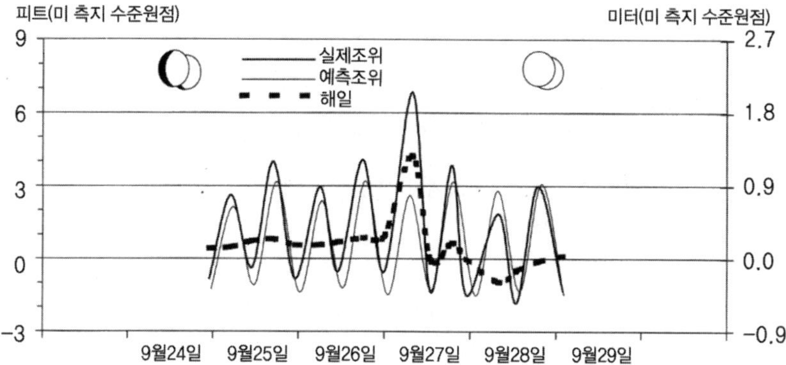

그림 4.20. 허리케인 글로리아, 1985년 11월(http://co-ops.nos.noaa.gov/).

다(표 4.4). 그러나 글로리아는 신속하게 뉴저지를 통과했기 때문에 향안풍과 폭풍해일은 1회 고조기간에 국한되었다. 그 결과 침식이나 피해 정도는 경미했다.

표 4.4. 애틀랜틱 시티 검조소에서 측정된 폭풍해일 조위(단위: m)

미 측지 수준원점 기준(1929)	평균 최저조위	
2.89	3.37	FEMA 100년 확률 조수위
.		
.		
.		
2.58	3.07	FEMA 50년 확률 조수위
.		
.		
.		
2.43		
.		
.		
.		
2.34	2.83	FEMA 30년 확률 조수위
2.31	2.80	허리케인 1944

2.25	2.74 1992년 12월
	2.71 1991년 10월
2.19	2.68 1962년 3월. 1976년 허리케인 벨르
2.16	2.65 FEMA 20년 확률 조수위
2.13	2.62 1950년 11월
	2.58 1985년 허리케인 글로리아
2.07	2.55 1984년 3월
.	
.	
.	2.43 1987년 1월, 1992년 1월
1.92	2.40 FEMA 10년 확률 조수위 (마게이트 브리지가 넘치기 시작) 1996년 3월.
	2.37 1994년 3월
1.82	2.31 허리케인 도나 1980년, 1995년 12월, 1997년 11월, 1998년 2월
1.79	2.28 1996년 12월
1.76	2.25 FEMA 5년 확률 조수위, 1998년 1월, 2000년 1월
1.73	2.22 1993년 3월
	2.19 1996년 1월, 1998년 2월, 2000년 9월
1.64	2.13 허리케인 펠릭스 1995년, 1997년 1월, 1997년 2월, 1997년 8월
1.61	2.10 (블랙 앤드 화이트 호스 파이크가 넘치기 시작) 1998년 5월
	2.07 1995년 11월
	2.04 1995년 6월, 1995년 12월, 1996년 7월, 1999년 1월
	2.01 1997년 6월, 2000년 7월, 2000년 8월
	1.98 1997년 12월, 2000년 6월
1.52	1.95 1986년 12월
.	
.	
.	
1.31	1.79 경미한 범람(연간 평균 6회). 1994년 12월
.	
.	
.	
0.18	0.68 NOS 평균해수면

자료: 주 위험저감 팀(1993), http://co-ops.nos.noaa.gov의 자료를 확대한 것.

주: 미 측지 수준원점 0.0m 1929 = 0.5m 평균저조위면.

폭풍의 크기와 재현기간

강력한 폭풍은 '세기의 폭풍'과 같은 수식어로 장식된다. 각 폭풍의 강도나 크기란 침식, 피해, 파괴, 인명피해 등을 종합한 개념이다. 돌란-데이비스 등급이 북동풍을 분류하듯이 허리케인의 크기를 분류하는 시스템으로는 사피어-심프슨 등급이 통용된다.

또 다른 폭풍의 비교수단으로는 빈도곡선을 사용한다. 이미 살펴본 바와 같이 폭풍의 크기와 지속기간은 폭풍에 따라 커다란 차이를 보인다. 폭풍수위와 해일파는 몇 회의 조석주기에 걸쳐 일어나기도 하고 신속하게 통과해 버리기도 한다. 그러나 폭풍의 공통점은 증폭된 수위이다. 이 유일한 특성(변수)은 해안폭풍의 여러 가지 영향에 두루 관련이 있기 때문에 파랑과 해일로 빚어지는 침식의 정도, 사구지대를 통과(파괴)하는 정도, 오버워시, 사주섬과 내만의 지역사회에 미치는 범람정도 등을 평가하는 데 유용하다. 폭풍의 강도를 평가하거나 비교할 수 있는 기준이 되기 때문에, 만조위는 폭풍의 여러 가지 변수를 수위라는 하나의 변수로 압축시킨다.

만조위 또는 고조위는 폭풍에 관련된 여러 변수 가운데 하나에 불과하지만, 폭풍이 해안지대에 미치는 전반적인 영향을 가장 잘 표현한다고 할 수 있다.

긴 기간에 걸쳐 폭풍과 이에 관련된 수위가 여러 검조소에서 측정되어왔기 때문에 비교가 가능해졌다. 특정 위치에서 관측된 자료를 빈도곡선으로 정리하고, 이를 기초로 여러 높이의 만조위에 관련된 확률이 계산된다. 빈도곡선은 해안에 발생하는 범람의 예상 수위와 관측수위의 설명에 사용되어왔다. 이것은 다시 공공재난구조계획과 폭풍 분류에 적용된다.

연방재해관리청(FEMA)은 애틀랜틱 시티에서 측정해온 기록을 바탕으로 폭풍평가사업을 수행해왔고, 만조위의 재현확률을 기초로 분류체계를 작성해왔다(표 4.4). 이 자료는 1929년 NGVD에 참조시킨 것으로 1960년에서 1978년 사이의 조석기간에 걸친 것이다. 즉, 수위자료는 이 기준들에 따라 표준화된 것이다. 이 비교에 따르면, 100년 확률 폭풍해일파는 NGVD 기준으로 2.89m이며, 30년 확률 폭풍해일은 2.34m, 5년 확률 폭풍은 1.76m에 해당한다. 1980년과 1990년대에 발생한 대규모 폭풍은 이 축척에 모두 포함되었고 소규모 폭풍도 다수 포함되었다. 또한 지난 50년간의 주요 폭풍도 비교수단을 강화하기 위해 포함시켰다. 애틀랜틱 시티에서 기록된 최대 폭풍해일파는 1944년의 허리케인이며, 다음으로는 1992년 12월, 1991년 10월의 북동풍으로 이어진다. 1962년 3월의 북동풍과 허리케인 벨르는 약간 낮은 것으로 기록되었다. 이 가운데 어느 것도 30년 확률 폭풍을 초과하지 않는다. 같은 맥락에서 기록기간이 56년이기 때문에 만조위의 관점에서 100년 확률 폭풍은 도출될 수 없다.

축척의 말단을 향할수록 빈도가 높아진다. 정의상, 어떤 길이의 관측기간에서도 5년 확률과 10년 확률 폭풍 만조위가 더 큰 규모와 더 낮은 빈도의 폭풍에 비해 더 빈번하게 나타난다.

지난 20년간의 자료는 가능한 한 많이 포함되었고, 그 이전의 정보는 주로 대규모 폭풍에 치우쳤기 때문에 표에는 편의가 존재한다. 1944년부터 현재의 기록에도 문제가 있는데, 대부분의 대규모 폭풍수위가 최근에 일어난 것이다. 그러나 자료의 왜곡 여부를 차치하고 이 자료에서 얻을 수 있는 지식은 매우 중요하다. 즉, 폭풍은 해안 환경조건의 하나이며 범람과 침식, 해수 침입도 해안의 환경요소이며, 과거 대규모 폭풍이 혹심했지만 100년 확률 폭풍은 아니라는 것이다. 확률이 통계적 조작이기는 하지만, 실행계획 대안을 세울 수 있는 기초를 구성하며 계획과 관리의 기초가 된다.

연방정부, 주정부, 지방정부 등 각 수준의 정책입안당국이 효과적이고 효율적인 정책을 계획하기 위해서는 해안보호 수준을 명료하게 결정해야 한다. 5년 확률 만조위에 대비한 지역보호 방안은 50년 확률 만조위에 대비한 옵션과는 다르다. 그 차이가 정책입안에 반영되어야 한다. 5년 확률 폭풍에 대비한 보호책이 50년 확률 폭풍대비책에 비해 투자는 적지만, 주기적으로

표 4.5. 대규모 폭풍 (1980~1998)

폭풍 일시	폭풍 종류	수위 (미 측지 수준원점 대비고)	지속기간 (시간)
1984년 3월 29일	북동풍	2.19 (7.2)	-36
1984년 10월 13일	허리케인	1.43 (4.7)	-60
1985년 9월 27일	허리케인	-2.1 (-7.1)	-24
1987년 1월 2일	북동풍	1.8 (5.9)	-50
1991년 10월 30일	북동풍	2.0 (6.6)	-114
1992년 1월 4일	북동풍	1.93 (6.3)	-32
1992년 9월 23일	북동풍	1.7 (5.6)	-36
1992년 12월 11일	북동풍	2.32 (7.6)	-140
1993년 3월 13일	북동풍	1.68 (5.5)	-40
1994년 3월 3일	북동풍	2.3 (7.6)	-60
1995년 8월 7일	허리케인	1.65 (5.4)	-96
1995년 11월 14일	북동풍	1.52 (5.0)	-36
1996년 1월 7일	북동풍	1.66 (5.4)	-48
1996년 3월 19일	북동풍	1.91 (6.3)	-24
1996년 12월 6일	북동풍	1.77 (5.8)	-65
1997년 11월 14일	북동풍	1.81 (5.9)	-35
1995년 8월 7일	허리케인	1.68 (5.5)	-50
1998년 1월 28일	북동풍	1.76 (5.8)	-36
1998년 2월 4일	북동풍	1.81 (5.9)	-72

자료: http://co-ops.nos.noaa.gov/

보호대책을 갱신하고 수시로 대규모의 후폭풍 정리작업과 하부구조의 수리 수선이 필요할 수 있다. 반면에 50년 확률 폭풍에 대비한 보호대책을 마련하면, 빈번하게 발생하는 소규모 폭풍으로 발생하는 범람을 크게 줄일 수 있지만 많은 투자가 필요하다. 중규모의 보호대책, 예컨대 20년 확률 폭풍에 대비한 옵션이 현실적용성에서 가장 높은 것으로 나타난다. 빈번히 발생하는 소규모의 폭풍에서부터 빈발하지는 않지만 어느 정도의 피해가 나타날 수 있는 중규모에 이르는 폭풍으로부터 지역사회를 보호할 수 있기 때문이다.

폭풍의 재현성과 영향에 관한 이해를 바탕으로 계획관리 당국은 해안폭풍의 역동성을 감당하는 대안을 세울 수 있다. 폭풍은 계속 발생할 것이고 해안은 자연적 측면과 함께 문화적(인문적) 측면에서 반응을 나타낼 것이다. 문제는 역사에서 지혜를 얻어 미래의, 특히 개발지역의 폭풍피해를 저감할 수 있느냐에 달려 있다.

결론

해안폭풍은 뉴저지 해안의 역동성에 영향을 미치는 중요한 환경조건이다. 1980년 이후 최소한 25회의 대규모 해안폭풍이 어떤 형태로든 해안에 영향을 끼쳐왔다. 1992년 12월, 1991년 10월, 1984년 3월 등에 발생한 것과 같이 몇몇 폭풍은 극심한 수위를 초래했다. 폭풍은 전형적으로 중심부에서 최대 폭풍해일파를 발생시키며 수위가 급상승했다가 천천히 하강하는 특성을 가지고 있다. 고조위의 상승에 강풍과 대형파랑의 침식효과가 더해지게 되면, 자연환경, 기개발지역과 하부구조에 모두 심각한 피해를 입힌다. 해빈과 해안사구를 침식하고 저지대를 범람시킨다. 건물과 목도, 그 밖의 인공구조물에 훼손을 일으키고 인명손실을 초래하는 등 해안지역사회의 전반에 걸쳐 재해상황을 발생시킨다. 1990년대를 지나면서 해안지대에 개발이 집중함에 따라 폭풍이 초래하는 피해와 인명손실이 증가했다(H.J Heinz Center, 2000b). 폭풍과 폭풍의 빈도, 크기 등에 대한 지식은 해안재해의 특성을 파악하고 공공안전에 미치는 위협을 줄이는 데 유용하다.

제5장

해수면 상승:
규모와 함의

사주섬의 사질해안에서 해수면 상승은 심각한 의미를 갖는다. 해수면 상승은 오버워시로 개구(overwash breaching)의 발생에서부터 종국에는 월파로 인한 심각한 침식에 이르기까지 여러 시간 스케일에서 나타날 수 있는 다양한 현상을 일으킬 것이다.

– R. W. G Carter, *Coastal Environments*(1989)

해수면 상승은 해안관리의 측면에서도 여러 가지 변화를 요구하고 있다. 해안관리의 관점에서 해수면 상승의 특성 또는 주요 요소를 파악하기 위해서는, 관심의 수준을 국지적 규모의 단기적 대책을 뛰어넘어서 넓은 차원의 지역적 사고로 확대해야 한다.

해수면 상승과 그 영향에 관한 주제는 지역적 차원의 역동성이라는 틀 속에서 국지적 대책을 담아내는 관리정책의 모색이라는 보편적 문제의 한 예라고 할 수 있다. 특히, 해수면 상승은 자연환경의 변화뿐만 아니라 기개발 지역과 개발시설에도 꾸준히 새로운 양태의 변화를 야기하고 있다는 것을 인지해야 한다.

도입

해수면 상승은 해안지역의 토지를 점진적으로 침수시키고 있다. 이러한 현상은 서식지와 해안선의 위치를 육지 쪽으로 옮기고 있다. 또한 해안폭풍이 발생할 때 내륙 쪽으로 더 깊숙이 그 영향의 범위를 확대시킬 뿐만 아니라 해안의 자연환경과 인문환경에 직간접적으로 다양한 영향을 미친다. 구조물과 서식지가 서서히 침수되고, 해안지역은 점점 더 심각한 해안폭풍의 위험에 노출된다. 바쁜 일상생활의 속도에 비하여 해수면 상승률은 상대적으로 완만하지만, 공중안전과 위험관리라는 측면에서 장기적인 문제의 하나로 자리 잡고 있다.

해수면 상승효과는 미래의 토지이용계획과 해안기술의 발전방향에서 깊이 고려해야 할 문제이다. 이 장에서는 해수면 상승에 관련된 개념과 증거, 상승률의 변이, 그리고 뉴저지 해안의 상승률에 관하여 살펴보고자 한다. 뉴저지 해안에 미치는 영향을 검토하기 위하여 해수면 상승률에 관한 다양한 예측치가 갖는 함의를 살펴볼 필요가 있다. 이러한 고찰을 통해 장기 해안관리계획의 기초가 될 수 있는 시나리오를 개발해야 하며, 장기 해안관리계획에는 해안지역의 점진적 침수현상과 관련된 역동성의 변화가 반영되어야 한다.

해수면 상승 문제는 다양한 해안관리 전략의 개발을 촉진시켜왔다. 이는 단순히 수위가 올라가는 문제가 아니라 해안폭풍의 피해가 증가되는 문제인 것이다. 높아진 해수면 위에 설상가상으로 침수피해가 늘어나고 해안폭풍의 범위가 내륙으로 확장됨에 따라 해측과 내만측의 해안지역, 사주섬, 본토의 저지대 등에 미치는 영향도 크게 증가될 것이다. 검조소 기록의 분석을 통하여 뉴저지 해안의 해수면 상승치를 계산할 수 있다. 해수면 상승의 효과는 그 동안 일어난 다양한 변화를 통하여 명백히 드러나고 있으며 앞으로도 해안지역의 자연적 요소와 함께 인문적 환경에 영향을 미칠 것이다.

뉴저지를 포함한 미국의 해안에 집중적으로 도시가 발달해왔기 때문에 이 문제는 큰 관심을 끌고 있다. 해안관련 당국은 해수면 상승이 초래할 영향을 예견하고 있어야 한다. 해안지역의 취약 요소들이 직간접적으로 입게 될 피해를 저감하고 공공의 안전을 높이기 위해서는 해수면 상승에 대한 고려가 위험관리와 응급관리대책에 충분히 반영되어야 한다.

해수면 상승: 절대적 상승률과 상대적 상승률

해수면 상승은 여러 가지 요소로 구성되어 있다. 가장 기본적인 요소는 해양이 수용하고 있는 물의 양적 증가라고 할 수 있다. 지구온난화는 고산지역의 빙하와 극지역의 빙원을 녹여 해양의 수괴를 증가시키고 해수면을 높인다. 이러한 현상은 세계적 규모에서 발생하는 절대적 해수면 상승이며, '유스태틱 효과(eustatic effect)'라고 표현된다. 해양의 수괴와 육괴의 상대적 위치 변화도 해수면의 변동을 초래한다. 두 번째 요소는 해안지역의 침강으로 발생하는 해수면 상승이다. 이러한 지반운동 또는 지각평형효과(isostatic effects)는 오래된 대륙 주변이나 삼각주, 사주섬과 같이 막대한 퇴적현상이 일어난 지역에서 발생한다. 이러한 지역은 해수면에 대해 상대적으로 서서히 가라앉으며, 특히 사주섬과 같이 비교적 새로운 퇴적물로 구성된 지형에서는 자체의 두께와 무게로 말미암아 압밀 현상이 발생한다. 압밀 현상으로 인하여 두께가 축소됨에 따라 침강효과가 증가한다. 이 두가지 요소 즉, 세계적인 해수면 상승과 해안지역의 지반운동 효과에 따른 상대적 해수면 상승의 결합이 해수면 변동으로 나타난다. 해안관리의 관점에서 보면 침강이냐 해수면의 상승이냐는 중요하지 않다. 문제의 핵심은 해수면이 올라가고 해안지역으로 바다가 침입해 들어온다는 것이다. 이것이 해안지역의 자연환경과 인문환경에 영향을 일으키는 추진력이기 때문이다.

해수면 상승의 영향

해수면 상승은 다양한 측면의 영향을 일으킨다. 해안선 이동이 사주섬이나 내만, 본토의 해안선에서 광범위하게 일어날 뿐만 아니라 과거에는 주목받지 못하던 소규모 폭풍도 해수면 상승 환경에서는 대규모 폭풍의 범위와 피해 수준으로 영향력을 미치게 된다. 해수면 상승은 퇴적물 부족현상을 더욱 악화시킨다. 해안선 이동은 침식의 결과뿐만 아니라 해수면 상승의 결과로 간주할 수 있다. 해수면 상승이 해안선을 이동시키기 때문에 해안선의 위치를 유지하기 위해서는 그만큼의 퇴적물이 더 필요하게 된다. 이 밖에도 해안습지의 크기와 분포, 하구역 서식지, 하구역 상부의 염수침입, 음용수로 적합한 지하수체의 염수오염(침입), 피난도로의 침수빈도 증가, 교량하부의 운항공간 감소, 범람지역의 배수능력의 변화, 해수면 근처의 배수펌프 수요, 해안지역의 폐기물처리장 등에 영향을 미친다.

해수면 상승에 관한 지식의 활용

뉴저지해안보호기본계획(NJSPMP, 1981)에 해수면 상승은 해안환경의 변화를 일으키는 변수로 소개되어 있다. 당시에도 일반적인 정보는 이미 알려져 있고 조위계를 통하여 해수면 변동이 경고되었다. 그러나 당시에는 뉴저지의 해수면 변동에 관한 연구가 거의 없었다. 더구나, 1981년의 평가에는 대부분 이론적 논의 수준에 머물러 있었고 해수면 변동에 관련된 미래의 문제에 초점이 맞추어져 있었다. 해수면 상승에 관련된 주요 연구는 새로운 정보가 밝혀짐에 따라 1980년대에 이루어졌다. 장기간에 걸친 해수면 변동의 대한 이해와 함께 해수면 위치에 관한 환경적 조건이 밝혀짐에 따라 해수면 변화의 과거, 현재, 미래에 대해서 좀 더 상세한 전망을 갖게 되었다.

해수면 상승과 영향에 관한 우려는 전 세계적으로 상당한 활동을 촉발시켰다. 국제적 조직과 국가 수준의 기관이 해수년 상승률을 조사하고, 해수면 상승이 미칠 지구적 차원의 영향에 대해 연구하고 있다. 특히 지구적 차원의 기후변화가 여러 환경변화를 초래하고 있다는 인식이 이 연구의 추진력 가운데 주요한 부분을 구성한다. 환경변화 가운데 하나가 전 세계의 해수면 상승이다. 상승폭이 10년 이내에 3m 이상이 될 것으로 평가하는 등 초기 예측치들은 다소 극단적이었다. 그러나 최근의 예측은 이보다 훨씬 낮게 조정되었고, 관심도 부분적으로는 해수면 상승의 다양한 측면을 고려한 해안관리기법 분석으로 이동되고 있다. 국제적 차원에서는 저지대의 도서국가가 직면한 문제에 대한 관심이 여전히 큰 부분을 차지하고 있다.

해수면 상승에 관련된 연구사업

지역적 차원의 해수면 상승에 관한 정보에는 두 가지 중요한 출처가 있다. 첫째는 미 환경보호청(U.S. EPA)의 연구사업이고 다른 하나는 유엔의 환경계획(UNEP)과 세계기상기구(WMO)가 공동으로 설립한 국제 협의체인 기후변화에 관한 정부간 패널(IPCC)의 연구사업이다. 정보수집과 최신 정보의 분석을 통하여 해수면 상승문제를 다루고 있다. 세 번째 기관은 미 과학협회(U.S. National Research Council)로 다소 제한된 폭의 연구를 진행시키며 보고서를 출간하고 있다.

미 환경보호청의 선도적 연구

환경보호청의 최초 연구사업은 해수면 변동에 미치는 온실효과의 영향에 대한 포괄적인 분석이었다(Barth and Titus, 1984). 이 보고서는 해수면에 영향을 미치는 요소를 파악하고 예측기법과 함께 해수면 상승이 초래하는 해안과 하구역의 변화에 대한 시나리오를 다루고 있다. 1980년의 해수면을 기준으로 2100년까지 최저 56.2cm에서부터 최고 345cm까지 상승한다는 가정에서 다양한 시나리오를 보여주고 있다(그림 5.1).

또한, 중간수준으로 예상 상승률 144.4cm과 216.6cm을 포함하고 있다. 이 계산에는 전 세계적인 해수면 상승(eustatic rise of sea level)만을 고려하고 있기 때문에, 각 지역에서는 그 지역의 지반 침강이나 퇴적물 압밀의 효과를 고려해야 한다. 예컨대 뉴저지의 애틀랜틱 시티에서는 국지적 상승분에 해당하는 24cm를 부가해야 한다.

이에 따라 애틀랜틱 시티에서는 2100년의 해수면 높이는 1980년보다

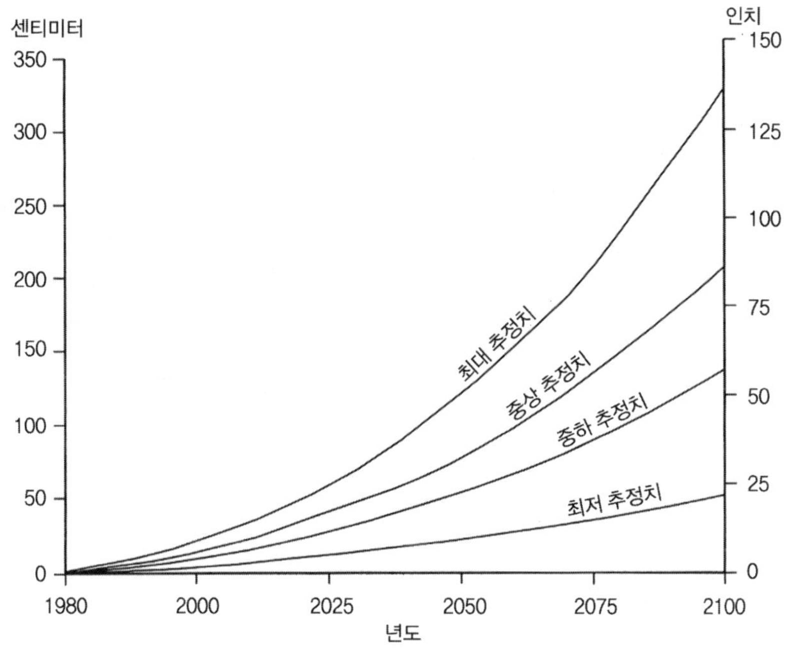

그림 5.1. 해수면 상승 예상경향(Barth and Titus, 1984).

최대예상치 시나리오에는 369cm, 최저예상치 시나리오에서는 80cm가 더 높다. 결론에서 저자들은, 해수면 상승이 불균일하지만, 19세기의 해수면 상승은 15cm였으며 20세기나 21세기의 해수면 상승치는 이보다 훨씬 높을 것이라고 강조한다.

환경보호청은 해수면 상승에 관한 연구를 특정한 지역의 환경변화, 예컨대 메릴랜드 오션 시티 해빈(Titus et al., 1985), 델라웨어 만의 염도(Hull and Titus, 1986), 해안습지(Titus, 1988)까지 확장시켰다. 습지변화 시나리오는 루이지애나 해안 조건을 기초로 이루어졌다. 미시시피 삼각주는 많은 퇴적물로 말미암아 지역에 따라 연간 1cm의 해수면 상승률을 기록하고 있다.

이러한 연구결과를 델라웨어 만이나 뉴저지 해안에 적용한다면 해수면 상승은 곧 해안선 이동, 습지 유실, 사주섬의 침수로 나타난다. 환언하면,

해수면 상승은 사주섬과 내만, 습지로 구성된 뉴저지 해안 복합체 전체에 영향을 미칠 것이다.

미 과학협회의 선도적 연구

미 과학협회의 기술과학체계위원회는 미 환경보호청의 연구, 미 과학협회의 다른 보고서, 그 밖의 몇몇 국제기구에서 수행한 해수면 상승 예측치의 범위와 함의에 대한 설문연구를 수행했다(NRC, 1989). 이 보고서에 따르면, 해수면 상승은 실제로 진행되고 있으며 미래에도 계속될 것으로 결론짓고 있다. 특히 미래의 상승률은 불확실하지만 현재보다는 높을 것이라는 점에 주위를 환기시키고 있다. 이 보고서는 2100년까지의 상승치를 50cm, 100cm, 150cm의 세 가지 범주로 나누어 시나리오를 작성하고 있다. 국지적 지반침강과 압밀 효과는 상승효과와 침수효과를 더욱 높일 것이며, 해안침식은 더욱 심각해지고, 해안선의 내륙 이동은 해수면 수직상승분의 100배 정도가 될 것이라는 결론을 내리고 있다.

기후변화에 관한 정부간 패널

이 패널의 목적 가운데 하나는 지구의 기후변화가 해안지역에 미치는 영향에 관한 것으로 워크숍과 전 세계에 걸친 정보를 수집하고 대비하는 과정을 통해서 기후변화의 증거, 변화율, 변화의 영향, 그리고 현재와 미래의 변화에 대처한 관리전략을 고려하고 있다. 수집된 자료에는 커다란 차이가 있었고, 해수면 상승에 대한 일치된 전 세계적인 예측률을 추정한다는 것은 불가능했다. 오히려 110cm 정도의 높은 상승률이 관측되는 지점과 31cm 정도의 낮은 상승률 점 관측을 기초로 하여 1990년과 2100년 사이에 일어날 합리적 최적추정 상승률을 66cm로 정하고(Houghton, Jenkins and Ephraums, 1991), 해수면 상승률의 범위를 정리하게 되었다(그림 5.2).

미 환경보호청의 접근과 같이 여기에서도 절대적 해수면 상승만을 고려하

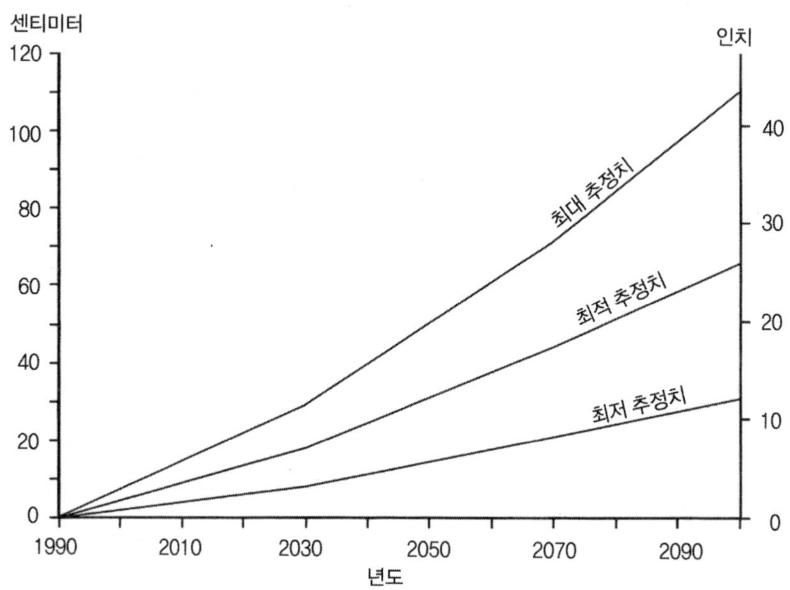

그림 5.2. 해수면 상승 예상경향(Houghton, Jenkins, and Ephraums, 1991).

였고, 동시에 해수면의 지속적 상승을 뒷받침하는 증거를 찾았다. 현재 IPCC는 현재와 미래의 해수면 상승에 관한 연구를 수행하고 있다. 지금까지의 결과에 따르면, 20세기의 상승률은 19세기의 상승률보다 높았으며 21세기에도 계속 증가할 것이다. IPCC는 또한 해수면 상승과 연관된 해안 변화와 해안서식처 변화를 반증하는 증거들을 검토하고 있다(Beukema, Wolff and Brows, 1990; Warrick, Barrow and Wigeley, 1993).

최근의 추정치와 수정

최초 연구 이후, 환경보호청과 IPCC는 모두 해수면 상승 예측치를 수정해왔다. 그린란드와 남극대륙 빙원이 해양에 기여하는 융빙수의 양이 최초에 비해 적게 나타나는 모의시험 결과에 따라 해수면 상승률은 약간씩 낮추어왔다. 1995년 미 환경보호청은 2100년의 해수면 상승 추정치

표 5.1. 1990년 해수면 기준의 해수면 상승 표준추정치(cm)

누적 확률 (%)	연도별 해수면 상승 추정치			
	2025	2050	2075	2100
10	-1	-1	0	1
20	1	3	6	10
30	3	6	10	16
40	4	8	14	20
50	5	10	17	25
60	6	13	21	30
70	8	15	24	36
80	9	18	29	44
90	12	23	37	55
95	14	27	43	66
97.5	17	31	50	78
99	19	38	57	92
평균	5	11	18	27

자료: Titus and Narayanan(1995).

표 5.2. 뉴저지의 해수면 상승률(단위: mm/년, inch/년)

위치	mm/년	in/년
뉴욕, 뉴욕 주	2.74	0.11
샌드훅, 뉴저지 주	4.06	0.16
애틀랜틱 시티, 뉴저지 주	3.85	0.15
루어스, 델라웨어 주	3.11	0.122

자료: NOAA(1987~1994).

를 수정했는데(Titus and Narayanan, 1995), 여기에서는 해수면 상승의 전문연구가 패널조사를 기초로 최적 확률을 추정하였다. 해수면 상승률을 확률에 따라 구분했다.

미 환경보호청 연구결과의 적용, 예컨대 애틀랜틱 시티에 적용하기 위해서는 최빈 확률 예상치(the most probable outcome) — 1990년과 2100년 기간에 걸쳐 25cm의 상승 — 가 사용된다(표 5.1). 즉, 이 숫자를 단순히 기존의 상대적 해수면 상승률에 더하여 미래의 해수면 위치를 구한다. 애틀랜틱 시티의

표 5.3. 뉴저지 애틀랜틱 시티의 해수면 상승 예상치
(지반침하를 고려했고 1990년 해수면을 기준으로 함, 단위 cm)

연구기관(연구년도)	2000년	2025년	2050년	2100년
미 환경보호국(1984)				
최저 추정치	4.9	19.35	36.4	81.3
중간, 적정 추정치	6.9	30.55	62.9	167.3
미 조사위원회(1987)				
최저 추정치	7.1	25.2	43.1	78.6
중간 추정치	11.2	39.4	67.6	123.8
기후변화에 관한 정부간 패널(1990)				
최저 추정치	4.5	15.5	32.0	58.5
중간 추정치	5.5	20.5	44.0	93.5
미 환경보호국(1995)				
최적 추정치	5.0	18.7	33.5	68.1

조위계에서 기록해온 자료로부터는 상대적 상승률이 100년에 걸쳐 39cm로 계산된다. 1990년 해수면을 참조로 한다면, 2100년의 애틀랜틱 시티의 최적 추정 해수면은 1990년보다 68cm 높을 것이다. 표 5.1을 사용하면, 2100년에 39cm의 상승치에 55cm의 상승치가 부가되어 총 상승치가 97cm에 이를 확률은 10%이다. 현재의 상승경향보다 92cm가 더 상승하여 2100년의 해수면이 1990년보다 134cm 높을 확률은 1%이다. 이상의 추정확률은 해수면의 지속적 상승경향을 가리키고 있으며, 21세기에 상승률은 더 높아질 것이다.

해수면 상승문제를 연구해온 과학기술기관들은 이렇듯 해수면 상승이 일어나고 있으며 미래에도 지속될 것으로 단정하고 있다. 전 세계의 해수면 상승과 함께 국지적 침강과 퇴적물 압밀효과로 인한 상대적 해수면 상승이 수반될 것이다. 예컨대, 다양한 시나리오로부터 계산된 애틀랜틱 시티의 해수면 상승 예상치는 해안저지대에 심각한 문제가 초래될 가능성을 예고하고 있다(표 5.3). 추정치의 최소값이 실현되더라도 해안시스템에 심각한 변화를 초래할 수 있다.

뉴저지 해수면 상승률의 변화

지질학적 시각에서 뉴저지의 해수면 상승률을 살펴본 연구가 있다(Meyerson, 1972; Psuty, 1986; Psuty, Guo, and Suk, 1993). 지난 수천 년간 해수면이 지속적으로 상승해왔다는 것이 밝혀졌다. 상승률은 오르내림을 반복했지만 상승경향을 지속해왔다. 하구역 퇴적물에 포함된 유기물의 탄소동위원소 연대측정을 통해 지난 7,500년간 해수면 상승률을 분석한 결과를 보면, 해수면 상승률은 연간 약 2.1mm를 보이다가 2,500년 전부터 연간 0.8mm로 상승속도가 둔화되어왔다(그림 5.3, Psuty,

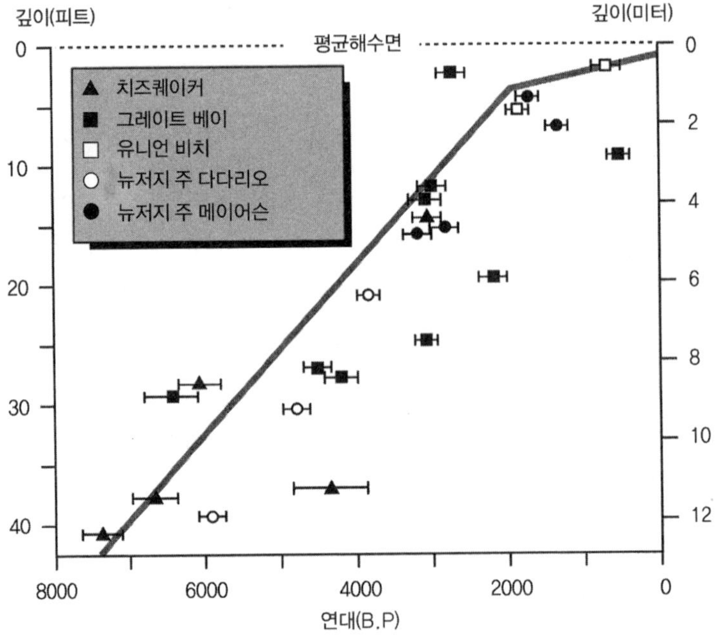

그림 5.3. 현세의 해수면 변동. 산포도상의 점들은 뉴저지에서 조사된 주상시료로부터 채취된 유기물에 대해 탄소동위원소 연대측정법을 적용해서 얻은 연대와 깊이다. 실선은 이 자료로부터 얻어진 해수면 변동값이다. 오차막대는 측정연대의 표준편차를 나타낸다. 2,500년 전 이전까지는 해수면이 빠르게 상승하다가 그 이후 상승속도가 느려진 것을 알 수 있다(Psuty, 1986).

1986). 2,500년 전에는 해수면이 현재보다 약 2m 낮았다. 해안지형과 해안서식처가 안정화 과정을 거쳐 현재의 해안특성을 갖추게 된 것은 해수면 상승 속도가 완만했던 지난 2~3천 년 동안의 일이다. 그러나 뉴저지 조위계의 최근 기록은 상대적 해수면 상승률이 다시 급증하고 있음을 보여주고 있다.

조위계 측정

장기간 수위관측 기록을 갖추고 있기 때문에 조위계의 평균 수위 자료가 해수면의 상대적 상승을 지시하는 가장 신빙성 있는 자료일 것이다. 예를 들면, 뉴욕 배터리 공원의 조위계는 1856년부터 수위를 측정해 오고 있다. 해수면 상승 경향은 뉴저지 내외의 조위계 기록에 잘 나타나 있다(그림 5.4).

그림 5.4의 각 검조소의 수직기준점 고도는 상대적으로 고정되어 있고 자료는 시간(x축)에 대한 평균수위관측치(y축)의 그래프로 표현되어 있다. 각 검조소의 기준고도가 다르기 때문에 해수면 상승축의 특정한 수치는 약간씩 다르다. 그러나 연간 상승률이나 상대적 상승치는 이 그래프에서 쉽게 구할 수 있고 고도의 영향을 받지 않는다. 검조소의 정보에 따르면 연변화는 있지만 해수면 상승경향을 보여준다. 연간 평균 해수면 상승값의 변동이나 변이는 장기적 상승추세에 비해서 크지 않다. 상대적 평균 해수면 상승률은 샌디훅의 4.06mm에서 델라웨어 루어스의 3.11m까지 다양하다(NOAA, 1987~1994). 이것은 지반침하와 함께 압밀이 진행되고 있는 최근 퇴적층의 두께가 지역에 따라 다르기 때문이다.

그레이트 에그 하버의 퇴적연구(Psuty, Guo, and Suk, 1993)에 따르면, 하구역 습지 표면이 사구섬 주변(애틀랜틱 시티)의 조위계 기록보다 빠른 속도로 침수되고 있다. 그레이트 에그 하버만 레인보우 아일랜드의 토탄층과 퇴적층에서 실시한 세슘 동위원소 137의 분석 결과는, 염습지 표면의 상승률이 1963년 이후 약 6mm/yr로 인근의 20세기 조위계기록의 평균 4mm/yr를

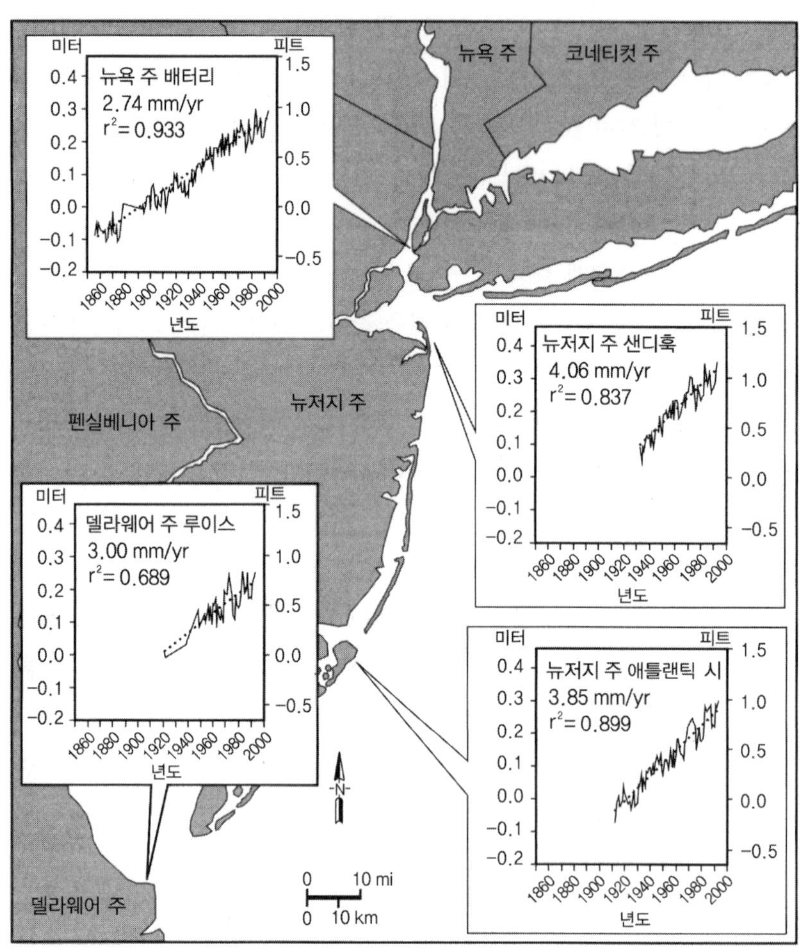

그림 5.4. 뉴저지 주와 인근 지역의 검조소에서 측정한 연평균 해수면 변화(NOAA1987~1994; http://co-ops.nos.noaa.gov/).

상회하고 있다. 이것은 습지의 세사와 유기물의 압밀량이 사주섬의 모래 압밀량보다 높기 때문에 습지가 사주섬보다 빠른 속도로 낮아지고 있다는 것을 시사한다.

현재의 해수면 상승률은 과거 7500년간의 어느 때보다도 높다(그림 5.5).

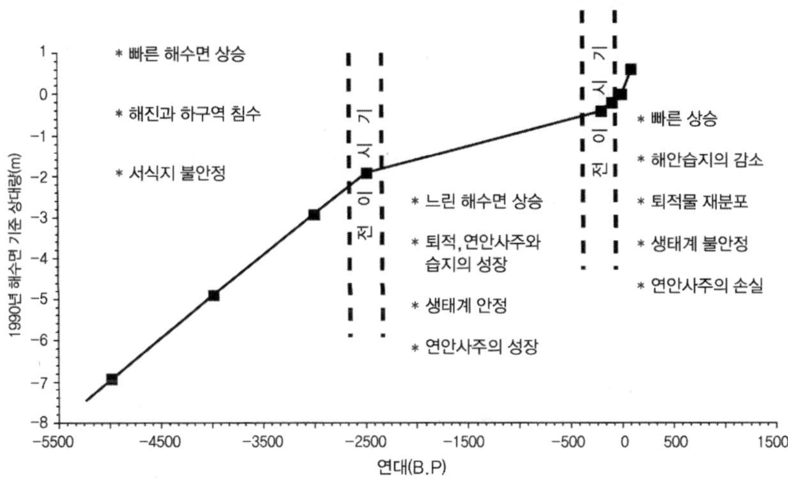

그림 5.5. 현세의 연안사주 발달 과정(Psuty, 1991).

해수면 상승과 해안시스템 내의 퇴적물 부족이 결합되어 해안지형과 해안서식처의 변화를 일으키고 있다. 과거 수천 년 동안에는 완만한 해수면 상승률에 따라 사주섬이 안정상태를 이루고 있었다. 현재에는 빠른 상승률로 말미암아 해안과 하구역에서 불균형 상태가 초래되고 있다. 예를 들면, 개발이 전혀 이루어지지 않았고 인간의 간섭을 받지 않았던 레인보우 군도의 지표면적이 5%나 감소했고 섬 하나는 완전히 사라졌다(Psuty, Guo, and Suk, 1993). 이것은 침수되고 있는 섬의 지표면적이 유지될 만큼 충분한 퇴적물과 유기물이 공급되지 않았기 때문이다.

미래에 해수면 상승률이 증가하게 되면, 가용 퇴적물의 부족으로 습지의 유지가 불가능해지고 이에 따라 해안선 이동은 더욱 심해질 것이다. 현재의 높은 상승률은 습지를 침수시키고, 침수현상과 퇴적물 부족현상의 중첩은 뉴저지 레인보우 군도의 습지유실을 일으키는 주요 원인이 되고 있다. 이러한 상승률이 사주섬의 해안, 하구역과 내만의 해안에서 일어나는 해진을 일으키고 있다.

해수면 상승과 해안폭풍

폭풍 고조위는 일반적으로 폭풍의 강도와 지속시간에 따라 정해진다. 폭풍수위와 함께 내륙에 미치는 폭풍의 범위에 영향을 미치는 또 다른 변수가 있다. 그것은 상대적 해수면 변동이다. 해수면이 상승하면, 폭풍이 발생하고 활동하는 기준(고)이 달라지고 이에 따라 폭풍의 효과가 달라진다. 해수면 상승은 곧 폭풍의 영향이 증대된다는 것을 의미한다. 최근에는 같은 규모의 폭풍이라도 과거에 비해 훨씬 더 높은 고조위를 일으키고 있다. 강력한 폭풍이 발생할 경우에 해수면 상승으로 말미암아 폭풍으로부터 안전하던 곳까지 폭풍의 영향아래에 놓이게 함으로써 더 많은 지역을 폭풍의 침식과 범람 위험에 노출시키고 있다.

폭풍의 비교를 위해서는 1929년에 설정한 NGVD와 같이 전국적으로 일정한 고정수준점을 이용하거나 그 당시의 해수면과 같은 변동수준점에 고조위를 대비시킨다. 그러나 수십 년의 시간적 차이를 두고 발생한 폭풍을 서로 비교할 때에는 해수면의 차이를 고려해야 한다. 예를 들면, 1991년 할로윈 폭풍과 1962년 3월(재의 수요일) 폭풍은 고조위가 NGVD를 기준으로 각각 2.225m와 2.19m로 비슷했지만, 1991년 당시의 해수면은 1962년에 비해 0.119m가 더 높았다. 같은 고조위에 도달했었다는 것은 1962년의 폭풍이 1991년의 폭풍에 비해 해일파가 더 컸다는 것을 의미한다.

미래의 폭풍 고조위

지난 세기의 상승률이 지속되는 경우, 그림 5.6에는 과거 폭풍의 예를 사용하여 해수면 상승이 폭풍고조위에 미치는 영향을 설명하고 있다. A열은 지난 수십 년간 뉴저지에 내습하였던 대규모 폭풍의 고조위를 표시하고 있다. 고조위 순서를 기준으로 12회의 대규모 폭풍을 정리하고 있으며, 고조위는 다시 FEMA의 재현 확률 폭풍으로 표현되고

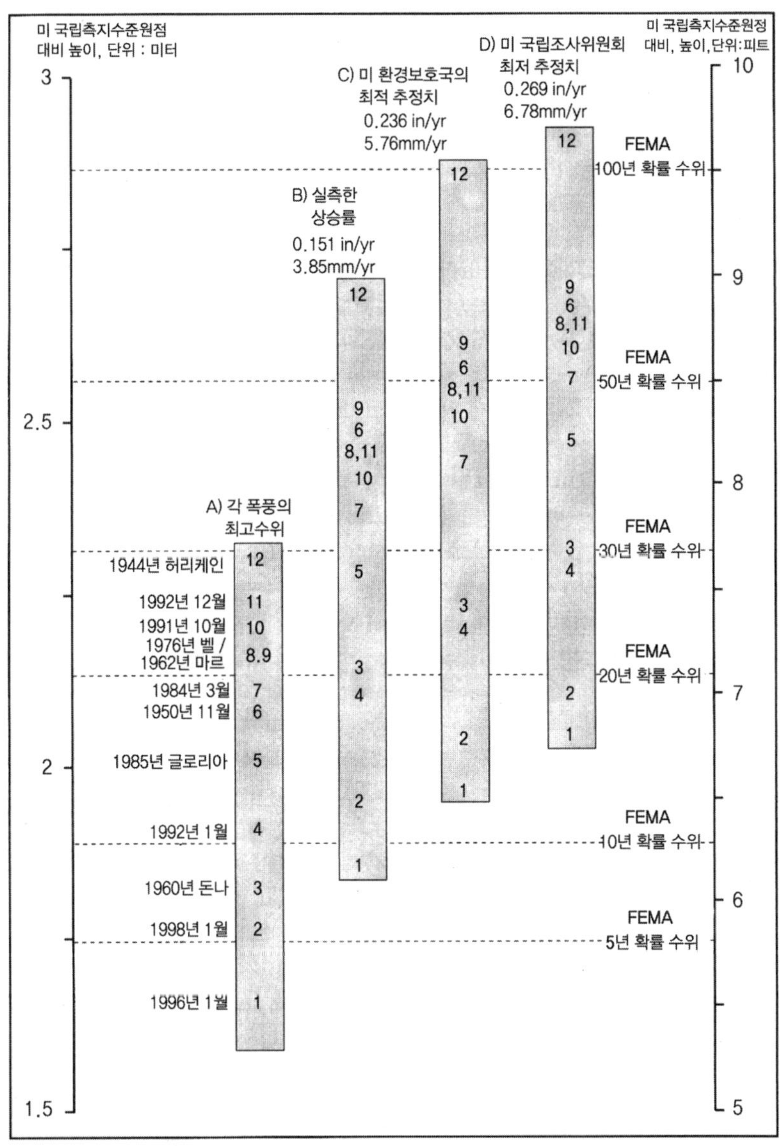

그림 5.6. 2050년에 재현된 과거의 폭풍해일 수위. 애틀랜틱 시티 해안의 추정 수위이며, 적용한 해수면 상승 시나리오는 (B) 실측한 해수면 상승률, (C) 미 환경보호국의 최적 추정치, 그리고 (D) 미 국가조사위원회 최저 추정치이며, (A)는 미 국립측지수준고도를 기준으로 산정한 실제수위이다.

있다. 예를 들면 1998년 1월의 폭풍은 최고조위가 NGVD 기준으로 1.77m이며, 5년 확률 폭풍으로 분류된다. 이 폭풍은 A열과 같이 B, C, D열에서도 2번으로 표기된다.

그림 5.6의 왼편 옆에 기록된 각 폭풍의 고조위는 애틀랜틱 시티의 기록치로 NGVD 1929를 기준으로 환산된 것이다. 폭풍기간의 해수면 상승효과는 별도로 확인하지 않고 측정치에 포함시켰다. 그림 5.6을 근거로 다음의 시나리오를 고찰해보자. 1962년 3월 폭풍과 1991년 할로윈 폭풍은 각각 NGVD 기준으로 2.19m와 2.225m의 고조위를 나타내어 수치상으로는 매우 근접해 있다. 그러나 이 두 폭풍이 2000년에 발생했다고 한다면, 나타난 고조위는 차이를 보였을 것이다. 두 폭풍 사이에 해수면이 상승했기 때문이다. 지난 수십 년간의 해수면 상승률(3.85mm/yr)을 고려하여 각 폭풍의 고조위를 조절하면 차이가 뚜렷하게 나타난다. 1962년 3월 폭풍과 같은 크기의 폭풍이 2000년에 일어난다면 그 고조위는 NGVD 기준 2.336m이 되어 30년 확률 폭풍에 속하게 된다. 즉, 1962년의 2.19m와 20년 확률 폭풍과는 커다란 차이를 나타낸다.

1991년 할로윈 폭풍과 같은 크기의 폭풍이 2000년에 발생했다고 가정해보자. 최고조위는 NGVD 기준으로 2.26m에 달하며 1991년의 2.225m와 비교된다. 이와 같은 적용을 통하여, 1962년 재의 수요일 폭풍이 오늘날에 일어난다면, 1985년의 허리케인 글로리아와 1992년 12월의 폭풍뿐만 아니라 1944년 허리케인의 고조위를 능가할 것이다.

과거의 폭풍 수위를 2050년의 등규모 수위로 추정하는 과정을 통해서 미래의 해수면 상승이 초래할 승수효과를 짐작할 수 있다(그림 5.6). 지난 세기의 상승률 3.85mm/yr을 기초로 과거의 폭풍을 2050년의 등규모 폭풍으로 환산한 것이 그림 5.6의 B열이다. 1992년 12월의 폭풍은 수위가 NGVD 기준 2.47m, 또는 40년 확률 폭풍으로 나타난다. 같은 방법으로 할로윈 폭풍은 2.45m, 1962년 재의 수요일 폭풍은 2.528m의 고조위를 갖는 45년 확률 폭풍으로 환산된다.

미 환경보호청의 최적 추정상승율(Best Estimate Rate)

미래를 추정하는 과정에는 위험이 따른다. 계획과 공공정책의 목적, 그리고 발생 가능성이 높은 상황에 대한 일반대중의 인식을 고양시키기 위해서는 개연성이 높은 시나리오를 찾아내려는 노력을 기울여야 할 것이다. 미 환경보호청(EPA)과 그 밖의 기관들이 이러한 목적에서 발생 가능한 해수면 변동모형을 개발해왔다. 확률예측을 기초로 2050년까지의 해수면 상승률을 6mm/yr로 추정하고, 이 수치를 '최적 추정치(best estimate)'라고 명명했다(Titus and Narayanan, 1995). 그림 5.6의 C열이 이 추정치를 근거로 작성된 것이다. 여기에서 1990년까지는 이전 세기의 3.85mm/yr을 사용했고, 1991년부터 2050년까지는 EPA의 최적 추정치를 적용했다.

이러한 환산과정에 따라 1962년 3월의 폭풍과 같은 대규모의 폭풍이 2050년에 발생한다면 고조위가 NGVD 기준으로 2.63m, 즉 60년 확률 폭풍으로 나타나 20세기에 발생한 어떤 폭풍도 이 크기를 따르지 못한다. 같은 방법으로 1992년 12월의 폭풍은 NGVD기준으로 2.58m의 고조위를 나타내 50년 확률 폭풍으로 분류된다. 허리케인 글로리아의 수위는 2.35m로 추정된다.

미 과학협회의 '저예측치(Low Estimate Rate)'

미 과학협회의 보고서, "Responding to changes in Sea Level"(NRC, 1987)로부터 '저예측치'에 해당하는 상승률 6.84mm/yr를 사용하여 과거와 같은 규모의 폭풍이 2050년에 발생했을 때의 상황을 나타낸 것이 그림 5.6의 D열이다. 1990년까지는 지난 세기의 상승률 3.85mm/yr를 적용하고, 그 이후에는 NRC의 상승률을 기초로 했다. 이러한 추정과정에 따라 허리케인 글로리아를 2050년에 투영하면 NGVD 기준으로 2.529m의 고조위를 나타낸다. 1992년 12월의 폭풍은 NGVD 기준으로 2.647m의 수위로 환산되어 65년 확률 폭풍으로 분류된다. 1962년 3월의 폭풍은 2.70m의 고조위로 나타나 75년 확률 폭풍에 해당한다. 그런데, 이러한 추정은 문헌상의 보고에서 최저 상승률 예측치를 적용한 것이다.

1944년의 허리케인은 NGVD 기준으로 수위가 2.31m였다. 이것은 대규모 폭풍이었고, 모든 비교과정에서 수위를 차지하고 있다. NRC의 저추정치에 따라 이 규모의 폭풍이 2050년에 발생한다고 가정하면, 수위는 NGVD 기준으로 2.897m에 이르며, 현재의 100년 확률 폭풍으로 분류된다. 30년 확률 폭풍이 해수면 상승으로 말미암아 100년 확률 폭풍의 크기로 증가한다. 기상학적으로는 100년에 3회 발생할 확률이지만, 미래에는 훨씬 큰 규모의 폭풍해일과 범람을 초래할 것이다.

일반해안관리정책

해안폭풍은 뉴저지 해안에 지속적으로 영향을 미치게 될 기상현상이다. 폭풍은 인명피해, 광범위한 재산상의 손실, 그리고 해안침식을 일으킨다(그림 4.1, 4.2, 4.3). 해수면이 지속적으로 상승함에 따라, 내륙의 훨씬 깊은 곳까지 그리고 광범위한 해안에 걸쳐 영향을 미치게 되며, 결국 폭풍의 규모가 커지는 결과로 이어진다. 빈도가 낮은 대규모 폭풍이 초래한 위협과 잠재적 손실을 저감하고 자주 발생하는 소규모 폭풍의 효과를 완충하기 위해서는 정책적 노력이 필요하다. 관리전략의 개발과정에서 고려해야 할 몇 가지 이슈를 정리하면 다음과 같다.

- 고위험지역의 파악
- 지형구역의 범위에서 해안폭풍에 대비한 보호수준(level of protection)의 명료한 정의

- 해수면 상승을 고려한 미래 시점(예컨대 2050년의 해수면과 시점)에 달성할 목적

해수면이 상승함에 따라 해안폭풍의 영향이 점차 파악되기 시작하고, 현재의 폭풍규모로 장차 침식과 범람을 겪을 해안지역의 범위는 크게 확대될 것이다. 이러한 위험지역은 반드시 파악되어 공지되어야 한다. 폭풍 범람 수위가 상승하면 현재 중규모 범람위험을 가지고 있는 사주섬이나 하구역 지역에서 피해가 발생하기 시작한다. 위험지역으로 알려진 지역의 인명과 재산상의 손실을 줄이기 위해서는 공공안전에 관한 정책결정이 이루어져야 한다. 정책당국은 해안선안정화, 위험지구의 개발, 그리고 인구 집중현상을 재검토해야 한다. 다양한 분야로부터 개발된 관리도구가 해안관리와 위험저감 문제에 적용되고 있다.

토지이용계획, 건축법규, 인구 집중 등의 계획과 조정에 더 많은 유연성이 허용되어야 한다. 용도지구조정과 경계선조정은 유연하게 이루어져야 한다. 즉, 해수면 상승으로부터 발생하는 피해의 증가와 폭풍규모의 증가 등의 변화를 주기적으로 반영하여 재조정할 수 있어야 한다.

해안당국은 보다 넓은 지역적 차원에서 해안과 내만의 지역공동체에 미치는 폭풍해일과 범람의 영향을 어느 수준에서 보호할 것인가를 정해야 한다. 이 때 보호수준은 확률 폭풍으로 표현할 수 있다. 즉, 5년 확률 폭풍을 대비한 호안대책은 50년 확률 폭풍에 대한 호안대책과 다르다. 5년 확률 폭풍에 대한 호안설비는 50년 확률 폭풍에 비해 당면한 투자나 총투자비가 훨씬 저렴하지만, 폭풍 후 정리와 설비수리, 추후 폭풍피해 저감대책 등의 비용에 있어서는 빈도와 총액이 훨씬 크다. 50년 확률 폭풍을 대비한 호안정책은 이보다 적은 규모의 폭풍으로 발생하는 범람을 줄이거나 막을 수 있다. 그러나 이 경우에는 제방 축조와 같이 많은 투자가 필요하기 때문에 현실성이 떨어진다. 그러나 어떤 경우에서도 어느 정도의 호안 대책은 필요하다.

타협안으로 흔히 채택되는 것이 20년 확률 폭풍을 대비한 호안계획이다. 이러한 규모의 폭풍을 대비한 호안시설은, 중규모의 비교적 빈도가 낮은 폭풍이나 그보다 작은 규모의 자주 발생하는 폭풍으로부터 지역사회를 보호할 수 있다. 한편 보호 수준과 관계없이 호안대책에는 시설을 수용할 공간이 필요하다. 더욱이 해수면 상승에 따라 그 위치가 조정되어야 할 것이다.

저밀도개발의 해안지역에서는 저지대나 해수면 상승으로 심하게 침식을 받은 해안지역으로부터 시설이나 구조물을 이전시킬 수 있는 여유가 있다. 그러나 고밀도개발이 이루어진 해안에서는 건물과 하부구조를 이전시킬 수 있는 공간이 부족하다. 해진으로 인한 공공안전의 위협을 줄이기 위해서는 가능한 한 다양한 접근이 필요하다. 다음의 세 가지 대안적 전략을 통하여 다양한 정책의 적용을 시도할 수 있다.

- 내륙의 범람을 막고 현재의 해안선을 보호하기 위해 해안제방, 양빈, 방조제, 그 밖의 인공구조물을 이용한다.
- 해안선이 내륙으로 이동하는 것을 허용하고 수변에 위치한 재산과 하부구조의 손실을 수용한다.
- 다양한 기법을 혼용한다. 단기대책의 경성호안구조물, 또는 인공사구조성과 양빈을 적용하고 동시에 피해가 심한 지역의 토지이용을 계획에 따라 변경시켜나간다.

유엔의 IPCC가 해수면 상승에 대비한 해안관리에 적용할 수 있는 여러 가지 옵션을 검토한 바 있으나, 새로운 옵션이 나오지는 않았다. 네덜란드의 접근과 유사하게 방조제를 세우거나, 특히 후진국의 경우에는 해진으로 침수될 지역으로부터 전체 주민을 이주시키고 자연시스템이 작용하도록 하거나, 장기적인 해결책을 찾는 동안에 단기적으로 해안선을 고정시킴으로써 어려운 선택을 위해 시간을 확보하는 옵션을 제시하고 있다.

NRC의 기술시스템위원회는 두 가지 관리 옵션을 제시했다. 즉, 해안을 안정화하거나 해안선을 후퇴시키는 것이다. 그러나 어느 옵션도 선호된 바가 없다. 해수면 상승 시나리오는 매우 다양하며, 구조물을 통한 해안안정화를 시도하는 경우에 적합한 구조물의 선택을 위해서는 그 장소의 특성을 반영하는 정보가 수집되어야 하기 때문이다. 보고서에는 인공구조물은 너무 비용이 커서 비현실적이라고 지적하고 있지만, 해수면 상승대책에 구조물의 적용도 가능한 것으로 판단했다. 위원회의 결론에 따르면, 해수면 상승이 21세기까지 가속화될 것이라는 예측이 입증되었으며, 해수면 상승과 그 영향은 계획과 설계에 반영되어야 한다.

애틀랜틱 시티의 조위계

애틀랜틱 시티의 조위계로부터 새로운 측정자료가 NOAA의 자료센터에서 검증되면, 수위관측 연차자료에 편입되어 기록기간이 증가하게 된다. 2000년에 이르면서 계속 수행된 관측자료에 대한 통계분석 결과들이 이전의 통계분석 결과들과 차이를 보였다. 차이 가운데 하나는 전체 자료기간에 걸친 연평균 해수면 상승률이 순증가를 보여 왔다는 것이다. 1990년대 초기에는 전체 관측기간의 평균이 3.8에서 4.00mm/yr의 범위를 보였으나 새로운 자료가 부가되면서 평균이 4.2mm/yr로 나타나 5.3% 내지 10.4%의 증가를 보였다(그림 5.7). 다른 통계분석에서는 연평균 수위값의 분포가 상승곡선에 가까우며, r^2 값도 그렇게 나타난다(그림 5.7). 상승경향을 미래에 투영하는 과정에서 직선형의 증가와 지수함수적 증가를 적용했을 때 두 경향률의 차이는 시간의 경과에 따라 점차 증가한다. 직선형의 증가를 2100년에 투영했을 때 상대적 해수면은 2000년에 비해 42cm 높게 나타난다. 지수함수적 증가에서는 2100년의 해수면이 2000년에 비해 50cm 높게 즉, 직선형 증가보다 20% 높게 나타난다.

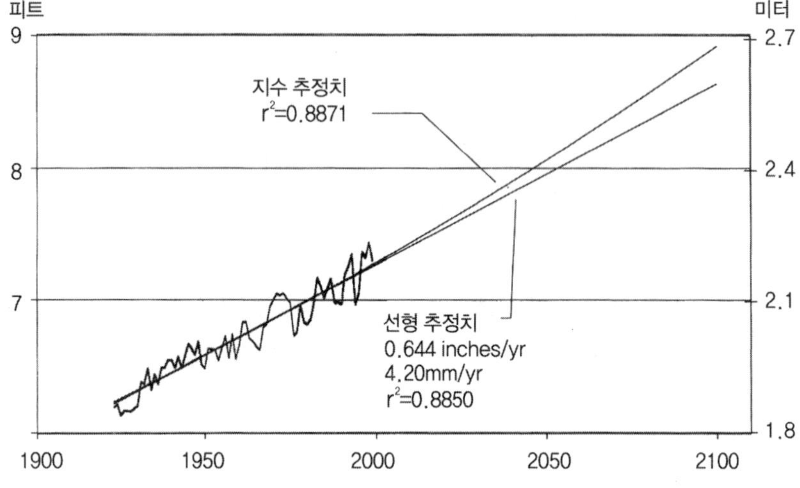

그림 5.7. 뉴저지 애틀랜틱 시티 해수면 상승 추정치(www.nos.noaa.gov).

애틀랜틱 시티 조위계 관측자료의 통계분석은 해수면 상승이 선형 증가보다는 지수함수적 증가를 보일 가능성이 높다는 것을 최초로 암시했다. 결정적인 증거를 확보하기까지는 자료가 더 축적되어야 하지만 현재로서는 시나리오 준비에서 두 가지 가능성을 모두 고려하는 것이 옳다. 이러한 도상훈련을 통해서 상승률 증가가 초래할 영향을 예견하고 적정한 전략을 개발하는 것이 중요하다는 것이 밝혀질 것이다.

뉴저지의 도전 과제

해수면 상승과 그 영향에 관한 논의에서 공공안전과 해안보호가 중심 주제를 차지한다. 해안지역에 필요한 개발시설을 유지하는 것도 중요하다. 공공안전의 확보와 발전계획은 공공정책을 통하여 해결될 수 있다. 그러나 필요한 정책일수록 어렵고, 인기가 없고, 비용이 많이 든다. 예컨대 해진을 방지하는 방조제는 건설 유지비용이 너무 크다.

그 밖의 대책으로 양빈은 단기적 대책이며 상승하는 해수면으로 발생하는 범람문제를 처리하기 어렵다. 위험지역의 관리대책과 대규모 공공투자에 관한 정책결정에 필요한 시간을 확보할 수 있는 수단에 불과할 수도 있다. 어떤 접근을 선택하더라도 해안시스템이 변화하기 때문에 많은 비용과 주기적인 투자가 수반되어야 한다. 해수면 상승이 초래하는 문제를 적절히 해결하기 위해서는 대규모 공적자금이 지불되어야 할 것이다. 공적자금을 현명하게 집행하고 지역적·국가적 목표를 달성하기 위해서는 정책이 앞서 개발되어야 한다. 이 정책에는 변화하는 환경이 적절히 고려되어야 하고 앞으로 수십 년 후의 해안환경을 염두에 둔 장기 목표가 반영되어야 한다.

장기 목표는 다양한 시나리오를 기초로 세워진다. 정책의 변화 또는 변경이 필요하다면, 변경사항을 조기에 확인하고 계획과정과 재개발 과정에 반영시키는 절차를 마련해야 한다.

인공구조물을 통한 해결이나 해안선 후퇴(조정)정책은 극단적으로 간주되기 때문에 선택적 적용이 필요하다. 양자 사이의 중간적 접근이 실현가능성에서 가장 높게 채택되고 있다. 어떤 접근을 택하더라도 해수면 상승이 초래할 다양한 파생효과를 다룰 주정부의 정책개발 과정이 필요하다. 이러한 과정에 다음과 같은 단계의 고려사항이 도움을 줄 수 있을 것이다.

- 우선적으로, 폭풍 이후의 상황에서 공적자금의 투자에는 해수면 상승 영향을 저감시키려는 노력이 포함되어야 한다.
- 공적자금을 통한 유인책이나 억제책은 반드시 주정부의 호안정책, 또는 고위험지역으로 고지된 지역으로부터 시설물 등을 이전시키려는 정책과 합치되어야 한다.
- 상승이 일어난 높은 해수면의 영향과 변모된 해안지역에 대한 주정부의 목표 설정 과정에 도움이 되도록 공공정책이 개발되어야 한다. 예컨대, 해수면이 상승하고 범람과 해안선 이동이 발생하는 상황에서 50년 내에

그림 5.8. 내만 해안의 기간시설까지 도달한 수위. 뉴저지 주의 시사이드 파크

달성해야 할 목표를 설정한다.

- 위험저감과 해수면 상승효과의 관리는 해안지역 공공정책의 일부를 구성해야 한다.
- 해안시스템은 역동성이 높다는 것과, 변화하는 해안시스템에 영향을 주는 수단도 동적 특성을 지녀야 한다는 인식이 뒷받침되어야 한다. 건축제한선, 토지용도지구 등에 관해서는 각별히 유연한 사고가 수반되어 주기적으로 재평가하고 개정해야 한다. 특히, 대규모 폭풍 직후가 개정에 호기라고 할 수 있다.
- 토지이용과 시설 배치의 변경과정에는 유연한 사고가 필수적이다. 폭풍 발생 이전의 조건에 따라 기계적으로 같은 토지이용을 할당하고 같은 시설을 허가하기보다는 폭풍피해 지역 또는 그 이전에 피해 경험이 있는 지역에 적정한 정책 옵션을 신중하게 검토할 필요가 있다.
- 해안지역에 걸친 토지이용, 위험저감, 그리고 공공안전 등의 문제는

상호 밀접한 관계이기 때문에, 공공정책 과정에서 균형 있고 유연한 접근을 택해야 한다.

관리옵션의 대부분은 대서양 측 해변에 일어나는 해수면 상승의 영향을 반영하고 있다. 그러나 내만이나 하구역의 해안선에도 그 영향은 뚜렷하며 더구나 이러한 지역에는 완충역할을 해줄 해빈이나 해안사구가 없는 형편이다. 이러한 지역은 전형적으로 지대가 낮아 범람의 피해에 매우 취약할 뿐만 아니라 지역사회 하부구조의 대부분이 입지하고 있다(그림 5.8). 해수면 상승에 따라 내만의 개발시설은 빈번하고도 혹심한 범람 위험에 놓이게 될 것으로 전망된다. 따라서 주정부 정책의 실시는 내만의 이러한 지역부터 시행되어야 할 것이다.

결론

20세기에 뉴저지의 상대적 해수면 상승은 약 39cm를 기록했고, 21세기의 상승률은 증가될 것이라는 공감대가 확산되고 있다. 해수면 상승은 지구적 대책과 함께 지역적 정책을 필요로 하는 다양한 측면을 가지고 있는 문제다. 도처에서 해수면이 상승하고 해안지대가 침수되고 있다. 그 결과 해빈이 내륙으로 이동하고 수변의 토지가 사라짐으로써 사주섬이 협소해지고 있다. 내만의 저지대 해안은 특히 취약해지고 있다. 해안의 주민과 개발시설은 위험에 처해 있다. 해수면 상승에 따라 이 위험은 지속적으로 증대되고 있으며, 지수함수적 증가 추세로 굳어질 가능성이 있다. 이러한 배경에서 정책당국은 해수면 상승의 직간접적인 영향에 관한 개연성 높은 시나리오를 개발하고, 이를 근거로 공공안전을 높이고 손실위협을 저감시킬 정책을 입안해야 한다.

양빈이나 해안제방이 해수면 상승과 관련된 몇몇 문제를 처리하고 있으나, 어느 것도 높아진 해수면으로 발생하는 범람이나 높은 손실위험을 완전히 해결하지는 못한다. 다양한 정책이 필요하다. 적절한 해발고도 위에 입지한 지역에서 해수면 상승효과를 단기적으로 대처하는 사업에 공적자금을 지원할 수 있다. 고위험지역에서는 공적예산 지출을 줄이는 것도 좋다. 이러한 지역은 빈번한 피해로 말미암아 개발시설과 하부구조의 지속적인 수리가 필요하기 때문에, 교부금을 줄여 위험지역의 인구집중과 개발을 완화시키거나 억제시켜야 한다. 기존의 토지이용지구계획, 건축제한선, 개발(이용)밀도 등에는 유연한 사고가 도입되어야 한다. 해수면 상승은 폭풍피해에 노출되는 정도와 위험 정도에 변화를 초래하기 때문에 그 변화를 주기적으로 반영하여 토지용도지구를 조정할 수 있는 기초가 되기 때문이다.

제6장

경성호안과 연성호안

자연재해에 대비하기 위한 인공구조물을 갖추는 데에는 많은 비용이 들지만, 완전한 대비가 이루어지는 것은 아니다. 인공구조물로 손실을 차단할 수 있을 것이라고 믿지만, 50년 확률 폭풍이나 100년 확률 폭풍이 발생할 경우 부분적 보호를 받을 수 있을 뿐이다. 인공구조물의 이러한 한계를 이해하지 못하고 호안구조물이 설치되어 있다는 이유로 재해위험지역에 투자와 개발이 계속되고 있다. 이러한 과정이 종국에는 대규모의 재앙으로 이어질 것이다.

– R. J. Burby, "Introduction in Cooperating with Nature"(1998)

위험대책에 동원되는 기법은 손실을 차단하기보다는 그 피해를 미래로 미루는 수준일 뿐이다. 우리들은 자연을 제어하는 방법을 찾아왔으나, 완벽한 안전을 도모하는 기술이란 환상에 지나지 않다는 것을 깨닫게 되었다.

– D. S. Mileti, *Disasters by Design*(1999)

20세기 내내, 그리고 21세기에 들어와서도 해안선 고(안)정화의 주요 목적은 만성적인 해안침식 효과를 저감시키는 것이었다. 해빈의 퇴적물 부족현상과 해수면 상승에 따른 침수현상의 중첩은 해안선이 내륙으로 이동하는 것을 의미한다. 해안선은 도로, 주택, 기간시설, 호텔 등을 잠식해 들어오기 시작했다. 마침내 해빈의 폭이 줄어들고 폭풍기에는 기개발지역과 하부구조가 손실 위험에 놓이게 되었다.

적절한 대책을 강구하는 과정에서 많은 해안안정화기법이 개발되어왔다. 해안선을 경성호안구조물로 보강하는 방법에서부터, 유실된 사질퇴적물을 보충하여 침식영향을 상쇄하는 양빈, 방조제를 세워 해양침입을 저지하는 방법에 이르기까지 다양하다. 이러한 접근의 적용 범위도 국지적 수준(해변에 면한 단일 구역 정도)에서 주정부와 연방정부의 정책에 조응하는, 즉 퇴적물을 공유하는 지형구역을 아우르는 지역적 수준에 이르기까지 다양하다. 단 1회의 폭풍에 대비한 특성상 극히 단기적 대책인 경우로부터 수십 년에 걸친 장기적 대책에 이르기까지 사업의 수명도 다양하다.

이 장에서는 현대의 주요 호안기술에 관하여 생각해보기로 한다. 또한 해안관리의 원리와 해안선안정화기법을 정리하도록 한다. 호안기술이 안고 있는 다양한 측면의 문제와 함께 시간의 경과에 따라 호안기술이 어떻게 적용되어왔고 어떠한 기술상의 변화를 겪어왔는가를 살펴봄으로써 뉴저지의 현장기술을 검토하고자 한다.

해안선의 종류, 해안지형, 지금까지의 호안관리, 개발수준, 장기 관리목표 등이 해안마다 다르기 때문에, 호안관리기법은 천차만별이다. 어느 조건에나 적용할 수 있는 기법도 없고 따라서 최선의 관리기법도 있을 수 없다. 그 지역의 자연조건과 사회경제적 특성에 따라 적합하고 시행 가능한 접근기법을 선택할 수 있다. 그 이후에도 조건과 관리목표가 바뀔 수 있고 변화하는 해안시스템에 적합한 새로운 기술이 개발될 수 있다.

해안제방, 돌제, 가호안(수직방벽) 등 이전에 중심을 이루던 '단단한 또는 고정적인' 인공구조물을 사용하는 경성호안에서 연성호안 기법, 예컨대 양빈, 인공사구조성 등의 '더 부드러운' 기법으로 바뀌어왔다. 이러한 해안관리의 기술전환은 뉴저지와 같은 주정부 수준에서뿐만 아니라 연방정부 차원에서도 일어나고 있다(NRC, 1995).

새로운 관리 기조에서는 습지 훼손을 줄이고 보호지역으로 지정된 사구지대의 건축행위를 금지하고 있다. 최근에 해안의 토지용도지정제도(landuse zoning)는 개발구역의 경계를 재조정하여 자연재해로부터의 위협이나 손실을 저감시키는 수단으로 사용되고 있다. 몇몇 지역에서는 건물의 지반고를 예상 폭풍해일파보다 높이고 있다. 럿거스 대학이 수행한 NJSPM의 재평가(Psuty et al., 1996)에 따르면, 해안위험관리에서 채택하는 기법들은 특정한 목표의 성취에 적합해야 하며 지역적 차원에서 적용되어야 한다. 국가차원에서 많은 전문가 패널에 의해 수행된 제2회 자연위험평가(Burby, 1998a; Mileti, 1999)에서도 유사한 결론을 내리고 있다.

20세기에 접어들면서 해빈침식대책은 경성호안구조물에 집중되었다. 뉴저지 해안의 80.8%, 즉 165.2km에 이르는 해안선에 호안구조물이 설치되었다. 지역공동체의 관점에서는 총 45개 가운데 41개 지역사회의 해안(91%)에

표 6.1. 해안안정화 기법의 비교

방법	내용	비용(피트 당)	수명(년)
• 해안선에 평행하게 설치하는 안정화 기법			
피복석	서로 맞물리는 콘크리트 블록 혹은 잡석으로 해안면을 피복	$1000-$1500	30
가호안	강철, 콘크리트벽, 방부처리된 통나무, 알루미늄, 플라스틱, 판자 등으로 이루어진 수직벽	$ 600-$1000	30
해안제방	석재나 콘크리트로 축조된 수직벽. 때때로 곡면형으로 축조되기도 함.	$1000-$2000	50~100
• 해안선에 수직하게 설치하는 안정화 기법			
돌제	콘크리트 블록, 강철, 판자 등으로 축조. 길이, 단면 형태는 다양 (윗면이 일정한 형태, 혹은 윗면이 경사를 이루는 형태 등이 존재)	$1000-$2000	30~40
바이패스	모래를 펌프를 이용하여 조수로를 우회하도록 하거나 트럭을 이용해 운반	$2/yd3＋펌프설치비	주기적
방파제	석재, 혹은 콘크리트 보강 유닛을 이용한 해안 구조물	$1500-$2500	30
양빈	외부의 공급원으로부터 해빈이 침식되는 지역으로 모래를 공급하는 것	$4-$8/yd3	4~7
사구보강	인공사구를 조성하여 안정화시키는 것. 사구 식생이나 I5식 매립, 사구울타리 등을 활용	식생: $2/yd2 I5식: $6-$120/ft 사구울타리: $1	5~10
지오튜브	속을 채운 대형 튜브를 모래로 덮어 사구/제방을 조성하는 것	$60-70	5~10

출처: John Garofolo of the Coastal Engineering Division of NJDEP and Anthony Ciorra of the U.S. ACOE.

주: 원자료에서 길이, 부피 단위는 영미식을 따르고 있어 이 표에서도 영미식 단위를 사용하였다. I5식 매립이란 건설용어로서 모래를 성기게 쌓거나 매립하는 것을 말한다. 이렇게 조성된 모래더미는 인위적으로 안정도를 높이기 위해 사구의 핵(core)으로 활용된다.

구조물이 설치되었다. 표 6.1은 호안기법, 상대적 비용, 그리고 구조물의 수명을 정리하고 있다.

뉴저지 주는 해안선 고정을 위해 노력한 긴 역사를 가지고 있다. 뉴저지 주정부 상업항해위원회와 해빈침식위원회의 초기보고서에는 파랑에너지를 저감시켜 해빈에 모래를 유지하기 위해 설치 중인 해안방벽에 대한 설명이 있다(NJBCN, 1930; NJBEC, 1950). 수많은 미 공병단의 간행물에도 돌제, 도류제, 가호안의 건축에 관한 기록과 설치장소에 대한 사진기록, 특성의 요약 등이 잘 정리되어 있다(U.S. ACOE, 1964, 1990). 이러한 인공구조물을 통한 해안고정화를 위한 지속적인 노력은 매우 인상적이다. 주정부와 미 공병단의 보고서에는 구조물이 가지고 있는 주요 문제를 잘 보여주고 있다. 즉, 해빈을 형성하고 파랑과 흐름의 영향을 완충시킬 수 있는 퇴적물이 해안에 부족하다는 것이 해안지역 문제의 핵심을 이루고 있다. 이로 말미암아 해빈의 침식은 지속되고, 호안구조물은 훼손된 상태로 바다 한가운데 방치되어 있는 경우가 많다.

NJSPM과 뉴저지 해안관리프로그램은 경성구조물 대신 양빈이나 토지이용 옵션 등과 같은 비구조물적 접근, 즉 연성호안 기법을 권하고 있다. 물론 조건에 따라 경성호안구조물이 필요하다(NJDEP, 1980, 1981). 1970년대 후반부터 양빈이 널리 채택된 이유는 이 기법이 퇴적물 부족이라는 핵심문제를 다루기 때문이다. 양빈에는 많은 비용이 필요하지만 연방정부 수준에서도 선호되었다. 양빈이 해안작용의 역동성과도 조화를 이루는 것으로 간주됨에 따라 과거의 정적 접근(고정된 구조물)에서 벗어나는 신호가 되었다. 더구나 양빈이 여가 공간으로서의 해빈을 조성할 수 있고, 이 기능은 여가활동의 증가가 예견되는 시대상황과 잘 접목될 수 있었다(NJDEP, 1977). 경성호안 구조물은 오랫동안 국지적으로 해빈지대 천연의 퇴적물 이동을 간섭하고 침식문제를 일으켜왔다는 인식과 함께 양빈의 순기능에 대한 기대로 말미암아 1970년대 후반 정책전환이 일어났고 경성호안구조물 적용은 크게 위축되었다. 현재 주정부의 정책은, 지역적 차원의 해빈 보존을 지원하고 해빈시스템 내에서 퇴적물 이동과정과 퇴적작용을 교란시키는 행위를 억제시키고 있다.

양빈의 주요 장점은 퇴적물 부족이라는 가장 근본적 문제를 다룬다는 데 있다. 유실된 퇴적물을 보충함으로써 해빈을 이전의 상태로 복원시킨다. 이론적으로 양빈은 해빈, 외해빈, 전사구에 걸친 넓은 범위의 지형 유지에 기여한다. 새로 공급된 퇴적물은 시간이 지나면 유실될 것이라는 점 또한 알려져 있다. 본질적으로 퇴적물을 공급하는 것은 해빈이 침식을 받아 양빈 이전의 상태로 돌아가기까지의 시간을 확보하는 것이다. NJSPMP에 따르면, 양빈은 지형구역 전체의 관점에서 계획되어야 하며 국지적으로 고립되어 나타나는 침식문제에 대한 대책으로는 적절하지 않다(NJDEP, 1981).

공급된 퇴적물은 하류로 운반되어 지형구역 내의 다른 해빈을 보호하는 데 기여하도록 해야 한다. 더욱이 NJSPMP에서 명료하게 적시된 정책에 따르면, 더 이상 양빈을 응급대책으로 사용해서는 안 된다. 양빈사업은 응급대책과는 훨씬 다른 시간 스케일(장기적 관점)의 문제를 처리하도록 계획되기 때문이다.

뉴저지의 경험

뉴저지 해안은 점진적 변화를 보이지만 때로는 큰 변화가 나타나기도 한다. 기상의 교란은 바람을 일으키고, 바람은 다시 파랑을 일으킨다. 파랑은 끝내 해안선에서 부서져 에너지를 방출한다. 방출된 에너지는 퇴적물을 가동시키고 운반한다. 대부분의 퇴적물은 연안을 따라 이동하지만 때로는 외해빈으로 이동되기도 한다. 폭풍파는 순외해빈 방향의 퇴적물 이동을 일으키지만, 정온상태의 파랑은 다시 퇴적물을 해빈으로 운반해온다. 대부분의 퇴적물은 연안을 따라 이동하지만 때로는 외해빈으로 이동되기도 한다. 그러나 향안 이동률이 훨씬 완만하기 때문에 폭풍이 빈발하는 경우에는 폭풍 사이의 정온기간이 짧아 완전히 회복되지 않을 수도 있다. 또한 폭풍조건은 퇴적물을 외해빈의 깊은 수심으로 운반시켜 정온기간의 폭풍활동으로는 그 퇴적물을 재가동시켜 해빈으로 다시 운반해올 수 없는 경우도 있다.

유실된 퇴적물의 양이 다시 그대로 채워질 때, 해빈은 동적 평형상태에 있다고 할 수 있다. 이때 다시 채워지는 퇴적물은 그 해빈을 떠났다가 다시 되돌아온 것일 수도, 다른 곳에서 운반되어온 것일 수도 있다. 유실된 모래가 덜 채워질 때, 즉 되돌아오는 양이 적을 때, 침식이 일어나 모래의 부피가 줄어들고 해빈의 위치가 변한다. 침식은 자연현상 가운데 하나다. 뉴저지와 세계 도처의 해안지역공동체가 침식의 속도를 줄이거나 방지하기 위해서 애써오고 있다. 해변의 주택이나 기업을 침식으로부터 보호하기 위해서 시(행정)당국은 인공구조물을 사용하거나 비구조적 접근(양빈)을 적용하여 왔다. 구조적(인공구조물을 이용한) 접근과 비구조적 접근은 통상 각각 독립적으로 사용되어왔으나, 이 두 가지 접근을 혼용하는 경우도 있다.

인공구조물의 장·단기적 편익은 지역의 기상조건, 폭풍, 당국의 유지보수 계획 등에 따라 차이가 있다. 전문가 대부분의 평가에 따르면, 구조물은 자연적으로 발생하는 지속적 퇴적물 유실에 대한 단기 대책에 불과하다. 인공구조물은 새로운 퇴적물을 해빈에 공급하지 않으며, 유실률을 줄이거나 다른 지역을 희생시키는 대가로 한 장소에 퇴적물을 고정시키려는 시도라고 할 수 있다. 그 결과 해안퇴적물수지의 변화가 초래되며, 구조물을 설치한 공동체와 인접공동체의 해안에 양(+)의 퇴적물수지와 음(-)의 퇴적물수지로 나타난다. 이에 따른 부정적 효과는 하류에서 외부효과로 다시 계산되며, 오염의 경우와 같이 경제학에서는 외부효과이론에 따라 처리된다. 이 선동적 문제에 대한 기본적 해결책은 구조물을 사용하여 다른 공동체에 부과시킨 사회적 비용을 그 공동체가 책임지도록 하는 것이다. 예를 들면, 외부효과를 일으켜 이익을 본 공동체가 해빈으로부터 또는 관광업으로부터 얻은 수익의 일부(해빈 입장료 수입이나 관광 수입)를 피해 공동체에게 피해액만큼 이전한다. 또 다른 방법은 주정부가 가해 공동체에 세금을 부과하여 하류의 피해 공동체의 기업활동 수입으로 이전시키는 것이다. 이때 세금액수는 사회적 비용 또는 손실액에 상응하도록 조정한다. 이러한 접근은 공평하지만 시행되지는 않고 있다.

구조물을 이용한 경성호안 기법

해안선에 평행한 구조물: 퇴적물 유지와 파랑제어

파랑의 효과를 제어하여 해안선을 고정화시키기 위해 해안선에 평행하게 설치하는 구조물은 전통적으로 네 가지 주요 형태로 구분된다. 이 가운데 피복공과 가호안(수직벽), 해안제방의 세 가지는 해빈에, 방파제는 외해빈에 축조한다.

다양하게 변용시킨 구조물, 예컨대 '지오튜브(geo-tube)'라고 부르는 섬유튜브에 퇴적물을 채운 구조물을 포함하여 목재, 콘크리트, 금속 등 다양한 재료를 사용한 구조물이 사용되는 경우도 있다. 그러나 대부분의 구조물은 네 가지 형태 가운데 하나로 분류된다. 입사파랑과의 상호작용, 해빈단면상의 위치, 가동퇴적물(mobile sediment)과의 상호작용이 분류 기준이라고 할 수 있다. 네 가지 형태의 공통점은 해안선을 따라 평행하게 수변에 축조한다는 것이다.

피복공: 전통적 형태

피복공은 해안선에 평행하게 설치된 구조물 가운데 가장 단순한 형태이다. 파랑활동이 약한 해안의 해빈 경사면에 피복석을 설치하여 침식이 발생하고 있는 해안선을 고정시키는 기법이다. 피복공은 암석으로 구성된 층, 또는 사석공(rip-rap)이라는 맞물려 놓은 콘크리트 블록 층으로 구성된다(그림 6.1). 단기간에 걸쳐 피복공은 사면을 고정시키고 파랑의 쳐오름을 저감시켜 내륙의 구조물과 개발시설을 파랑의 공격으로부터 보호한다. 그러나 단단한

그림 6.1. 헤드랜드 전면의 피복공. 피복석은 사면을 안정화시키는 데 활용된다. 뉴저지 주의 딜.

피복공의 표면에서 반사된 파랑에너지에 의해 난류에너지가 증가함에 따라 국지적 침식이 증가되면, 피복공의 수명은 줄어든다.

해빈의 국지적 역동성과 폭풍도 피복공의 수명에 영향을 미친다. 신중한 구조설계를 한다면 피복공의 평균수명은 30년 또는 그 이상이 될 수 있다. 피복공의 건축 비용은 피트당 1천 달러에서 1천 5백 달러가 소요되며, 재료와 시설고에 따라 차이가 있다. 뉴저지 해안에는 1952년에서 1962년 사이에 축조한 5기의 경성 피복공이 있다.

피복공: 퇴적물로 채운 섬유튜브(지오튜브)

지오튜브로 알려진 긴 섬유 튜브는 1990년대에 다시 유행하기 시작했는데, 전통적 피복공과 유사한 기능, 즉 해안작용에 대한 방벽기능을 한다. 지오튜브의 지름은 0.5m에서 2.5m에 이르며, 내부는 시공지역의 퇴적물로 채워진다. 튜브는 흙이 새지 않는 지오텍스타일 섬유로 만들어졌고 모래와 물을 혼합하여 수압으로 내부를 채운다. 과거에는 모래주머니 피복공의

그림 6.2. 인공사구의 코어를 구성했던 지오튜브. 튜브는 목도를 보호하는 해안제방 구실도 하고 있다. 뉴저지 주 애틀랜틱 시티.

연장형태로 침식이 심한 곳에 이 기술을 적용하였다.

최근에는 이와 다른 상황에 적용되고 있다. 애틀랜틱 시티와 시아일 시티에서는 지오튜브에 모래를 채우고 모래를 덮어 사구를 조성하고 있다. 이 인공사구는 목도 앞의 해빈 윗부분에 설치되어 호안기능을 수행한다. 애이벌론에서는 조수통로의 저조선에 지오튜브를 설치하여 하부 피복공을 형성하고 있다. 두 경우 모두 튜브의 내부를 그 지역의 퇴적물로 채우고 있으며, 퇴적물 이동과정을 간섭하고 있다.

침식이 심각하지 않은 곳에서 지오튜브는 인접 배후지를 보호하는 기능을 수행할 수 있다. 그러나 침식이 심한 해안에서는 지오튜브의 하부가 패여나가 바다로 무너져 내릴 수 있다. 튜브가 잘 찢겨나가지는 않지만 손상되면 내부의 퇴적물이 흘러나온다.

그림 6.3. 뉴저지 주 스트라스미어의 해빈에 설치된 목재 쇄파말뚝.

쇄파기

쇄파기는 파랑의 진행을 간섭하도록 해빈에 설치된다. 좁은 간격으로 열을 지어 세운 말뚝으로 구성되며, 금속 횡막대로 연결시키면 목재 가호안이 된다(그림 6.3). 롱비치에 2기, 벤트노에 1기, 스트라스미어에 2기 등 뉴저지에는 총 5기의 쇄파기가 기록상에 남아 있다(U.S ACOE, 1990: appendix B). 벤트노의 쇄파기는 1920년에 축조되었고 그 외에는 알려져 있지 않다.

가호안(수직벽)

가호안은 강널말뚝이나 콘크리트 널말뚝, 방부처리한 통나무, 알루미늄, 플라스틱, 또는 목재로 설치하는 수직벽이다(그림 6.4). 가호안의 수직연장은 저조위 이하에서 고조위 이상에 이르며, 보통 해빈의 윗부분이나 사구지대에 세운다. 가호안은 폭풍이나 그 밖의 고조기를 제외하고 직접 파랑에 노출되는 일은 드물다. 가호안은 단기적 대책으로 인접 배후지의 보호에

그림 6.4. 수직형 가호안과 피복석으로 보호된 기저부. 뉴저지 주 스트라스미어.

이용된다. 그러나 파랑이 직접 닿게 되면 기저부를 굴식하고 측면부를 침식하여 가호안은 붕괴되고, 결국 해안제방이 들어서는 경우가 많다. 가호안 건설비용은 피트당 600 내지 1천 달러가 소요되며, 수명은 재료와 설치장소에 따라 결정된다. 방부제 처리된 통나무를 사용한 경우, 관리가 제대로 이루어진다면 30년 정도 유지된다. 알루미늄도 실험적으로 사용되고 있으며 수명은 이보다 긴 것으로 생각된다. 뉴저지에는 82기의 가호안이 있으며, 1905년부터 1989년 사이에 축조되었다.

해안제방

해안제방은 암석이나 콘크리트로 건축하며, 파랑에너지를 분산하고 기저부 침식을 방지하기 위하여 만곡면으로 설계하기도 한다(그림 6.5). 해안제방은 파랑의 활동을 온전히 받아낼 수 있도록 설계되며 앞에서 설명한 피복공, 쇄파기, 가호안 등과 병행하여 사용하는 경우가 많다. 가호안과 함께 해안제

그림 6.5. 해안제방. 해안제방 앞에서 쇄파가 이루어지며, 돌제의 상류에 소규모 포켓 해빈이 형성되어 있다. 뉴저지 주 시브라이트.

방은 인접한 배후지만을 목적으로 설계되고, 방조제와 같이 범람을 막는 기능을 가지고 있다. 그러나 해빈침식은 이 구조물의 전면부와 하류부에서 지속적으로 진행되며, 해안제방으로 말미암아 침식이 국지적으로 집중되기도 한다. 이러한 현상은 해안제방 기저부의 침식을 일으켜, 해안제방의 붕괴로 이어진다. 해안제방건설비용은 건축재료에 따라 다르지만, 1피트당 500달러에서 1,000달러가 소요된다. 해안제방의 수명은 50년에서 100년 정도이며, 국지적 조건이나 건축, 관리계획에 따라 차이가 난다. 뉴저지에는 14기의 해안제방이 있고, 건설 시기는 샌디훅 해안제방의 1898년에서 애이벌론의 1980년에 이르기까지 다양하다.

방파제: 이안제

방파제는 암석이나 콘크리트로 구성되며, 외해빈에 설치되는 이안구조물이다. 이안제는 직접적인 파랑활동으로부터 해안지역을 보호하고 연안퇴적

그림 6.6. 이안제. 모래가 이안제 방향으로 퇴적되고 있다. 이안제 양단의 해빈은 침식되고 있다. 이탈리아의 세비아.

물을 억류하도록 설계된다. 방파제는 해빈의 일부를 보호하지만 방파제 하류의 해빈에서는 침식이 발생한다(그림 6.6). 이 구조물은 미국의 서부해안에서 많이 사용되고 있으며, 지중해와 오스트레일리아에서 흔하게 발견된다. 본토 해안에 연결된 방파제는 약간 다른 기능도 가지고 있다. 직접적인 파랑의 공격으로부터 보호하는 것이 목적이지만 연안퇴적물 이동을 간섭하여 상류에는 퇴적을, 하류에는 침식을 일으킨다. 뉴저지에는 이러한 형태의 구조물이 2기가 있다. 1965년에 오션 시티에 건설된 방파제는 음악당을, 애쉬버리의 건축연대 미상의 방파제는 극장을 보호하기 위한 구조물이다(그림 6.7.).

오랜 기간에 걸쳐 이안방파제는 해빈에 퇴적을 증가시키고, 해안선의 안정성을 높여왔다. 그러나 방파제의 하류에는 퇴적물 고갈을 일으켰다. 방파제의 건설비용은 1피트당 1천 달러 정도 소요되며 관리를 적절히 하는 경우 평균수명은 30년 정도로 평가된다.

그림 6.7. 해안에 연결된 이안제. 파도가 직접 해안에 부딪치는 것을 방지하지만 동시에 연안퇴적물 이동을 간섭한다. 뉴저지 주 애쉬베리 파크

잠제: 인공암초

잠제, 또는 인공암초는 대규모 파랑활동으로부터 해빈과 하부구조를 보호하기 위해 해안선에 평행한 방향으로 설치하는 구조물이다. 잠제의 높이는 대체로 설치지점 수심의 절반에 이르기 때문에 작은 파랑은 잠제 위를 통과한다. 1993년과 1994년에 애이벌론, 케이프 메이 포인트, 벨마아 스프링 레이크의 해인을 따라 3기의 잠제가 축조되었다. 이들 인공암초는 4.5m 길이의 엇물린 콘크리트 블록으로 구성되어 있다(그림 6.8). 이 콘크리트 블록의 바다 쪽은 골이 쳐져 있고 육지 방향을 향한 뒷면은 급한 경사를 가지고 있다. 약간 굴곡이 있는 골마루를 따라 긴 틈을 냈다. 이론상 입사파랑의 파고를 감소시키고 골마루의 긴 틈을 통해 저층류를 수직류로 굴절시킴으로써 폭풍기간에 이안류를 따라 발생하는 퇴적물 유실을 줄이도록 설계되었다.

그림 6.8. 쇄파용 잠제의 단면(브레이크워터 인터내셔날사 사진 제공).

잠제는 주변의 해안현상이나 해안지형에 따라 차이가 있다. 애이벌론과 벨마아 스프링 레이크에서는 육지 쪽 해빈에 양빈사업을 병행하였다. 타운센즈 인렛 바로 옆에 축조된 애이벌론의 잠제는 3기 가운데 유일하게 끝부분이 열려 있다. 다른 두 잠제는 돌제로 완전히 막아놓았다. 잠제는 모두 돌제나 도류제에 연결되어 있으며 연결 부분은 석재로 구성된다. 잠제의 마루고는 서로 다르다. 즉 평균조위 때의 길이가 다르다. 케이프 메이의 잠제가 가장 낮은 수심에 설치되어 있고, 다음으로 벨마아 스프링 레이크의 잠제, 애이벌론의 잠제 등의 순서이다. 잠제의 기저에는 굴식을 방지하기 위해 지오텍스타일이나 매트리스를 깔아놓았다.

뉴저지 호보킨의 스티븐 기술연구소 데이비슨 실험실이 주정부의 후원으로 잠제의 성과를 평가했다(Bruno, Harrington, and Rankin, 1996). 검사과정에는 해빈측량, 외해빈 수심측량, 파랑과 유동의 측정, 염료방출조사(dye-release studies), 구조물에 대한 육안검사(Scuba) 등이 포함되었다. 평가에 따르면 3기의 잠제는 성과에서 각각 차이를 보였다. 애이벌론의 잠제는 양빈사 유실의 억제에 성공적이었다. 이 잠제의 북쪽 부분은 타운센즈 인렛 수로의 강한 조류를 효과적으로 보호하는 것으로 나타났다. 그러나 남쪽 부분에서는 호안구조물이 없는 잠제 남쪽 부분과 동일한 침식률을 보였고, 잠제의 남측 말단에서는 육지 방향으로 국지적 세굴지대가 나타났다. 이러한 퇴적물 유실은 말단부가 개방되어 있기 때문에 발생한 것으로 보인다. 이른바 말단효과로 판단된다.

벨마아 스프링 레이크와 케이프 메이 포인트의 잠제 바로 뒤편에는(육지 방향의) 퇴적이 발생하였다(Bruno, Harrington, and Rankin, 1996). 잠제와 돌제로 둘러싸인 구간 내에서 잠제 뒤편에 세굴지대가 있지만 육지 쪽으로 길게 이어지지는 않고 있다. 잠제로 인하여 저층류가 굴절하면서 국지적으로 강한 해저전단응력을 발생시키고 이로 말미암아 세굴이 일어나는 것으로 보인다. 벨마아 스프링 레이크의 잠제 주변에서는 연안사주 쪽으로 퇴적물이 재배치되었다. 해빈의 침식과 연안사주의 형성은 1995년 허리케인 계절에 발생한 몇 번의 대규모 해안폭풍으로 발생하였다. 잠제는 말단부가 개방되었을 경우, 말단부에서는 기능을 갖지 못하기 때문에 말단효과를 저감시킬 수 있는 설계나 구조물(돌제)이 필요하다. 잠제가 인근해빈에 부정적 영향을 미친다는 증거는 발견되지 않고 있다.

해안선에 수식 방향으로 설치된 구조물

일반적으로 해안선의 위치를 유지하기 위해 해안선에 대해 수직 방향으로 설치하는 구조물은 두 종류, 즉 돌제와 도류제가 있다.

돌제

돌제는 해안선에서 수직 방향으로 바다로 돌출시켜 축조하는 암석, 콘크

그림 6.9. 육지에서 바다로 향해 건설된 돌제군. 퇴적패턴으로부터 연안류가 남향임을 알 수 있다. 뉴저지 주 롱브랜치.

리트, 강재 또는 목재로 구성된 구조물로(그림 6.9) 연안류를 따라 이동하는 사질퇴적물의 운반속도를 낮추고, 구조물의 상류에 퇴적을 유도한다. 길이와 종단면의 형태가 다양하다. 마루고가 일정하기도 하고 경사를 가지기도 하며, T형과 L형이 있다. 그러나 구조물의 하류에 침식을 가중시켜 어느 정도의 거리 내에 다시 돌제를 설치할 필요가 발생하고, 두 번째 돌제는 세 번째 돌제의 수요를 일으켜 돌제 건설의 도미노 패턴이라는 심각한 문제를 초래한다. 돌제는 새로운 퇴적물을 공급하는 것이 아니며 다만 연안퇴적물 이동으로 발생하는 침식의 속도를 완화시킬 뿐이다. 돌제는 모래가 적정하게 공급될 때 최선의 기능을 발휘하지만 연안퇴적물이 모래보다 미세할 경우에는 효과가 없다. 돌제 하류의 침식문제는 연안류가 돌제를 통과할 수 있도록 돌제 한가운데 틈을 내거나 설계과정에 간격을 만들어서 해결할 수 있다. 돌제마루를 바다 방향으로 경사를 주거나 말단부의 높이를 해수면 이하로 설계하여 사질퇴적물이 구조물을 지나가도록 하는 방법도 있다.

그림 6.10. 바니갓 인렛의 도류제. 조수로의 폭을 유지하여 항로의 기능을 확보한다. 만 내부에 형성된 모래톱은 창조류에 의해 형성된 퇴적체의 일부이다. 조수로에서 준설된 퇴적물은 도류제 하류의 해빈(좌측)을 확장시키는 데 사용된다.

설계와 유지관리가 잘 이루어지면, 돌제의 수명은 30~40년에 이른다. 건축 비용은 1피트당 1천~2천 달러가 소요된다. 1942년부터 1967년까지 뉴저지 네 개의 군에는 368기의 돌제가 설치되었다(U.S ACOE, 1990) 시아일 시티의 돌제는 이후에 건설되었다.

도류제: 조수통로와 바이패스

도류제는 조류를 유지시키고 조수통로의 가항로가 퇴적물(연안표사)로 매몰되는 것을 방지하기 위하여 암석이나 콘크리트로 조수통로에 설치되는 구조물이다(그림 6.10). 도류제의 높이는 수면보다 높으며, 한 쌍으로 축조되는 경우가 많다. 수로의 수심과 위치를 유지하도록 설계되며, 본질상 해빈 안정화에는 오히려 해를 끼친다. 도류제가 조수통로의 수로에 퇴적물이 흘러들어 매몰을 일으키는 현상을 방지한다는 것은, 다른 말로 연안퇴적물

그림 6.11. 바이패스 장비. 멀리 흡입용 호수가 크레인에 걸려 있고, 파이프라인을 통해 조수로 너머로 모래를 운송한다. 델라웨어의 인디언 리버 인렛.

이동에 장애를 일으킨다는 것이다. 이 때문에 수로의 상류에는 퇴적을, 하류에는 침식을 일으킨다. 구조물이 없는 천연상태의 조수통로는 낙조류 모래톱을 통해 퇴적물 유통(교환)이 일어난다. 그러나 도류제가 설치된 조수통로에는 퇴적물의 유출입이나 해저 모래톱의 규모가 제한되고 있다. 이에 대한 해결책으로 하류에 퇴적물을 바이패스한다(그림 6.11). 준설, 파이프라인, 트럭 등의 수단이 동원되어 하류의 침식작용을 최소화시킨다. 고정투자비를 제외하면 샌드 바이패스에는 1입방야드당 2달러 정도가 소요된다. 델라웨어의 인디언 리버 인렛에서는 정기적 바이패스가 이루어지고 있는데, 연간 유지비용 이외에도 시스템 구축에 필요한 자본비용으로 170만 달러(1996년 가격)가 투자되었다. 뉴저지 주의 도류제 24기는 1908년과 1967년 사이에 건설되어 1990년까지 유지와 재건축에 많은 노력이 경주되었다(U.S. ACOE, 1990).

연성호안 : 비구조물적 접근

양빈

양빈은 외부로부터 모래를 운반해오는 과정과 침식이 일어난 해빈의 모래를 보충하는 과정으로 이루어진다. 특정한 폭풍으로 발생한 유실 퇴적물을 보충하는 단기적 대책(그림 6.12)으로부터 약 5년 수명의 인공해빈 조성(그림 6.13)에 이르는 대규모 양빈에 이르기까지 다양하다. 퇴적물은 외해빈(borrow site)이나 육상으로부터(트럭을 이용하여) 확보된다. 양빈사업은 흔히 해빈의 폭을 넓히고(30m), 범(소단)을 높이는(평균 저조위보다 3m 높게) 과정이다. 범의 원빈경사는 대체로 1:30을 유지하는데 이 물매는 양빈사면과 양빈 이전의 원빈사면과 만나는 부분까지 연장된다. 때로는 양빈해빈 내측에 사구열(dune ridge)을 조성하기도 한다.

과거에는 양빈사업에 다양한 출처의 퇴적물과 운송수단이 이용되었다. 수천 입방야드 규모의 작은 사업에서는 일반적으로 트럭이 이용되었는데 국지적 침식으로 인하여 재산피해나 하부구조의 손실이 발생한 지역에 흔히 적용되어왔다. 수천에서 수백만 입방야드의 퇴적물이 사용되는 대규모 양빈 사업에는 준설파이프가 사용된다. 전형적으로 외해빈이나 조수통로로부터 사질퇴적물이 준설되어 직접 해빈에 운반되거나, 중간처리과정을 거쳐서 운반된다. 많은 양의 퇴적물이 펌핑되기 때문에 상류의 적정한 장소에 양빈을 하고 자연작용을 통해 하류로 이동하도록 배려하여 여러 해빈에 혜택을 미치도록 설계된다. 이러한 방법으로, 지형구역 전제(reach)의 퇴석물수시가 균형을 이루도록 도모한다. 이 때문에 양빈사업은 더 이상 국지적 대책으로 간주하지 않는다.

단기적으로, 양빈은 넓은 해빈을 조성하여 해안관리와 레크리에이션에 도움을 준다. 그러나 양빈은 침식에 대해 비교적 단기적 효과에 머물기 때문에 해안선을 유지하기 위해서는 주기적인 재양빈이 뒷받침되어야 한다. 양빈에는 침식률, 연안류의 이동방향과 구조물과의 관계, 양빈물질의 확보

그림 6.12. 소규모 양빈. 트럭이나 토양 운송장비를 이용하여 실시한 것이다. 뉴저지 주 브랜트 비치.

그림 6.13. 파이프라인을 이용한 모래펌핑. 뉴저지 주 오션 시티.

와 적합성, 양빈기법, 양빈물질 채취가 외해빈(채취지점)에 미치는 영향, 양빈물질 채취지역과 양빈사업 지역의 생태계에 미치는 영향 등이 고려되어야 한다. 양빈지역의 퇴적물 평균 입경과 유사한 양빈물질을 선택하는 것이 중요하다. 예컨대 내만의 퇴적물과 같이 너무 미세한 경우에는 급속하게 침식될 것이다. 육상기원의 물질에는 쉽게 세탈되는 세사성분을 포함하고 있으며, 곧 누런색으로 변할 수 있다.

해안선 고정 대책으로 양빈을 적용하기 위해서는 지속적인 재정적 뒷받침과 양빈물질 확보가 필요하다. 양빈에 소요되는 비용은 양빈으로 보호되는 하부구조, 재산, 개발지역의 가치와 수지가 맞아야 한다. 양빈에는 1피트당 600달러가 소요되며, 2년 내지 6년을 주기로 재양빈이 수행된다. 재양빈 주기는 국지적인 해빈의 역동성에 따라 큰 차이를 보인다. 조수통로의 하류에 위치한 해빈은 특히 역동적이기 때문에, 오션 시티와 애이벌론의 해빈과 같은 곳에는 여러 차례의 양빈사업이 수행되었다.

해안사구: 조성과 기능 향상

사구는 해안경관의 천연지형으로 수년간에 걸친 파랑과 바람, 모래 사이에 일어나는 상호작용의 산물이다. 사구는 해빈과 함께 나타나며, 퇴적물공유시스템의 일부를 구성하고 있다. 사구, 해빈, 연안사주 사이에는 활발한 퇴적물 교환이 발생한다. 사구는 완충기능을 가지고 있다. 해빈지대에서 사구는 해안선의 침식을 저감시키며, 폭풍해일에 대한 방어 기능을 가지고 있어 배후지를 보호한다(그림 6.14). 모래가 적절히 공급되는 해안에서는 사구가 완전한 형태로 발달한다. 그러나 모래의 공급이 제한된 곳에서는 사구 규모가 작을 뿐만 아니라 빈번히 오버워시가 발생한다. 모래 공급이 미약한 곳에서는 사구가 존재하지 않는다.

해안사구는 모래저장고의 역할과 함께 폭풍해일과 범람에 대한 천연의 방벽기능을 수행하고 해안생태계의 중요한 니치(niche)를 마련하고 있다. 따라서 해안사구는 자연적·심미적, 그리고 호안기능적 특성으로 말미암아 해안지역사회가 중요하게 여기는 자연 자산이다. 뉴저지에서 1930년대부터 해안사구가 호안에 유용한 지형으로 인식되어왔지만, 지역사회와 주정부의 보호활동이 시작된 것은 1984년 이후의 일이다. 이러한 활동을 통해 폭풍해일이나 파랑에 대한 방벽으로서 갖는 가치에 대한 인식이 정립되었다. 뉴저

그림 6.14. 인공사구. 불도저를 이용하여 사구열을 조성한 뒤 사구울타리를 설치하여 사구의 성장을 유도하는 한편, 식생을 식재하여 안정화를 도모했다. 뉴저지 주 라발레트

지 주 환경부(NJSDEP)와 재난관리청은 기술적·재정적 지원을 통하여 지역사회로 하여금 해안사구를 복구하고 개선하도록 장려하고 있다.

일반적으로 사구조성은 풍속을 떨어트려 모래를 퇴적시키도록 유도하는 피킷 형태의 모래-눈 울타리와 같은 장애물 설치를 통해 이루어진다. 임시변통으로 해빈 윗부분에 모래를 쌓아 사구열(dune ridge)을 만들기도 한다. 미국 해안 전역이나 뉴저지에서 바람을 따라 해빈 위를 이동하는 모래를 고정시키기 위해 헝겊이나 플라스틱과 같은 물질도 사용하고, 사용했던 크리스마스트리를 재활용하기도 한다. 그러나 이러한 장애물이 모래에 묻혀 버리지 않으면 미관을 해친다. 사구울타리 설치는 1피트당 1달러로 비교적 저렴하다.

뉴저지 주의 양빈사업

뉴저지 주에서 대규모 양빈사업이 일어난 것은 여러 곳에서 오버워시를 일으키고 광범위한 피해와 침식을 발생시켰던

1962년 3월 재의 수요일 폭풍 이후의 일이다. 1962년과 1963년 해빈에 공급된 퇴적물은 각각 750만 입방야드와 4,650만 입방야드였다(U.S. ACOE, 1990; NJSDEF의 자료). 해안에 면한 각 군에서는 주 전체 양빈사업의 일부를 수행했고, 해빈과 해안사구의 복원과정에는 양빈이 적용되었다. 그 이후 이십 년간 애틀랜틱 시티와 오션 시티의 몇몇 사업을 제외하고는 국지적으로 소규모의 양빈이 이루어졌다.

1990년대 중반 몇 개의 대규모 양빈사업이 시작되어 지금까지 계속되고 있다. 양빈사업에는 비용이 주요한 제한요소이다. 연안지역 공동체로서는 일반적으로 양빈사업 비용을 감당하기 어렵기 때문에 사업비 대부분을 주정부에 의존하고 있다. 폭풍으로 인한 침식의 복구와 장기적 프로그램의 일부로 1980년대에 양빈사업 규모가 증가하였다. 1983년과 1984년, 1989년 샌디훅에서 수행된 연방정부 지원의 양빈사업을 포함해서, 이 기간에 여러 개의 대규모 사업이 수행되었다. 오션 시티와 애틀랜틱 시티의 대규모 양빈사업에서는 주정부가 사업비 대부분을 부담하였다. 1990년대에 양빈 규모는 계속 증가하였고, 오션 시티, 케이프 메이 시티와 몬마우스 카운티에 양빈사업이 집중되었다. 1992년 주 입법부가 승인한 해빈보호기금이 양빈사업의 기폭제가 되었다. 최초에는 연간 1,500만 달러 규모였으나 후에 2,500만 달러로 증액된 해안보호기금이 양빈사업비 가운데 연방정부 분담금을 제외한 대부분을 충당하였으며, 1991년 이후의 양빈사업의 증가에 주요한 기여를 하였다.

양빈사업비의 배분

NJSPMP에는 양빈사업 지원을 장려하고 있지만, 몇몇 중요한 조건을 전제하고 있다. 최초에 이 기본계획은 기존의 휴양용이나 레크리에이션 용도의 해빈을 유지하기 위해 양빈사업을 제안했다. 또한 양빈을 응급대책으로 적용해서는 안 된다고 적시하고 있다. 양빈사업은 지형구역

표 6.2. 뉴저지의 양빈사업 (1980~1999)

프로젝트연번/후원처	위치	일시	양빈부피 (세제곱야드)	지점	비용	비고
NJDEP	앱시콘 아일랜드	1985	35,000-40,000			
연방	애쉬베리 파크에서 샤크리버 인렛	1994-1999	3,100,000		$17,000,000	
174a	애틀랜틱 시티	1/83-6/83	75,000	Mass.Ave.	$358,250	트럭
575	애틀랜틱 시티	9/86-2/87	1,000,000		$7,000,000	
576	애이벌론	1987	1,300,000	8th to 30th St.	$2,873,940	
1219	애이벌론	12/87-1988	158,945			
NJDEP	애이벌론	1989	60,000			
지방	애이벌론	1990	404,000		$600,000	
NJDEP	애이벌론	1992	410,000		$1,188,000	
연방	애이벌론	1993	239,000		$1,777,193	
567	에이번	1982	136,000		$352,240	
NJDEP	바니갓 라이트	1991	75,000		$326,087	바니갓 인렛에서 준설
주/지방	브리갠틴	1996	1,200,000		$6,000,000	
171	케이프 메이	12/1981	36,000		$93,000	
583	케이프 메이	1991	770,000		$1,017,501	
578	케이프 메이, 미해경 기지	1989	465,000		$3,158,000	100% USCG
583/584	케이프 메이 시티	1991	900,000		$4,380,000	
587	케이프 메이 시티	1992	500,000		$2,232,143	
587/연방	케이프 메이 시티	4/1993	415,000		$4,561,000	복구
연방	케이프 메이 시티	9/1993	300,000		$2,135,000	1차양빈
연방	케이프 메이 시티	9/94-2/95	330,000		$2,605,000	2차양빈
연방	케이프 메이 시티	1997	366,000			
NJDEP	케이프 메이 포인트	1992	42,000			
1217	케이프 메이 주립공원	1/85-86	15,000			
176	케이프 메이 주립공원	6/1992	200,000			
581	하비 시다스	1990	27,300			
2092	하비 시다스	1/1992	110,000		$34,957	
4005	하비 시다스	2/1994	485,000		$49,071	
NJDEP	롱비치 타운십	1990	175,000		$3,700,000	트럭/준설
연방	롱브랜치	1999	4,300,000		$36,000,000	
582	롱포트	1990	250,000		$949,000	준설

NJDEP	로우어 타운십	1986	87,000		$337,209	준설
연방	몬마우스 비치	1994	800,000	3.1miles		
연방	몬마우스 비치	1995	4,600,000		$19,600,000	
2086	노스와일드우드	1989	190,000		$875,000	준설
566	오션 시티	1980	150,025		$647,147	
1062	오션 시티	1982	1,149,683	모닝사이드 로-13번가	$4,885,000	
1235	오션 시티	5/87-1988	사구: 190,000 해빈: 40,000		$2,847,086	
579	오션 시티	1989	250,000		$717,236	
1250	오션 시티	1990	256,000		$1,207,250	긴급 양빈
585	오션 시티	1991	100,000		$130,840	
586	오션 시티	1992	2,617,000		$10,915,970	
연방	오션 시티	1993	2,700,000		$14,571,908	
연방	오션 시티	1993	845,000		$2,915,132	
연방	오션 시티	1994	607,000		$3,217,825	
연방	오션 시티	1995	1,411,000		$5,746,992	
주/지방	오션 시티	1995	360,000		$1,232,572	
모름	오션 시티	1997	800,000			
571	샌디훅	1983	2,370,000		$10,236,161	
572	샌디훅	1984	800,000		$3,968,965	
1228	샌드훅	1989	3,302,273		$1,350,000	
Federal	시브라이트	1996	3,800,000		$16,300,000	
1055	시아일 시티	1981	20,880		$54,080	
569	시아일 시티	1983	45,000		$194,294	
1061	시아일 시티	1984	800,000		$3,652,500	
577	시아일 시티	1987	150,000	78번가 남쪽	$528,244	
NJDEP	시아일 시티	1992	375,000	77-82번가		
1614	시아일 시티	3/1992	20,000	2-10번가		
Federal	사크리버 인렛에서 마나스콴 인렛	1997-1999	4,100,000		$27,000,000	
4009	스프링레이크/벨마아	1/1994	70,000	19번가에서 피트니 로드	$347,199	
568	스트라스미어	1982	45,000		$90,000	
1080	스트라스미어	1984	450,000		$2,986,679	
574	스트라스미어	1984	592,000		$3,929,142	
1056	어퍼 타운십	12/1981	36,000		$93,240	
1201	어퍼 타운십	1984	120,000		$2,453,600	
573	어퍼 타운십	1984	1,600,000		$6,451,613	
NJDEP	어퍼 타운십	1992	23,000	웨일비치	$102,679	
Federal	와일드우드	1991	100,000		$434,783	

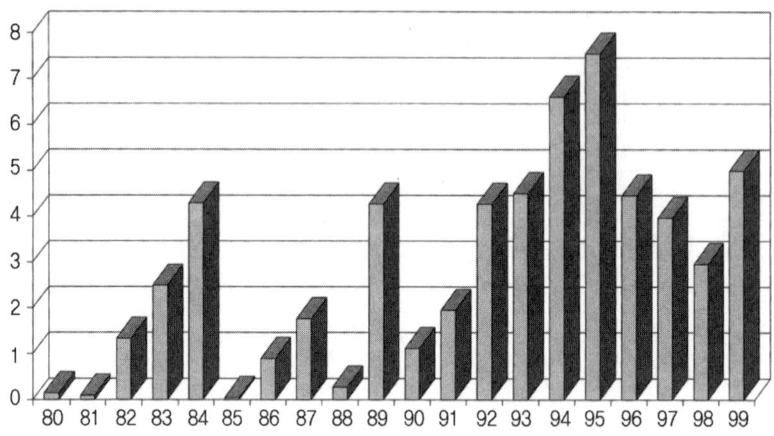

그림 6.15. 연간 사용된 양빈사의 체적(1980~1999).

전체에 유익한 활동이어야 하며 국지적 편익에 그쳐서는 안 된다고 지적하고 있다. 1990년대 양빈사업에서는 시브라이트에서 바니갓 인렛에 이르는 지형구역의 양빈사업을 제외하고, 이러한 중요 고려사항이 무시된 것으로 나타난다. 예비 조사단계나 타당성 검토단계, 시행단계의 사업을 막론하고 1990년대 뉴저지 주에서 시행된 연방정부 지원의 미 공병단 양빈사업은 모두 지형구역 차원의 사업이었다.

해안선 고정과 이 과정에서 적용되는 특정한 기법에 대해 일반대중이 우려를 갖게 됨에 따라 커다란 관심과 의견 교환이 일어나게 되었다. 일부에서는 과거에 커다란 변화를 겪었고 계속 변화해나갈 극히 역동적인 해안 시스템을 고정(안정)시키려는 양빈사업은 실현성이 없을 뿐만 아니라 비용이 많이 드는 것으로 간주한다. 다른 일부는 해안의 경제적 발전을 위한 해안선의 고정(안정)과 보호에 양빈이 필수적인 것으로 평가한다. 유실된 퇴적물을 보충하고 해안선을 복구하기 위해서는 적당한 시간 간격을 두고 양빈이 반복되어야 하기 때문에, 재양빈이나 유지 관리가 반영된 장기간(예

표 6.3. 뉴저지 양빈사업의 초기비용과 유지비용

	사업전체에 대한 초기비용	초기비용 중 자체부담금	50년 유지비용 중 자체부담금	50년 유지를 전제할 때 연간 유지비 중 자체부담금
샌드훅에서 마나스콴 인렛까지				
섹션1: 시브라이트에서 오션 타운십	$140,000,000	$25,000,000	$45,000,000	$5,957,700
섹션2: 애쉬베리 파크에서 마나스콴 인렛	$70,000,000	$45,000,000	$25,000,000	$4,211,200
케이프 메이 시티	$10,526,000	$2,149,000	$10,600,000	$212,000
오션 시티	$33,195,000	$10,482,000	$201,518,000	$4,030,360
브리갠틴	$8,558,000		$12,728,800	$254,576
롱비치 아일랜드	$35,794,000		$60,055,450	$1,201,109

자료: Uptegrove et al.(1995); U.S. ACOE(1995); NJDEP files; www.nan.usace.army.mil.

컨대 50년간)에 걸친 연속사업을 계획하는 것이 일반적이다. 이러한 연속사업에는 초기 투자와 장기간에 걸친 주기적 비용이 계산되어야 한다. 유지기간을 어떻게 정할 것인가는 주정부 정책의 문제이며 뉴저지 주의 주민과 선출된 공무원들이 결정할 문제이다. 과거에는 연방정부와 주정부가 각각 유지비용의 65%와 35%를 분담했다. 유지비용은 초기사업비의 몇 배나 된다. 표 6.3에 나타나 있는 최근 양빈사업의 일부 목록과 함께 초기비용과 유지비용 내역을 통해 미래에 상당한 비용(빚)이 지불되어야 한다는 것을 잘 알 수 있다. 더욱이 연방정부 수준에서 주정부와의 분담비율을 역전시키거나 아예 연방정부분담금을 삭제할 전망이어서 이 문제에 대한 우려는 더욱 커지고 있다.

일반적으로 폭풍발생으로 추가되는 것을 제외하고 이토록 짧은 주기는 해안기술자들의 경험칙에 따른 것이다. 경제학자나 공공정책 분석가들은 양빈사업의 실질수명을 이와 다르게 보기도 한다. 공병단이 사용하는 50년 계획 유지관리 기간의 근본적 문제점은 각 사업의 실질적 수명의 차이와 사업지역의 침식률 차이를 명시적으로 처리하지 않는 데 있다. 실제로, 어느 장소에서 이루어진 어떤 양빈사업이건 동일하게 다루고 있다. 실제수명의 차이를 반영하는 방법 가운데 하나는 재양빈이 필요한 연도의 1년 전을 양빈사업의 종료 시점으로 지정하는 것이다. 재양빈에서는 사업지역 또는 그 인근에 같은 양의 퇴적물을 공급해야 한다. 이것은 비용편익분석(CBA)의 표준 적용이다. 이 관점에서 같은 장소에 같은 양의 퇴적물을 양빈할 경우에 새로운 사업(재양빈)이 시작된 것으로 간주한다. 수십 년에 걸친 기간에서 관찰하면 양빈사업의 수명이 다르다. 따라서 평가과정에 실질수명의 차이를 반영할 수 있는 장치가 마련되어야 한다.

이러한 과정을 통해 실질수명의 차이를 평가함으로써 주어진 양빈사업의 실질수명이 결정될 수 있다. CBA로부터 지식을 얻고 이를 CBA에 입력시키는 동태의사결정기법의 적용에서 이 변수는 필수적이다. 해안안정화사업의 CBA에서 소홀이 다루어져왔거나 고려되지 않았던 또 다른 요소들로는 외생적 위험의 영향이 있다. 외생적 위험의 예로는, 시공간적 맥락에서 사업의 수명에 영향을 미치는 침식률이나 여러 사업 사이의 트레이드오프를 들 수 있다. 순이익 흐름으로 여러 사업 사이의 차이가 발생하고, 위험률의 평가로 이어지는 상황에서 여러 사업 사이의 트레이드오프가 발생한다. 예를 들면, 사업 A와 사업 B를 다음과 같이 비교할 수 있어야 한다. 사업 A는 변동이 없고 위험이 낮다고 하면, 순익이 사업기간에 고루 배분된다. 순익을 5년간 5,000달러라고 하면 1년에 1,000달러씩 배분된다. 사업 B는 변동이 심하고 위험이 높다고 하면, 순익의 배분은 불균등하게 배분된다. 예컨대 첫해는 2,000달러, 다음해는 1,000달러, 500달러, 1,500달러, 0달러로 배분될 수 있다. 재정학이나 자산선택론 분야에서 개발된 의사결정론 모형군을 적용하여 위험과 불확실성을 처리할 수 있고 평가과정의 개선에 필요한 이해를 얻을 수 있다. 위험과 불확실성 사이의 트레이드오프를 평가하는 과정에서 이 모형들로부터 도움을 얻어 적정한 기준에 맞는 사업의 포트폴리오를 정할 수 있다. 이러한 지식을 장래의 해안안정화사업의 계획과 준비과정에 반영할 수 있을 것이다. 이 내용은 제 8장에서 자세히 다룰 것이다.

양빈에 대한 미 과학협회의 평가

침식해안문제 처리 방안으로서의 양빈에 대한 공론을 촉진시키기 위하여 미 과학협회는 양빈과 호안에 관한 위원회를 조직하였다. 이 위원회의 사명은 "해안선 고정과 침식제어, 여가활동에 필요한 해빈 조성, 준설퇴적물의 처리, 해안폭풍 방벽의 축조, 그리고 천연자원의 보호를 위해 양빈과 호안기술을 적용할 때, 이를 판단할 수 있는 개선된 기술적 기준을 마련하기 위해서 양빈의 과학기술적·환경적·경제적·공공정책적 측면을 학세적으로 평가하는 것"이었다(NRC, 1995).

이 위원회의 결론에 따르면, 양빈은 폭풍의 침식효과를 완충하는 적정한 기술이다. 양빈은 자연현상과 상호작용을 이루며 침식지역의 해빈을 복구하고 퇴적물 유실 문제를 직접 다룰 수 있는 접근 방안이다. 그러나 위원회의 구성원들은 양빈이 만병통치약은 아니라고 결론짓고 있다. 양빈은 확고한 과학기술의 기초 위에서 각 지역에 적합하도록 설계되어야 한다. 높은 침식률을 보이는 지역에는 퇴적물 유실이 급속히 일어나기 때문에 양빈이 적합하지 않을 수 있다. 더욱이 양빈은 십년단위와 같이 인간의 시간 스케일에 적합하며, 수백 년을 지속하는 것이 아니다. 양빈은 이미 세워진 목적과 정량적 성과측정방법에 따라 적용되어야 한다. 유지관리를 최초 계획의 일부로 포함시켜야 하며 재양빈에 사용할 퇴적물의 공급원도 이때 확인되어야 한다.

1995년 NRC 보고서 이후 곧 발표된 후속보고서에는 적절한 해안안정화 수단으로서의 양빈에 대한 작은 경고를 붙이고 있다(Seymour, 1996). 이 위원회의 위원장에 따르면 양빈에 대한 연방정부의 정책이 마지막 단계에서 보고서로 변경되었다. 당시 연방정부의 기금이 축소되었고 재정평가의 기초가 되어왔던 연방정부-주정부 간의 협력관계에 변화가 발생했다. 비록 이러한 연방정부 정책의 변화가 양빈의 경제적 실행가능성의 여러 가지 측면을 불투명하게 몰아갔고 새로운 정책이나 협력관계가 연방정부의 분담금을 감소시켰음에도 불구하고, 위원회는 양빈의 기술과 적용에 대해 여전히 긍정적으로 평가했다. 주정부나 지방정부가 장차 양빈사업의 계획과 재정확보, 수행에 점차 더 큰 책임을 부담해야 하기 때문에 평가정보는 직접비용과 간접비용을 산정하는 과정에서 더욱 유용해질 것이다.

정책 변화

오늘날의 정책 풍토에서 공공지출에 대한 재정적 제한을 우려하는 목소리가 높다. 양빈사업에 대한 재정적 책임은 늘어가고 있지만 연방기금은 축소되고 있기 때문이다. 1995년 이전에는 양빈사업과 해안선 안정화사업은 공병단의 권한에 속했고 연방정부와 주정부가 각각 사업비의 65%와 35%를 분담하였다. 공병단은 전문기술을 확보하여 사업의 계획(설계)과 집행, 감독을 수행했다. 1995년과 1996년의 회계연도에 클린턴 대통령이 양빈사업비를 거부하였고, 이에 따라 해안안정화 예산항목은 삭제되었다. 따라서 양빈사업의 지원은 의회의 직접 승인을 통해서만 가능하게 되었다. 당시 행정부는 해안안정화사업의 주요 책임기관을 주정부나 지방정부로 간주하고 있었기 때문에 연방정부의 지원은 더 이상 계속될 수 없다는 것이었다. 이 메시지가 전달될 당시 뉴저지 주에는 매년 1,500만 달러의 해안선 안정화기금을 주 의회로부터 승인을 받았고, 이어서 연간 2,500만 달러로 증액되는 등 기금이 증가하였다. 연방정부의 정책 변화로 주정부의 해안안정화 책무가 늘어났다. 그러나 연방정부의 보조금 없이 1,500만 달러나 2,500만 달러로는 불과 몇몇 사업만을 지원할 수 있을 뿐이었다(그림 6.15). 연방정부 보조금의 삭감에 따라 주민과 입법부는 미래에 대한 재정적 책임을 재평가할 수밖에 없었다.

진행 중인 문제점

NRC 보고서(1995)의 지적에 따르면 양빈은 해안침식 문제의 증상은 될 수 있지만 침식의 원인을 해결하지 못한다. 해안침식은 해수면 상승과 점증하는 퇴적물 부족에 기인한다. 사주섬의 경우 해수면 상승으로 섬 전체가 서서히 침수되고 있지만, 양빈으로 해진율을 낮추거나 섬이 협소해져가는 것을 억제할 수는 없다. 해수면 상승으로 발생하는 고도저하나 폭풍피해의 증가도 양빈으로 제어할 수 없다. 해수면 상승은 지속적인 현상이며, 폭풍피해에 대한 노출 정도와 폭풍피해 자체도 변화될 것이다. 퇴적물 고갈은 해수면 상승과는 상대적으로 무관한 문제이며, 양빈으로 다룰 수 있는 문제가 아니다. 뉴저지 해빈에 퇴석물을 공급할 수 있는 하천이 없기 때문에 퇴적물 고갈문제는 앞으로도 지속될 것이다.

양빈사업의 실질수명은 이상의 퇴적물 고갈 정도와 위치, 해빈(beachfront)의 노출 정도, 기타 호안시설의 여부, 폭풍 등에 따라 결정된다.

결론

대서양 해안과 뉴저지 해안을 따라 전개되는 해안선의 위치는 퇴적물 유실과 해수면 상승에 따라 내륙으로 이동하는 경향을 보여왔다. 유실된 퇴적물을 보충할 수 있는 새로운 퇴적물이 불충분하고, 해수면 상승으로 해양 측이나 내만 측, 하구역의 해안선이 서서히 침수되고 있기 때문이다. 이 장에서 설명한 대부분의 기술적 접근은 뉴저지 해안선의 상당 부분에 걸친 안정화 시도와 '방어선(해안선)'의 고정을 위해 적용되어왔다. 돌제나 도류제, 가호안, 이안제 등 경성구조물은 이미 많이 축조되어 있는데, 대체로 국지적인 침식이나 안정화문제에 직접 적용한 대책이라고 할 수 있다. 일반적으로 경성구조물은 어느 지역의 퇴적물 통과(이동) 속도를 낮추거나 파랑의 공격으로부터 퇴적물을 보호하는 과정을 통하여 퇴적물 이동을 제한한다. 이러한 인공구조물은 퇴적물을 창출하지도 지역 내의 퇴적물수지를 변화시키지도 않는다. 퇴적물 공급을 국지적으로 재배치할 뿐이다. 대부분의 구조물은 퇴적물 이동을 국지적으로 간섭하여 하류효과를 발생시킨다. 지역적 관점의 퇴적물 관리와 해안관리프로그램의 틀 안에서 인공구조물을 적용하여야 한다. 제방이나 방벽은 해안안정화 노력에서 최후의 수단으로 간주되어야 한다.

양빈은 연성호안, 즉 비구조물적 접근으로서 문제지역에 모래를 공급하여 한정된 수명의 잠정적 해빈을 조성하는 과정이다. 공공안전을 위한 해안관리전략에 지역공동체의 해안사구 조성과 유지 프로그램을 쉽게 반영할 수 있다. 해안사구는 폭풍과 폭풍해일에 대해 완충기능을 가지며 국지적 퇴적물수지에 모래를 공급할 수 있기 때문에 손실저감이라는 편익을 준다. 따라서 해안사구의 보호와 증진을 지원하는 정책은 연방정부와 주정부의 위험저감 목적과도 일치한다. 연방정부가 해안안정화 수단으로서의 양빈사업에 대한 재정지원을 삭감한다면, 해안사구의 완충기능이 해안안정화의 주요 수단이 될 것이다. 이 장에서 소개한 대부분의 대책은 비용이 많이 들고 지역에 따라서는 부적절할 수도 있다.

해안선 문제에 대한 적절한 해결책은 위치와 침식 정도, 국지적 해안현상과 폭풍 이력, 가용 퇴적물, 적용대책(해결책)에 소요되는 사업비와 함께 환경적·심미적·사회적 관심에 따라 상이하다. 관리와 정책결정을 적용하는 과정에서 대규모 폭풍과 해안선 침식의 영향, 그리고 자연재해를 합리적으로 관리하기 위해서는 적절한 전략과 상대적 효율성에 관한 정확한 최신 정보가 필요하다.

제7장

해안사구:
천연의 방벽

해안사구는 해안보호 기능을 가지고 있으며 …… 폭풍해일과 파랑 등에 대한 유연한 방벽이며, 퇴적물을 저장했다가 폭풍 기간에 모래를 해빈에 공급한다. 해안사구는 지하수 저장과 레크리에이션에도 편익을 제공하며, 야생조수의 서식처로서도 가치가 높다.

– W.W.Woodhouse, Jr., *DuneBuilding and Stabilization with Vegetation*(1978)

사구는 천연적 방벽인 동시에 모래의 저장고로서 폭풍파의 영향을 저감하여 지역사회 전체에 편익을 끼치며 …… 유지보전 담당자의 관리가 부재하다면, 사구지역은 바람이나 물에 의해 쉽게 침식된다.

– 뉴저지 멘톨로킹 자치시의 조례 348호(1995)

사구는 해안경관을 구성하는 천연지형이다. 사구는 해안작용의 산물이며, 사구-해빈-사주 시스템을 구성하고 있다(Psuty, 1988). 1990년대에 몇몇 저작이 해안사구의 발달과 침식작용에 대한 새로운 지식을 강조한 바 있다(Nordstrom, Psuty, and Carter, 1990; Carter, Curtis, and Sheehy- Skeffington, 1992; Pye, 1993). 해안지역에는 다양한 사구지형이 발견된다. 그러나 해안계획과 관리의 관점에서는 전사구(foredune)가 가장 중요한 지형이다. 전사구, 또는 일차사구는 해빈으로부터 육지 방향으로 이행하면서 최초로 나타나는 사구열(dune ridge)이다(그림 7.1).

사구는 해빈과 병치되어 있으며, 활발한 사질퇴적물 교환이 발생하는 사구-해빈-연안사주의 퇴적물 공유시스템을 구성한다. 적정한 양의 퇴적물이 공급되고 해빈이 충분한 폭을 가지고 있는 곳에는 전사구가 완전한 형태로 발달한다. 그러나 모래의 공급이 제한된 곳에서는 사구의 형태와 규모가 위축되어 빈번한 침식단애(그림 7.2)가 형성되거나, 침식을 받아 사구열이 끊어져 개구를 형성하거나, 오버워시가 발생한다. 모래 공급이 미약한 곳에는 해빈의 폭이 좁고, 사구는 고립된 작은 모래무더기의 열이 이루어지거나 전혀 존재하지 않는다.

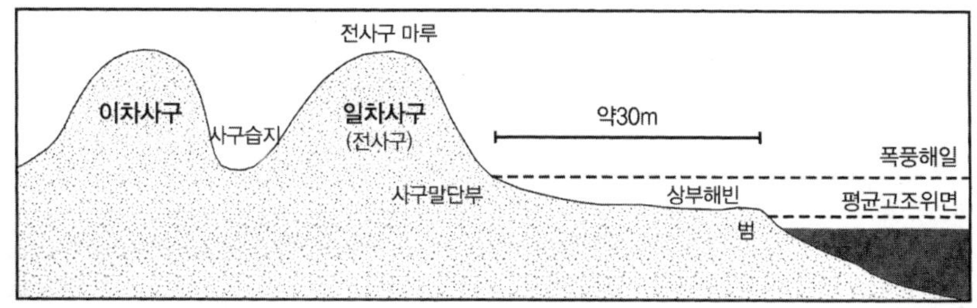

그림 7.1. 해빈-사구 단면에서 차지하는 전사구의 위치.

흔히 사구라고 부르는 전사구는 해양작용과 육상작용 사이의 점이지대를 차지하고, 육상식물대의 바다 쪽 가장자리를 이룬다. 사구는 거칠고 염도가 높고 개방된 해빈 환경과 내륙 또는 사구 풍하사면의 비교적 보호된 환경 사이에서 생태적 적소(ecological niche)를 구성하고 있다. 천연사구는 사구열, 저습지, 블로우아웃, 식생피복 사면, 작은 둔덕, 구덩이 등 다양한 지형으로 채워져 있다. 해빈단면상에서 사구의 위치와 크기는 해안선 발달과정과 연관되어 있다. 퇴적이 우세한 환경에서는, 활발한 해안작용에 나타나는 해빈 상부에 새로운 전사구열이 형성됨에 따라 구(舊) 전사구열은 내륙에 위치하게 된다. 침식이 활발한 조건에서는 해빈이 후퇴하거나 내륙으로 위치를 옮김에 따라 사구는 내륙으로 이동한다. 침식이 극심하거나 사구가 이동할 내륙 공간이 없다면 사구는 소멸될 것이다. 해안시스템 내에 모래가 부족한 경우에는 사구뿐만 아니라 해빈이 침식을 받고 내륙으로 이동한다. 사구와 해빈은 퇴적물을 공유하기 때문에 해빈이 침식을 받으면 사구의 침식도 계속된다.

이미 개발이 이루어진 지역에서도 해안사구는 지속적으로 모래를 저장하며 폭풍해일이나 범람에 대한 천연방벽의 기능을 갖고 있다. 보호기능과 함께 아름다운 자연경관을 연출하기 때문에 해안지역사회는 해안사구에 대해 높은 관심을 가지고 있다. 해안사구의 호안기능은 1930년대 초부터 알려져 왔으나 뉴저지 주정부와 지역사회가 사구의 복구와 유지에 활발한

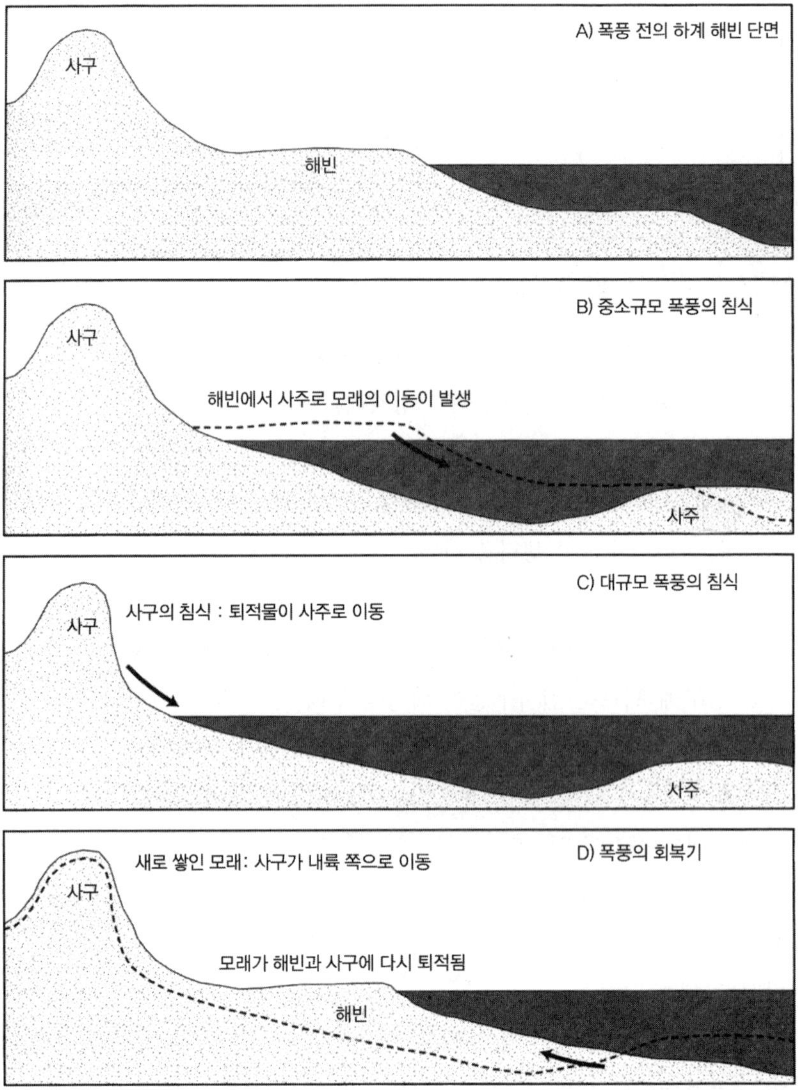

A) 폭풍 전의 하계 해빈 단면
사구
해빈
B) 중소규모 폭풍의 침식
사구
해빈에서 사주로 모래의 이동이 발생
사주
C) 대규모 폭풍의 침식
사구의 침식 : 퇴적물이 사주로 이동
사구
사주
새로 쌓인 모래: 사구가 내륙 쪽으로 이동
D) 폭풍의 회복기
사구
모래가 해빈과 사구에 다시 퇴적됨
해빈

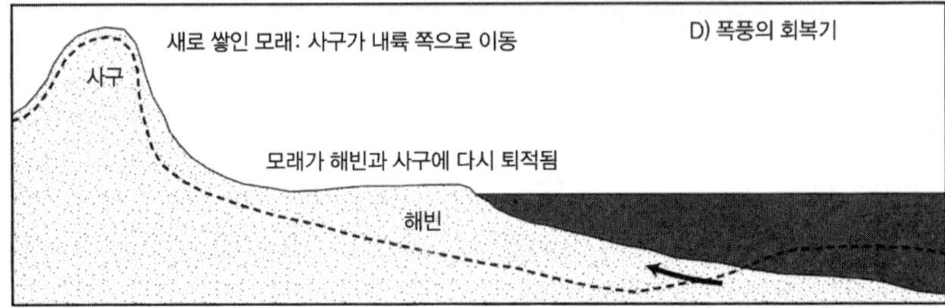

그림 7.2. 사구/해빈/연안사주의 모래공유시스템.

노력을 기울이게 된 것은 1984년 이후이다. 사구침식이 활발하게 일어나고, 주정부의 보고서 「사구와 해안보호 조례 평가(NJDEP, 1984a)」가 발간됨에 따라 보호활동이 활발히 전개되었다. 해안사구의 조성과 개선 활동은 곧 호안관리계획의 일부가 되었다. 지방정부와 주정부의 노력으로 해안사구에 대한 공중의 인식이 고양되었고, 이러한 분위기는 지금까지 지속되고 있다.

해안사구의 보호와 복구에서 특별히 관심을 끄는 측면은, 이러한 노력이 지역공동체 수준에서 이루어질 수 있고 공동체의 의무가 되어가고 있다는 점이다. 더욱이 훌륭한 해안사구관리는 곧 훌륭한 지역공동체 관리를 의미한다. 효율적인 사구관리프로그램을 세우기 위해서는 사구가 형성되고 성장하고 해체되는 과정을 파악해야 한다. 이 장은 해안사구관리프로그램을 세우는 과정에서 해안지역공동체에 필요한 안내사항을 살펴보고자 한다. 뉴저지의 해안사구 발달과정을 설명하고, 사구의 기능과 효율성을 최대화시키기 위한 지역공동체 수준의 관리전략을 논의해볼 것이다. 또한 뉴저지 해안지역공동체의 조례로부터 찾은 모범조례의 구성 요소를 살펴본다(부록 A 참조).

해안사구의 특성

해안사구의 관리를 위해서는 사구의 형성과 특성에 영향을 미치는 해안작용에 대한 이해가 필요하다. 해안사구는 천연해빈시스템의 일부이다. 사막과 같이 마른 모래지역 또는 해안/호안에서 멀리 떨어진 지역의 사구는 바람의 작용으로 형태가 만들어지지만, 해안의 사구는 바람뿐만 아니라 파랑의 영향을 받는다. 해빈-사구 단면의 환경에서 사구는 고조선 위에서 그리고 극히 역동적인 나지상태의 해빈의 내륙 쪽에 퇴적된 모래의 릿지(구릉열)로 구성된다(그림 7.2). 해안사구는 퇴적물이 축적된 창고라고 할 수 있다. 폭풍기간에는 해빈과 외해빈에 모래를 공급하고, 모래가 불려와 식생피복에 걸려 쌓이는 기간에는 사구의 성장(모래의 축적)이 이루어진다. 유실보다는 퇴적이 많은 곳에 발생하기 때문에 사구는 높이와 폭, 부피로 설명될 수 있다. 전사구는 해빈과 함께 해빈의 모래를 움직이는 파랑과 흐름, 바람과도 활발한 상호작용을 이루고 있다.

해안사구는 열과 건조, 높은 염도, 빈영양으로 대표되는 해안의 열악한 환경에 견딜 수 있는 특정한 식생형의 서식처이기도 하다. 이 식물들은 선구식생으로 사구의 초본류를 구성한다. 이 밖에도 내륙으로부터 전파되어 사구의 전면이나 마루에 정착하는 식물도 있다. 선구식생은 퇴적된 사구모래를 고정시킨다. 나지의 해빈표면에 바람이 불면, 모래가 바람에 흡취되어 선구식생이 자리 잡은 곳으로 불려온다. 바람이 거친 식생표면을 접하면, 저항을 받아 풍속이 떨어지고, 식생 주변에 모래가 퇴적된다. 퇴적과정으로 둔덕이나 마루가 형성되면, 사구형성의 자연적 주기가 시작된다. 해빈의 모래에는 영양물질이 포함되어 있고, 모래입자는 수분이 둘러싸고 있다. 모래의 퇴적은 식생에 영양을 공급하고 사구를 구성하는 물질을 공급하는 것이다. 시간의 경과에 따라 식생의 뿌리와 유기물은 모래를 고정시킨다. 사구는 마침내 뚜렷한 릿지로 성장하여 폭풍파와 해일의 천연적 방벽기능을 갖게 된다. 사구표면에 고정된 퇴적물은 입사파랑에 대한 방벽이다. 퇴적물을 고정하는 식생피복이 사라지면, 사구는 바람과 파랑, 흐름 등 사구형성 영력에 대해 극도로 취약하여 쉽게 가동되어 파괴된다.

사구는 해빈단면상에 특히 폭풍조건에서 끊임없이 변화하는 사빈경사면 위의 내륙에 위치한다. 이 지점으로부터 식생이 지속될 수 있기 때문에 사구는 해빈의 윗부분에 발달한다. 일반적으로 사구는 선구식생 경계선으로부터 해양 쪽에 발달하지 않는다. 이곳에는 내륙으로 불려오는 모래의 퇴적에 필요한 사초나 그 밖의 식생이 결여되어 있기 때문이다. 퇴적이 일어나는 해안선에는 전사구 사면으로부터 해양 쪽으로 선구식생이 확장되어 결국 새로운 모래퇴적선 또는 릿지를 조성한다. 이러한 해안선 확장과정을 통해

그림 7.3. 퇴적이 일어나는 전사구열. 퇴적물수지가 양이며, 사주섬 상의 연안류 하류부에 해당. 뉴저지 주 코슨스 인렛 주립공원

낮고 작은 릿지를 연속적으로 형성한다(그림 7.3). 샌디훅의 북단과 뉴저지 사주섬 남단의 활발한 퇴적지역에서 이러한 지형이 관찰된다. 그러나 이들은 예외적 현상이다. 대부분의 뉴저지 해빈은 침식을 받고 있으며, 전사구의 해양 쪽 가장자리는 고조선에 가까이 자리 잡고 있기 때문에 파랑의 공격을 빈번히 받고 있다.

해안선이 오랫동안 침식을 받아왔지만, 많은 해빈에서는 해빈-사구단면상의 전사구가 지속적으로 유시되어왔다. 해빈이 침식되더라도 전사구가 이동할 수 있는 공간이 있는 곳에서 이러한 현상이 일어난다. 해빈단면에서 모래가 외해빈으로, 또는 연안을 따라 유실되어도 사구가 내륙으로 위치를 옮길 수 있다면 사구는 지속될 수 있다. 폭풍기간, 즉 고조위와 폭풍해일, 강한 풍속이 발생할 때 침식물질의 일부는 사구로 운반된다. 이러한 퇴적물 이동이 일어나는 경로나 이동해가는 장소에 주택과 시설물이 없다면, 전사구는 자연작용에 따라 이동할 수 있다.

침식이 발생하는 해안선에 사구가 있다는 것은, 모래가 간헐적으로 사구로 운반된다는 것을 시사한다. 해양 쪽 사면에서 퇴적물 유실이 일어나더라도 사구의 마루, 또는 정상부(頂上部)와 풍하사면에 모래가 공급되기 때문에 사구가 유지된다.

폭풍 이후, 사구에 이동한 모래를 어렵지 않게 확인할 수 있다. 사구의 정상부와 저지대, 사구습지, 전사구의 배후에 퇴적된 모래, 또한 식생 위를 얇게 덮고 있는 신선한 모래층이 쉽게 관찰된다(그림 7.4, 7.5).

해빈을 지나 릿지로 불려온 모래를 선구식생이 고정시키는 과정을 통해서 전사구는 모래를 축척해나간다. 파랑활동이 해빈을 침식하고 전사구에 도달해서 전사구를 침식하거나 침식단애를 형성할 때, 사구에서 모래의 유실이 발생한다. 파랑이 전사구 단애를 형성하는 것은, 전사구에 저장된 모래가 해빈으로 되돌아가고 이어서 외해빈이나 연안하류로 운반되는 과정이다(그림 7.2). 전사구의 가장자리에서 일어나는 침식으로 유실되는 모래는 후에 바람과 물이 해빈으로부터 사구로 이동시키는 모래로 다시 채워지기 때문에 순교환효과는 균형을 이룬다. 채워지는 모래의 양보다 유실되는 양이 크면 사구는 축소될 것이다. 반대로 단애형성과정을 통해 유실되는 양보다 채워지는 양이 많으면 사구는 성장할 것이다. 사구를 동일한 장소에 동일한 규모로 유지하기 위해서는 건강하고 무성한 식생피복이 갖추어져야 한다. 식생피복은 침식기에 모래를 고정시키고 회복기에는 퇴적을 활성화시키기 때문이다.

전사구는 폭풍해일이 내륙으로 침입하지 못하도록 억제하는 천연방벽이다. 해빈과 전사구면에 도달한 폭풍파나 흐름의 영향을 완충하는 과정에서 사구는 모래를 방출한다. 방어력의 크기는 사구의 크기와 직접적인 관련이 있기 때문에, 높고 폭이 큰 사구는 협소한 사구에 비하여 더 큰 완충력을 갖는다. 그러나 사구에서 월파가 일어나고 침식이 발생하면 사구의 완충능력은 감소된다. 오버워시는 종종 심각한 영향을 초래하여 사구형태를 완전

그림 7.4. 폭풍으로 운반된 모래. 뉴저지 주 아일랜드 비치 주립공원.

그림 7.5. 눈보라가 운반한 모래. 모래층 하부에 눈이 퇴적되어 있다. 뉴저지 주의 라발레트

히 파괴하고 많은 모래를 내륙으로 이동시키기도 한다. 1962년 3월과 1984년 3월 뉴저지에 내습한 북동풍과 1987년 케이프코드 내셔날 시쇼어에 불어닥친 블리자드는 4.5m 높이의 사구까지 평탄하게 만들었다.

지금까지의 논의는 해빈-사구단면상에 천연사구가 형성되는 과정, 그리고 사구가 파랑, 바람, 흐름 등과 일으키는 상호작용에 중점을 두었다. 그러나 뉴저지에서 발견되는 대부분의 사구는 인문활동의 영향으로 축소되었거나 확대되었다. 인간의 간섭을 받지 않는 곳에서는 자연 또는 자연에 가까운 사구가 몇몇 발견되기도 한다. 샌디훅의 북부와 남부, 포어시츠 야생조수보호구역의 해안, 그리고 애이벌론의 중앙부에서 이러한 사구지대가 나타난다. 아일랜드 비치 주립공원과 애이벌론의 해안사구는 광범위한 해안개발이전의 사주섬과 해안사구의 환경을 보여주고 있기 때문에 매우 중요한 지형이다(그림 7.6, 7.7). 침식이 일어나더라도 일차사구와 이차사구가 여전히 생존할 수 있다는 것을 이곳에서 관찰할 수 있다. 더욱이 다양한 사구형태가 나타나고 사구와 고조위의 관계, 폭풍수위에 근접한 사구의 형태, 주변의 자연현상과 해빈퇴적물 등과 사구와의 관계 등을 살펴볼 수 있는 기회를 제공하고 있다.

사구와 사구관리에 대한 관심

「뉴저지해빈의 침식과 보호에 관한 보고」(NJBCN, 1930)에 따르면, 뉴저지에서는 1930년대에 이미 사구의 중요성이 인지되었고 사구의 호안효과에 대한 배려가 필요하다는 지적이 있었다. 그러나 연방정부차원에서 사구의 특성이 인지된 것은 연안역관리법(P.L. 91~583)이 통과된 1972년의 일이다. 이 법의 주요 골자 가운데에는 천연적 호안구조물로서의 해안사구의 관리와 기능증진을 장려하려는 의도가 있다. 이 법에 따라 주정부는 연방정부기금을 받아 이 법의 목적을 발전시키고

그림 7.6. 일차사구와 이차사구. 뉴저지 주의 아일랜드 비치 주립공원.

그림 7.7. 개발 이전의 특성을 유지하고 있는 사구지대. 뉴저지 주의 애이벌론.

달성할 수 있게 되었다. 이는 국가 차원에서 주정부를 상대로 시행한 최초의 해안사구 보호정책이었다.

그러나 뉴저지 주정부가 연방정부의 긴급 사구보호프로그램을 수행한 것은 뉴저지 해안사구의 대부분을 훼손시켰던 1984년 3월 폭풍 이후였다. 그 당시에 뉴저지 주의 해안관리전략은 해안침식에 대한 완충기능과 폭풍해일에 대한 보호기능으로서 해안사구를 높이 평가하고, 지역공동체의 사구복구에 필요한 기술적 재정적 지원을 제공하는 것이었다. 주정부의 환경보호부(NJDEP)와 재해관리청(NJDEM)은 지도와 지원을 통하여 지역공동체로 하여금 사구를 복구하고 개선하고 유지하도록 지속적으로 장려했다.

1984년 NJDEP는 「뉴저지 사구와 해안보호조례의 평가」라는 보고서를 완성했는데, 이 보고서에는 각 지자체가 수행하는 해안사구관리에 대한 평가내용이 포함되어 있다. 이 보고서는 주정부의 해안안정화사업이 해안사구의 보호와 조성을 위한 프로그램과 연계되어 있을 때 가장 비용효율적이며, 앞으로는 지자체가 효율적인 해안사구관리프로그램을 채택하고 강화하는 조건에서 해안안정화사업비가 지불되어야 한다고 결론짓고 있다(NJDEP, 1984a). NJDEP는 사구복원프로그램의 부산물로 1985년 해안사구의 복구와 조성에 관한 매뉴얼을 출간하였다. 매뉴얼에는 사구의 복원과 조성에 추천되는 기술을 목록화하고, 지자체가 효율적이고 환경적으로 건전한 사구프로젝트를 계획하도록 도우며, 지자체가 사구기금을 신청할 때 필요한 정보를 설명하려는 기획의도가 반영되었다(NJDEP, 1985b). NJDEM도 주정부의 재난저감계획 장려책을 통하여 정부가 수행하는 사구의 조성과 확대 프로그램이 통합되도록 지원하였다(NJDEM, 1994).

해안지역 지자체는 NJDEM을 통하여 주정부가 재난저감보조금 프로그램의 지원을 받아 폭풍피해 이후 사구를 복구하거나 조성할 수 있었다. 최근 몇몇 양빈사업에서는 사업 내용에 중규모의 인공사구 조성이 포함되기도 하였다.

뉴저지의 해안관리 전략이 재해의 저감과 공공안전의 증진이라는 개념으로 발전함에 따라 해안사구는 이 목적에 크게 부합하게 되었고 사구관리가

그림 7.8. 지역사회의 사구보강 프로그램.

이러한 전략에 쉽게 수용되었다. 해안사구는 폭풍과 폭풍해일의 영향을 완충하기 때문에 후에 발생할 손실을 방지할 수 있다. 따라서 해안사구의 유지와 증진을 장려하는 프로그램은 연방정부와 주정부의 위험저감 목적과 일치한다. 연방정부가 해안안정화사업 형태로서 양빈에 대한 재정지원을 삭감한다면, 해안사구의 완충기능이 손실저감의 주요 수단이 될 것이다. 더욱이 연례적인 사초 식재나 사구울타리 설치와 같은 사구유지프로그램을 통하여 지자체가 공공의 복지를 위하여 여러 형태의 자원을 모을 수 있고, 이러한 활동은 다시 공동체의 소속감을 창출한다(그림 7.8).

사구관리의 목적

지역공동체는 사구를 통해 확보하고자 하는 완충력 또는 보호 수준을 정해야 한다. 이 목적을 성취하기 위해서는 사구의 크기(완충능력)를 정해야 하는데, 사구의 크기는 해빈의 폭과 높이, 사구가 들어설

그림 7.9. 사구 완충(셋백) 지역. 뉴저지 주의 사우스 시사이드 파크

공간, 관리계획, 전사구의 조성과 안정에 영향을 미치는 제반 요소와 조화를 이루어야 한다. 5년 확률 폭풍을 견딜 수 있는 전사구의 크기는 50년 확률 폭풍을 완충시킬 수 있는 크기와는 다르다. 시당국이 50년 확률 폭풍에 대비할 수 있는 사구를 선호하더라도, 해빈-사구지역의 20년 확률 폭풍을 완충시킬 수 있는 정도의 전사구를 조성할 수 있는 공간 외에는 확보할 수 없는 경우도 있다.

보다 큰 규모의 폭풍에 대비한 큰 규모의 사구를 원하지만 필요한 공간이 없을 때는 해빈에 인접한 지역의 지구재지정(rezoning)을 고려하는 전략이 있을 수 있다. 토지용도지구 재지정을 통해 공간이 나올 때마다 사구지역을 확장시킬 수 있다. 공동체가 사구에 인접한 육지 쪽의 토지를 사구지역으로 지정하기를 주저한다면, 제한된 공간에 작은 사구를 조성할 수밖에 없고 낮은 보호수준을 확보할 뿐이다.

사구보전에 관한 관심은 대체로 폭풍에 대한 사구의 완충기능과 관련되어 있다. 그러나 해안사구의 다른 속성, 예컨대 심미적 가치를 높이려는 지자체도 있다. 브리갠틴 시티는 조례에 조류 서식지 보전을 반영하고 있다(Brigantine 1986). 사구보전 전략을 개발할 때에 해안사구의 다양한 특성을 고려하고, 각각의 특성을 고양시키는 단계를 정할 수 있다.

사구관리 목적을 선정할 때 고려해야 할 또 다른 요소는 사구보전의 시간성분(개념)이다. 해안선이 침식되고 해수면이 상승하기 때문에 시간의 경과에 따라 사구의 폭풍 완충능력은 저하된다. 해안사구는 해안선의 침식에 대한 조정과정에 따라 육지 방향으로 이동한다. 공간 부족으로 이동할 수 없을 때에는 해안선에 근접하게 되어 침식과 오버워시의 위험이 높아지고, 이러한 현상이 심화되면 완전히 침식된다. 사구의 완충 수준을 결정하는 과정에서 지자체 당국은 사구에 인접하여 셋백[1]을 설정하는 것이 좋다. 해안선의 역동적 특성에 따라 해안사구의 위치가 내륙으로 조정될 수 있는 여유를 확보하는 수단이기 때문이다.

사구의 위치와 크기

해안사구는 인접한 해빈과 끊임없이 상호작용을 일으킨다. 해빈은 모래를 공급하는 동시에 작은 규모의 폭풍을 완충시킨다(그림 7.1). 1.5m의 범, 또는 소단(小段)을 갖춘 해빈의 고조선으로부터 30m 내륙에 위치한 사구는 일반적으로 5년 확률 폭풍에 견딜 수 있다. 그러나 이보다 더 큰 규모의 폭풍은 범을 침식하고 마침내 사구를 침식할 것이다.

폭풍이 사구를 침식하는 정도는 폭풍의 조건과 함께 폭풍 이전의 해빈-사구지역에 축적된 모래의 양에 따라 결정된다. FEMA는 모래 축적량(sand reservoir)의 개념을 100년 확률 고조위 이상에 위치하며 사구 정상부로부터

1) 건물을 가로나 토지 경계선으로부터 일정거리를 띄어놓는 것을 가리킨다.

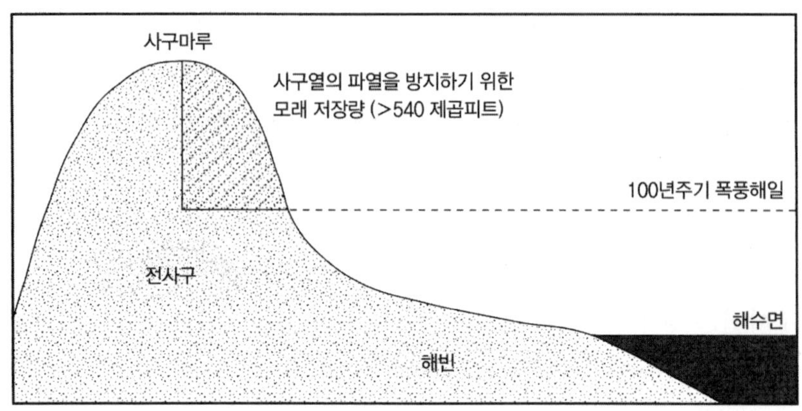

그림 7.10. FEMA의 전사구 모래저장 기준.

해양 쪽에 위치한 사구부분에 적용하고 있다. 즉, 100년에 한 번 일어나는 범람을 견딜 수 있는 확률의 축적량이다(그림 7.10). 큰 사구는 커다란 단면적을 갖고 있으며 큰 규모의 폭풍에 견딜 수 있다. FEMA는 10년 확률 고조위 이상에 50m^{2}의 모래축적 단면적을 확보하고 있을 때에 100년 확률 폭풍에서 오버워시를 방지하고 이 규모의 폭풍을 견딜 수 있는 사구라고 간주한다(FEMA, 1995b).

개발이 이루어진 해안선에는 이러한 규모의 사구가 거의 없다. 100년 확률 폭풍을 견딜 수 있는 규모의 사구, 즉 3m 고도의 해빈 위에 높이 4.5m, 폭 40m의 사구를 조성한다는 것은 비합리적이며 경제적으로도 합리화될 수 없을 것이다.

사구 침식 모의모형(Kriebel and Dean, 1985; Kriebel, 1995)을 높은 빈도의 소규모 폭풍에 적용한 연구가 있다(Psuty and Tsai, 1997). 9개의 해빈-사구 단면을 설정하고, 10년, 20년, 30년 확률 폭풍이 이들 단면에 미치는 영향을 모의했다. 각 폭풍에서 서로 다른 크기의 파장을 적용하여 단면의 보호능력을 측정하였다(그림 7.11). 이 모의실험은 기존 해빈-사구 단면의 폭풍에 대한 반응을 살피거나 관리목적의 단면설계에 이용될 수 있다.

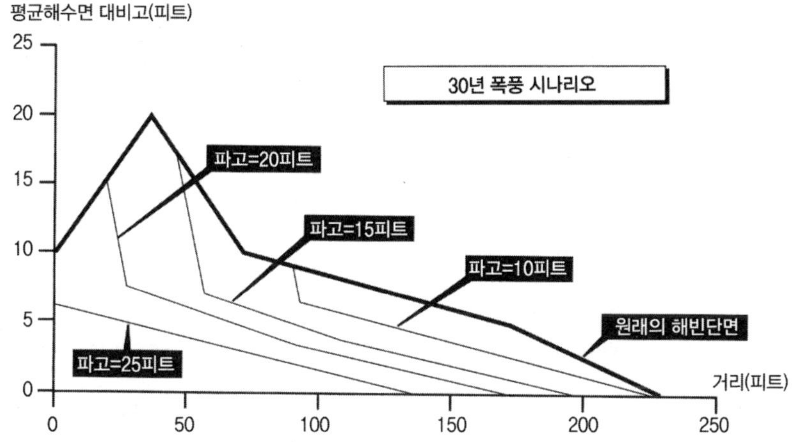

그림 7.11. 해빈/사구 침식 모의. 30년 확률 폭풍 해일에서 상이한 파고의 효과를 표현.

사구의 위치

해안사구가 빈번한 폭풍을 거치면서 침식으로부터 보호받고 완충기능을 유지하기 위해서는 고조위로부터 충분한 거리를 확보해야 한다. 그렇지 않으면 사구는 소규모의 폭풍에도 심하게 침식을 받아 대규모 폭풍에 아무런 완충기능을 발휘할 수 없게 된다. 사구가 대규모 폭풍에 대한 방어능력을 갖추기 위해서는 특정한 크기를 유지해야 한다. 대규모 폭풍이 발생하면 사구가 위치한 고도까지 폭풍수위가 도달하고 사구에 큰 영향을 미친다. 따라서 사구의 크기와 위치는 대규모 폭풍에 대한 저항능력과 직결된다.

사구의 높이(사구고)

사구의 높이는 기상조건과 가용한 모래의 양, 식생피복, 사구조성기법 등에 따라 차이가 난다. 뉴저지 주에서 사구는 대체로 2.5~4.5m의 높이를 보이고 있다. 인공사구는 초기 발달단계에서 급속한 성장을 보이지만(Hamer, Cluster, and Miller, 1992), 사구의 높이가 증가함에 따라 증가율은 둔화된다. 사구가 커질수록, 사구 전체의 높이를 증가시키는 데 더 많은 모래가 필요하다. 식피의 변화나 사구 표면의 교란 등도 저성장의 원인이 될 수 있다. 이상적인 조건에서 사구울타리와 식생, 충분한 모래 공급이 주어진다면, 한 계절에 1.3m까지 성장한다. 그러나 0.6m 미만의 성장이 더 일반적이다.

사구의 경사

천연상태에서 모래가 이루는 경사에는 어떤 한계가 있다. 사구표면의 경사에는 이 제한 위에 여러 가지 변수가 영향을 미친다. 예컨대, 사질퇴적물 공급률, 식생, 생물의 활동, 사구울타리, 염분함량, 교란정도 등이 주요한 변수이다. 뉴저지의 자연 사구와 인위적 간섭을 받은 사구가 보이는 경사를 측정한 연구(Gares, Nordstrom, and Psuty, 1983)에 따르면, 높이에 대해 폭(밑변)은 20배가 된다(표 7.1). 이 측정에는 여러 사구단면을 종합했기 때문에 폭이 과장되어 있다. 뉴저지 해안과 뉴욕 롱아일랜드 해안의 인공사구는 폭이 높이의 7~10배로 나타난다(Psuty and Piccola, 1991). 즉, 사구의 표면경사는 1대 3.5~5.0이 된다.

표 7.1. 사구의 높이와 너비 간의 관계

사구의 높이	사구의 너비
5′	35′
8′	56′
10′	70′
12′	84′
14′	98′
16′	112′

자료: Psuty and Piccola(1991)에서 수정.

해안사구의 조성과 개선

지자체 당국이 개발지역의 해안보호에 사구를 실행 가능한 옵션으로 결정한 후에는 사구로부터 기대하는 호안 수준을 확정하고, 사구의 기능이 발현될 적정한 공간을 확보해야 한다. 다음 단계는 계획을 이행하는 과정으로 사구를 조성하거나 개선한다. 여기에는 몇 가지 기법이 적용될 수 있다. 사구의 기능개선에는 기계적으로 모래를 쌓아올리는 작업이나 적정한 사구식생을 심는 작업, 사구울타리를 세우는 일, 또는 이러한 작업들을 병행하는 일이 수반된다. 사구가 없는 곳에 사구를 조성할 때에도 같은 기법이 적용된다.

기계적으로 모래 쌓기

해안사구를 조성하는 가장 간단한 방법은 불도저로 모래를 모아서 해안선에 평행한 릿지를 형성하는 것이다. 이 방법은 호안기능을 갖춘 형태의 사구를 즉각 이루어 낼 수 있는 이점이 있다. 그러나 기계적으로 쌓아올린 모래는 폭풍이 내습하면 쉽게 가동되어 불안정해진다. 식생과 모래가 유기적으로 결합된 코어가 형성되어 있지 않기 때문이다. 일단 적정한 크기의 사구형태가 조성된 후에는 식생과 사구울타리 등을 적용시켜 사구의 안정도를 높여야 한다.

사구식생

자연작용을 모방하는 또 다른 접근은 사초를 심는 작업이다. 미국의 사초, 비치그래스(학명: *Ammophilia berviligulata*)나 그 밖의 선구사구식생을 평균고조위로부터 적정한 거리를 두고 심는다(그림 7.12). 모래를 기계적으로 쌓아올리는 작업과는 달리 적정한 식생의 크기에 도달할 때까지는 시간이 걸린다. 일단 식피가 형성되면 사초는 모래를 퇴적시켜 사구지형을 확대시킨다. 사초의 폭넓은 뿌리시스템은 모래를 고정시키는 힘을 가지고

그림 7.12. 비치그래스(*Ammophila breviligulata*)를 이용한 사구의 조성. 뉴저지 주 오션 시티.

있다. 미국의 사초는 영양의 공급에 따라 계속 성장해나간다. 해빈으로부터 사구로 적정한 양의 모래가 공급되면, 바람을 타고 모래입자에 실려 영양이 공급된다. 모래의 공급량이 저조하다면 영양공급도 낮아 식피 밀도는 빈약해진다. 따라서 사구의 성장과 안정은 퇴적물의 공급과 식생의 퇴적물 고정 효과에 의존한다. 모래 공급이 좋은 곳의 식생은 밀도가 높아지고, 이 현상은 다시 모래를 효율적으로 퇴적시켜 전사구 시스템을 증가시킨다.

대부분의 관심이 주요 선구사구식생종인 *Ammophilia berviligulata*[2])에 집중되어왔지만, 해안사구열은 개방되어 있기 때문에 다양한 생태적 적소로 활용될 수 있다. 현재는 서식처의 생물종 다양성이 유지될 수 있도록 다양한 생물종의 혼재를 선호하고 있다. 바다 나도냉이(sea rocket), 사구골풀(dune cordgrass), 해변미역취(seaside goldenrod), 앵초(dusty miller) 등도 사구에 적당

2) *Cape American Beachgrass*라고 불리는 이 선구사구식생종은, 매사추세츠 케이프코드에서 채취되었고 1972년에 케이프 메이의 뉴저지 식물재료센터에서 보급한 사초로 해안사구의 안정화에 널리 적용되고 있다 – 역자 주.

그림 7.13. 평행 사구울타리와 사구식생을 혼용한 사구조성. 뉴저지 주 오션 그로브

한 선구식생종이다. 일차사구에 식생이 착생한 후에는 해안 기후조건에 알맞은 수목을 이차사구에 심어 안정성과 종 다양성을 증진시킨다. 정향나무(bayberry), 소귀나무(wax myrtle), 비치플럼(beach plum), 일본 흑송, 솔트 스프레이 로즈(salt spray rose), 에메랄드 시 해변노간주나무(Emerald sea shore juniper) 등이 이차사구의 식생으로 권장되고 있다(Hamer, Cluster, and Miller, 1992).

사구울타리

사구울타리도 모래의 퇴적을 일으키는 효율적인 기법이지만, 진행 속도가 늦고 식생피복보다 고비용이다. 사구울타리는 사구식생과 유사한 방법으로 퇴적을 일으킨다. 모래가 바람에 날려 해빈으로부터 후빈으로 이동할 때, 사구울타리는 바람의 흐름에 저항을 일으켜 국지적으로 풍속을 떨어뜨린다. 그 결과 모래가 퇴적되어 사구울타리의 풍하사면에 쌓인다. 모래가 쌓여 사구울타리가 매몰되면, 목표했던 사구 높이를 이룰 때까지 사구울타리를 다시 설치할 수 있다. 일반적으로 모래는 사구울타리

그림 7.14. 사구를 해빈 쪽으로 확장시키기 위해 사용된 사구울타리. 뉴저지 주 비치헤이븐.

높이의 3/4까지 쌓이는 것으로 알려져 있다(Hamer, Cluster, and Miller, 1992). 사구울타리는 평균고조선으로부터 최소한 30m 떨어져 해안선에 평행한 방향으로 설치해야 한다. 사구울타리와 함께 사구를 조성할 때 식생을 식재하여 모래를 고정시키는 일이 중요하다.

사구울타리의 설치에는 몇 가지 형태가 있는데, 각각의 형태에 따라 사구의 크기나 사구열의 형태가 약간씩 달리 나타난다. 전사구 조성에서 가장 비용효율이 높은 방법은 해안선을 따라 하나의 사구울타리 열을 설치하는 것이다. 두개의 평행한 사구울타리를 설치한 경우에는 그 사이를 10m 내지 13m로 유지할 것을 권장하고 있다(Hamer, Cluster and Miller, 1992; 그림 7.14). 평행하게 설치한 복수의 사구울타리는 사구의 복구나 확대에도 적용된다. 이 때 구사구의 기저부로부터 바다 쪽으로 15피트 이상 떨어져서 사구울타리를 세워서는 안 된다. 평행하게 설치한 사구울타리의 또 다른 이점으로 보행자의 사구지대 통행을 제어할 수 있다. 특히 통행로의 숫자를 줄이는 데에 중요한 수단이 될 수 있다.

해안사구의 복구와 관리

사구의 크기가 일단 이루어지면, 다음 문제는 사구의 관리이다. 전사구의 물리적 규모를 유지하기 위해서는 정밀한 프로그램이 필요하다. 식생피복이 훌륭하게 이루어진 사구라도 사구열이 온전히 유지되기 위해서는 식피에 대한 꾸준한 관심을 기울여야 한다. 사초를 심고, 비료를 줄 수 도 있다. 부서진 사구울타리는 꾸준히 교체되어야 한다. 풍식에 의한 블로우아웃이나 침식에 의한 사구 단애는 지속적으로 수선해야 한다.

인위적 영향의 제거

사초는 지나친 답압(踏壓)을 견디지 못한다. 가벼운 도보통행도 식물을 부러뜨리고, 뿌리를 교란시키기 때문에 통행을 계속 허용한다면 마침내 사구는 파괴될 것이다(NJDEP, 1984a).

따라서 사구식생은 보행이나 자동차 통행으로부터 보호되어야 한다. 육교(elevated walkway)나 사구울타리를 통해 규정한 통행로를 조성하여 사구통행과 접근지점을 제어해야 한다. 사구울타리를 전면과 후면의 경계에 설치하여 사구열을 난잡하게 통행하는 현상을 막아야 한다(그림 7.15). 또한 사구지역과 해빈 접근로에 표지를 세워 민감한 사구식생 위를 걷지 않도록 공중교육을 도모해야 한다.

사구통행로

가로와 전사구열이 만나는 곳은 취약하기 때문에 이러한 곳에서 오버워시와 심한 침식으로 사구가 터져나가는 개구현상이 발생하기 쉽다. 사구지역을 통과하는 해빈 접근로의 조성에서 주의할 사항은 이 부분의 사구에 직선형의 낮은 틈(gap)이 만들어지지 않도록 하는 것이다. 해안선에 대해 비스듬히 통행로를 내어 폭풍해일이 쉽게 뚫고 들어오는 것을 방지

그림 7.15. 무분별한 통행을 방지하기 위해 설치된 사구울타리. 뉴저지 주 라발레트

그림 7.16. 사구의 침식을 방지하기 위해 설치된 육교형 목도. 뉴저지 주 서프시티.

해야 한다. 통행로를 어긋나게 만들거나 곡선 형태를 갖게 하는 것도 오버워시를 저감시킨다. 또 다른 주의사항은 통행로의 높이를 낮게 해서는 안 된다는 것이다. 육교가 사구의 수직 방향의 침식을 줄일 수 있다(그림 7.16). 목표하는 사구의 설계고보다 높게 육교를 설치해야 한다. 말거나 펼 수 있는 이른바 롤업 목도(roll-up sidewalk)[3]나 그 밖의 재료를 사구표면 위에 씌워 답압으로 발생하는 침식을 막아야 한다.

사구의 복구

지자체는 주기적인 사구관리와 감시계획을 세워야 한다. 블로우아웃이나 광범위한 침식단애, 인위적 손상 등 사구에 어떤 변화가 발생하면, 즉각적인 관심을 쏟아야 한다. 그렇지 아니하면 사구는 최선의 호안기능을 발휘할 수 없다. 블로우아웃의 전면에 해안선을 따라 평행한 사구울타리를 세우면 쉽게 복구된다. 대규모 폭풍이 지나간 후에는 폭풍파가 발생시킨 침식단애를 사구전면에서 종종 발견할 수 있다(그림 7.17).

폭풍 이후 지역공동체의 일반적 반응은 폭풍 이전의 크기나 형태로 사구를 복구하는 것이지만, 사구의 위치와 사구유지에 필요한 노력을 재평가할 필요가 있다. 즉, 사구의 위치가 평균고조선으로부터 30m 이상 떨어져 있는가를 지속적으로 관찰해야 한다. 사구지대가 내륙에 충분한 거리를 두고 위치해 있다면, 해빈이 완충능력을 발휘하여[4] 단애의 발생을 억제해야 할 것이다. 그러나 해빈이 지속적으로 침식을 받고 해수면이 상승하기 때문에

---

3) roll-up sidewalk는 김밥을 말 때 사용하는 발의 형태를 가지고 있다. 미국에서 8피트길이의 롤오버가 약 70달러, 여기에 1피트당 9달러로 길이를 연장시킬 수 있다 – 역자 주.

4) 해빈의 폭이 넓으면 내습하는 파랑이나 흐름이 저항을 받아 침식에너지가 저감된다. 이러한 이유에서 폭이 넓은 해빈은 침식을 방지하는 능력을 갖춘, 즉 방식해빈(防蝕海濱)이라고 부른다 – 역자 주.

그림 7.17. 전면이 침식된 사구. 뉴저지 주 오션 시티.

방식해빈의 폭은 좁아질 것이다.

대규모 폭풍 이후에는 잘 관리된 사구에서도 어느 정도의 침식단애가 발견된다. 사구가 평균고조선으로부터 최소한의 권장 거리를 유지하고 있다면, 짧은 수직버팀벽으로도 복구시킬 수가 있다. 단애 앞 해양 쪽으로 지그재그 형태의 사구울타리를 설치하면 버팀벽의 기능을 수행할 수 있다(NJDEP, 1985b). 사구울타리 설치 이후 모래가 단애를 덮으면, 사초를 심을 수 있다. 이러한 조치 이후 수개월 내에 사구는 천연상태의 단면으로 복구된다. 사구가 권장 최소거리보다 더 평균고조선에 가까이 위치해 있다면, 폭풍방어효과를 얻기 위해서는 내륙 쪽으로 전사구의 위치를 조정하거나 새로운 사구 경계선을 설정할 필요가 있다.

사구완충지대

안정적인 해안선을 유지하기 위한 노력의 일환으로 해안사

그림 7.18. 파랑에 의해 전면이 침식된 사구. 사구를 보호하기에는 해빈의 폭이 불충분함. 뉴저지 주 케이프 메이 포인트.

구를 종종 해안제방으로 이용해왔다. 해안사구는 파랑을 간섭하고 폭풍해일의 침입을 방어하는 역할을 하기 때문에 소규모 폭풍파가 도달할 수 있는 범위에 해안사구를 조성하여 빈번한 침식단애가 발생하고 파괴가 일어나도록 하여 폭풍파를 완충할 수 있다. 또 다른 접근에서는 해안사구를 고조선에서 멀리 떨어져 위치시키고 천연상태와 같은 형태로 해안선을 관리한다. 뉴저지 해안선은 해수면 상승과 퇴적물 부족으로 지속적인 침식을 받고 있다. 따라서 자연현상에 따라 내륙으로 이동하여 평균고조선으로부터 적정한 거리를 유지하지 못한다면 해안사구의 침식단애현상은 점차 증가할 것이다. 기본적으로 사구작용은 전사구 정상부로부터 내륙으로 퇴적물을 이동시키기 때문에, 전사구의 내륙 쪽 가장자리에 완충지대를 설정하는 것은 사구의 내륙이동에 따라 사구의 형성과정과 사구의 형태, 서식지가 내륙으로 연결 또는 지속되도록 유도하는 길을 열어놓는 것이다.

사구의 보호와 유지에 관한 조례

뉴저지 대부분의 해안지역 공동체는 사구보호조례를 채택하고 있다(표 7.2). 이 가운데 많은 조례가 1962년에 내습한 북동풍이 뉴저지 해안을 따라 발달되어 있던 사구 대부분을 파괴한 이후에 통과되었다(NJDEP, 1984a). 1984년의 폭풍 이후, 연방정부와 주정부의 지원을 받은 지방정부는 사구를 복원하였고, 조례를 갖추지 않았던 지자체들은 1990년대에 사구의 보호와 보전에 관한 조례를 통과시켰다. 양빈사업이 활발하게 일어나기 전에는 몬마우스 카운티의 해빈은 대부분 폭이 좁았기 때문에 해안사구가 없었고 이러한 지자체는 사구보호조례를 갖추고 있지 않았다.

해안사구는 지방정부 수준에서 관리되고 보호되기 때문에 사구조례는 공동체에 따라 큰 차이를 보인다. 지자체가 좋은 의도로 조례를 만들더라도, 사구훼손을 막는 데 실패하거나 사구의 적절한 관리와 조성에 관한 명료한 지침을 구비하지 못한 경우가 많다. 사구의 역동성에 관한 과학적 지식의 결여가 때때로 이런 실패를 초래한다(NJDEP, 1984a). 사구에 관한 새로운 지식이 밝혀지면서 몇몇 지자체가 사구조례를 강화하고 수정하기 시작했다. 그 결과 폭풍의 영향을 완충시키는 사구의 기능이 개선되고 있다. 이 책의 부록 A에는 사구조례의 모범 예가 수록되어 있다. 모범조례는 뉴저지에서 이미 개발된 여러 조례로부터 최선의 요소를 반영한 것이다. 사구조례의 구성요소에 대한 예를 들면 다음과 같다.

정의

규제대상 요소의 정의는 효율적인 사구조례의 가장 중요한 측면이다. 좋은 정의 없이는 규제대상이 명확하게 분별되지 못하다. 사구지대의 정의가 좋은 예가 된다. 대부분의 조례에서는 사구지대(또는 건축제한선)를 법률적으로 명확한 선을 통하여 정의한다. 그러나 사구는 바람과 물의

표 7.2. 사구조례 현황(1995년 현재)

지방자치체	최후 개정일시	지방자치체	최후 개정일시
몬마우스 카운티		하비 시다스	1989
시브라이트	미제정	서프시티	1972
몬마우스 비치	미제정	쉽 바텀	1994
롱브랜치	미제정	롱비치	1994
딜	미제정	비치헤이븐	1994
앱시콘 아일랜드	미제정	도버 타운십	1981
로크아버	미제정	애틀랜틱 카운티	
애쉬베리 파크 시티	미제정	브리갠틴 시티	1986
넵튠(오션 그로브)	미제정	애틀랜틱 시티	1989
브래들리 비치	미제정	벤트노 시티	1989
에이번 바이 더 시	미제정	마게이트 시티	1991
벨마아	1992	롱포트	1996
스프링 레이크	1993	케이프 메이 카운티	
시거트	1994	오션 시티	1994
마나스콴	1989	어퍼 타운십	1975
오션 카운티		시아일 시티	1987
포인트 플레즌트 비치	1994	애이벌론	1970
베이헤드	1993	스톤하버	1985
브릭	1988	노스 와일드우드 시티	미제정
멘틀로킹	1995	아일드우드 크레스트	미제정
라빌레드	1985	와일드우드 시티	미제정
시사이드 하이츠	미제정	로우어 타운십	1988
시사이드 파크	1988	케이프 메이 시티	1995
버클리 타운십	1994	케이프 메이 포인트	1974
바니갓 라이트	1994		

흐름, 이 밖에 다른 요소에 대한 반응으로 자연적 이동을 일으킨다. 사구가 법률적으로 정의된 사구지대 외부로 이동하면, 새로운 사구지대에서는 건축 행위를 규제할 수 없다. 사구가 이제는 고정된 건축제한선을 넘어 내륙으로 위치를 옮겼기 때문이다.

그 결과 사구열은 협소해지고 따라서 폭풍해일이나 오버워시에 대한 방어력을 갖출 수 없게 된다. 토지수용권 발동 없이는 지자체가 법적으로 사구지대를 재정의하여 지도상에 사구지대를 정확하게 표시할 수 없다(사유지를 정부가 수용하는 토지수용권, Merrian and Frank Meitz, 1998). 이 때문에 많은 지방정부는 사구지대를 정의하는 부담을 군정이나 주정부와 같은 상위수준의 행정기관으로 떠넘기고 있다.

뉴저지해안보호기본계획(NJDEP, 1981)이 발표된 이후, 몇몇 지역공동체에서는 조례를 개정하여 좀 더 과학적으로 정의된 셋백 라인을 마련하였다. 셋백 라인은 사구의 이동을 배려한 조처이다. 멘톨로킹, 베이헤드, 포인트 플레슨트 등의 자자체에서는 주택의 건설이나 개축을 사안마다 검토하여 사구의 후사면으로부터 일정한 거리를 두고 개발이 이루어지도록 유도하고 있다. NJDEP가 1984년에 사구조례를 검토한 내용에는 롱비치 타운십의 노력을 지적하고 있다. 이 지역사회는 해빈-사구지역의 폭을 45m로 정의하고 있으나, 애석하게도 한 조항이 이들의 노력을 허사로 만들고 있다. 가호안선으로부터 20피트 떨어져 있고 해안 건축제한선에서 사구가 4.8m의 높이를 갖추고 있는 경우에는 사구위의 주택건축을 허가한다는 조항이다 (NJDEP, 1984a).

1993년 뉴저지 의회는 해안자원과개발정책법의 수정안에서 사구를 재정의하였다. 정의된 지역에서 특정한 개발의 제한에 관한 법이다(해안지역시설 검토법 II, Coastal Area Facilities Review Act, CAFRA II). 현재 CAFRA II의 새 정의를 반영하고 있는 지자체는 소수에 불과하다. 이 가운데 버클리 타운십 조례의 사구에 관한 정의를 살펴보면 다음과 같다.

사구 해안사구는 바람이나 파랑으로 퇴적된, 또는 인위적으로 조성된 모래 지형(둔덕이나 릿지)으로서 해안선에 일반적으로 평행하며, 해빈으로부터 내륙 쪽, 즉 해빈의 내륙 쪽 가장자리와 사구의 내륙 쪽 사면각부(斜面脚部) 사이에 위치한다. '사구'는 그 지대 내의 전사구, 일차사구, 삼차사구열과 함께 인공사구를 포함한다.

1. 해빈에 직접 인접해 있는 지지구조물, (사구) 울타리,[5] 식재 식물, 또는 그 밖의 수단으로 고정된 모래지형은 바람이나 파랑활동으로 변모되거나 개발로 인한 교란 정도와 무관하게 사구로 간주된다.
2. 폭풍으로 말미암아 가로나 구조물의 일부에 걸쳐 풍성작용으로 쌓인 작은 모래둔덕은 사구로 간주하지 아니한다.

행위 규제

사구식생은 보행이나 그 밖의 활동으로 쉽게 교란되기 때문에, 사구조례는 사구의 상태를 교란시킬 수 있는 사구지대 내의 일체의 행위를 규제한다. 조례는 전형적으로 사구지대 내의 건축행위, 공중의 접근, 유지(정지작업) 등을 제한하고 있다. 모든 지자체에서 사구 상의 건축을 금하고 있다. 다만 주정부나 연방정부, 또는 지자체에서 승인한 가호안이나 도류제, 돌제 등 해안안정화사업은 예외로 규정하고 있다. 멘톨로킹이나 브릭의 조례에서는 사구에 연결되어지는 모래의 자연적 유동을 방해하는 일체의 구조물을 불허한다는 조항을 포함하고 있다(Brick, 1988; Mantolokng, 1995). 1984년의 조례평가에서 NJDEP는 섭나무(나무나 관목) 형태의 사구울타리를 허용하여, 의도와는 달리 사구가 쓰레기 투기장으로 변질되는 경우가 있다고 지적했다. 이에 따라 많은 지자체는 이러한 형태의 사구울타리를 조례에서 삭제했다. 그러나 몇몇 지자체는 고사목이나 관목을 드리프트

5) snow fence는 값이 싸고 설치가 쉬워 사구울타리로 널리 활용된다.

펜스(drift fence)로 허용하고 있다.

사구식생의 훼손이나 사구고의 저하를 방지하기 위해 거의 대부분의 지자체는 사람들이 사구에 접근하는 것을 금지하고 있다. 그러나 소수의 지자체 외에는 가로말단의 사구통행로를 통해 고조위 기간에 오버워시가 일어나는 문제를 다루지 않고 있다. 멘톨로킹과 베이헤드는 일반대중이나 해변 토지 소유자들의 해빈 왕래에 육교의 사용을 장려하고 있다. 오션 시티도 이 지역에 접근하는 파랑의 방향, 즉 남동 방향에 대해 경사를 갖는 지그재그 형태의 통행로를 장려함으로써 오버워시를 억제하려는 노력을 기울이고 있다(Ocean City, 1994). 이러한 노력 이외에도 여러 지자체에서는 사구의 수직 방향 침식을 막기 위해 통행로에 롤 오버 목도나 플래스틱 매트, 또는 사초를 깔아놓고 있다.

사구 유지

사구 유지의 주요 목적은 폭풍의 영향을 완충시키기 위하여 사구의 높이와 폭을 보호하고 증대시키는 것이다. 대부분의 조례는 사람들의 직접 또는 간접적 행위로 말미암아 지역공동체가 정해놓은 높이 이하로 사구가 저하되는 것을 금하고 있다. 소수의 지자체에서는 이상적인 사구고(해발고도) 기준을 조례에 명시하고 있다. 예컨대 베이헤드 시당국은 16피트로, 멘톨로킹은 주요 사구능선의 높이를 18피트로, 롱비치는 최소 높이를 16피트로 정해놓고 있다(Bay Head 1993; Mantoloking 1995; Long Beach Township 1994). 멘톨로킹, 오션 시티, 포인트 플래즌트, 도버, 버클리, 브리갠틴 등에서는 개인주택 소유자나 공동체로 하여금 사구식생의 연간 유지보수를 부과하고 있다.

멘톨로킹 1995조례의 부록은 미국자연자원보전국의 보고서 「대서양 중부 해안의 사구 복원」(1992)에서 채택한 것으로 사구의 유지보수에 좋은 참고가 된다.

결론

지역공동체는 해안사구의 보전과 기능증진으로부터 편익을 얻는다. 해안사구는 자연해안시스템의 중요한 요소를 구성하고 있다. 사구의 가치를 주로 해안보호기능에서 찾고 있지만, 해안사구는 그밖에도 많은 역할과 기능을 가지고 있다. 모래창고 역할을 하며, 해안시스템 내의 모래교환이 활발히 이루어지게 한다. 다양한 생물의 서식처가 되며 또한 심미적 가치를 가지고 있다.

지역공동체 수준에서는 표준화된 절차를 마련하여 사구의 관리와 유지보수에 관한 안내를 제공할 수 있다. 사구보호 조례는 지역공동체가 사구의 기능과 편익을 최대화시킬 수 있는 프로그램 개발의 법적 기작을 마련해주고 있다. 사구보전에 대한 지역사회의 기조와 노력을 이들 조례에 반영시키는 것도 중요하다.

해안사구가 침식을 방지하거나 침식경향을 역전시키는 것은 아니라는 것을 주지시켜야 한다. 사구는 폭풍해일을 완충하고 모래를 공급하여 해안선 이동을 완화시키는 역할을 한다. 사구는 해안공동체가 폭풍효과로부터 받는 피해를 저감하는 방어벽 역할을 한다. 그러나 사구가 가지고 있는 능력에는 명백한 한계가 있다. 사구도 파랑과 바람의 영향으로 침식을 받으며, 대규모 폭풍해일에는 월파가 발생할 수 있다. 지역공동체가 유지보수 프로그램과 조례를 통하여 사구의 호안능력과 그 외의 기능을 증진시킬 수 있지만, 이를 지역공동체의 추진능력 내의 단기적 호안전략으로 간주해야 한다. 미래에 사구를 재조성하거나 위치를 이동하고 재평가할 필요가 발생할 것이기 때문이다.

제8장

해안경제:

해안안정화와 해안관광의 경제적 측면

구조물을 통한 호안에는 한계가 있다는 사실이 제대로 이해되지 못하고 있다. 실제로 구조물은 위험지역의 개발을 유도하고, 대규모 범람이나 허리케인이 발생했을 때 대재앙이 초래될 가능성을 오히려 증가시킨다.

– R. J. Burby, "Introduction" in *cooperation with nature* (1988)

이 장의 목적 가운데 하나는 경제학에서 빈번히 사용되고 있는 개념과 의사결정모형을 소개하여, 경제적 기준에서 해안관리와 해빈안정화전략을 평가하는 것이다. 양빈사업의 '경제적 가치'는 양빈의 '경제적 중요성' 또는 지불효과와는 개념적으로 상이하다는 것도 이 장을 통해 이해할 수 있다.

이 장에서는 논의의 배경, 즉 적정한 경제적 척도, 방법, 모형을 다룰 것이며, 4가지 주제, 즉 (1) 해빈의 사용과 해안선안정화의 경제적 가치, (2) 관광과 경제발전에서 해빈의 역할, (3) 해안선안정화에 관한 정책, 그리고 (4) 뉴저지 해안 지대의 관광업 지출 효과에 관한 뉴저지 주 관광국의 연구 문헌을 정리하고자 한다. 이것은 미래를 고려할 때 중요하다.

배경

짧은 시간에 걸쳐 넓은 해빈을 조성하는 양빈사업과 같은 해안선관리대책의 편익효과를 정량화하는 것은 중요하다. 폭이 넓은 해빈은 관광객을 많이 유치하고, 인근의 거주민에게 레크리에이션 편익을 끼치며,

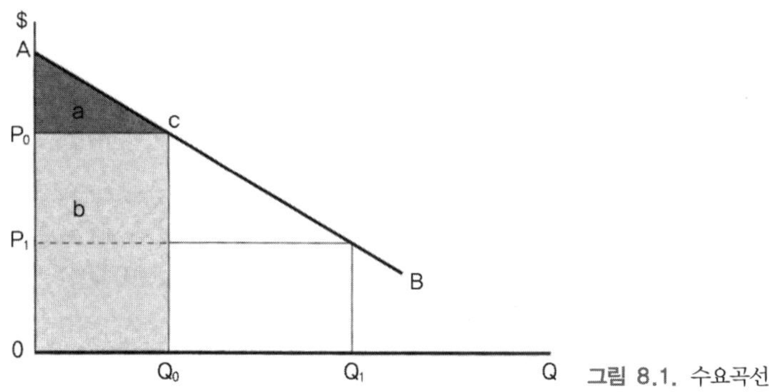

그림 8.1. 수요곡선

호안효과도 크기 때문에 경제적 편익이 크다. 넓은 폭의 해빈은 신규 방문자와 재방문자의 부가적 욕망 만족과 함께 해변 부동산소유자에게 재해완충 기능을 제공함으로써 경제적 편익 또는 경제적 가치를 증가시킨다. 이러한 편익효과는 경제적 잉여의 증가, 그림 8.1에서 수요곡선 아래의 잉여부분의 증가로 다루어진다. 그림 8.1에서 수요곡선 AB는 해빈산책, 양빈으로 제공되는 친수효과, 해빈에 근접한 부동산(주택이나 토지)이 지니고 있는 친수효과 등 다양한 해빈의 서비스를 가리킨다. 이러한 서비스에 대한 가격이 주어지면, 지불가격의 윗부분에 잉여가 나타난다. 지불가격은 그림 8.1에서 음영처리된 b부분을 가리킨다. 소비자에게 생기는 잉여는 a부분으로 경제적 후생, 또는 상품소비로 얻는 욕망 만족을 가리킨다. 경제적 후생 또는 잉여의 화폐적 척도 a는 소비자잉여로 나타난다. 같은 방법으로 그림 8.2는 다양한 해빈서비스를 제공하는 기업에게 발생하는 잉여를 보여주고 있다. 이 그림에서 상승하는 공급곡선 CD는 다양한 해빈서비스의 공급을 나타내며 가격과 공급양이 주어지면 공급곡선 아랫부분 b는 총 공급비용을 나타낸다. 지불가격과 공급곡선 사이의 음영부분 a는 생산자에게 생기는 경제적 후생의 화폐적 척도인 생산자잉여이다. 판매를 증가시키고 소비자와 기업의 수를 증가시키는 등 해빈안정화사업이 기업활동에 미치는 경제적 영향(economic impact), 즉 편익효과를 초래하는데, 이를 해빈의 경제적 의의

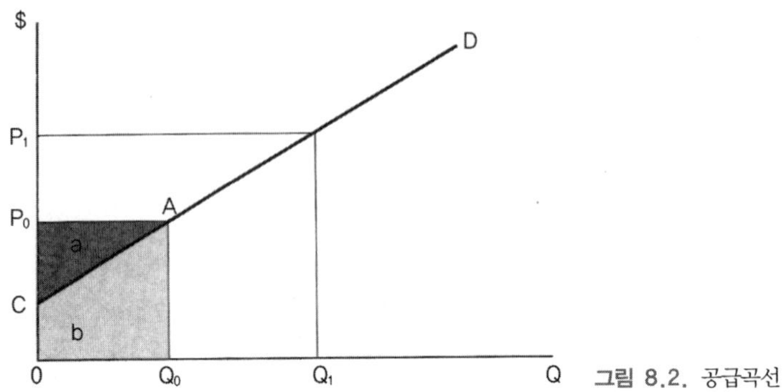

그림 8.2. 공급곡선

(economic importance)라고 한다. 이러한 지불효과는 그림 8.1의 b부분으로 생각할 수 있다. 지불효과는 영향승수를 통하여 b부분이 확장된 것으로 생각할 수 있다. 이러한 지불효과는 그동안 관심의 대상이 되지 못했고, 잠재적 효과를 분리해낼 수 있는 실험설계와 통계적 정밀성이 뒷받침된 연구가 이루어지지 않았기 때문에 앞으로의 연구가 기대되는 부분이다. 다음에서 거론되는 연구들이 해안선안정화사업에 연관된 경제활동평가의 개발을 시도하고 있다. 이들 연구는 적정한 통계적 설계에 근거하지 않고 있으며, 평가나 결론에도 한계를 가지고 있다. 해안의 경제적 편익과 경제적 활동의 측정에 대한 수요가 매우 높다. 최종 결과에 초점을 맞추는 것보다도 특정 효과들을 탐색하고 분리해내도록 적절히 설계된 연구가 필요하다.

뉴저지 주의 해안관광산업은 해안지대의 실제 상태나 알려진 조건, 즉 침식과 해양오염 정도에 민감하다. 예컨대 1986년부터 1988년 사이 뉴저지 공공 해수욕장의 입장권 판매를 보면 1988년의 해양오염사건으로 9~44% (평균 26%)가 감소되었다(Ofiara and Brown, 1999). 해안침식과 해양오염의 진행은 해안경제활동에 악영향을 미칠 수 있다. 오피아라와 브라운에 따르면, 1988년 해양오염사건은 뉴저지 주에 3억 7,910만 달러 내지 15억 9,780만 달러의 직접적 경제손실을 초래했다. 이와 동일하게 수질보전 활동도 해안관광산업의 경제활동에 긍정적 영향을 미친다. 따라서 해안안정화와 같이 해빈의 질을 향상시키는 활동도 유사한 효과를 초래할 것이다.

해안침식관리정책에도 중요한 논점이 제기된다. 침식관리정책의 평가는 실세계의 시나리오에 따라 갈수록 복잡해지고 있다. 해안선안정화사업은 사업의 기대수명에 관련된 위험과 각 사업의 기대수익이 가변적이기 때문에 매우 복잡하다. 더욱이 해안선의 특성과 해안선안정화사업은 지리적 위치, 자연적 특성, 기상패턴, 폭풍의 활동과 크기, 해수면 상승 등 외생적 위험의 영향을 크게 받는다(폭풍의 활동과 크기는 충분한 기간에 걸쳐 관찰되고 분석되어 고위험에서 저위험의 순서로 등급화된다). 저위험기간에 수행된 안정화사업은 고위험기간에 시작된 동일한 사업에 비해 기대수명[1]과 경제적 수익에서 높게 평가될 것이다.

그러나 해안지역을 단순히 유지하기 위해서라도 고위험기간이 예상되기 이전에 해안선안정화사업이 수행될 수 있다. 이러한 사업은 당시의 폭풍기간을 위한 일회적 긴급대책사업으로 다룰 수 있다. 해수면 상승은 위와 같은 위험요소를 증폭시키고, 침식과 폭풍손실의 영향을 확대시킨다.

이상적으로는 이러한 정책과 사업의 평가에 있어서 해안선안정화의 대안적 정책옵션에 대한 후생분석(최선분석)이 좋을 것이다. 사용되는 편익자료는 서로 다른 해안안정화정책에 따른 사회후생가치의 측정이다. 그러나 이러한 접근방법은 적용하기 어렵다. 그러한 자료를 구할 수 없고 위락적 사용과 비사용가치에 관한 자료는 현장조사비가 많이 소요될 뿐만 아니라 기법 자체에 많은 논란의 여지가 많다. 특히 집계의 문제가 있고, 편익함수(benefit function)의 선정이라는 매우 복잡한 문제가 있다.[2]

최선접근(a first-best approach)이 없는 경우, 해안선안정화정책의 경제적

1) 설계수명과 실제수명의 차이. 실제수명은 같은 지점에 같은 내용의 사업 착수가 필요할 때까지의 시간이다.

2) 여기에서 집계의 문제는 다양한 기호를 가진 개인들의 경제활동을 가리킨다.

분석에서 가장 흔하게 사용되는 기법으로는 비용편익분석(CBA, Cost Benefit analysis), 차선접근(a second-best approach)이 있다. 이러한 기법의 적용에는 기금이 허용하는 범위에서 최대순경제편익-수익을 산출하는 사업을 지원한다는 의사결정법칙에 따라 특정 연도의 사업 우선순위를 정한다. 뉴저지해안보호기본계획에서도 유사한 기준이 사용된 바가 있다(NJSDEP, 1981). 이러한 과정은 매년 반복된다. 그러나 CBA가 몇 가지 한계 때문에 비현실적일 수도 있다. 이 기법에서 편익은 정확하게 측정할 수 있는 것으로 간주하고 있지만, 편익이 명시적으로 측정가능하지 않다면 측정오차가 있기 마련이다. 편익의 비교는 같은 순편익을 내는 사업들 사이에서만 가능하며, CBA는 또한 후생기준에 관련되어 있기 때문에 한계를 가지고 있다. 즉, 파레토 향상을 가져오는 사업이 다른 모든 사업에 비해 우선되는 것으로 간주되지만, 사업편익의 분배에 관한 전제(사회적 형평성에 대한 가정)가 없다면 동일한 사회적 후생을 산출하는 두 사업의 차이를 밝힐 수 없을 것이다.[3] 더욱이, 위험과 불확실성의 처리문제가 CBA를 더 복잡하게 만든다(Ofiara and Psuty, 2001). 그러나 이러한 단점과 개선기법이 있음에도 불구하고 CBA는 널리 사용되고 있으며 공공정책문제를 다루고 있는 공무원들에게 정책결정 준거를 마련해주고 있다.

최근의 대형재난 처리과정에서 나타난 공공정책의 문제로 말미암아 손해보험업계에서는 새로운 노력을 시도해오고 있다(Kunreuther, 1998). 플로리다에서 허리케인 앤드류로 발생한 대규모 재산손실에 따른 보험금지불청구를 감당하지 못하고 많은 개인보험회사가 도산한 바 있다. 도산을 면한 보험회사들도 재정구조가 극히 취약해짐에 따라 이 사업영역으로부터 철수하게 되었다. 이에 따라 플로리다 주정부는 주택소유자의 보호를 위해 홍수

3) 파레토 향상(pareto improvement): 최소한 구성원 1인의 부유하게 되지만 손해를 입는 사람이 단 한 사람도 없는 상황의 경제적 후생 변화를 말한다.

해보험에 개입할 수밖에 없었다(Locomte and Gahagan, 1998). 앞으로 발생할 해수면 상승을 고려할 때, 심각한 해안폭풍이라면 허리케인 앤드류나 허리케인 휴고, 1962년 재의 수요일과 유사한 해안폭풍이 초래했던 대규모 재해를 일으킬 잠재력을 가지고 있다. 이러한 상황이 시사하는 바는 크게 두 가지 방향으로 정리할 수 있다. 보상 범위의 확보에 필요한 주 정부의 재정적 부담을 생각할 수 있고, 다른 한편으로는 자연재해위험을 줄이고 역동적 구조 속에서 해안선안정화 문제를 다룰 수 있는 프로그램을 고안해내는 것이다. 공공정책당국은 위험과 수익 사이의 균형문제를 다룰 수 있고 종국적으로는 복합적이고 역동적인 해안위험관리와 해안선안정화 문제를 처리할 수 있는 정보의사결정모형이 필요하다. CBA의 한계를 다음에서 좀 더 논의하고 의사결정모형의 잠재적 대안들을 살펴보도록 하자.

해안선안정화관리의 경제원리

개념적으로 상이한 많은 경제지표가 있다. 국가소득 회계관리에서 경제활동을 측정하는 국내총생산(GDP)은 한 국가에서 생산한 최종상품과 서비스에 대한 지불총액이며, 흔히 소비와 생산, 정부, 외국 무역 등의 부분으로 분리된다. 입-출력 분석에서는 경제지표를, 산출(판매)과 입금(임금 수입), 경제인 수(고용수준) 그리고 세입 등의 달러총계의 변화로 처리한다. 후생경제이론에서는 경제적 편익과 손실은 경제적 후생 또는 잉여(순경제가치)에서 각각 증가(+)와 감소(-)를 나타내며 후생경제이론의 측정치(지표)들과 같다. 경제학자들이나 언론매체 사이에서 널리 사용되는 것으로 이상의 지표를 가리키는 용어들이 있다. 순경제가치(net economic value)는 폭풍해나 해안침식과 같은 환경의 질이 변화한 이후에 일어나는 소비와 생산활동의 경제적 잉여를 화폐가치로 나타낸 것이며, 소비자잉여와 생산자잉여의 합으로 이는 경제적 후생지표이다. 경제적 잉여가 감소할 때에는 손실된 순경제가치(lost net economic value)라고 한다. 그러나 경제적 잉여의 감소가 해안침식과 폭풍해로 인해 발생할 수 있는 경제활동의 부정적 변화만을 가리키는 것은 아니다. 공중의 관점에서는 다른 효과도 생각할 수 있다. 경제학자들은 이러한 효과를 경제적 역효과 또는 악영향이라고 한다. 이러한 효과는 환경파괴에 따라 발생하며 판매와 산출, 고용, 소득 등 계측할 수 있는 경제활동의 위축으로 간주될 수 있고 정량화될 수 있는 경제적 효과가 모두 포함될 수 있다. 이러한 효과의 측정치를 경제활동지표라고 하며, 경제적 손실의 맥락에서 해안침식과 폭풍해로 초래된 지속할 수 있는 경제활동의 위축으로 간주된다. 경제적 손실(economic losses)은 침식과 폭풍해로 말미암아 손실된 순경제가치(lost net economic value)를 가리키며, 손실된 경제적 잉여 또는 후생의 가치를 의미한다. 경제적 손실과 손실된 순경제적 가치는 개념이 다르다. 즉, 전자는 비후생적 지표이며 후자는 후생지표이다. 경제적 영향(economic impacts)도 다른 맥락에서 사용되는데, 입력-출력(I/O)모형과 함께 제안된 정책과 그 밖에 경제활동 변화를 검토하는 데 활용된다. 경제활동의 변화로는 구조적 변화나 카지노 폐쇄 등을 예로 들 수 있다. 이러한 맥락에서 경제적 영향은 산출이나 판매, 소득, 고용 등에 미치는 영향이 측정될 수 있는 I/O모형으로부터 평가되는 경제활동의 변화를 가리킨다. 예를 들면 경제활동은 부가가치 총액으로 볼 수 있고, 이때 매출액이 적정한 변수이다. 경제적 잉여 또는 후생은 무시된다.

편익(benefits)과 경제적 편익(economic benefits)도 유사하다. 여러 가지 맥락에서 이 둘은 각기 다른 의미를 가지고 있다. 후생경제이론에서 경제적 편익은 순경제가치의 증분(경제적 잉여나 후생의 화폐적 측정으로 나타나는 증분)이다. 경제적 영향의 관점에서(예컨대 제안된 정책의 영향을 간단하게 분석하는 경우), 편익은 경제활동의 증분이며, 이는 계량화될 수 있고 경제적 후생이나 잉여의 증분을 반영할 수 있다. CBA의 맥락에서 경제적 편익은 순경제적 가치의 모든 증분을 가리킨다. 이것은 순경제편익(net economic benefit)이라고 하며 제안된 사업이나 정책의 수행 결과 직·간접적으로 초래되는 것을 가리키며 그 사업이나 정책이 수행되지 않는 상황과 대비된다. 몇몇 경우에 경제적 편익은 판매와 소득, 고용 등(비후생요소)의 경제활동의 변화를 개략적으로 뭉뚱그려 표현하기도 하는데, 이것은 CBA와는 다른 맥락이다. CBA에서 경제적 편익은 후생경제의 맥락에서와 같은 지표를 나타낸다.

경제지표

거시경제활동의 국민소득회계지표를 흔히 국내총생산(GDP) 또는 국민총생산(GNP)이라고 한다. 이들 지표는 주어진 기간(1년)에 하나의 경제체제에서 생산된 최종 재화나 용역의 총량 가치를 가리킨다. 가격은 시간에 따라 변하기 때문에 이러한 지표들은 불변가격으로 조정되어 실질국내총생산, 실질국민총생산 등으로 환산되어야 한다. 이에 따라 GDP나 GNP의 변화는 실질 산출의 변화를 반영한다. 중고품이나 생산재를 고려하지 않고 최종 상품만을 계산하기 때문에 GDP는 경제활동의 이중계산 문제가 없다는 장점을 가지고 있다. 이 책에서는 국민회계지표를 실질경제활동의 지표로 다룬다.

경제적 영향은 경제적 편익과 다르다. 영향은 거시경제활동의 양을 말하며, 경제의 변화에 따른 판매와 소득, 고용, 때로는 세입 등으로 나타낸다. 예컨대 카지노의 개장이나 폐쇄와 같은 시설물의 변화, 수요의 감소와 같은 것이다. 많은 경우에 직접적 영향(1차나 2차 부품)뿐만 아니라 간접적 유발효과를 고려하는 I/O모형의 승수에 기초하여 경제적 영향이 계산된다. 소비자-관광 지출과 같은 '지불효과'는 익숙한 용어이다. 이중계산 문제를 피하기 위해서는 I/O모형의 적용에 있어서 주의가 필요하다. 승수는 최초의 변화로부터 발생하는 모든 활동을 가리키며, 이중계산이 배제된 상태에서 분석의 각 단계와 경제의 각 부분의 부가가치 총합을 표현한다.

전반적 영향은 경제 전체에 걸친 부가가치 변화의 총량을 가리키며, 국민소득회계의 부가가치 지표와 같다. 원칙적으로 국민회계에 기초하고 있다면, I/O모형에 따라 계산된 정책변화로 야기된 경제변화의 영향은 부가가치의 변화량과 같아야 한다. 후생경제이론의 맥락에서 경제적 편익은 경제적 잉여 또는 후생의 특정한 변화량을 나타내는 화폐적 가치와 연관되어 있다. 이러한 지표들은 경제적 후생의 증분과 손실에 관련되어 있으며, 각각 순경제가치의 증분과 손실을 가리킨다. 개인회사, 제조업자, 직업적 어부 등과 같은 생산자에게 순경제가치의 증분은 생산자잉여이며, 이는 상품생산의 변동원가 위에 생기는 잉여이다. 실제로 공급곡선 위에 나타나는 부분의 크기로 계측되며, 평균변동원가곡선 위의 한계비용곡선 부분 또는 상황에 따라서는 평균변동원가곡선 위에서 매도 간격까지의 부분으로 표현된다. 소비자에게는 이러한 손실과 증분이 소비자잉여 지표(순경제지표)로 정의되며, 상품구매가격 이상에 발생하는 화폐적 잉여의 변화를 나타낸다. 여기에서 감소는 순경제가치의 감소(증가)로 간주될 수 있다. 기술적으로 소비자잉여 또는 순경제적 가치는 하향하는 수요곡선(의 아랫부분)과 소비자가격(의 윗부분)의 사이 면적으로 구할 수 있다. 현실적으로 소비자의 순경제적 가치는 수요곡선의 변화로 측정된다. 소비자곡선에서 소비자에 대한 상품의 유용성은 불변이며, 이를 보정수요곡선이라 한다. 거시경제적 편익은 소비자와 생산자 등 관련자 모두에 대한 경제적 후생가치의 총 변화이다. 순편익은 경제적 편익과 비용의 차이를 가리킨다. 경제적 편익은 해안안정화사업이 수행되지 않는 경우와 대비하여 사업에 직간접으로 부수되는 것을 가리킨다. CBA의 맥락에서 경제적 편익은 후생경제지표와 같다. 여기에서 편익은 제안된 사업의 결과에 따라 발생하는(사업이 시행되지 않을 경우와 대비하여) 직간접적 경제가치의 증가를 가리킨다. 경제활동(판매, 소득, 고용-비후생요소)의 변화에 더하여 순경제적 가치(후생요소)의 변화를 포괄하기 위한 경제적 편익의 측정에 CBA를 이용하는 연구도 있다. 그러나 이는 CBA의 맥락에서 부적절하다.

경제학적 기법

비용-효과분석(cost-effectiveness analysis)은 최소비용으로 주어진 목적의 달성에 이르는 옵션에 착목한다. 편익을 고려하지 않고 목적 성취를 위한 경제적 근거를 다루지 않는다. 해안선안정화사업을 최소비용으로 수행하는 방안을 추구하는 것이 이 기법에서는 논리적이다. 그 과정은 사업기간에 걸친 특정한 옵션의 총 가격을 평가하고, 이들 가격을 할인하고, 할인가격을 합산하는 것으로 이루어진다. 할인가격은 경제현가로 나타내며, 할인가격의 총합은 총비용의 경제현가를 가리킨다. 경제현가로 가장 저렴한 비용을 나타내는 사업이 선택된다.

비용-편익분석(Cost-benefit analysis)은 해안안정화사업에 따른 편익과 비용을 고려하는 주요 방법이다. 이 방법은 사업의 결과가 비용만큼의 가치가 있다는 경제적 정당성에 근거를 가지고 있다. 이 분석에서는 사업의 시행여부를 대비하여 발생 가능한 편익과 비용을 확인하고 측정한다. CBA에는 두 가지 종류의 기법이 많이 사용되고 있다. 첫 번째는 편익과 비용의 차이를 검토하는 방법이다. 각 기간별로 검토가 이루어지는데, 할인가격을 산정하고 이를 합산하여 전 기간에 걸친 순편익의 경제현가를 측정한다. 순편익의 경제현가는 규모와 사업수명이 같은 사업들을 비교하는 지표로 적합하다. 최대순편익 경제현가를 기준으로 사업을 선택한다. 두 번째 방법은 편익과 비용의 비율(B/C)을 사용하는데, 총 할인편익을 총 할인비용으로 나눈 값이다. 편익과 비용이 동일한 경우 B/C비율은 1이 된다. 이 방법은 B/C비율이 최대로 나타나는 사업을 선택한다. B/C비율은 경제학자들 사이에서도 논란이 많다. B/C비율만을 기준으로 사업을 선정하는 것은 부적절하다는 것이 공통적인 견해이다.

경제영향평가(economic impact analysis, EIA)에 대한 설명도 필요하다. 응용정책문제에 제안된 연방규제의 분석에는 공공정책평가라고 하는 여러 가지 종류의 경제영향평가기법이 사용되고 있다. 이 분석에서는 제안된 정책변화가 초래할 효과(영향)을 규정하기 위하여 정책과 관련된 경제적 효과를 찾아내어 정량화한다. 이들 효과는 순경제적가치의 지표와 동일하지 않다.

경제입출력 분석(Economic input/output analysis, I/O)은 입력-출력 모형에 기초한 특수기법이다. 이 기법에서는 지정학적 경계로 정의된(주, 지역, 국가) 경제체제에 관련된 단체수입, 소득, 고용 등 경제활동의 거시지표를 사용한다. 주요한 특징은 '승수'의 측정에 있다. 승수는 1차적 경제활동의 변화가 최종 경제활동으로 전환되는 양태를 나타내는 지표로 간주될 수 있다. 이 정보를 통하여, 제조업이나 서비스업 등 특정부분의 변화가 경제 전반에 미치는 영향을 검토할 수 있다. I/O 분석으로 최근에 발생한 카지노의 개업이나 폐업 또는 수요 위축과 같은 몇몇 형태의 경제 변화가 판매나 소득, 교육 등에 미치는 영향을 검토할 수 있는데 이와 같이 정책문제 또는 정책변화(규제제안)를 처리하기 위해 개발되었다.

모의모형(Simulation model)은 기계언어나 시뮬레이션 언어로 작성한 가상적 컴퓨터 모형이다. 모의모형은 현실세계를 표현하거나 모사하고, 이를 근거로 특정한 적용이나 변화를 모의실험한다. 해안과학에서는 이러한 모형을 이용하여 퇴적물 이동, 사구 발달, 폭풍효과 등을 모의실험하고 있다. 역학에서는 이를 통하여 전염병의 확산을 모의한다. 군집생태학에서는 개체군의 통태와 곤충개체군의 폭발적 번식, 다양한 제어전략의 효과 등을 모의한다. 어업의 생물경제학 모형을 기초로 몇몇 응용연구가 이루어져 있다.

위험-수익 모형(risk-return models)은 재정학 분야에서 출발한 것으로 포트폴리오 이론과 위험-평균분산 모형, 여러 종류의 자본자산 가격결정모형의 적용으로 구성된다. 이들 모형은 위험과 수익의 균형점의 추적에 사용되고 있다. 이는 다양한 위험수준에서 효율적 포트폴리오를, 즉 최대 수익을 가져오는 동시에 최소의 위험부담을 가지고 있는 자산 포트폴리오를 마련하기 위한 것이다. 이 모형은 금융시장 분석에 필수적 수단이다.

해빈이용과 해안선 관리, 해안관광의 경제적 측면

해안경제에 관한 문헌은 해빈사용 가치, 해안선안정화 가치, 해안관광효과와 양빈의 잠재적 효과, 특정 양빈사업의 비용편익분석, 그리고 NJSPMP와 같은 해안관리의 정책연구로 나눌 수 있다.

해빈이용과 해안선안정화의 경제적 가치

해빈이용과 해안선안정화의 경제적 가치는 서로 연관이 깊다. 이 두 주제를 동시에 다루는 연구가 많기 때문에 여기서도 같이 다루기로 한다. 예컨대 해안선안정화의 경제적 가치는 다음과 같이 표현된다.

$$NEV_{\text{해안순안정화}} - NEV_{\text{레크리에이션 용도}}$$

NEV는 순경제가치를 나타낸다.

해빈이용의 경제적 가치에 관한 연구에서는, 해빈이용자가 부가적으로 해빈에 들렀을 때 부가되는 순경제적 가치를 측정한다. 해빈안정화의 경제적 가치에 관한 연구에서는 단기적으로 해빈 폭을 넓히는 해안선안정화 또는 양빈사업으로부터 얻어지는 부가적 순경제가치(추가적 욕망 만족의 화폐적 가치)를 측정한다. 이 두 측정치는 해빈사용자를 무작위로 추출하여 실시하는 야외조사나 무작위 추출한 개인(해빈사용자와 비사용자를 모두 포함)을 대상으로 우편조사를 통하여 이루어지며, 조건부가치측정법(Contingent

Valuation Method, CVM)을 사용한다. 해빈의 레크리에이션 이용에 관한 최초의 연구 가운데 플로리다 델레이 해변을 대상으로 CVM을 사용한 연구가 있다. 이 연구(Curtis and Shows, 1982)에 따르면, 1981년에 주민들은 해빈사용에 1인당 1일 1.88달러를 지불할 의사(willingness to pay, WTP)가 있는 반면에, 여행자의 지불의사는 2.15달러에 달했다. 1983년 플로리다 잭슨빌 해빈에서 실시된 연구에서는 주민은 4.44달러, 여행자는 4.88달러(표 8.1)로 나타났다(Curtis and Shows, 1984).

1984년 플로리다에서 CVM을 사용한 해빈사용가치에 관한 다른 연구에서는, 해빈사용에 대한 주민들의 WTP는 1인당 1일 평균 1.31달러, 여행자들의 WTP는 29.32달러(1984년 달러가격, 표 8.1)로 나타났다(Bell and Lee Worthy, 1986). 이 연구에서 주민은 연간 1인당 14.68달러, 비거주민 8.64달러를 해빈이용에 지불할 의사가 있는 것으로 나타났다. 해빈에 가까이 살고, 해빈까지의 교통비가 적고, 해빈접근도가 높고, 여러 해빈을 이용할 수 있기 때문에, 주민이 향유하는 해빈이용편익은 비거주민의 편익에 비해 낮을 것으로 예상된다. 주민들은 비거주민에 비해 해안접근에 제한이 없기 때문에, 위와 같은 조건과 함께 해안자원을 더 이용할 것이기 때문이다.

CVM에 기초하여 1988년 뉴햄프셔와 매인에서 해빈이용자에게 끼치는 해빈이용, 양빈, 그리고 해빈 청소의 가치를 연구한 린지와 터퍼(Lindsay and Tupper, 1989)에 따르면, 레크리에이션 이용은 1인당 1년 평균 47.40달러, 해빈 침식제어는 30.80달러, 해빈 청소는 26.40달러(1988 달러가, 표 8.1)로 평가된다. 해빈 이용기간을 6월부터 8월까지 92일로 가정하면, 침식제어(양빈)의 일일 경제적 가치는 1인당 0.33달러가 된다. 이 연구에서는 연구대상이었던 네 개 해빈의 경제적 가치의 평균치가 다르게 나타나, 해빈 특성의 차이 또는 기호의 차이 등을 반영하고 있다. 이 연구의 한계는 평균편익에서 높은 변이를 보인다는 것이다. 즉, 침식제어에 지불할 의사의 경우 평균치의 2배가 넘어 변동계수는 2.233이었다. 변동계수는 WTP 제시의 상대적 산포도이다. 이것은 표본수가 적고 WTP 질문이 자유대답식(open-ended)이었다는 것도 원인일 수 있다. 또한 3가지 형태의 가치에 대한 질문을 연속해서 대답하는 과정에서 2번째 3번째에 대해서 갈수록 높게 평가하는 왜곡이 작용했을 가능성도 있다.

뉴저지의 시브라이트에서 딜까지 12마일의 해안선에 걸친 양빈사업의 경제적 가치에 대한 연구가 1985년에 수행되었다. 이 연구에 따르면, 양빈이 수행되지 않은 해빈($B_{w/o}$)에 대한 WTP는 1인당 하루에 3.60달러였고 양빈이 이루어진 해빈(B_w)의 WTP는 3.90달러였다. 양자의 차이($B = B_w - B_{w/o}$), 1인당 1일 0.30달러가 양빈의 경제적 가치라고 할 수 있다(Silverman and Klock 1988, 1985달러가, 표 8.1). 이 추정치는 린지와 터퍼의 0.33달러와 유사한 결과를 나타내고 있어, 순차적 질문으로 발생한 왜곡의 수준이 심각하지 않다고 판단된다.

실버만과 클록의 두 번째 연구(Silberman and Klock, 1988)에서는 존재가치(existence value)를 16.31달러로 평가하고 있다. 존재가치[4]는 평가대상 해빈을 방문하거나 이용하지 않을 사람들(모집단의 일부)을 대상으로 침식으로 훼손된 해빈에 대비하여 신규 양빈이 이루어진 해빈이 존재한다는 지식을 기초로 평가하는 가치이다. 설문대상은 양빈이 이루어진 이들 해빈을 이용한 바가 없는 집단이다. 이 연구는 CVM을 사용하였다. 이 평가가 1년간 가치라면, 해빈 이용계절(season)이 92일이므로 1인당 하루의 비사용가치는 0.177달러가 된다.

이 연구는 대안(양빈이 이루어진 다른 해안)이 주어지지 않았기 때문에 상향 왜곡이 발생할 수 있다는 단점이 있다. 또한 설문대상자가 '존재가치'란

4) 어떤 환경이 제공하는 재화나 서비스를 이용할 의사가 없더라도 그 환경이 존재한다는 이유로 지불하려는 액수이다. 그 환경이 존재하지 않음으로써 촉발되는 문제, 또는 비효용을 피하려는 지불의사 액수라고 할 수 있다.

표 8.1a 해빈의 레크리에이션 이용이 지니는 경제적 가치 분석

연구	연도/지역	표본 설계	경제적 분석법
커티스와 쇼우즈 (Curtis and Shows, 1982)	1981 플로리다	N.A.	대면접촉법 CV-OE
커티스와 쇼우즈 (Curtis and Shows, 1984)	1983 플로리다	N.A.	대면접촉법 CV-OE
벨과 리워디 (Bell and Leeworthy, 1986)	1984 플로리다	RS 911명 (거주민 4333명 접촉관광객 826명 중)	전화면접 CV-OE, 대면접촉 CV-OE
린지와 터퍼 (Lindsay and Tupper, 1988)	1988 뉴햄프셔, 메인	RS 1100명	CV-OE 대면접촉
실버만과 클록 (Silberman and Klock, 1988)	1985 뉴저지 북부	분리 RS	CV-IB 대면접촉

결과

	거주민	관광객
WTP	$1.88/건	$2.15/건

	거주민	관광객
WTP	$4.44/건	$4.88/건

	거주민	관광객
WTP	$1.31/건	$1.45/건
SD	3.23	2.57
n	804	968
0달러 경매%[a]	29%	38%
TCM:[b]		
CS	$10.23/건	$29.32/건
Cvar	$10.31/건	$29.45/건
EV	$10.18/건	$29.29/건
n	870	1051

	모두	올드오차드 비치	파인 포인트 ($/year)	오션 파크	시부룩 뉴햄프셔
WTP	47.40	51.15	46.15	52.40	41.03
SD	53.00	49.13	52.88	60.34	52.35
n	934	316	173	164	281
WTPEC[c]	30.80	20.08[a,b]	27.37[a]	34.30[a]	40.45[b]
n	68.80	29.72	39.69	54.28	83.76
WTPLP[c]	834	248	153	156	277
SD	26.40	26.31[a]	18.50[a]	31.69[a,b]	85.13[b]
n	834	248	153	156	277

	비호안 시 WTP	호안 시 WTP	존재가치
평균	$3.60/건	$3.90/건	$16.31/건
SD	1.14	1.18	19.62
n	462	445	822
0달러 경매%	17%	-	13%
응답거부%[d]	-	-	38.4%

(계속)

표 8.1a (계속)

연구	연도/지역	표본 설계	경제적 분석법
실버만, 걸로우스키, 윌리엄스 (Silberman, Gerlowski, and Williams, 1992)	1985 뉴저지 북부 스태튼 아일랜드	분리 RS RS 500명	대면접촉 CV-IB 전화면접 CV-OE
미 공병단(1986)	1985 뉴저지 북부	RS 2,917명의 사용자	대면접촉 CV-IB
코펠(Koppel, 1994); 쿠찰스키 (Kucharski, 1995)	1994 뉴저지 남부	RS 1,063명의 사용자	대면접촉 CV-CE CV-OE

결과

			존재가치 (전체)	존재가치 (0달러제시 경우 제외)
대면설문	미래 사용	평균	15.21	23.59
		표준편차	20.91	21.92
		표본수	1177	
	WTP 없음		35.5%	
	미래 비사용	평균	9.34	21.02
		표준편차	16.04	18.28
		표본수	754	
	WTP 없음		55.6%	
전화설문	미래 사용	평균	19.65	31.98
		표준편차	38.37	44.00
		표본수	83	
	WTP 없음		38.6%	
	미래 비사용	평균	9.51	23.87
		표준편차	17.49	20.67
		표본수	138	
	WTP 없음		60.1%	
토빗모형	미래 사용		15.10	
	미래 비사용		9.26	
호안 시 WTP			$3.67/건	
50' 범 조성 시 WTP			$3.89/건	
100' 범 조성 시 WTP			$3.93/건	
중산값			$3.91/건	

	0달러 제시 비고려 시	0달러 제시 고려 시
해빈이용 WTP	$5.04/건	$4.22/건
양빈 WTP	$5.41/건	$4.59/건
(양빈으로) 넓어진 해빈		
WTP 증가%	16%	
WTP 감소%	3%	
WTP 동일%	81%	

표 8.1a (계속)

연구	연도/지역	표본 설계	경제적 분석법
포크, 그라프, 서들슨 (Falk, Graefe, and Suddleson, 1994)	1993 델라웨어	사용자	대면접촉 CV-OE CV-CE
		RS 200명 재산소유자 비거주민 RS	우편설문 CV-OE CV-CE

* 자료: 8장의 참고문헌을 보라.

* CS=소비자잉여, CV=조건부가치측정, Cvar=보상 변이, CV-CE 폐구간 조건부가치측정법, CV-IB =경매식 조건부가치측정법, CV-OE=개구간 조건부가치측정법, Evar=동등 변이, n=자료수, N.A. =자료가 없음, RS=무작위 표본, S=표본, SD=표본편차, TCM=여행비용 모형, WTP=지불의사, WTPEC=침식관리에 대한 지불의사, WTPLP=쓰레기 관리 프로그램에 대한 지불의사.

결과

	전체	비합리적 의사 제외	응답거부 제외	*n*	%WTP
해빈이용			대면 설문		
전체	$3.01	$2.80	$3.85	562	77
르호봇비치	$3.22			129	77
듀이비치	$3.21			118	79
베다니비치	$2.73			115	75
베다니남부	$2.59			96	74
펜윅아일랜드	$3.20			104	78
양빈 해빈					
전체	$3.70	$3.46	$4.63		30
르호봇비치	$3.90				29
듀이비치	$3.99				35
베다니비치	$2.36				25
베다니남부	$3.12				23
펜윅아일랜드	$4.02				38
호안 해빈					
전체	$63.69/yr	$55.74/yr	$78.65/yr		79
르호봇비치	$55.34/yr				77
듀이비치	$42.40/yr				78
베다니비치	$95.44/yr				73
베다니남부	$65.59/yr				81
펜윅아일랜드	$61.42/yr				81
해빈이용			우편설문		
전체	$2.85			348	76
재산 비소유	$2.79			150	81
재산 소유	$2.97			141	74
해빈 비사용	$3.10			46	74
양빈 해빈					
전체	$3.50				21
재산 비소유	$3.23				13
재산 소유	$3.98				30
해빈 비사용	$3.77				23
호안 해빈					
전체	$26.60				34
재산 비소유	$10.99				31
재산 소유	$51.64				42
해빈 비사용	$4.93				23

* 모든 경제적 추정치는 존재가치에 대한 추정치를 제외하고 여행건수당 1명당 지불금액($/명/건) 또는 1일당 1명당 지불금액($/명/일)로 표현된다. 존재가치에 대한 추정치는 92일 이용철을 기준으로 $/명/건(일) 단위로 변환했다. 뉴햄프셔와 메인에서 이루어진 연구에서는 경제적 가치가 높게 나타나기 때문에 해빈보호의 순가치는 침식관리에 대한 경매가치를 92일로 나누어 추정한다.

a. 0달러 제시%는 지불의사가 없는 응답자의 퍼센트를 나타낸다.

b. 독립변수의 평균값으로 선형수요곡선을 추정하고, 곡선 하부의 면적으로부터 해당값을 추정한다.

c. 0.05 수준에서 유의한 차이.

d. 응답거부%는 평가항목에 대해 응답을 거부하는 경우가 차지하는 비율.

표 8.1b 위락 목적의 해빈이용이 지니는 경제적 가치 분석 : 요약

		1985$		1992$	
북부 뉴저지	사용가치				
실버만과 클록 (Silberman and Klock, 1988)	호안 시 WTP	$3.90/여행건수		$5.08/여행건수	
	비호안 시 WTP	$3.60/여행건수		$4.69/여행건수	
	순호안 WTP	$0.30/여행건수		$0.39/여행건수	
실버만, 걸로우스키, 윌리엄스(Silberman, Gerlowski, and Williams, 1992)	비사용 가치				
	존재가치	$9.26/92일 =$0.1006/여행건수		$12.07/92일 =$0.13/여행건수	
	합: 사용/비사용	$0.4006/건		$0.52/건	
남부 뉴저지		1985$		1992$	
		0달러 WTP 제외	0달러 WTP 포함	0달러 WTP 제외	0달러 WTP 포함
코펠 (Koppel, 1994)	양빈 시 WTP	$5.41/건	$4.59/건	$5.12/건	$4.35/건
	해빈이용 WTP	$5.04/건	$4.22/건	$4.77/건	$4.00/건
	순보호가치	$0.37/건	$0.37/건	$0.35/건	$0.35/건
뉴 햄프셔-메인		1988$		1992$	
린지와 터퍼 (Lindsay and Tupper, 1988)	해빈이용 WTP	$47.40		$56.21	
	해빈보호 WTP	$30.80/92일= $0.33/일		$36.53/92일=$0.39/일	
북부 뉴저지		1985$		1992$	
미 공병단(1986)	비보호 WTP	$3.67/건		$4.78/건	
	50' 범 WTP	$3.89/건		$5.07/건	
	100' 범 WTP	$3.93/건		$5.12/건	
	호안 WTP	$3.91/건		$5.10/건	
	순가치: 호안 시	$0.24/건		$0.315/건	
	50' 범 조성 시	$0.22/건		$0.29/건	
	100' 범 조성 시	$0.26/건		$0.34/건	
델라웨어		1993$		1992$	
		전체	비합리적 의사 제외	전체	비합리적 의사 제외
포크, 그라프, 서들슨 (Falk, Graefe, and Suddleson, 1994)	넓은 해빈 시 WTP	$3.70/건	$3.46/건	$3.59/건	$3.36/건
	해빈이용 WTP	$3.01/건	$2.80/건	$2.92/건	$2.72/건
	순보호가치	$0.69/건	$0.66/건	$0.67/건	$0.64/건

WTP=willingness to pay.

개념의 이해에 어려움이 있었기 때문에 측정 오류가 발생할 수도 있다. 존재가치에 대한 상세한 분석은 토빗모형이라는 통계모형을 기초로 이루어졌으며, 현장조사에서는 연간 평균 15.10달러, 비사용자 주민조사에서는 9.26달러로 나타났다(Silberman, Gerlowski and Williams, 1992). 주민조사에서 나타난 평가가 양빈의 경제적 편익을 더 적절히 나타낸다고 볼 수 있다(1985년 달러가, 표 8.1).

뉴저지의 연구를 기초로 할 때, 경제적 편익을 사용가치와 비사용가치의 합으로 한다면, 1인당 1일 0.30달러와 0.1006달러의 합인 0.4006달러가 된다. 편익을 사용가치로만 본다면, 편익은 1인당 1일 0.30달러가 된다. 그러나 결과의 해석에서 이 연구가 가지고 있는 한계를 감안해야 한다. 즉, 표본수가 비교적 작았기 때문에 편익평가에서 변동이 컸고, 응답자들이 해빈안정화의 존재가치 결정에 어려움이 있었고, 대안 해빈이 제시되지 않아 양빈해빈에 대한 평가가 상향 왜곡되었을 가능성이 있다.

실버만과 클록(Silverman and Klock, 1988), 실버만 등(Silberman et al., 1922)의 뉴저지 자료를 바탕으로 미 공병단이 해빈이용의 경제적 가치에 대한 연구를 수행하였다. 이 연구에 따르면, 양빈이 이루어지지 않은 해빈의 평균 WTP는 1인당 3.67달러였다. 50피트 범(berm)을 조성한 양빈사업이 수행된 해빈의 평균 WTP는 3.89달러, 100피트 범을 조성한 양빈해빈은 3.93달러로 나타났다(1985년 달러가, 표 8.1). 양빈의 존재가치는 평균 연간 16.41달러로 평가되었다. 이 결과로부터 양빈의 가치는, 50피트 범의 경우 1인당 1일 0.22달러, 100피트 범의 경우 1인당 1일 0.26달러로 평가되며, 두 경우의 WTP평균값은 1인당 3.91달러〔(3.89+3.93)/2〕로 나타나, 양빈의 순효과는 1985년 달러가격로 1인당 1일 0.24달러로 평가된다.

미 공병단이 작성한 라리탄 만에서 샌디훅에 이르는 지역의 예비답사보고서(1993c)는 1일단위가치기법(a unit-day-value method)을 사용하여 양빈이 이루어진 해빈의 레크리에이션 편익은 하루 2.88달러로, 양빈이 이루어지지 않은 해빈의 경우는 2.40달러로 평가하여, 양빈사업의 여부에 따른 순차이가 하루 0.48달러로 나타났다.

뉴저지 남쪽 해빈에서 1994년 수행된 연구에서 해빈이용자와 기업체소유주/경영자, 주택소유자의 조사자료로부터 해빈이용과 해빈안정화, 침식제어의 경제적 가치를 검토하였다(Koppel, 1994; Kucharski, 1995). 이 연구에 따르면, 해빈이용의 레크리에이션 가치는 0달러를 제시(bids of zero dollar)한 경우를 제외했을 때 1인당 1일 5.04달러, 0달러 제시의 경우를 포함했을 때는 4.22달러로 나타났다(표 8.1). 넓은 폭의 해빈(양빈)의 가치에 있어서는 81%는 양빈 이전과 동일한 가격을 지불할 의사를, 16%는 더 많이 지불할 의사를, 3%는 더 적게 지불할 의사를 나타냈다(Koppel, 1994: 26). 더 많이 지불할 의사를 나타낸 사람들의 경우, 양빈 이전에 비해 1인당 하루 2.72달러를 더 지불하겠다는 응답을 보였고, 더 적게 지불하겠다는 사람들은 평균 1인당 하루 1.68달러를 덜 지불하겠다는 반응을 보였다. 이러한 정보를 기초로 양빈해안의 경제적 가치의 가중평균은, 0달러 제시를 포함할 경우 1인당 하루 4.59달러(6.94×165+2.54×33+4.22×865=4879.22/1063=4.59), 0달러 제시를 제외할 경우 1인당 1일 5.41달러(7.46×165+3.36×33+5.04×865=5750.88/1063=5.41)이다. 양빈해빈에 대한 추가적 지불의사는 1994년 달러가격으로 1인당 하루 0.37달러이며, 이는 0달러 제시사례의 포함 경우와 불포함 경우에 공통적이다. 존재가치에 관한 중앙값은 1994년 달러가격으로 50달러이며, 해빈이용일을 92일로 가정할 때 비사용가치는 일일당 0.5435달러로 평가된다. 총 경제가치(사용가치와 비사용가치의 합)는 1인당 0.9135달러로 나타난다.

코펠(Koppel, 1994)은 CVM에 기초하여 기업소유자를 대상으로 경제적 가치(생산자잉여)를 측정했는데, 이러한 연구로는 유일하다. 기업인은 양빈해빈에 대해서 20% 이상의 세금을 지불할 의사를 보였다. 즉, 0달러 제시사례를 포함했을 때 기업당 1년에 평균 181달러, 0달러 제시를 제외했을 때, 기업당 1년에 평균 256달러를 세금으로 더 지불할 의사를 보였다. 그러나 표본수가 156으로 작았기 때문에 신뢰도는 낮다.

코펠의 연구에서는 주택소유자도 연구대상에 포함되었다. 주택소유자의 80%는 양빈해빈에 대해 세금 또는 이용료를 더 지불할 의사가 없다고 밝혔고, 17%는 더 지불할 의사가 있으며, 2%는 오히려 덜 지불할 의사를 나타냈다. 주택소유자가 양빈사업으로부터 편익을 얻는다는 것을 감안한다면 의외의 결과라고 할 수 있다. 표본을 해빈 접근도에 따라 또는 임대주택과 자가주택으로 분리하여 층화 추출했다면, 결과가 상이할 수도 있다. 양빈해안에 대한 주택소유자의 WTP 중앙값은, 0달러 제시 사례를 포함할 경우 가구당 35.50달러(집에서 조사한 경우 25달러, 해빈에서 조사한 경우 46달러), 0달러 제시 사례를 제외할 경우 가구당 229.50달러(주택방문조사에서 380달러, 해빈에서 조사한 경우 79달러)로 나타났다. 이 연구도 표본수가 전체 가옥수의 1.5%에 불과했기 때문에 신뢰도가 낮다.

위의 결과를 이용하여 5개 지역공동체의 (1) 전체 해빈, (2) 전체 주택, 그리고 (3) 전체 기업에 대한 1994년 평가치를 추정한 연구가 있다(Kucharski, 1995). 해빈이용의 경제적 가치는 1억 100만 달러, 해빈침식이 주택소유자에게 끼친 손실재산가치가 48억 달러, 주택소유자에 끼치는 양빈의 존재가치가 25억 달러, 기업에 미치는 양빈의 존재가치가 14억 달러로 나타났다. 그러나 전반적으로 표본수가 적고, 변동에 대한 평가가 없기 때문에 신뢰도는 낮다.

CVM을 사용하여 해빈이용자의 의견과 인식, 해빈의 레크리에이션 이용의 경제적 가치, 양빈, 그리고 해빈보호기금으로 해빈 폭의 유지 등에 관한 종합적인 연구가 델라웨어에서 수행되었다(Falk, Graefe and Suddleson, 1994). 현장조사에서 해빈의 레크리에이션 이용에 대한 WTP는 1인당 1일 평균 3.01달러〔통계적 비합리의사(outliers)를 제외하면 2.80달러, 응답거부(protest bids)를 제외하면 3.01달러〕, 양빈해빈에 대한 WTP는 1인당 1일 평균 3.70달러(통계적 비합리의사를 제외하면 3.46달러, 응답거부를 제외하면 4.63달러), 해빈폭의 유지에 대한 경제적 가치는 1인당 연간 63.69달러(통계적 비합리의사를 제외하면 연간 55.74달러, 응답거부를 제외하면 78.65달러)로 평가되었다(1993년 달러가격, 표 8.1). 우편조사에서는, 해빈이용에 대한 WTP는 1인당 1일 평균 2.85달러(통계적 비합리의사를 제외하면 하루 평균 2.64달러, 응답거부를 제외하면 3.66달러), 양빈해빈에 대한 WTP는 1인당 1일 평균 3.50달러(통계적 비합리의사를 제외하면 3.24달러, 응답거부를 제외하면 4.29달러), 그리고 해빈 폭의 유지에 대한 경제적 가치는 26.60달러(통계적 비합리의사를 제외하면 연간 23.75달러, 응답거부를 제외하면 연간 44.55달러)로 나타난다(1993년 달러가격, 표 8.1).

린지와 터퍼(Lindsay and Tupper, 1989)의 연구결과와 같이 5개의 해빈에 대한 경제적 가치의 평균치들이 상이하게 나타난다. 이는 자연적 특성과 사회경제적 이용, 기호 등에서 이들 해빈이 가지고 있는 차이를 반영하고 있다. 검토되지 않은 논점으로는 순차적 등급으로 발생하는 가치 평가의 문제가 있다(점차 나아지는 수준이 가져오는 편익을 순차적으로 질문). 즉, 린지와 터퍼의 연구에서와 같이 두 번째, 세 번째의 경제적 가치에 대한 평가에서 상향왜곡이 발생할 수 있기 때문이다.

요약: 해빈이용과 안정화의 가치

해빈보전/양빈에 관련된 여러 가치의 평가는 다음 5가지의 연구로 대표될 수 있을 것이다. (1) 뉴저지 북부(Silberman and Klock, 1988; Silberman, Gerlowski, and Williams, 1992), (2) 뉴저지 남부(Koppel, 1994), (3) 뉴햄프셔-메인(Lindsay and Tupper, 1988), (4) 뉴저지 북부(U.S ACOE, 1986), (5) 델라웨어(Falk, Graefe, and Suddleson, 1994). 레크리에이션 용도의 양빈해빈의 경제적 가치는 이들 연구에서 다음과 같이 평가되었다. (1) 1985

년에 1인당 하루 0.30달러(1992년 달러가격으로는 0.39달러), (2) 1994년에 1인당 하루 0.37달러(1992년 달러가격으로는 0.35달러), (3) 1988년에는 1인당 하루 0.33달러(1992년 달러가격으로는 0.39달러), (4) 1985년에는 1인당 하루 0.24~ 0.26달러(1992년 달러가격으로는 0.32~0.34달러), 그리고 (5) 1993년에 1인당 하루 0.65~0.69달러(1992년 달러가격으로는 0.66~0.65달러)로 평가되었다. 포크, 그라프와 서들슨(Falk, Graefe and Suddleson, 1994)에 따르면, 해빈의 레크리에이션 이용에서 최고로 평가된 가치가 다른 평가가치의 2배에 달한다. 그 차이를 밝힐 연구가 필요하다. 이들 평가를 기초하여 순경제적 가치의 저평가치는 1992년 달러가치로 연구(2)와 연구(4)에서 1인당 하루 약 0.35달러, 고평가치는 연구 (1)과 (3)에서 0.39달러로 나타난다. 따라서 레크리에이션 이용을 위한 양빈의 순경제적 가치는 1992년 달러가치로 1인당 하루(day trip) 0.25달러에서 0.39달러로 평가된다. 연구(5)를 기초로 할 때 고평가는 1인당 하루 0.61달러에서 0.65달러에 이른다.

해빈, 관광, 그리고 경제발전

이 분야의 연구는 양빈사업이 관광과 경제활동을 증진시킨다는 증거확보에 주력하고 있다. 해빈의 존재로 말미암아 해빈지역사회(beach community)에서의 관광지출이 일어나고, 이것은 그 마을과 지역, 크게는 국가경제에 기여한다는 주제가 기본을 이루고 있다. 해빈지역의 일반적 관광산업 특성에 관한 쟁점은 별로 없지만, 두 가지 쟁점은 계속 논의되고 있다. 첫째, 해빈 또는 해안지역사회에서의 소비가 그 지방의 지역사회, 주, 지역, 그리고 국가경제에 기여하는가. 둘째, 모든 관광지출은 해빈(또는 양빈)과 직접 연관되어 있는가.

관광패턴에 영향을 줄 수 있는 여러 가지 외적 요소들이 있다. 예컨대 날씨, 해빈의 상대적 임차료, 해빈(해수욕장)의 접근도와 입장료, 그 밖의 친수환경, 해양오염, 쓰레기 청소 등이 관광산업에 영향을 미친다. 해빈에서 이루어지는 양빈사업이 관광지출과 이에 연관된 경제활동에 부가하는 특정 기여 부분을 정밀하게 추적하기 위해서는 이러한 외적 영향들을 제어하는 등 연구계획을 잘 세워야 한다. 그렇지 않으면 부가적 관광지출 측정에 여러 가지 기여요소나 영향이 복합되어 양빈사업의 효과를 추출할 수 없게 만든다. 이러한 연구결과를 해석할 때에는 연구계획, 특히 외적 영향의 제어에 관하여 주의할 필요가 있다. 연구계획에서 모든 잠재적 영향을 고려하지 않으면, 양빈이 관광에 미치는 영향을 정확하게 드러낼 수 없으며, 그 연구가 무엇을 측정했는지 또는 무슨 효과를 추적했는지 알 수 없다.

또 다른 문제는 관광지출 자료의 집계 수준이다. 예컨대 군 수준(County level)에서 수행한 측정이 해안지대의 지출을 적절하게 표현할 수 있는가의 여부이다. 군 수준의 집계자료가 해안경제자료를 구성하고 해안지역평가에 종종 사용되어왔다(University of North Corolina, 1991). 뉴저지에서 몬마우스 군과 오션 카운티 같은 곳은 해안으로부터 내륙으로 48km 이상 확장되어 있고, 메릴랜드와 델라웨어, 플로리다, 코네티컷, 매사추세츠 등에도 이와 같은 형태의 군이 있다. 해안선에 면한 군에서도 해안선이나 해빈에서 멀리 떨어진 장소에서 발생한 관광지출이 해빈의 영향과 무관할 수 있다. 군 단위의 집계자료는 해빈영향과 무관한 내륙에 입지한 경제활동부분을 포함하고 있기 때문에, 이러한 자료를 해안경제활동 분석에 사용하는 것은 오류를 초래할 위험이 있다. 예컨대, 해수욕장에 휴양여행을 간 사람이 해안에서 48km 떨어진 상점가에서 구매했을 경우도 해빈여행 지출에 포함될 수 있는가. 또는 군 단위의 집계자료에 포함된 모든 경제활동이 해안경제활동인가라는 질문을 던질 수 있다. 또 다른 예로 롱아일랜드를 들 수 있다. 롱아일랜드는 퀸즈와 브루클린의 두 자치읍, 그리고 낫소와 서포크의 2개 군으로 구성되어 있다. 군 수준에 해당하는 자료의 분석에 입각한다면, 롱아일랜드 전 지역은 해안지역으로 분류된다. 그렇다면, 이 지역의 모든 경제활동과 지출이 해빈 또는 해빈여가활동과 관계가 있는가라는 질문이 제기된다.

반드시 적절한 자료를 바탕으로 연구가 진행되어야 한다. 해안의 특정한 군 내부에서 발생하는 경제활동의 분포에 대한 정보가 없다면, 해빈효과와 연관된 관광지출 등의 경제활동을 그 외의 경제활동과 구분해낼 수도 없고, 군 단위 자료에서 상향 왜곡된 정도를 파악할 수 없기 때문에 해안경제활동을 제대로 표현할 수도 없을 것이다. 이러한 문제가 군 수준의 집계 자료의 유용성을 훼손하기 때문에 적용과 해석에서 주의를 기울여야 한다. 군 수준의 집계자료가 가지고 있는 오류의 정도를 아래에서 살펴보도록 한다.

지방 또는 국가 경제에서 해안관광이 차지하는 역할을 고려할 때에는 많은 요소를 염두에 두어야 한다. 이 가운데 하나는 여행 목적이다. 해빈 레크리에이션을 위한 특정 여행은 명백한 해안/해빈 관련의 '단일 목적 여행(distinct trip)'이지만, 친구나 친척을 만나고 해빈 이외의 관광지를 찾고 더불어 그 지방의 해빈에서도 여가를 보내는 여행은 '다목직 여행(multi-purpose trip)'이다. 해빈에서 보내는 시간(여행의 부분), 즉 해빈관련 단일 목적 여행을 세밀하게 계산해야 한다(해빈 이외에서 보내는 시간이나 여행의 부분은 무관하며 이에 관련한 소비도 무관한 것으로 계산해야 한다). 또 다른 주요 고려요소는 여행비용이다. 즉, 해빈의 존재(해빈 방문 목적 여행)또는 해빈과 관련된 여행경비를 명료하게 밝히는 일이다. 이 문제는 다목적 여행일 때에 복잡해진다. 숙박비와 음식비, 위락비용, 교통비, 입장료(주차장 또는 해수욕장) 이외의 비용은 해빈이용 활동과 직접적인 관련이 없는 것으로 간주해야 한다는 주장도 가능하다. 두 가지 예에서 삼새적 문제점을 찾을 수 있다. 해빈관광지에서 휴가를 보내지만 하루 종일 풀장에서만 시간을 보냈을 때에는 해빈관련 여행비용의 산정에 문제가 발생한다. 이 여행비용의 전체를 (아니면 일부를) 해빈관련 비용으로 간주하는가, 아니면 전혀 해빈과는 무관한 것으로 보아야 하는가? 어떤 비용을 해빈관련 비용을 보아야 하는가? 이와 같은 휴가를 해빈에서 멀리 떨어진 리조트에서만 보낼 수 있지 않은가? 다른 예는 소비재의 구매에 관련되어 있다. 해빈지역에서 쇼핑의 편의와 여유시간을 이용하여 해빈위락활동과 무관한 소형 가전제품이나 옷 등을 샀을 때 이를 해빈관련 소비로 보아야 하는가의 문제이다.

지방경제에 미치는 관광의 영향에 관한 연구는 모두 야외조사 자료에 근거를 두고 있다. 조사와 조사자료, 표본설계에는 주의가 필요하다. 여행자 소비를 추정하기 이전에 해빈 여행자/이용자의 지출 가운데 적절한 항목들을 확인해야 하며, 해빈관련 여행이나 방문으로 발생하는 여행경비만을 산정해야 한다. 이러한 과정을 통해서 여행자 소비가 인위적으로 부풀려지는 문제를 피할 수 있다. 예컨대, 특정조사에서 총 비용의 50%가 해빈이용과 관련이 있다면, 지역이나 국가의 총비용 추정치에는 2배의 오류가 포함되어 있기 때문에 표본값과 추정치는 반으로 줄여야 한다. 추정치는 지방과 지역의 경제활동에 대한 해안관광의 기여도를 나타내기 때문에 표본조사로부터 추정치를 산출할 때에는 주의가 필요하다.

양빈사업과 이에 따른 경제활동의 증가를 측정할 때에도 동일한 주의가 필요하다. 벨과 리워디(Bell and Leeworthy, 1985, 1986)는 최초로 해빈이용의 순경제적 가치와 전국에서 차지하는 경제적 의미를 상세히 분석했다. 플로리다에 집중하여 주민과 여행자를 대상으로 야외조사를 실시했다. 1983년 주민 1가구당 1년 평균 450달러, 플로리다 해빈을 방문한 비주민이 1년 가구당 평균 395달러를 소비한 것으로 나타났다. 평균 여행경비는 참여율을 근거로 추산되었고 해빈이용 관련 총지출은 22억 7,600만 달러로 나타났다(주민이 11억 2,300만 달러, 비주민이 11억 5,300만 달러). 총지출을 총매출영향(total sales impacts)으로 정리하고 있지만, 이것에는 약간의 오류가 있다. 이 추정치는 해빈이용에 직접 관련된 실제매출(직접 지출)만을 반영할 뿐, 이러한 매출에서 비롯되는 간접효과를 포함하지 않고 있다. 매출과 고용, 임금, 주정부의 세수입이 경제적 효과로 추산되었는데 전통적인 방법에 따른 것은 아니다. 주민에 미치는 효과는 비율에 기초해 추산됐고, 비주민에 대해서는 수출기반이론(export-based theory)으로부터 산출됐다(Bell and Leeworthy, 1986:

8~10, 19~25). 1983년 총지출 22억 7,600만 달러로부터 총매출 효과가 45억 8,100만 달러로, 승수효과는 2.013로 평가됐다. 그러나 이 연구의 가장 큰 단점은 표본이 플로리다의 일반 주민과 여행객을 대표하는가의 문제일 것이다. 표본은 주민 911, 비주민 826으로 구성되어 있다. 즉, 이 표본으로부터의 통계가 모집단을 적절하게 나타낼 수 있는가의 문제다.

다른 연구에서 스트론지(Stronge, 1994)는 플로리다 주 관광부의 조사자료를 사용하여 해빈관광의 경제적 중요성에 관한 내용을 진행시켰다. 설문지의 문항에 이용시설과 프로그램을 표시하는 과정을 통해서 해빈관광객을 구별해냈다. 해빈관광객의 평균 지출, 해빈관광객의 비율, 미 경제분석국의 지역 입출력 모형으로부터 구한 주 전체의 승수 등에 기초하여 경제효과를 산출했다. 해빈관광객의 직접소비로부터 나오는 경제효과는 플로리다에서 1992년 79억 달러로 평가되었다. 그 밖의 경제효과는 매출, 소득, 고용 등에 따라 평가되었다. 스트론지에 의하면 해빈관광이 플로리다 주 지역총생산에 154억 달러를 기여한다(Stronge, 1992). 이 추정치는 여행자소비에 주 전체의 승수를 통해 산출됐으며 여기에는 여러 가지 잠재적 문제가 있다.

지역총생산의 추정치는 I/O모형을 적용해서 얻은 것이 아니었다. 이것은 개략적 경제영향평가라고 간주될 수 있고, 이러한 평가에는 이중계산이 있을 수 있다. 또한 지출 가운데 해빈이용과 관련된 부분을 전체 지출에서 구분해내기 어렵기 때문에 해안을 방문한 여행객의 총비용이 '해빈관광지출'로 처리되었다. 여행에서 해빈방문이 차지하는 비율 또는 해빈방문에서 소비한 시간도 같은 문제를 가지고 있기 때문에 이 연구의 분석 내용이나 결론은 취약점을 가지고 있다.

스트론지에 이어 휴스턴(Huston, 1995a, b)이 해빈관광효과에 관한 연구를 확장시켰다. 이 연구 결과를 바탕으로 해안 관광지출과 전체 관광지출을 비교하고 양자의 비율을 계산하였다. 이를 통하여 주의 지역총생산에서 차지하는 해빈관광의 비율을 추정하였고, 미국 내 해안에 면하고 있는 주들의 총 해빈관광효과를 1,700억 달러로 평가하였다. 이 측정치는 철저한 경제영향 측정에 따르지 않고 있으며, 이중계산도 포함되어 있을 수 있다. 이전의 연구에서 여행비용의 비율을 얻는 데 사용했던 승수를 경제효과 측정에 사용하였다. 추정치가 이러한 영향을 과대평가했을 가능성 이외에도 통계자료상의 문제가 있다. 세계연감(World Almanac)과 신문·잡지 등 보도자료 등에서 얻은 2차 자료를 사용했는데, 이러한 자료는 정부의 각 부처에서 생산되는 자료와 같이 일반적으로 정확도에 대한 검증이 없다. 이러한 자료의 오류와 함께 잠재적 왜곡 등이 이러한 연구가 가지고 있는 한계이다.

해안지역의 관광사업이 소비에 영향(주민의 소비를 상회하는 효과)을 줄 수 있고 관광효과가 충분히 크다면 경제발전에 기여함에도 불구하고, 스트론지와 휴스턴의 연구가 갖는 몇몇 단점으로 말미암아 연구 결과의 이용에 한계가 있다. 경제영향 분석이 거시경제활동을 정확하게 나타내기 위해서는 잠재적 이중계산의 문제에 주의를 기울여야 한다. 이 두 연구는 이 부분에 충분한 설명을 하지 않고 있으며 해빈여행 또는 해빈이용에 관련된 소비에 대한 자료가 수집되지 않았거나 총지출로부터 구분되지도 않았다. 총지출이 해빈관련 소비와 해빈이용 비용으로 간주되어 추정치에 미확인 상향 왜곡이 개입되었다.

추정효과에 포함된 잠재적 오류를 살펴보기 위해 스토론지(Stronge, 1994)의 연구를 벨과 리워디의 연구(Bell and Leeworthy, 1985, 1986)와 비교하면 다음과 같은 문제가 발견된다. 즉, 스트론지는 해빈관광객에 연관된 1992년의 총매출을 79억 달러로, 매출효과를 154억 달러로 추정했다. 벨과 리워디는 이에 비해 총매출은 2.5배, 매출효과는 2.4배 낮게 추정하고 있다. 이러한 차이는 조사연구의 사용 적정성에 대한 우려와 함께 해빈이용에 국한된 여행비용을 구별해낼 필요를 반증하고 있다.

또 다른 장점으로는 해안지역사회에 미치는 관광의 영향으로 만하임과 티렐(Manheim and Tyrell, 1986a, b)이 제기한 바가 있다. 여름철 비거주민

관광객의 유입은 이전에는 무시되었던 부담을 주민들에게 안겨준다는 것이다. 비거주민이 그 지방의 기반시설을 사용하기 때문이다. 기반시설은 대부분 그 지방 주민의 수요를 바탕으로 개발되고 재산세를 통하여 건설되고 유지보수되고 있다. 해빈지역사회에는 문자 그대로 여름철 인구가 폭증하여 도로와 수도, 하수시설, 쓰레기 수거 등 기반시설을 고갈시키거나 설계용량을 쉽사리 초과시킨다. 여행객 가운데 그 지역에 하절기용 주택을 소유하고 있을지라도, 그 비용을 비거주민 관광객이 부담(내부화)하지 않고 있다. 이 논의는 주택이나 아파트를 소유하고 있는 주민수에 대한 관광객(호텔이나 모텔, 콘도, 해변 임차 코티지를 이용하는 여행자)의 비율에 초점이 두어져 있다. 이전의 연구에서는 이러한 측면이 고려되지 않았지만 관광사업의 증진에 주력하는 지역사회에는 부정적 외부효과와 유사한 간접비용을 고려할 필요가 있다.

양빈사업의 비용편익분석

이 주제를 논의하기 위해서는 CBA에 기초한 미 공병단의 경제성분석을 개략적으로 살펴보는 것이 적절하다. 그러나 이 책에서 상세한 검토는 부적절하며 필요에 따라서 공병단의 보고서를 참조하는 것이 현명할 것이다(U.S. ACOE, 1989a, b, 1991a, b, 1992, 1993e, 1994a, b, d, 1995).

일반적으로 미 공병단의 분석과 CBA를 포함한 경제적 분석은 철저하고 상세하게 수행된다. 대상 사업의 비용 항목을 모두 고려하는 등 비용부분의 분석이 상세하게 개발되어 있다. 대부분의 비용 항목은 상세한 기술분석에 기초하고 있다. 편익부분에서도 완성도가 높다. 최근의 미 공병단 연구에서 경제적 편익은 5가지 영역으로 나타난다.

1. 폭풍저감 편익
2. 유실토지저감 편익

3. 보강(안정강화) 편익
4. 레크리에이션 편익
5. 타 지점에서 발생하는 해안안정화비용과 유지비용 저감 편익

폭풍저감 편익 첫 번째는 제안된 사업이 폭풍피해를 저감시킴으로서 얻는 편익이다. 사업이 수행되지 않았을 때 발생할 폭풍피해로부터 사업에 의해 보강된 지점에서 발생할 폭풍피해를 감한 값으로 나타낸다. 이 정의가 단순하게 보이지만, 폭풍저감 편익은 5개의 서로 다른 요소로 나뉘며 평가를 위해서는 정교한 컴퓨터모형이 동원된다. 즉, (1) 구조물 범람의 저감, (2) 파랑공격으로 발생하는 구조물 손상의 저감, (3) 장기 침식과 폭풍사건(해안선 후퇴)에 관련된 손상의 저감, (4) 다른 해안선안정화사업과 연관된 유지비용의 저감, (5) 홍수해로 야기될 수 있는 공공 긴급사태 비용의 저감 등이다. 폭풍저감 편익의 이중계산을 피하기 위해서 미 공병단은 임계훼손역치(a critical damage threshold)를 사용하는데, 하나의 구조물에서 일어난 최초 3개의 저감 요소 가운데 가장 큰 손상만을 택하여 폭풍관련 손상을 측정하여 폭풍저감 편익으로 평가한다.

유실토지저감 편익 두 번째는 침식으로 인하여 유실되었을 부동산이 사업으로 보호되었을 때에 발생하는 손실저감과 함께 손실되었을 토지가 해빈 또는 레크리에이션의 적지일 경우 그 토지의 레크리에이션 가치를 가리킨다.

손실저감은 사업이 수행되지 않음으로써 유실될 수 있는 토지의 평가치에서 사업이 수행되었음에도 불구하고 발생한 유실토지의 평가치를 감한 것이다. 레크리에이션 가치는 사업이 수행되지 않을 경우 유실되었을 토지의 해빈이용가치로서, 사업이 수행되지 않았을 조건에서 WTP를 기초로 추정된 해빈이용의 경제적 가치와 해빈 입장료를 합산한 것이다.

보강 편익 세 번째는 사업 수행으로 발생한 부동산 평가가치의 증가에 따른 편익이다.

레크리에이션 편익 네 번째는 양빈으로 넓어진 해빈이 현재의 해빈이용자들에게 끼치는 효과를 WTP에 기초하여 추정한 경제적 가치의 순증가, 양빈해빈으로부터 사용자에게 발생하는 경제가치의 순증가, 비사용자 관점의 해빈보전의 경제적 가치(또는 존재가치) 등으로 구성된다(사용가치와 비사용가치의 합). 미 공병단이 수행하고 있는 대부분의 연구는 CVM을 사용하고 있으며, 일부 연구는 UDVM(a unit-day-value method)을 적용하고 있다. UDVM는 사업의 결과를 사용자에게 발생하는 경제적 가치 순증가의 화폐가치로 나타내며, 평균 일일 여행경비 또는 평균 입장료로 평가한다.

유지비용저감 편익 다섯 번째 항목은 제안된 사업의 근처에 위치한 지점에서 얻는 해안안정 유지노력의 저감을 뜻하며, 사업이 수행되지 않았을 때의 해안안정유지비용에서 사업으로 축소된 유지비용을 감한 값이다.

이러한 미 공병단의 편익 항목에 대해서는 논란이 있을 수 있으며, 사실로 받아들여지지 않을 수도 있다. 예컨대 보강 편익이라는 세 번째 항목은 해안안정화사업 장소 주변의 부동산가치 증가로부터 발생한다. 해안학자들 가운데 이에 대해 이의를 제기할 수도 있고, 또한 아직 이 항목을 엄밀히게 검토했거나 정량화시킨 연구가 이루어지지 않은 실정이다. 같은 논란이 다른 항목에도 적용될 수 있다.

미 공병단 연구의 한계는 6가지로 정리될 수 있다. (1) 편익 항목의 부적절한 민감도 분석〔하나의 변수를 약간 변화(증가 또는 감소)시켜서 결과의 변화를 검토하는 분석〕, (2) 비용 항목의 민감도 분석 부재, (3) 비용편익 항목들의 불확실성에 대한 부적절한 처리, 즉 폭풍저감 편익의 평가에서는 폭풍피해-

해일의 컴퓨터모형을 사용하여 수행되었다. (4) 위험과 불확실성 처리의 불명료, (5) 사업의 수명과 결과, 또는 침식으로부터의 외생적 효과에 관련된 위험과 변동의 미처리(개선 여지가 많음), (6) 해안선안정화로 달성된 편익으로 제시된 구체적 사항을 뒷받침하거나 검증하는 연구의 부족 또는 부재 등이다.

위의 근거로 비용과 편익 항목의 처리에서 다음과 같은 사항이 고려되어야 한다. 즉, (1) 비용과 편익의 항목에서 불확실성을 포함시키고, (2) 사업의 수명과 성과에 위험과 가변성을 반영한다. 예컨대, 그 지방의 경험을 기초로 하여 수명과 성과를 좀 더 정확하게 추정할 수 있다. (3) 비용과 편익의 평가에 민감도 분석을 폭넓게 적용하고, (4) 미 공병단의 분석과정에서 편익 항목의 적정성 문제를 처리한다.

불확실성의 처리에는 두 가지 기본적 요소가 있다. 즉, 편익과 비용 항목의 문제와 해안선안정화사업의 수명문제이다. 비용과 편익 항목에 있어서 불확실성의 요소는 발생빈도와 미래의 화폐적 가치의 불확실성이다. 제안된 해안안정화사업의 비용과 편익의 몇몇 요소는 확률적 속성을 가지고 있기 때문에 발생빈도와 평가 정도에 모두 영향을 미친다. 10년의 기간을 예로 들어 볼 때, 10년간에 걸친 유의할 만한 폭풍이 두세 번 발생한다고 하면 비용과 편익 항목도 두세 번 발생한다. 비용과 편익의 정도도 폭풍조건에 따라 매우 가변적이다.

앞으로의 연구에서는 주어진 기간에 일어난 평가정도와 발생빈도의 평균치를 사용하기보다는 불확실성의 두 가지 요소가 반영되어야 한다. 평균치와 같은 하나의 평가치(a point estimate)보다는 손실범위나 폭풍피해저감 범위와 같은 착상이 바람직하다. CBA에서는 가능한 한 현실을 반영하도록 주의를 기울여야 한다. 예컨대, 비용과 편익의 특정 항목들이 10년에 걸쳐 한두 차례 발생한다면, 이러한 정황이 CBA에 반영되어야 한다. 또한 이러한 비용과 편익 항목이 발생했을 때, 그 정도(크기)가 매우 가변적이고, 나머지

기간(8~9년)에 비해서도 크게 차이가 날 것이다. 이것도 CBA에 반영되어야 한다.

10년에 걸친 평균값을 매년 적용하여 비현실적 분석이 되고 있다. 예컨대 레크리에이션 편익의 분석에서 평균, 상한과 하한을 포함하는 범위를 밝히고 있으나 편익/비용 비율의 최종분석에서는 이 범위가 빠지고, 평균값에 기초하여 비율이 계산되고 CBA가 이루어지고 있다. 더욱이 미래 화폐가치의 불확실성이 비용과 편익 항목의 가치 평가에 영향을 미친다. 이것은 희소성, 수요경쟁, 통화팽창, 규모의 경제 등에 따라 화폐적 가치가 변화될 수 있기 때문이다. 이러한 요소들은 공병단 분석에 반영되어야 한다.

사업의 예상수명과 예상성과에는 위험요소들과 2차 권고가 반영되어야 한다. 어떤 요소이거나 확실성은 없으며, 사업이 예상수명과 예상성과에 미달될 위험은 존재한다. 예컨대, 사업계획 기간에 걸친 유효해인폭풍의 발생확률을 기초로 할 때 사업의 실패(사업의 수명과 성과의 측면에서) 확률은 10%에 이를 수도 있다. 이러한 요소들은 장차 공병단 분석에 반영되어야 한다. 이러한 권고사항은 사업의 상대적 효율성을 측정하는 실제의 모니터링 프로그램에도 반영되어야 한다. 예상수명의 변동은 어느 사업에서도 있을 수 있으며, 이 요소도 앞으로의 분석과 CBA의 대안기법에 고려되어야 한다. 예상수명은 또한 공간적으로 상이한 침식률과 같은 외생적 요소에 의해서도 영향을 받는다.

세 번째 수요 권고는 비용과 편익의 평가과정에서 폭넓게 민감도 분석을 적용하는 것이다. 미 공병단 연구에서 민감도 분석이 수행되고 있는 부분은 순편익의 현재가치분석(the present-value analysis)에서 할인율 범위의 사용에 국한되어 있다. 비용과 편익의 평가가 범위의 형식을 갖추고 있는 서로 다른 시나리오에 따른 사업성과의 평가에 민감도 분석이 유용할 것이다. 예컨대 폭풍 규모에 따라 순편익의 차이가 발생하는 것처럼, 상이한 폭풍사건 시나리오에 따라 순편익이 변동하기 때문이다.

미래의 공병단 분석에 관한 그 밖의 권고에는 다음과 같은 것들을 생각할 수 있다. (1) 비용과 편익 항목의 변동량을 반영하고, (2) 최근 자료뿐만 아니라 흔하게 인용되어온 1962년과 1984년의 초대형 폭풍자료를 통하여 자료보강에 주력할 것, (3) 이용 증가에 따른 레크리에이션 편익에는 주차장 추가조성 비용뿐만 아니라 추가조성 자체의 가능성을 반영해야 한다. 예컨대 뉴저지에서는 주차장시설을 확장시킬 공간이 부족하여 해빈이용객의 수는 주차장시설에 따라 제한된다. 해빈의 혼잡에 따른 비용과 교통시간도 반영해야 한다. 해빈이용객의 증가로 이용밀도에 변화는 없는가? 밀도와 혼잡의 증가에도 해빈이용자의 편익은 일정한가? 또 다른 권고는 계절적 차이를 밝히기 위해서는 이용계절(season)에 걸친 이용객 증가 분포에 민감도 분석을 적용해야 한다는 것이다. 여러 전후 요소와 함께 수온의 차이가 해빈사용 패턴에 영향을 미칠 것이다. 미 공병단 분석에서 현재 가정하는 것처럼, 10년에 걸쳐 시즌마다 모두 같은 이용패턴을 나타낼까? 평균, 평균 이상, 평균 이하 등의 기후조건으로 나누고, 시즌을 이러한 조건에 따라 구분하여 작성된 시나리오를 기초로 CBA가 이루어져야 한다.

해안선안정화사업안에 대해서는 다음과 같은 전반적 접근을 통해 CBA가 이루어져야 한다. CBA는 (1) 비용, (2) 편익, (3) 유효해안 폭풍조건의 정도(강력한 폭풍)에 따른 예상순편익가치의 현재가치에 기초해야 한다. (4)순편익은 사업 실패의 다양한 확률에 따라서, 그리고 사업기간에 걸친 편익평가에 영향을 줄 수 있는 다양한 시즌별 조건에 따라서 평가되어야 한다. CBA와 사업분석에서 침식률과 침식률의 공간적 차이를 반영해야 한다.

CBA에 반영된 위험과 불확실성 문제의 처리를 위해서 그 밖의 결정이론 접근법을 적용할 필요가 있다. 지난 30여 년간에 걸쳐서 발생한 해안폭풍을 살펴보면, 1961~1970년의 10년간에는 5년 확률 폭풍이 5회, 1971~1980년 사이에는 6회, 1981년에서 1998년 사이에는 4회 발생하였다. 1990년에서 2000년 사이는 11회가 발생하여 폭풍활동은 1990년대에 높게 나타났다.

뉴저지 해안지역의 관광지출과 관광효과

해안지역사회에서 관광객의 소비효과에 관한 연구는 유용하다. 기업의 매출과 기업활동에 관한 통계를 해안지역사회와 비해안지역사회의 매출로 나누기가 어렵기 때문이다. 모든 기업의 매출과 활동이 측정될 수 없고, 비관광객의 소비는 알 수 없기 때문에 자료에는 한계가 있다. 실제비용과 경제적 효과 사이의 차이를, 그리고 소비가 직접매출을 나타내는지 아니면 간접매출을 나타내는지도 알아야 한다.

뉴저지 여행관광국이 발주한 연구는 관광부분과 관광소비, 관광의 경제적 영향을 검토하고 있다(R. L. Associates, 1987, 1988; Opinion Research Corporation, 1989; Longwoods International, 1992, 1994a, 1995). NJSPMP가 완성된 이후에 발표된 이 연구들은 관광부문, 특히 뉴저지 해안지역에 대한 일반대중의 큰 관심을 일으켰다. 한편, 연구사들은 해안관광의 중요성을 재발견하였고 관광소비와 해안안정화 비용 사이의 관계를 확인하기 위해 주력하고 있다.

뉴저지 정부가 지원한 「관광이 뉴저지 해안지역에 미치는 효과」에 관한 최초의 연구는 1987년 R. L. 어소시에이트(R. L. Associate)에 의해 수행됐다. 뉴저지에서는 해안을 끼고 있지 않는 군, 그리고 뉴욕과 델라웨어, 펜실베이니아, 오하이오, 메릴랜드 등지에서 무작위로 가구를 추출하여 전화 인터뷰를 실시했다. 동일한 접근이 R. L. 어소시에이트의 1988년 뉴저지 해안연구에서 사용되었다. 오피니언 리서치 코퍼레이션(Opinion Research Corporation, 1989)도 같은 지역에서 무작위 추출 가구를 대상으로 전화인터뷰를 실시했으나, 표본추출설계는 R. L. 어소시에이트의 방법과 상이했다. 표본추출설계에 따라 표본자료로부터 주 전체의 관광소비를 추정(가중치부여)하는 방법이 상이하기 때문에 이들의 추정치를 상호 비교할 수는 없다. 롱우드 인터내셔널에서 사용한 기법과도 차이가 나며, 이러한 이유로 이들 추정치는 관광활동의 점추정치(point estimates)로 사용할 수 있을 뿐이다. 연구계획에서도 비교를 어렵게 하는 문제가 있다. 참여가 주요한 요소를 구성하는 행태에 관한 연구에서는 구간별 표본(Semented, two-part sample)이 필요하다. 예컨대 플로리다에서 실시한 벨과 리워디(Bell and Leeworthy, 1986)의 여행관광 연구가 이러한 연구계획을 바탕으로 하고 있다. 첫 번째 부분은 참여율을 정하는 데 이용되며, 참여율은 추정 또는 가중요소로 사용된다. 두 번째 부분에서는 이용 특성과 소비에 관한 표본자료를 얻는다.

이들 세 연구가 상이한 연구계획을 바탕으로 이루어졌기 때문에 1989년 연구에서 오피니언 리서치 코퍼레이션은 R. L. 어소시에이트가 이전에 수행한 두 연구의 표본자료를 재추정(재가중처리)하였다. 그 결과 1987년 뉴저지 해안지역의 관광자소비는 62억 달러, 1988년 54억 달러, 1989년 74억 달러로 나타났다(부록 B, Opinion Research Corporation, 1989). 사주섬 부분에 관한 롱우드 인터내셔날의 연구에서는 추정치가 이보다 현저히 낮게 나타났는데, 이것도 이들 연구를 직접 비교할 수 없는 이유이다.

뉴저지 주의 여행관광산업에 관한 연속적인 연구는 1991년에 시작됐다(Longwoods International, 1992, 1994a, b, 1995). 이들 연구는 다른 연구와 전혀 다른 연구계획에 따라 진행되었다. 두 부분으로 이루어진 설문조사(two-part survey)를 수행했는데, 한 부분은 시설에 관하여 다른 부분은 관광객에 관한 조사였다. 첫 번째 부분의 조사에서는 정확도를 높이고 회수오차(recall error)를 줄이기 위해 시설로부터 숙박비에 관한 자료를 수집했다. 두 번째 부분에서는 관광소비의 표본자료를 수집하여 특정한 편의시설 형태(호텔, 캠프장, 주립공원, 친구나 친척, 주간 여행, 통과 여행)에 따른 여행관광소비 부분을 측정했다. 첫 부분의 조사로부터 일단 숙박비가 추정되면, 전체 소비의 비율(배분)에 따라 나머지 소비부분이 도출된다. 예컨대, 호텔비가 150만 달러로 추정되고 호텔비가 호텔에 머무는 관광객의 총 소비에서 38%를 차지한다고 가정하면, 총비용의 추정치는 3,947만 달러(1500만/0.38)가 된다. 나머지 각 비용부문이 총비용에서 차지하는 비율을 알면, 각 부분의 추정치가 도출될 수 있을 것이다. 음식/식당 부분이 총 소비의 25%를 차지한다면, 추정치는

표 8.2. 뉴저지 여행/관광분야의 추정 지출액

유형	년도	카운티	비용	비용92	추정방문객수
카운티 수준	1990	애틀랜틱 카운티	6220.26	6407.51	N. A.
카운티 수준	1990	케이프 메이 카운티	1458.93	1502.85	N. A.
카운티 수준	1990	몬마우스 카운티	758.56	781.39	N. A.
카운티 수준	1990	오션 카운티	677.76	698.16	N. A.
카운티 수준	1991	애틀랜틱 카운티	5910.94	6088.88	4115.3
카운티 수준	1991	케이프 메이 카운티	1510.71	1556.19	2583.9
카운티 수준	1991	몬마우스 카운티	753.56	776.24	1990.3
카운티 수준	1991	오션 카운티	692.66	713.51	1990.3
카운티 수준	1992	애틀랜틱 카운티	6704.51	6509.64	N. A.
카운티 수준	1992	케이프 메이 카운티	1094.00	1062.20	N. A.
카운티 수준	1992	몬마우스 카운티	1262.67	1225.97	N. A.
카운티 수준	1992	오션 카운티	892.53	866.59	N. A.
카운티 수준	1993	애틀랜틱 카운티	6453.49	6265.91	4427.9
카운티 수준	1993	케이프 메이 카운티	1390.23	1349.82	5348.9
카운티 수준	1993	몬마우스 카운티	1055.93	1025.24	2107.9
카운티 수준	1993	오션 카운티	769.02	746.67	2107.9
카운티 수준	1994	애틀랜틱 카운티	6865.98	6499.98	3767.4
카운티 수준	1994	케이프 메이 카운티	2527.51	2392.78	5461.3
카운티 수준	1994	몬마우스 카운티	1683.21	1593.48	2356.2
카운티 수준	1994	오션 카운티	1484.84	1405.69	2356.2
사주섬-저지해안	1992	애틀랜틱 카운티	30.75	29.86	117.80
사주섬-저지해안	1992	케이프 메이 카운티	509.24	494.44	2488.70
사주섬-저지해안	1992	몬마우스 카운티	28.91	28.06	90.9
사주섬-저지해안	1992	오션 카운티	193.78	188.14	579.9
사주섬-저지해안	1993	애틀랜틱 카운티	32.62	31.67	110.7
사주섬-저지해안	1993	케이프 메이 카운티	605.01	587.42	2954.1
사주섬-저지해안	1993	몬마우스 카운티	29.86	29.00	94.0
사주섬-저지해안	1993	오션 카운티	207.43	201.40	621.4
사주섬-저지해안	1994	애틀랜틱 카운티	44.78	45.22	117.5
사주섬-저지해안	1994	케이프 메이 카운티	554.58	527.85	2881.0
사주섬-저지해안	1994	몬마우스 카운티	39.15	39.89	140.2
사주섬-저지해안	1994	오션 카운티	178.78	172.09	781.7
총합					
카운티 수준	1990		9115.51	9389.91	N. A.
카운티 수준	1991		8867.87	9134.82	8689.5
카운티 수준	1992		9953.71	9664.40	N. A.

표 8.2. ~ (계속)

유형	년도	카운티	비용	비용92	추정방문객수
카운티 수준	1993		9668.67	9387.64	11,884.7
카운티 수준	1994		12,561.54	11,891.93	11,584.9
사주섬-저지해안	1992		762.67	740.50	3277.3
사주섬-저지해안	1993		874.93	849.49	3780.2
사주섬-저지해안	1994		817.29	773.71	3920.4

자료: 1990-91, Longwoods International(1992); 1992-93, Longwoods International(1994a); 1994, Longwoods International(1995)

주: '비용' 단위는 해당년도의 백만 달러. 여행, 관광에 소비된 추정 지출액을 지시한다. 비용92는 1992년 상대적인 소비자가격지수로 보정한 백만 달러에 해당된다. 추정방문객수의 단위는 천 명. 방문객수는 오직 지역 수준의 수치만 가능. 오션/몬마우스 카운티는 해안지역으로 간주된다(Longwoods 연구 참조). N. A.=not available.

987만 달러(39.47만 달러 × 0.25)가 된다.

롱우드 인터내셔날 보고서는 해변 관광객의 소비부분을 분리해내고 뉴저지 주의 입출력모형에 반영함으로써 관광소비가 뉴저지 여행 관광산업에 미친 영향을 도출했다(Longwood International, 1994b). 이 정보는 기선입출력상황(baseline I/O situation)을 나타내는 정보에 부가되며, 제안된 변화와 효과가 초래한 영향을 측정하는 것과 유사하다. 즉, 기준 입출력모형의 실험으로 영향(impact estimates)이 평가되고, 이 새로운 정보(관광소비)가 추가되어 다시 실험한다. 이를 통해 영향의 변화를 구한다. 이 방법에서 직접소비는 이미 기선입출력 모형에 산업부분으로 보고되었고 주민의 직접소비와 합산되었기 때문에 이중계산의 문제가 수반된다. 이로 말미암아, 해안지역의 지역총생산으로 표현되는 진정한 거시경제활동지표와 비교할 때 과대평가된다. 따라서 소비효과(영향)를 해석할 때 주의가 필요하며 관광소비영향 측정보다는 직접소비 측정이 바람직하다.

롱우드 인터내셔날 연구가 가지고 있는 또 다른 문제는 추정치가 군 수준(Country-level)에 맞춰져 있다는 점이다. 군 단위의 자료는 해안에 인접한 좁은 해안지대(Coastal Zone), 즉 특정지역을 나타낼 수 없다. 군 단위 자료로부터 이러한 지대를 분리해내기 위해서는, 군 지역 전체에서의 입지를 기준으로(지자체) 소매점의 분포와 판매(economic sale)의 분포에 관한 정보가 있어야 한다. 그러나 이러한 정보가 구비된 경우는 드물기 때문에, 이 방법도 오류가 있을 수 있다. 이러한 어려움 때문에 해안지역의 소비활동을 분리해내기 위해서 사주섬 부분을 분리시켜 진행했다. 사주섬을 기준으로(참조하여) 관광이 뉴저지 해안지역에 미친 영향에 대해 논의했다.

롱우드 인터내셔날의 연구에 따르면, 뉴저지 주의 여행 관광소비는 1990년에 192억 8천만 달러(1992년 달러가격으로 188억 3천만 달러), 1991년에 178억 4천만 달러(1992년 달러가격으로 183억 7천만 달러), 1992년에 186억 달러, 1993년에 189억 1천만 달러(1992년 달러가격으로 183억 6천만 달러), 1994년에 226억 5천만 달러(1992년 달러가격으로 214억 4천만 달러)로 나타났다(표 8.3). 이들 추정치는 주 전체에 해당하는 것이다. 애틀랜틱 카운티와 케이프 메이 카운티, 몬마우스 카운티, 오션 카운티 등 해안을 끼고 있는 카운티 지역들에서는 1990년에 91억 달러(1992년 달러가격으로 94억 달러), 1991년에 89억 달러(1992년 달러가격으로 91억 달러), 1992년에 96억 달러, 1993년 97억 달러(1992년 달러가로 94억 달러), 1994년 125억 6천만 달러(1992년 달러가로 118억 9천만 달러)로 나타나 대략 주 전체의 절반을 차지하고 있다. 도박장 지출액(gambling activity)을 해안과 무관한 것으로 간주한다면(실제로 꼭 해안에 입지할 필요는 없다), 도박장 지출을 제외한 앞의 네 개 군의 총액은 1990년에 65억 달러, 1991년에 64억 달러, 1992년에 68억 달러, 1993년에 65억 달러, 1994년에 93억 달러로 나타난다(표 8.3). 이러한 수치들은 군 단위 자료이기 때문에 해안관광활동을 적절히 나타내지 못하고 있다. 또한 R. L. 어소시에이트와 오피니언 리서치 코퍼레이션의 연구와 같은 범위 내에서 이루어진 추정치이다. 따라서 군(county) 단위 총액을 나타내기 때문에 해안관광 경제활동의 추정치가 과대평가되었을 가능성이 있다.

그러나 사주섬에 대한 추정치는 해빈방문과 관광활동의 한 부분(해안지역

표 8.3. 뉴저지 주에서 도박에 사용된 비용을 제외한 여행/관광분야 추정지출액

유형	년도	카운티	비용	비용92	추정방문객수
카운티 수준	1990	애틀랜틱 카운티	3622.23	3731.27	N. A.
카운티 수준	1990	케이프 메이 카운티	1458.93	1502.85	N. A.
카운티 수준	1990	몬마우스 카운티	758.56	781.39	N. A.
카운티 수준	1990	오션 카운티	677.76	698.16	N. A.
카운티 수준	1991	애틀랜틱 카운티	3421.15	3524.14	4115.3
카운티 수준	1991	케이프 메이 카운티	1510.71	1556.19	2583.9
카운티 수준	1991	몬마우스 카운티	753.56	776.24	1990.3
카운티 수준	1991	오션 카운티	692.66	713.51	1990.3
카운티 수준	1992	애틀랜틱 카운티	3574.75	3470.85	N. A.
카운티 수준	1992	케이프 메이 카운티	1094.00	1062.20	N. A.
카운티 수준	1992	몬마우스 카운티	1262.67	1225.97	N. A.
카운티 수준	1992	오션 카운티	892.53	866.59	N. A.
카운티 수준	1993	애틀랜틱 카운티	3285.75	3190.25	4427.9
카운티 수준	1993	케이프 메이 카운티	1390.23	1349.82	5348.9
카운티 수준	1993	몬마우스 카운티	1055.93	1025.24	2107.9
카운티 수준	1993	오션 카운티	769.02	746.67	2107.9
카운티 수준	1994	애틀랜틱 카운티	3663.14	3467.87	3767.4
카운티 수준	1994	케이프 메이 카운티	2527.51	2392.78	5461.3
카운티 수준	1994	몬마우스 카운티	1683.21	1593.48	2356.2
카운티 수준	1994	오션 카운티	1484.84	1405.69	2356.2
사주섬-저지해안	1992	애틀랜틱 카운티	29.80	28.93	117.80
사주섬-저지해안	1992	케이프 메이 카운티	509.24	494.44	2488.70
사주섬-저지해안	1992	몬마우스 카운티	28.91	28.06	90.9
사주섬-저지해안	1992	오션 카운티	193.78	188.14	579.9
사주섬-저지해안	1993	애틀랜틱 카운티	31.62	30.70	110.7
사주섬-저지해안	1993	케이프 메이 카운티	605.01	587.42	2954.1
사주섬-저지해안	1993	몬마우스 카운티	29.86	29.00	94.0
사주섬-저지해안	1993	오션 카운티	207.43	201.40	621.4
사주섬-저지해안	1994	애틀랜틱 카운티	34.56	32.72	117.5
사주섬-저지해안	1994	케이프 메이 카운티	554.58	527.85	2881.0
사주섬-저지해안	1994	몬마우스 카운티	39.15	39.89	140.2
사주섬-저지해안	1994	오션 카운티	178.78	172.09	781.7
총합					
카운티 수준	1990		6517.48	6713.67	N. A.
카운티 수준	1991		6378.08	6570.08	8689.5
카운티 수준	1992		6823.95	6625.61	N. A.

표 8.3. ~ (계속)

유형	년도	카운티	비용	비용92	추정방문객수
카운티 수준	1993		6500.93	6311.98	11,884.7
카운티 수준	1994		9358.70	8859.82	11,584.9
사주섬-저지해안	1992		761.72	739.58	3277.3
사주섬-저지해안	1993		873.92	848.51	3780.2
사주섬-저지해안	1994		807.07	764.04	3920.4

자료: 1990-91, Longwoods International(1992); 1992-93, Longwoods International(1994a); 1994, Longwoods International(1995).

주: '비용' 단위는 해당년도의 백만 달러. 여행, 관광에 소비된 추정 지출액을 지시한다. 비용92는 1992년 상대적인 소비자가격지수로 보정한 백만 달러에 해당된다. 추정방문객수의 단위는 천 명. 방문객수는 오직 지역 수준의 수치만 가능. 오션/몬마우스 카운티는 해안지역으로 간주된다(Longwoods 연구 참조). N. A.=not available.

사회의 숙박시설을 임대한 관광객들)을 나타낼 뿐이기 때문에 해빈방문과 관련된 여행 수준과 관광활동을 과소평가하고 있다〔해빈방문에는 주간방문 관광객들과, 숙박 여행객(overnight trip)도 있다〕. 연구의 첫해였던 1992년에 사주섬 임대시설에 숙박했던 관광객과 여행자들의 소비는 7억 4,050만 달러, 1993년에는 8억 490만 달러(1992년 달러가격으로 8억 7,490만 달러), 1994년에는 8억 1,730만 달러(1992년 달러가격으로 7억 7,330만 달러)로 추정되었다.

1994년 사주섬 기여액은 네 개 해안 군 지역의 총 관광소비에서 6.85%를, 뉴저지 주 총 관광소비의 3.6%를 차지했다. 3년간의 평균치(1992~1994)로 보면, 사주섬 관광소비는 연간 7억 8,790만 달러(1992년 달러가격)에 달하며, 네 개 군의 총 관광소비 3년간 평균의 7.6%(연간 103억 1466만 달러), 뉴저지 주 전체 관광소비의 1992~1994년 연평균의 4.1%(연간 192억 8,924만 달러)를 차지한다. 도박의 소비를 제외하면, 사주섬의 1992~1994년의 3년간 연평균은 1992년 달러가로 7억 8,690만 달러에 달해, 네 개의 해안 군지역 관광소비(연간 72억 6,580만 달러)의 10.8%, 뉴저지 주 전체의 1992~1994년 연평균 관광소비(연간 163억 9,293만 달러)의 4.8%를 차지한다.

롱우드 인터내셔날 연구의 유용성은 직접소비추정치 도출에 있고, 경제적 영향 측정에 있지 않다. 직접소비는 판매된 최종 재화와 용역을 나타내고 이중계산의 문제가 없기 때문에 거시지역총생산 추정치에 가장 가깝다. 롱우드 인터내셔날의 연구는 사주섬에서 발생하는 해빈방문의 한 부분만을 나타내기 때문에 뉴저지 해안지역 관광소비활동을 과소평가하고 있다. 해빈방문과 관련된 소비를 추정하기 위해서는 네 개 군 지역 사주섬 임대시설이용 관광 이외에 주간 관광객과 숙박 여행객에 관해서도 같은 조사가 필요하다.

해빈에 관련된 소비의 규모를 추산하기 위해서 해빈방문(여행)의 3가지 구성부문(사주섬의 임대시설이용 관광객, 숙박 여행객, 주간 관광객)에 기초한 상한선이 추정된다. 그러나 여기에는 주의가 필요하다. 이러한 추정치는 신빙성을 갖춘 점추정치라기보다는 설명(예시)에 목적을 두고 있다. 이 추정치들은 롱우드 인터내셔날의 연구에서 두 개의 조사를 바탕으로 도출된 것으로 두 표본집단 사이의 중복에서 발생하는 이중계산의 오류가 있다. 따라서 여행비 추정치는 해빈관련 여행비를 과대평가할 가능성이 있다.

뉴저지 주 여행관광국이 롱우드 인터내셔날 연구에 충분한 정보를 제공한 것은 1993년 해빈이용철에 국한된다. 표 8.4의 측정치는 롱우드 인터내셔날이 주정부의 자료에 근거하여 도출한 것이다. 이를 근거로 논의를 진행하도록 한다. 롱우드 인터내셔날(1994b)의 관광객 조사내용을 보면, 뉴저지에서 일어나는 숙박여행의 12%, 주간여행의 4%는 해빈방문이며, 762만 회(표 8.4의 1, 2단계)로 나타나고 있다. 평균 여행비는 총 여행비 추정치와 여행형태별(사주섬 여행, 일박여행, 주간여행) 여행횟수로부터 도출된다(표 8.4의 3단계). 추정 여행횟수와 추정 평균 여행비를 기초로 나타낸 해빈관련 여행비 추정치는, 도박을 포함할 경우 20억 9,588만 달러, 도박을 포함하지 않을 경우 19억 1,792만 달러에 이른다(표 8.3). 사주섬 부문은 1993년 관광지출 추정치의 41.74%(8억 7,492만 달러/20억 4,587만 8천 달러)를 차지한다. 이 부문이 다른 해와 유사하다면, 3년(1992~1994)간의 평균 해빈여행비는 18억 8,764

표 8.4. 뉴저지 해빈여행자의 지출추정치 유도 과정

	여행 유형	횟수	퍼센트
1단계	숙박	20.0M	13%
	주간	130.5M	87%
	총합	150.5M	100%

	여행 목적	횟수[a]	퍼센트
2단계	숙박 해빈방문	2.4M	12%
	주간 해빈방문	5.22M	4%
	총합	7.62M	

a. 여행 목적(%) * 여행 유형 횟수로 계산

3단계: 평균비용 유도(1993년 달러)

범주	숙박 일정	주간 일정	사주섬
총 비용	$10,924.8M	$6,461.91M	$874.922M
총 여행건수	20.0M	130.5M	$637,991.56[b]
평균비용($/건)	$546.241	$49.516M	$1,371.368
도박 제외			
총 비용	$9,862.5M	$4,377.75M	$873.915M
평균비용($/건)	$493.123	$33.546	$1,369.792

b. 3,780,100명 / (5.925명/여행건수) = 637,991.56 trips

4단계: 해빈여행 건수 유도

여행 유형	빈도
숙박 일정	2.4M
사주섬 제외	-0.638M
기타 숙박 일정[c]	1.762M

c. 사주섬을 제외한 다른 숙박을 목적으로 한 여행

5단계: 해빈방문 여행객의 추정 소비비용(1993$)

사주섬 여행	0.638M	@$1,371.368 =	$874.922M
기타 숙박여행	1.762M	@ $546.241 =	$962.476M
주간여행	5.22M	@ $49.517 =	$258.479M
1993년 달러가치 기준 해빈관련 추정 소요액			$2,095.877M
도박 제외			
사주섬 여행	0.638M	@$1,369.792 =	$873.915M
기타 숙박여행	1.762M	@ $493.123 =	$868.883M
주간여행	5.22M	@ $33.546 =	$175.11M
1993년 달러가치 기준 해빈관련 추정 소요액			$1,917.9M

자료: 비용과 사주섬(Loogwoods Internationales, 1994a); 여행 자료(Longwoods International, 1994b).
M=millions.

만 달러(7억 8,790만 달러/0.4174)로 추정된다. 유사한 방법으로 사주섬 부문의 관광소비는 도박을 포함하지 않을 경우 해빈관련 여행비의 45.57%(8억 7,392만 달러/19억 1,791만 달러)를 차지하고, 일박여행은 17억 2,675만 달러에 달한다.

이러한 추정치들에 따르면, 사주섬에 기초한 해빈여행관련 관광비 추정치는 낮게 평가되는 반면에, 해안 4개 군의 군 단위 추정치는 과대평가된다. 1992년에서 1994에 걸쳐 연간 18억 8,764만 달러로 나타난 추정치는 해안 44개 군의 3년 평균치의 18%, 주 전체의 3년 평균치의 9.8%를 차지한다(도박을 포함하지 않을 경우 각각 연간 17억 2,675만 달러, 23.8%, 10.5%). 이러한 추정치는 해안관련 소비지출이 주 전체 여행관광산업의 주요 부분을 차지한다는 납득하기 어려운 결론을 이끌어내고 있다. 따라서 이 문제의 해결을 위해서는 점 추정치보다는 범위의 형태를 갖는 다양한 해빈여행 형태의 소비지출을 추정해야 한다.

해안안정화와 관리정책을 위한 연구

이 절에서는 NJSPMP와 ICF의 연구를 통해 해안안정화정책의 대안을 살펴보기로 한다. 미 공병단의 사업평가와 국가과학위원회(NCR)의 국가양빈사업 평가도 논의에 포함시키기로 한다. NJSPMP는 기술자문회사 데임즈앤드무어(Dames and Moore)가 수행한 것으로 비용편익분석을 사용하여 다양한 해안선안정화 대안을 평가하였다(NJDEP, 1981). NJSPMP에서는 대안을 5가지로 분류하고 있다. (1) 폭풍침식방지안(돌제를 포함하는 경우 75피트 폭의 범 또는 돌제를 포함시키지 않을 경우에는 100피트 폭의 범) (2) 레크리에이션 시설 개발안(해빈이용에 대한 미래 수요에 따라 범의 폭과 해빈폭을 조절, 폭풍침식방지안과 비교하여 범과 해빈의 폭을 증가 또는 감소), (3) 복합안(위의 두 대안으로부터 범과 해빈의 최대 폭을 채택), (4) 제한적 레크리에이션안(비구조물 기법에 의한 안정화는 유지관리프로그램에 보다 높은 수준의 호안기능을 제공하지만 위의 세 가지 안보다는 호안 수준이 낮다) (5) 유지관리안(기존의 물리적 구조물을 그 자리에서 수리하고 유지하며 호안 차원보다는 레크리에이션 시설 차원의 양빈을 시행하는 안으로 대안 가운데 호안 수준이 가장 낮다).

CBA에서 사용한 파라미터는 계획기간 50년과 할인율 9%이다. 경성구조물의 건축과 수리, 유지에 그리고 해빈폭의 유지 또는 확장에 필요한 주기적인 양빈을 포함하여 사업이 지속되는 기간을 50년으로 설정했고, 할인율 9%는 미래가치를 현재가치로 표현하기 위해 사용되는 이자율을 가리킨다. 레크리에이션 시설개발안에서만 시간에 따라 추정되는 레크리에이션 수요에 따라 해빈과 범의 폭이 증가할 것으로 추정하고 있다. 그 밖의 대안에서는 해빈과 범의 폭이 계획기간에 걸쳐 일정하도록 안정화시키거나 장기적 침식과 단기적 폭풍침식을 제어한다.

비용 요소는 기술비용(engineering costs)과 공공서비스 비용의 추정액으로 구성된다. 기술비용은 각각의 대안계획의 이행에 필요한 비용이며 공공서비스 비용은 각각의 대안계획에 관련된 해빈이용에 대한 미래수요 추정에 따라 하부구조 용량의 증설에 필요한 비용을 가리킨다. 기술비용의 추정은 50년 계획기간에 걸쳐 각 계획의 성취에 필요한 노동력과 기술 수준의 예측을 바탕으로 이루어진다. 공공서비스 비용 추정은 미래 해빈이용자수의 추정치(예측수요치)와 사용자 1인당 1달러에서 추정되는 하부구조 사용 평균비용의 곱으로 이루어진다.

편익요소는 레크리에이션 편익추정치와 재산보호 편익으로 구성되며 이 편익은 모두 해빈안정화에 따라 직접 발생한다. 레크리에이션 편익은 각각의 대안계획에 관련된 해빈의 레크리에이션 이용에서 발생하는 추정 편익이며, 재산보호 편익은 각 대안계획에 관련된 재산보호에서 발생하는 추정 편익이다. 레크리에이션 편익은 미래 해빈이용자의 추정치 또는 미래의 해빈이용 수요와 사용자 1인당 하루 2달러(평균 해빈입장료)에서 추정된 해빈이용의 기회비용의 곱으로 추정된다. 재산보호 편익은 각 대안계획이 그

장소에 이행되지 않았을 경우에 발생할 추정 손실액을 기초로 계산된다. 즉, 계획이 추진되지 않았을 때의 손실액에서 계획이행 이후에 발생한 손실액을 감한 것이다. 이후에 비용과 편익의 모든 추정치는 계획기간에 따라 할인율을 적용하여 합산되며, 각 지형구역단위의 계획마다 편익-비용비율(B/C ratio)이 계산된다.

해안선안정화계획은 NJSPMP를 기초로 개발되고 대안계획의 비용편익 분석에 비중이 주어지기 때문에 기본계획의 몇몇 가능한 한계에 대한 논의는 적정하다. 연구팀이 주로 기술 인력으로 구성되어 있기 때문에 편익추정치보다는 비용추정치에 비중을 두고 있다. 계획기간에 걸쳐 발생하는 인플레이션이나 디플레이션에 따른 가격과 내용의 변동에 대한 고려가 없다면 기술비용의 추정치에 한계가 있을 수 있다. NJSPMP에서 약 50년에 걸친 정확한 비용이 할인율 적용 이전에 주어지지 않았기 때문이다. 50년에 걸쳐 기계장치의 작동에 소요되는 연료비용이 변동하고 노동비가 상승할 것으로 예상하는 것이 합리적이다. 이러한 영향에 대한 고려가 없다면 기술비용의 추정은 크게 과소평가되었을 가능성이 있다.

공공서비스 비용의 추정은 두 가지 이유로 한계가 있을 수 있다. 하나는 미래의 레크리에이션 이용추정치, 다른 하나는 사용자 1인당 1달러의 하부구조 사용 추정치와 관련되어 있다. 이론적 근거로는 해빈이용자는 해빈방문뿐만 아니라 해빈에 거주하면서 가능한 공공서비스를 향유하며 편익을 얻는다는 것이다. 그러나 이용자 다수는 해빈지역사회의 주민이 아니다. 재산세를 통하여 공공서비스에 대한 지불을 감당하는 사람들은 주민이다. 이러한 비용이 추정되어야 하는데 추정상의 한계는 다음과 같다. 첫째, 미래의 기간에서 변수 예측은 모형과 사용변수에 따라 매우 민감하다. 둘째, 어떤 예측을 막론하고 예측의 가변성과 합리성에 관한 전망을 확보하기 위해서는 민감도 분석이나 예측 오류, 혹은 추정의 신뢰수준에 연관된 추정범위가 필요하다. 셋째, 시간의 경과에 따라 공공서비스 비용추정에 관한

다수의 변수가 변동할 수 있다는 것이다. 즉, 인구변화와 이에 따른 이용자 수, 재산가치 그리고 재산세율이 증가할 수 있으며 공공서비스 또는 하부구조의 확보에 필요한 비용은 일반적으로 시간의 경과에 따라 증가한다. 그러나 이상의 어떤 것도 NJSPMP의 연구자들이 논의한 바가 없다. 더욱이 50년 전체 기간에 걸쳐 일관되게 사용자 1인당 1달러의 수치 적용은 비합리적이며 공공서비스비용 추정의 타당성에 심각한 의문을 초래하고 있다. 또한 계획기간 전체에 걸쳐 일정한 수치를 사용하는 것은 추정 비용을 과소평가하여 이들 비용을 부정확하게 나타내는 경향이 있다. 더욱 중요한 것은 기술비용과 공공서비스비용이 과소평가되어 있고 부정확하다면 비용대비 편익비율은 편익 측면을 크게 한다. 즉 a/b 편익을 나타내는 분자 a가 증가하거나 비용을 나타내는 분모 b가 감소하기 때문이다.

편익측정을 살펴보면 다음과 같다. 레크리에이션 편익을 해빈이용의 추정기회비용(사용자 1인당 하루 2달러)과 미래사용 추정량의 곱으로 추정된다. 공공서비스비용에서와 같이 추정은 두 가지 요소로 이루어지며 따라서 두 가지의 기본적 제한이 있다. 첫째는 미래 해빈이용 추정에 기인하며, 이때 추정에 관한 논란은 앞부분에서와 같다. 두 번째의 기본적 제한은 기회비용을 편익측정에 사용하는 것, 즉 주 전체에서 일어나는 모든 해빈과 안정화사업에 일정한 수치를 사용하고 시간의 경과에도 불구하고 동일한 수치를 사용한다는 것이다. 이러한 주제가 무시되고 있다. 기회비용은 가격곡선과 수요곡선 사이의 면적으로 측정되는 경제적 후생의 적절한 지표가 아니며, 또한 편익의 부분적 요소를 나타낼 수는 있지만 경제적 편익을 가리키지 않는다. 모든 해빈과 모든 안정화사업에 일정한 값을 사용한다는 것은 케이프 메이에 위치한 해빈과 애쉬버리 파크 해빈 사이에 아무런 차이가 없다는 것을 뜻한다. 따라서 서로 다른 해빈이나 사업에서 편익이 동일하다는 것과 같다. 연구의 관점에서 대안들 사이의 비교를 위해서는 변수들, 예컨대 한계편익이 사업에 따라 차이가 발생하는 것이 이상적이다. 뉴저지 해안선을 따라 분포되어 있는 해빈들은 자연적 차이가 있고 각 사람은 고유의 기호와 선호를 가지고 있기 때문에, 해빈의 선택에서 차이가 나타날 것으로 예상된다. 바꾸어 말하면 린지와 터퍼(Linsay and Tupper, 1989)의 연구에서 보듯 기호의 차이는 해빈이용 편익에 반영되어야 한다. 마지막으로 시간의 경과에 따라 편익추정이 낮아지는 경향, 즉 비용편익비율이 감소하는 경향이 나타날 것이다. 그러나 이러한 부분에 대한 논의는 없었다.

마지막으로 재산보호 편익의 추정에 관하여 살펴보도록 하자. 이것은 재산가치 추정에서 도출되지만 실제 재산가치나 세금 사정기관의 재산평가액으로 구하는 것은 아니다. 우선 각각의 안정화사업계획 대안에 대해서 그 사업이 수행되지 않았을 때 50년 기간에 걸쳐 유실되거나 훼손되었을 재산을 확인한다. 이들 구조물은 일반적 형태(사업시설과 주택)에 따라 수를 확인하고 이에 구조물의 종류에 따른 평균가치를 곱하여 편익을 추정한다. 두 부분의 측정에 따라 결정되는데, 하나는 예측이며 다른 하나는 재산구조의 특정 형태에 따른 평균가치 추정이다. 이 두 부분에 한계가 있다. 첫째는 예측 또는 미래 추정에서 문제가 나타날 수 있다. 앞에서 논의한 예측의 문제가 이 부분에서도 동일하면, 연구자는 오류의 크기 또는 손실재산 예측치의 타당성, 예측에 관련된 신뢰 수준, 민감도 분석 등을 통하여 뒷받침해야 한다. 둘째는 실제가치를 사용하지 않고 평균가치의 추정치를 사용함으로써 편익추정에 편의를 초래할 수 있다는 것이다. 재산에 따라, 구조물 형태에 따라 가치의 차이가 발생하기 때문이다.

요약하면 몇 가지 시도, 즉 예컨대 미래 해빈이용 추정, 미래 재산의 유실과 훼손 등 시간에 따른 변화를 반영하려는 노력이 이루어졌지만 NJSPMP에서 수행한 비용편익분석은 기본적으로 정태적이다. 순편익(편익에서 비용을 제한)의 표출에 불확실성을 도입할 수 있었지만 사업의 예상결과에 관련된 동적 요소나 위험을 반영하려는 시도는 전무했다. 동태분석에서는 사업성과의 화폐적 가치와 불확실성이 실재한 성과를 비교하고 대비해야 할 것이다. 해빈안정화의 경우, 가능한 위험요소로 침식과 폭풍피해를 생각할 수 있는데 이러한 요소들은 사업의 완전한 이행과 효율성을 저해한다. 이 밖에도 가용사업비에 대한 불확실성은 사업 기간 내에 사업의 완성을 불투명하게 만들며, 유실재산에 대비한 보호재산의 추정가치에 대한 불확실성도 거론할 수 있다. 또한 미래의 해수면 상승 영향도 침식과 폭풍피해의 위험과 크기를 증가시킬 것이다. 아마도 가장 심각한 과오는 비용과 편익의 추정에서 모두 하향 편의의 문제가 있는 경우이며, 편익/비용 비율에 상향 또는 하향 왜곡을 일으킨다. 순효과는 불명확하지만 NJSPMP의 비용편익분석 타당성과 정확성에 관한 우려를 높인다.

저자들이 관심을 가지고 있는 해안범람원 정책옵션 검토 연구로는 뉴잉글랜드와 뉴욕의 해안지대 프로젝트를 맡은 ICF(1989)의 연구가 유일하다. 해안범람원 관리를 연구한 이 프로젝트는 나음 내용의 연구에 목적을 두고 있다. 즉 (1) 해안범람원 개발의 결과로서 정부기관들과 관계된 비용과 세수, (2) 해안 범람원의 해안침식과 폭풍피해에 초점을 맞춘 다양한 정책의 비용과 세수, (3) 해수면 상승이 이상의 비용과 세수에 미치는 영향이다. 내용(1)에 있어서, 세수는 해안개발과 관광레크리에이션에서 얻어지는 세입으로 구성되며, 비용은 침식과 폭풍해로 발생하는 훼손과 해안안정화에 소요되는 비용으로 구성된다. 특히 세수는 재산세, 소득세, 해빈입장료, 거래세, 도로통행료, 공공요금, 숙박시설 세금 그리고 홍수해보험의 합으로 구성된다. 비용에는 지방정부의 서비스와 하부구조, 안정화시설 유지비, 방화, 홍수해보험 지급, 폭풍직후 청소비, 양빈사업비, 제방건축비와 자산취득비가 있다.

네 가지 정책옵션이 평가되었는데 첫째는 무대책이다. 둘째는 양빈만을 적용하는 것으로서 다만 해빈의 폭을 유지할 뿐 해빈에 인접한 공공구조물이나 가옥의 보호는 목적에 포함되지 않는 옵션이다. 셋째는 제방만의 적용으로 피복공이나 해안제방을 가리킨다. 넷째는 자산취득으로 구조물 가치의 50% 또는 그 이상이 훼손되었을 때 적용하는 옵션이다.

뉴저지 주에서 오션 시티와 스트라스미어의 두 곳이 사례지역으로 연구되었다. 이 연구에 따르면 폭풍피해 방지에 따른 정부기관의 세수입은 1987년 오션 시티에서 1억 440만 달러, 스트라스미어에서 990만 달러로 나타났고, 피해와 보호노력에 따르는 비용은 1987년 오션 시티에서 1억 3,060만 달러, 스트라스미어에서 320만 달러로 나타났다. 연구의 나머지 부분은 2025년과 2050년의 특정 시점과 위의 정책 옵션에서 해수면 상승이 세수입의 손실과 비용의 증가에 미치는 영향을 검토하였다. 표 8.5와 표 8.6은 각각 오션 시티와 스트라스미어에서 나온 결과를 보여주고 있다. ICF의 결론은 (1) 무대책 옵션은 폭풍의 유무 조건에서 모두 세수의 큰 손실과 비용증가로 나타나며, (2) 양빈 옵션은 폭풍이 없는 조건에서는 유의한 세수의 손실을 방지하고 비용을 증가시키고 폭풍의 조건에서는 침식과 오버워시로 말미암아 세수의 큰 손실과 비용증가를 초래한다. (3) 제방사업 옵션은 비폭풍조건에서는 일회의 건설비용을 반영하여 큰 비용증가와 세수손실을 초래하고 폭풍조건에서는 제방(수명을 25년으로 가정)이 시간의 경과에 따라 노후화되기 때문에 세수의 큰 손실과 비용 증가를 초래한다. (4) 자산취득 정책은 일체의 자산취득 비용을 반영하여 폭풍조건에서 높은 비용증가를 나타내지만, 옵션(1), 옵션(2) 그리고 옵션(3)에 비하여 세수의 손실과 비용증가는 작다. 시간의 경과에 따른 누적 손실과 비용손실을 살펴보는 것이 이 연구에서 택한 절대적 접근보다 유용할 것이다.

전반적으로 이 연구는 네 가지 결론을 포괄하고 있다. (1) 해안범람원의 신규개발은 정부의 순비용으로 나타나는 반면, 많은 경우 기존의 개발시설은 보호할 가치가 있다. (2) '최선' 정책 대응은 기존의 개발 수준, 훼손에 따른 비용, 세수입의 규모에 따라 차이가 있으며, (2-1) 상대적 저개발지역에서는 양빈이 실용적이며, (2-2) 높은 수준의 개발이 이루어진 지역에서 많은 재산이 훼손 위험에 처해 있고 제방건설이 더 이상의 개방을 억제하는 정책과 연결되어 있는 곳에서는 제방을 통한 보호가 실행 가능한 것으로 나타나

표 8.5. 1987년 대비 이익 손실과 비용 증가분. 뉴저지 주 오션 시티(1987년 달러로 표현된 것임)

연도/	방치		양빈[a]		제방[b]		재산수용[c]	
해수면 상승	폭풍 비고려	폭풍 고려	폭풍 비고려	폭풍 고려	폭풍 비고려	폭풍 고려	폭풍 비고려	폭풍 고려
2025								
선형	18,498,578	87,841,610	1,108,412	88,286,990	41,284,079	299,051	18,498,578	667,338,706
중간-최저	23,045,507	93,358,730	2,463,138	97,053,793	42,062,207	299,051	23,045,581	772,692,035
중간-최고	26,060,507	111,688,471	3,263,657	122,239,897	45,077,133	299,051	26,060,507	838,690,128
2050								
선형	22,094,151	99,328,566	1,108,412	101,344,744	22,094,187	99,328,566	25,947,729	44,340,276
중간-최저	28,547,967	115,419,783	2,929,374	128,788,189	28,547,967	115,419,783	31,217,619	53,758,775
중간-최고	31,746,387	155,[illegible]47,215	3,958,614	181,381,048	31,746,215	155,746,215	33,679,370	63,526,340

*자료: ICF 주식회사(1989).

*a: 양빈은 5년마다 한 번씩 시행함. 폭풍피해를 고려하지 않은 양빈에 드는 비용을 연간비용 혹은 수익과 비교하기 위해서는 비용을 5로 나누어주어야 한다.

b: 제방건설 비용은 폭풍을 고려하지 않은 경우를 기록한 칸에 기록되어 있다. 이것은 1회당 드는 비용이므로 1회당 비용과만 비교해야 하며, 연간비용 혹은 수익과 비교하려면 이에 맞게 수치를 고쳐야 한다.

c: 재산수용 비용은 폭풍을 고려할 경우를 기록한 칸에 기록되어 있다. 이것은 1회당 드는 비용이므로 1회당 비용과만 비교해야 하며 연간비용 혹은 수익과 비교하려면 이에 맞게 수치를 고쳐야 한다.

표 8.6. 1987년 대비 이익 손실과 비용 증가분. 뉴저지 주 스트라스미어(1987년 달러로 표현된 것임)

연도/	방치		양빈[a]		제방[b]		재산수용[c]	
해수면 상승	폭풍 비고려	폭풍 고려	폭풍 비고려	폭풍 고려	폭풍 비고려	폭풍 고려	폭풍 비고려	폭풍 고려
2025								
선형	7,180,158	3,398,056	1,243,079	3,467,388	26,196,783	166,100	7,180,158	15,880,655
중간-최저	7,244,709	3,051,422	2,762,397	3,467,383	26,261,334	166,100	7,244,709	14,382,069
중간-최고	7,379,172	2,435,740	3,660,176	3,674,045	26,395,798	166,100	7,379,172	10,741,090
2050								
선형	7,229,703	3,209,883	1,234,079	3,467,383	7,229,703	3,209,883	7,250,019	251,039
중간-최저	7,547,735	2,077,930	2,762,397	3,674,045	7,547,735	2,077,930	7,559,744	222,899
중간-최고	7,735,464	1,389,266	3,660,176	4,061,535	7,735,464	1,389,266	7,742,383	210,577

*자료: ICF 주식회사(1989).

*a: 양빈은 5년마다 한 번씩 시행함. 폭풍피해를 고려하지 않은 양빈에 드는 비용을 연간비용 혹은 수익과 비교하기 위해서는 비용을 5로 나누어주어야 한다.

b: 제방건설 비용은 폭풍을 고려하지 않은 경우를 기록한 칸에 기록되어 있다. 이것은 1회당 드는 비용이므로 1회당 비용과만 비교해야 하며, 연간비용 혹은 수익과 비교하려면 이에 맞게 수치를 고쳐야 한다.

c: 재산수용 비용은 폭풍을 고려할 경우를 기록한 칸에 기록되어 있다. 이것은 1회당 드는 비용이므로 1회당 비용과만 비교해야 하며 연간비용 혹은 수익과 비교하려면 이에 맞게 수치를 고쳐야 한다.

며, (3) 적정정책은 시간에 따라 다르며, (4) 보조금(예컨대 NFIP의 보조금)의 사용은 개발 촉진에 중요한 영향을 미친다. ICF의 정책 권고는 다음의 정책 검토에서 요약하고 있다.

ICF 연구의 주요 한계점은 시간의 경과에 따른 누적효과보다는 해당 연도의 그림을 나타내고 있기 때문에 정태적이라는 것이다. 반면에 정책 사이의 장단점 평가는 시간적 연속선상의 맥락에서 이루어져야 한다. 또 다른 한계는 비용 추가(증가)와 세입 손실 추정에서 나타난다. 재산과 거래세, 소득세의 세입 손실에 있어서는 해안지역사회의 모든 가구나 주민을 연구에 포함시켰는지 아니면 해빈에 근접한 주민만을 포함시켰는지가 불분명하다. 세입 항목으로 소득세를 포함시키는 것은 상주인구에는 의미가 있지만 여름 한철에만 거주하는 주민에게는 적절하지 않다. 이 연구에서 소득세를 자료로 사용한 이유와 누구의 소득세가 사용되었는지가 불명료하다.

일반적으로 ICF 연구는 해안안정화 확보에 수반되는 복잡한 문제의 처리와 정책옵션의 장단점 평가에 적정하다. 미래의 정책연구를 계획하는 연구자들은 이 연구에서 많은 도움을 얻을 수 있다. 미 공병단의 전반적 사업과 양빈사업 일반에 관해서 또 다른 두 연구가 있다. 하나는 미 공병단 자체 연구(1994e)이고 다른 하나는 NRC의 국가양빈사업평가(1995)이다. 미 공병단 자체 연구(1994e)는 두 부분으로 구성된 과정의 첫 번째로서 1950~1993년의 56개 공병단 양빈사업의 비용과 양빈성과를 검토하였다. 이 연구는 공병단 직원들이 보유한 양빈비용과 실제로 필요한 양빈량의 추정능력을 검토하는 목적으로 수행되었다. 결과에 따르면 56개 사업의 총비용은 현재가로 6억 7,026만 달러이며 연방정부의 부담은 4억 326만 달러였다. 양빈에 사용된 모래의 양은 1억 6,700만 입방야드였고, 이것은 49개의 해빈복구사업 가운데 39개, 40개의 양빈사업 가운데 33개에 사용된 모래의 양이다.

56개 사업에서 80%에 해당되는 부분에 걸쳐서 실제로 소요된 비용과 양빈에 사용된 모래량을 이들의 추정치와 비교하였다. 실제비용은 추정비용에 비해 44%가 낮았다. 즉 1993년 달러가격으로 실비용은 13억 4,090만 달러였고, 추정비용은 14억 300만 달러였다. 양빈에 사용된 퇴적물은 추정치보다 5.4%가 많았다. 즉, 1억 5,840만 입방야드로 추정되었으나 실제로는 1억 6,700만 입방야드가 사용됐다. 미 공병단 자체 연구의 2단계(Cordes and Yezer, 1995; Hillyer, 1996)는 해안안정화 비용의 역할과 이것이 해안관광활동에 미친 영향에 초점이 맞추어졌다. 결과를 살펴보면, 해안안정화사업은 개발에 영향을 미치지 않았고 영향이 있더라도 미미하지만 수해보험보조금은 개발을 촉진하는 것으로 나타났다. 1994년 공병단 연구의 한계점은 분석된 사례연구의 선택과 함께 현재 달러가격을 1993년 달러가격으로 환산하는 기법의 선택에서 비롯되었다. 미 통계청이 개발한 가격지수(예컨대 생산자가격지수와 같은 도매가격지수)를 사용하지 않고 비전통적인 가격지수를 사용했다. 이것은 실제량과 추정량 사이의 편차에 약간의 영향만을 미쳤을 것으로 보인다.

NRC의 연구는 전문가 패널을 통하여 미국의 양빈사업을 검토하고 평가했다(NRC, 1995). 이 연구는 양빈이 해안 지역사회에 있어서 실용적인 해안안정화 옵션이며 관광사업에 기여한다는 결론을 내렸다. 그러나 이러한 결론은 상대적으로 낮은 수준의 침식이 일어나는 지역에서 사업의 설계와 이행이 잘 이루어졌을 때의 경우에 해당한다.

패널은 과거에 많은 사업이 실패했다는 것을 발견했다. 이 연구는 사업이 주기적으로 감시되고 평가받아야 하며, 미래의 미 공병단 연구는 경제분석과 비용편익분석에 위험과 불확실성이 포함되어야 할 뿐만 아니라 설문형태(referendum-type format)의 CVM과 같은 최신 경제기법을 사용할 것을 권고하고 있다(Bookstael, 1995; NRC, 1995).

문헌 평가

다루어야 할 기본적 논의는 해빈에 퇴적된 모래가 관광,

또는 경제적 편익을 초래하는가의 여부에 있다. 해안지대는 수변 또는 해안 지역에 근접한 관광업과 기업을 통해 소득, 거래, 일터와 같은 경제활동을 산출한다는 점에서 '경제의 원동력(economic engine)'이라고 생각할 수 있다. 위에서 살펴본 연구들은 양빈과 경제활동 사이의 관계를 시도하고 있다. 그러나 이들 연구는 서로 다른 연구계획과 표본추출 방법, 그리고 상이한 연구 목적을 가지고 있기 때문에 자료와 결론이 서로 유리되어 있어 경제활동에 관한 신뢰할 만한 확고한 추정치를 이끌어낼 수 없는 실정이다. 이것은 문헌자료를 통해서 해안경제활동규모의 점 추정치를 도출하는 것이 부적절하다는 것을 의미한다. 더욱이 해안관광활동 수준의 추정을 시도해온 연구들은 양빈이 해안관광활동에 미치는 영향을 무시하는 경향을 보였다. 위에서 인용한 해안관광 연구 등으로부터 얻는 지표는, 양빈사업 자체가 경제활동을 촉발하느냐의 여부를 다루는 연구에는 부적절하다. 이 문제를 검토하기 위해서는 해안지대, 또는 특정 양빈사업에 따라 발생하는 경제활동을 분리시키기 위한 연구계획이 있어야 한다. 특정한 장소에 따른, 즉 해안선과 양빈사업 장소에 상대적 근접도에 따른 경제활동과 관광지출의 자료가 계절별로 수집되어야 할 것이다. 이러한 자료는 민감할 뿐만 아니라 일반적으로 수집하기 어렵다. 그러나 이러한 자료가 마련되지 않고는 현재수준의 분석과 이해를 넘어서기 어려울 것이다.

정책개관

여기에서 거론하는 정책에 관련된 대부분의 내용은 해안범람원에 관한 ICF의 연구(1989)에 따른 것이다. ICF의 정책 권고는 미래 개발과 기존 개발이라는 두 가지 범주로 나누고 있다. 미래의 개발에 관련해서 ICF는 다음과 같이 권고한다. (1) 대규모 개발의 지속은 정부에 순비용, 즉 비용이 세수를 초과하는 사태를 초래하게 될 것이다. (2) NFIP는 홍수해보험의 이용을 엄정화하여 미래의 개발을 억제해야 한다. 이러한 활동은 재산소유자가 홍수해보험비용 전액을 부담할 때와 유사한 효과를 갖는다. (3) 재산소유자가 청소비용과 수선비용의 전액을 부담하도록 정책을 수행해야 한다. (4) 구조물의 재건축을 억제하도록 정책이 계획되어야 하고, 50% 또는 그 이상의 구조물 가치를 훼손시키는 규모의(유의 수준의) 폭풍피해가 발생할 때에는 토지용도의 재지정 절차가 뒤따라야 한다. (5) 정부는 해안선 안정화에 관한 미래의 정책을 수립하고 이를 공중에 홍보해야 한다. 마지막 정책 권고에 정부가 신규 개발지역에는 해안안정화계획이 없다는 정책을 미리 공시하면, 이 자체가 건설의 억제책으로 작용하고 재산소유자들은 훼손이나 청소비용을 내부화하고 전액을 부담하도록 유도하게 될 것이다.

기존의 개발지(시설)에 관한 정책선택이 쉽지 않다는 것을 ICF(1989)가 인정하고 있다. 정책옵션은 개발수준에 따라 달리 권고하고 있다. 높은 수준의 개발이 이루어진 곳에는 기존 구조물의 보호를 추천하는 반면, 낮은 수준의 개발지역에서는 안정화 정책을 권하지 않고 있다. 더 이상의 개발에 대한 대비책으로 재산수용, 토지용도재지정, 엄격한 보험, 소유자의 훼손 및 청소비용 전액부담과 건물에 대한 자본투자 손실의 인정(이는 동시에 시정부의 세수 기반 손실을 의미한다) 등을 권고하였다.

결정-이론 모형의 적합성

뉴저지의 해안선안정화 평가과정에서 불확실성이 주어진 비용편익분석과 기대비용편익분석(expected-CBA)에 관련된 경제분석과 모형에서 많은 한계가 발견되었다(U.S. ACOE, 1991c; Bool stael, 1995; NRC, 1995; Ofiara and Psuty, 2001). 개별 사업을 기준으로 해안선안정화사업 결정에 CBA가 유용한 도구로 간주되고 있지만 거시적 또 주정부 수준의 의사결정에서는 최선의 도구가 아닐 수도 있다. 여기에서는 위험과 불확실성의 처리에 관련된 제한, 특히 해안선안정화 투자결정 시기와 포기에 대해 집중

표 8.7. 4가지 가상호안사업의 수익

프로젝트	연도 0	1	2	3	4	5	NPV
A	-2,000	500	500	500	500	500	290
B	-1,000	200	1,200	1,000	500	0	1685
C	-2,000	1,000	333	1,000	1,000	0	1088
D	-5,000	3,000	2,000	250	0	0	27

주의: NPV = 순현재가치(net present value)

적으로 살펴보기로 한다. 주요 관심은 수익 변이의 처리에 있으며 미래수익을 하나의 점 추정이 아닌 수익범위로 기술한다. 기대비용편익분석(expected-CBA) 기준은 수익의 변이를 무시하고 있다.

재정학의 결정이론모형이 가지고 있는 유연성을 설명하기 위해서 비용-편익분석의 검토를 출발점으로 삼았다. CBA에서는 할인된 편익에서 할인된 비용을 감한 순할인편익을 계산하고 순할인편익이 정(+)으로 나타나는 사업들을 선택하게 된다. 유사한 사업이 많을 때에는 현재 순할인편익을 산출하는 사업을 선택하는 것이 규칙이다. 표 8.7에서 시간의 경과에 따라 네 가지의 가상적인 해안선안정화사업을 살펴보자. 사업에 의하여 보호되는 재산의 가치를 나타내는 순수익(총수익에서 비용을 감한 것)을 생각해보자. CBA의 결정규칙과 이자율 3%를 기준으로 할 때 사업 B가 선택되고 사업 C가 뒤를 이을 것이다. 이것은 해안선안정화사업의 선정과정에서 공병단이 현재 적용하고 있는 기본적 방법이며 결정 기준이다(U.S. ACOE, 1991c, 1989a, 1989b, 1994a, 1994b).

불확실성의 개념을 도입하기 전에 불확실성이 자주 사용되는 두 가지의 상이한 맥락을 구분해두어야 한다. 하나의 맥락은 재정학 이론에서 나온 것으로 어떤 사업의 위험정도를 설명하는 데 사용되고 있다. 순수익의 변이와 관련되어 있으며 시간의 경과에 따른 수익의 변동(분산) 또는 표준편차로 측정된다(Levy and Sarnet, 1994; Brigham and Houston, 1998). 표 8.7에 나타나는

표 8.8. 4가지 가상호안사업의 수익 평균과 변이

	프로젝트 A	프로젝트 B	프로젝트 C	프로젝트 D
평균(μ)	500	580	666.60	1,050
분산(σ^2)	0	262,000	222,278	1,887,499
표준편차(σ)	0	511.86	471.5	1,373.9

사업들의 변이성 또는 위험을 파악하기 위해서는 초기투자 이후 기간 1-5의 연간 순수익(비할인액)을 살펴보아야 한다. 사업A는 기간 1-5에 걸쳐 일정하고 지속적인 수익을 나타내는 반면에, 사업B와 사업C, 사업D는 변동이 발생하고 시간의 경과에 따라 평균값 또는 기댓값의 편차를 보이고 있다. 즉, 분산을 나타내고 있다. 경우에 따라 분산은 $E[X_i - \mu]^2$로 표시되고 X_i는 개별측정값, μ는 예상값 또는 평균, $E[.]$는 기댓값 연산자이며

$$\frac{\sum_{i=1}^{n}[X_i - \mu]^2}{n-1}$$ 로 결정된다.

각각의 사업에 대한 순수익(비할인)의 평균과 분산(표본분산)의 계산 결과는 표 8.8과 같다. 사업 A는 가장 낮은 분산값을 가지고 있어 위험도가 가장 낮은 반면, 사업 D는 분산이 가장 높아 가장 높은 위험도를 가지고 있다. 일반적으로 시간의 경과에 따라 비교적 균일하고 꾸준한 수익을 나타내는 사업 A와 C는 위험도가 가장 적으며 가장 낮은 분산을 나타낼 것이다. 여기에서 평균-분산 원칙에 따라 수익의 순 현재가(NPV)가 두 번째로 높은 사업 C가 일반적으로 채택될 것이다. CBA 규칙만을 적용하여 사업 B를 채택한 앞의 결정과는 대조를 보이고 있다.

투자사업에 연관된 불확실성의 다른 맥락은 실세계의 수익이 불확실하며, 실현될 수 있는 수익의 확률에 따라 미래의 기대수익 범위를 추정하는 것이 최선이라는 것이다. 위에서 거론한 예에서는 순수익은 확실한 것으로 가정하였으며 따라서 수익을 단 하나의 수치로 나타냈다. 순수익 또는 순편익이

불확실하고 미래에 나타날 확률에 의존할 때에는 기대비용편익분석기법이 결정규칙이다(또는 기대순현재가치의 규칙). 이 기법에 기초하여 다음을 계산한다. 즉, 비용을 제한 수익의 기댓값(미래비용이 불확실한 경우에는 비용도 기댓값으로 표현)을 계산하고, 순기대수익을 할인하고, 모든 기간에 걸쳐 합산한다. 일반적으로 순수익의 기댓값은 순수익과 그 확률의 곱으로 주어진 기간에 걸친 합과 같다. 즉,

$$E[X_i] = \mu = X_1\pi_1 + X_2\pi_2 + \cdots$$

또는,

$$E[X_i] = \sum_{i=1}^{n} X_i\pi_i$$

이며, 이때 X_i는 순수익, π_i는 순수익의 확률, $E[.]$는 기댓값의 연산자이다.

분산의 계산은,

$$\sigma^2 = (X_1 - \mu)^2\pi_1 + (X_2 - \mu)^2\pi_2 + \cdots = \sum_{i=1}^{n}(X_i - \mu)^2\pi_i$$

으로 이루어진다. 기간이 다수로 구성되는 경우, 이 공식은 할인순수익에 기초해야 한다. 할인순수익의 기댓값은,

$$E[NPV] = \alpha E(x_1) + \alpha^2 E(x_2) + \cdots + \alpha^n E(x_n) - C_0 = \sum_{i=1}^{n}\alpha^i E(x_i) - C_0$$

이며, 이때 α는 $\frac{1}{1-r}$의 할인요소이다.

순할인기대수익의 분산은,

$$\sigma^2 = \alpha^2\sigma_1^2 + \alpha^4\sigma_2^2 + \cdots + \alpha^{2n}\sigma_n^2 = \sum_{i=1}^{n}\alpha^{2i}\sigma_i^2$$

이다. 결정규칙은 순할인기대수익이 0 이상을 나타내는 사업을 선택하며 다수의 사업인 경우에는 동일한 방법으로 최대 순할인기대수익을 나타내는

표 8.9. 4가지 가상호안사업의 순수익

	프로젝트 A		프로젝트 B		프로젝트 C		프로젝트 D	
	수익	확률	수익	확률	수익	확률	수익	확률
기간 1	500	0.5	200	0.8	0	0.6	1,000	0.8
	1,000	0.5	1,500	0.2	1,000	0.4	3,000	0.2
기간 2	500	0.7	1,000	0.8	0	0.5	1,000	0.8
	1,000	0.3	-1,000	0.2	2,000	0.5	10,000	0.2
비할인 수익								
기간 1								
기댓값(μ)	750		460		400		1,400	
표준편차(σ)	250		520		490		800	
기간 2								
기댓값(μ)	650		600		1,000		2,800	
표준편차(σ)	229		700		1,000		3,600	
기간 1, 2								
기댓값(μ)	1,400		1,060		1,400		4,200	
표준편차(σ)	339.1		954.2		1,113.6		3,687.8	
변이계수(σ/μ)	0.24		0.90		0.79		0.88	
할인 수익								
기간 1, 2								
기댓값(μ)	1,341		1,012		1,331		3,998	
표준편차(σ)	324.8		830.8		1,055.8		3,481.1	
변이계수(σ/μ)	0.24		0.82		0.79		0.88	

사업을 선택한다. 표 8.7의 가상적 해안선안정화사업을 수익성의 불확실성이 포함된 사업으로 확장시켜 논의하기로 하자. 즉, 피해방지의 가치가 논의될 것이다.

표 8.9에는 두 기간에 걸친 네 개 사업의 순수익이 나타나 있다. 논의를 단순화하기 위해 첫 기간에 소요되는 모든 사업의 비용이 같거나 0으로, 그리고 할인율을 3%로 가정하자. 여기에서 주어진 해안선안정화사업들과 기대비용효과 분석기준을 바탕으로 결정한다면, 사업D가 우선 선택되고 사업A, 사업C 순으로 선택될 것이다. 그러나 사업D는 위험부담이 가장

높고 사업B와 사업C의 순서로 위험을 나타낸다. 앞에서 언급한 것처럼 CBA와 기대CBA의 단점은 사업의 변이를 고려하지 않는다는 것이다. 이 때문에 투자결정평가에서 수익의 변동을 설명하는 평균분산규칙(Markowitz, 1989; Levy and Sarnat, 1994)과 포트폴리오 이론이 재정학 분야에 소개되었다. 이 두 가지 기법은 최적 투자사업의 조합을 선택하는 과정에서 수익(기대수익, μ)과 변동(σ^2 또는 σ) 사이의 상반(상쇄) 관계를 고려한다.

포트폴리오 결정기법 또는 포트폴리오 이론은 다수의 투자가 동시에 이루어지고 의사결정자가 다양화, 즉 여러 가지의 투자조합을 유지함으로써 전반적 위험을 낮추고 동시에 안정된 수익을 어느 정도 확보하려는 문제를 다루기 위해 개발되었다. 다양화는 일반적으로 투자선택의 조합으로 위험을 감소시키면 안정된 수익을 보장한다. 그러나 이 기법은 뮤추얼펀드나 그 밖의 금융자산과 같이 투자를 완선히 분리시길 수 있다는 가정을 전제로 하고 있다.

이 가정이 공공 해안선안정화사업과 같은 일괄(비균등, 분리할 수 없는) 투자사업에서는 완전히 만족되지 않지만 평균-분산 모형에 근거한 결정규칙을 원리상 확장시킬 수 있을 것이다. 이 논점을 탐구하기 위해 사업투자의 조합을 통하여 위험이 저감될 수 있는지의 여부를 가상적 사업집단을 통하여 검토하도록 하자. 이때 사업투자의 조합은 해안선안정화사업의 선형(1차) 결합이다. 이를 포트폴리오 기반 모형의 제한된 적용이라고 생각할 수도 있다. 그러나 여기에서는 설명과 예시를 목적으로 한 적용이다. 위험과 수익의 상쇄관계가 가능하고 여러 사업을 조합하여 전체적 위험을 감소시킬 수 있는 경우에 투자사업의 포트폴리오(구성)를 유지하기 위해서는 다양한 공공사업(예컨대 국민건강보험사업, 보건의료프로그램, 복지프로그램, 교육프로그램, 해안선안정화사업)을 검토해야 한다. 해안선안정화사업의 결정에서 비용편익분석을 변형시켜 유연하게 응용할 수 있는 몇몇 모형을 다음의 적용을 통해 확인할 수 있을 것이다.

평균분산규칙은 사업선택 기준에 근거하며 다음과 같다. 즉, (1) 유사한 또는 같은 수익을 나타내는 둘 이상의 사업이 주어졌을 때 최소분산(또는 표준편차)을 나타내는 사업을 선택한다. (2) 유사한 위험을 가지고 있는 둘 이상의 사업이 있을 때에는 최대 기대수익을 나타내는 사업을 선택한다. (3) 사업 사이의 수익과 분산이 상이할 경우의 결정기준은 복합적이며, 의사결정자는 수익과 위험 사이의 절충을 취해야 한다. 이러한 결정규칙을 따르면 사업A와 사업C는 동일한 (비할인) 기대수익을 나타내지만, 사업C의 위험이 더 크기 때문에 사업A가 선택될 것이다(표 8.8 참조). 수익과 분산이 다를 경우에 있어서 분산이 위험을 잘못 지시할 수 있거나 수익이 정규 분포하지 않을 때에 평균분산규칙의 확장이 사용된다(Levy and Sarnot, 1994). 확장된 평균-분산규칙은 위험의 절대 산포도보다는 위험의 상대산포도의 지표(측정)에 근거하고 있다. 의사결정자는 위험을 기피하는 것으로 가정되며(일반적으로 대부분의 공공의사결정자는 이 범주에 속한다고 가정한다), 위험의 상대적 산포도의 지표인 분산(변동)계수($\frac{\sigma}{\mu}$)에 근거하여 위험이 판단된다.
이러한 새로운 결정규칙 아래에서는 사업D가 보다 유망한 것으로 나타나며, 위험에 관해서는 사업B와 사업C가 비교적 유사하다(표 8.6). 이 확장이 위험에 관련된 몇몇 문제를 포함하지만 모든 경우에 그러한 것은 아니며, 상이한 기대수익을 나타내는 사업들 사이에 변동(분산)계수가 다른 경우가 발생한다. 이러한 경우에 결정규칙은 기능을 발휘하지 못한다.

옵션가격이론은 재정학의 결정이론모형에서 발전한 것이다. 투자결정분석에서 이 모형들은 시기와 포기의 문제를 처리하는 기능을 가지고 있다. 의사결정자는 3기 또는 4기 이후의 미래수익이 초기의 낮은 수익을 보충하는 상황을 생각할 수 있을 것이다. 그러나 미래의 수익을 얻기 위해서는 사업을 시작하고 초기의 낮은 수익 또는 손해를 감수해야 한다. 이때 초기의 수익에만 의존해서 의사결정이 이루어지는 경우에는 사업이 기각되어야 하지만, 초기와 함께 후기를 모두 고려할 때에는 기대비용편익분석 기준을 만족시킬 것이다. 이 모형을 해안선안정화사업에 적용해보자. 안정화사업이 완수되기까지 3년이 소요되고 약 4년 후에 대규모 폭풍발생이 예보되었다고 가정한다면, 의사결정자는 폭풍발생 이전에 그 계획을 완수해야 한다고 판단할 것이다. 이 경우 위험이 발생하기 이전에 계획이 완성되어야 하며 기다릴 수 없을 것이다. 높은 위험의 심각한 침식지역에서는 약 3년 후 폭풍활동이 심해질 것이라는 예보를 근거로 할 때 해안안정화시설이 지금 완성된다면 폭풍활동이 심해지는 기간이 도래하기 이전에 시설이 무력화될 가능성이 높기 때문에, 미래의 호안효과가 없다. 따라서 초기의 수익은 미래의 수익을 보충할 수 없을 것이다. 이 경우에는 폭풍활동이 증가할 것으로 예측되는 기간 직전까지 기다렸다가 상황발생 직전에 해안선안정화를 확보하는 것이 현명할 것이다. 이러한 경우에 가치는 투자사업의 시기를 늦추는 옵션과 관련되어 있다.

옵션가격이론은 특정한 사업이 미래의 기간에 지속적인 손해로 나타날 것으로 확인된다면 투자사업을 조기에 포기하거나 투자결정을 전환하는 결정에도 적용된다. 사기업의 경우, 손실을 최소화하기 위해 공장을 휴업하기로 결정하는 것은 적정한 행위일 것이다. 그러나 해안선안정화의 편익을 재해방지 가치로만 정의한다면 이와 유사한 경우를 찾기는 어렵다. 연방정부가 홍수해보험도 확보하고 있기 때문에 해안선안정화를 확보하는 동시에 홍수해보험을 통한 호안서비스의 제공 여부를 결정해야 할 때 모형화를 시도할 수 있을 것이다. 따라서 해안선안정화사업의 편익은 두 요소의 합으로 구성될 것이다. 즉, 피해방지로 얻는 재산가치와 함께 보험료수입과 보험지급금 사이의 차액이다. 이러한 결정구조에서는 부의 손실(negative losses, 보험지급이 보험료와 피해보호 재산 가치를 상회하는 경우)이 지속되는 경우가 발생할 수 있다. 예컨대 그 위험지역에서는 보험지급 요청이 전형적으로 반복된다. 몇몇 경우에는 수용결정을 추진하여 실제로 해안에 인접한 시설을 옮기는 것이 적당할 것이다. 그러나 그 성과는 수용방법에 따라 다를 것이다(피해 수준과 완전시장가격).

해안선안정화 관점에서 위에서 거론한 여러 접근법의 결과를 한마디로 요약하면 신중함이다. 이론상으로는 거시적 의미에서 위험을 저감시키기 위해 여러 사업을 조합하는 것이 가능하지만 충분한 검증을 거친 것은 아니다. 중요한 것은 사업의 입지문제이다. 사업을 신중하게 조합하여 선형결합이 이루어지도록 해야 한다. 서로 인접한 두 사업이 하나의 연속적인 사업이 되어 각 요소가 서로 지지하도록 한다. 예를 들면 세 개의 분리된 사업을 다양한 수준의 말단침식이 일어나는 사주섬에서 수행한다고 가정하면, 하나의 커다란 연속사업으로 구성할 수 있다. 전반적으로 해안선안정화사업의 함의는 같은 지역의 여러 사업을 연결하여 대형사업의 조성을 모색하는 것이다. 이러한 관행은 수시로 나타나며 이에 대한 명분은 충분하다.

제9장

위험관리:

해안관리의 요소

지난 40년간 지속된 비교적 온화한 날씨 때문에 플로리다 남부 사람들은 허리케인도 견뎌낼 만한 호안시설을 갖추고 있다고 잘못 인식하고 있다. 허리케인 위험에 대한 방심은 난개발과 재해규정의 의례적인 적용, 건축법규 개정, 건축 실무현장의 안이한 규정 적용, 법규 위반 등을 초래하여 재난대책 법규가 온전하게 지켜지지 않았고 건축의 질도 낮아졌다.

– Insurance Research Council and the Insurance Institute for Property Loss Reduction(1995)

개발지역의 계획과 관리에 있어서 선견지명은 효율적 위험저감의 가장 중요한 요소이다. 전통적인 저감 대책은…… 더 이상 제 기능을 발휘하지 못한다. 지역공동체가 주체가 되어 대책을 수립하고 집행해야 한다. 이러한 접근에서 위험저감 원리와 기술이 지역개발과 재개발의 과정에 충분히 반영되기 때문이다. 자연시스템에 대한 정확한 이해와 개발의 적기 선정, 적정한 설계와 건설 등이 허리케인과 그 밖의 기상관련 위험의 저감대책의 핵심 요소이다.

– H. John Heinz III Center for Science, *Economics and the Environment*(2000b)

이전에 사용되었던 호안대책 가운데 많은 것이 이제는 부적절한 것으로 판명되고 있다. 과거의 관리는 극히 동적인 해안시스템 내에서 정적인(고정된) 해안선을 유지하려는 목적에 초점이 맞춰져 있었다. 이러한 접근 가운데 몇몇은 아무런 성과를 이룰 수 없었고 오히려 다른 지역의 해안선에 악영향을 미치기도 했다. 지속적인 변화를 일으키는 해안의 고에너지현상이나 폭풍으로 발생하는 위험을 수용하는 형식의 해안관리가 새롭게 떠오르고 있다. 이러한 접근을 '위험관리'라고 한다. 위험관리 또는 위험저감은 훼손과 인명피해 위험을 줄일 수 있는 대책 확보가 목표다. 자연위험관리에서는 특정한 지역에 잠재된 자연위험을 파악하고, 이에 따라 토지이용계획의 개념을 적용한다. 위험관리는 해안지대의 역동성을 억제하기보다는 역동성을 수용하고 이와 함께 기능할 수 있는 유연한 전략을 제시한다.

주정부나 연방정부 차원의 다양한 대책이 해안관리정책에 반영되어 있다. 이들을 (1) 구조물을 통한 대책, (2) 구조물과 무관한(비구조물적) 대책, (3) 토지이용을 통한 관리대책으로 나눌 수 있다. 이들의 가장 중요한 평가요소는 자연위험 발생 이전에 해안위험이나 그 영향을 경감시키는 기능이다. 기획했던 기능을 발현시키기 위해서는 설치장소(국지적)의 특성, 지역적 특성, 그리고 국지적 차원과 지역적 목적 등에 적정한 대책 또는 기법을 적용해야 한다.

수많은 보고서(Platt et al., 1992; NRC, 1995)에서 침식해안의 안정화기법이 '경성'구조물에서 '연성'전략으로 전환되는 경향을 지적해왔다. 과거의 연방정부 정책은 사전에 폭풍 피해를 경감시키는 대책을 취하기보다는 사후대책에 치중해왔기 때문에 자연재해의 피해를 악화시켰다. 연방정부의 정책은 폭풍에 기인하는 단기적 침식을 주로 다루어왔고, 해수면 상승과 퇴적물 공급 감소에 따르는 장기적 침식문제에는 관심을 기울이지 않았다.

노스캐롤라이나와 같은 주에서는 해안침식문제에 대해 단호한 정책, 즉 해변에 이루어지는 건축행위에 일정거리 이상의 셋백(minimum setback)을 부과하는 해안선조정 또는 호안선후퇴전략(a retreat strategy)을 채택하였다(Platt et al., 1992). 이와는 대조적으로 뉴저지 주에서는 새해 이후의 재건축에 부과하는 기준을 적절히 세우지 못했기 때문에 해안개발의 조정에서 운신의 폭이 제한되었다. 전반적으로 해안선의 내륙 이동을 수용하는 건축제한선의 셋백을 성공적으로 적용한 예는 거의 없고, 다른 곳에서와 마찬가지로 뉴저지에서도 호안선후퇴 문제는 감정적 대립과 함께 대체적으로 수용 불가라는 정치적 소용돌이를 일으켰다. 그러나 오션 시티는 1962년 3월의 대폭풍으로 토지유실을 경험한 이후 건축지구를 조정하였고, 브래들리 비치도 1991년과 1992년 수차례의 폭풍을 겪은 후에 목도를 내륙으로 이전하였다. 해변의 토지가 엄청난 고가이기 때문에 해안개발을 억제하자는 주장이나 기개발지역을 자연으로 전환하자는 논리는 받아들여지지 않을 것이다(Nordstrom, 1994). 일부의 주가 기울이는 노력에도 불구하고 호안선 후퇴는 아직 해안침식 관리대책으로 널리 채택되지 않고 있다.

1988년 NCR은 FEMA와 FIA의 요청에 따라 해안침식지역관리위원회를 조직하여 적절한 침식관리와 필요한 자료의 공급, 방법론에 관한 자문을 수행하였다. 이는 국가홍수범람보험계획을 통하여 침식관리전략을 관리하고 업톤-존스(Upton-Jones) 수정안을 통하여 호안선후퇴전략을 평가하기 위한 목적을 가지고 있었다. 1987년 수정안은 침식으로 붕괴 위기에 직면한 구조물의 소유주를 원조하는 내용이었다. 1990년 NRC는 『해안침식관리(Managing Costal Erosion)』란 보고서를 출간하였는데, 수정안 내용의 집행에 유인책이 없기 때문에 효과가 없다는 진단을 내리고 있다. 이 보고서에 따르면 수많은 자연적 요소와 함께 인위적 요소를 가지고 있는 복잡한 해안침식과정에 관한 그 당시의 이해 정도를 검토하고, 인위적 요소가 해안침식지대에 압력을 가한다고 결론짓고 있다. 5년 후 『양빈과 해빈보호(Beach Nourishment and Protection)』란 후속 보고서가 나왔다. 이 두 보고서에 따르면, 여러 가지 침식대책이 균형 있게 활용되고 해안과정의 관리에서 과학과 기술이 모두 효율적으로 적용될 수 있어야 한다. 이러한 연구는 현재 적용되고 있는 해안선안정화 대책과 자연위험의 피해를 저감하기 위한 해안관리전략을 검토함으로써 해안지대의 위험성에 대한 이해를 돕고 위험발생 가능성을 검증한다.

해안정책의 위험관리

미국 인구 거의 절반이 해안선으로부터 80Km 이내에 거주하고 있기 때문에 해안지역은 커다란 부담을 안고 있다. 이러한 해안지역에의 집중과 개발은 해안시스템을 교란시키고 있으며, 이러한 인위적 변화는 해안의 기본적 자연변화와 병행하고 있다(Cullington et al., 1990). 인문현상과 자연현상이 동시에 해안지역을 변모시킴에 따라 적절한 정책과 관리대책의 필요가 점증하고 있다.

과거의 관리대책은 해안지역을 정적인 현상으로 처리해왔다. 그러나 해안은 매우 역동적인 체제로 구성되어 있기 때문에 특별한 관심과 관리가 필요하다. 해안자원을 위험으로 몰고 간 문화적 힘 이외에도 장기적 해수면 상승과 퇴적물 유실, 그리고 해안침식 현상이 복합되어 해안을 폭풍영향에 더욱 취약하게 만들고 있다. 이러한 과정의 문제는 기하급수적으로 증폭되고 있는 것으로 알려져 있다.

공중의 보호를 중요시하면서 이러한 문제를 관리하기 위해서는 공동체의 보호를 주목적으로 삼고 있는 위험관리와 토지이용계획의 원칙에 대한 이해가 수반되어야 한다. 위험관리는 자연의 위력을 이해하고 이에 순응하는 과정이며, 인명과 재산의 장기적 위험을 줄이기 위한 지속적 행위라고 정의할 수 있다(FEMA, 1995a, b). 지역적 차원이나 국가적 차원에서 위험관리는 현존하는 재해와 함께 장래에 발생할 것으로 예상되는 재해에 대한 대책으로 받아들여지고 있다.

폭풍 이전의 위험관리가 중요하지만, 폭풍 이후의 계획과 복구도 필요하다. 지역공동체(자치읍) 수준의 대책으로도 소규모 폭풍의 영향을 훌륭하게 저감할 수 있다. 그러나 대규모 폭풍에 대해서는 사전단계의 대책과 사후단계의 복구과정이 모두 미리 준비되어 있어야 한다. 고위험 지역은 미리 상세하게 파악해두어야 하고 이러한 지역의 피해를 줄이기 위해 적절한 계획이 마련되어야 한다. 사전준비와 사후복구계획은 해안위험관리의 기본적 요소이다.

해안의 자연위험에 관한 사회교육과 공중의식 고양은 사전대비에 도움이 된다. 계획과정과 위험관리보고서의 작성과정에 공중이 참여할 때 해안위험저감을 위한 관리전략의 집행과정은 탄력을 받는다. 따라서 해안지역의 자연자원뿐만 아니라 인문자원은 해안관리에서 중요하게 고려되어야 한다.

뉴저지의 다양한 자원은 이 지역의 독특성을 이끌어내어 매력적인 지역으로 가꾸고 있다. 뉴저지의 해안에는 샌디훅의 게이트웨이 국민관광지와 아일랜드 비치 주립공원, 플라이웨이에 위치한 야생조수보호지구와 멸종위기의 조류, 합법적 도박 장소를 가지고 있는 애틀랜틱 시티와 같은 고밀도개발이 이루어진 위락지역, 빅토리아풍의 예스런 멋을 지니고 있는 케이프 메이, 보도와 낚시 부두, 매력적인 등대 등 관광명소가 자리 잡고 있다.

이러한 자원 이외에도 여러 가지 해안자원이 가지고 있는 가치로 말미암아 시민과 공무원의 해안지역 보호에 대한 관심이 촉발되고 있다. 효율적인 보존을 위해서는 해안시스템의 섬세한 보호가 수반되어야 한다.

또 다른 중요한 요소로는 해안지대에 관한 지속적인 최신 정보의 수집을 들 수 있다. 해안의 역동적인 환경은 정기적인 조사(감시)가 필요하며, 이렇게 수집된 정보는 적절히 공유되어야 한다. 해안을 효과적으로 관리하기 위해서는 강력한 데이터베이스와 이를 구축할 수 있는 수단이 무엇보다도 중요하다.

해안문제에 대한 접근은, 이미 살펴본 바와 같이 지역적 차원에서 수립되어야 하며, 임기응변적이어서는 안 된다. 이러한 당면문제들은 주정부, 자치읍, 군청, 주민, 지역의 기업체 등 해안문제 관련 실체들 사이의 협조를 통해서 해결되어야 한다.

새로운 관리 방향과 목표

연방정부의 정책과 방향

국가 전체의 해안에 지속적으로 영향을 미치는 중요한 연방정책은 1972년에 발효된 연안역관리법(Coastal Zone Management Act, CZMA)이다. 1960년대 후반까지는 해안자원에 영향을 주는 의사결정이 연방정부와 주정부, 지방정부 사이에 조정 없이 이루어졌다. 시간이 갈수록 해안지역이 레크리에이션, 경제활동이나 그 밖의 목적으로 이용되는 사례가 증가함에 따라 다양한 이해집단 사이의 충돌이 발생하게 되었다. 현재의 세대와 미래 세대를 위해 전국 해안지역 자원을 보존·보호·개발하며, 가능한 곳에서는 복구·개선한다는 목적에서 1992년 의회가 CZMA를 통과시켰다.

CZMA를 통하여 연방정부와 주정부, 지방정부 사이의 협력체제를 구축하여 해안지역의 경쟁적 이용과 압력으로 발생하는 문제들에 대한 공동의 해결책을 추구하게 되었다. 해안지역에서 발생하는 일체의 행위와 해안지역 밖에서 일어나지만 해안지역에 영향을 미치는 행위는 CZMA에 의해 수립된 다용도 관리양식에 따라야 한다. 이 제도의 기본 사항 가운데 다음의 두 가지는 의무사항이다.

- 위험지역 밖에서 해안개발이 일어나도록 유도함으로써 해안폭풍과 침식이 초래하는 인명과 재산상의 위험을 저감한다.
- 해안폭풍에 대한 천연방벽인 사구를 보호한다.

미국의 30개 주에 걸쳐 있는 해안선 가운데 95% 이상이 CZMA에 따라 관리되고 있다. CZMA의 자율적 프로그램에 이들 주정부가 참여하도록 독려하기 위해 연방정부는 두 가지의 유인책을 마련했다. (1) 주정부 해안관리계획의 개발과 집행을 위한 재정지원을 마련하고, (2) 연방정부의 정책활동으로 관할구역 내 해안자원이 악영향을 받게 된 주정부에 그 악영향의 문제를 처리할 수 있는 기구를 제공한다. (2)번의 유인책은 연방정부의 손실보상과 같은 재정적 대책뿐만 아니라 정책적 일관성을 유지할 수 있는 제도적 장치 등을 포괄하는 Federal Consistence Authority를 가리킨다.[1)]

뉴저지해안보호종합계획(NJSPMP)이 완성된 1981년 이후, 연방정부의 위험저감 대책, 특히 범람과 범람관련 재해에 관련된 정책에서 많은 진보가 있었다. 이 가운데 국가홍수해보험프로그램(National Flood Insurance Program, NFIP)이 주목할 만하다. 이 프로그램은 홍수해보험법에 의해 수립되었다.

1) 우리나라에서는 이에 상응하는 제도가 없다. 다만, 국가의 보상제도가 있으나 이는 이 정책 일부에 해당할 뿐이다 – 역자 주.

구체적으로 이 프로그램은 1968년에 발효된 국가홍수보험법에 따라 수립되고, 1973년에 홍수해재난보호법에 의해 수정되었다.

이 법은 장래의 홍수해의 저감을 목표로 설계된 범람원관리프로그램을 채택하려는 지역공동체 내에 홍수해보험의 길을 열어놓았다. 이 법에서는 미국 내 범람원의 파악과 범람원 내의 홍수해 위험지역 설정을 규정하고 있다. 내륙지역과 마찬가지로 해안지역사회도 이 프로그램에 참여할 수 있는 지위가 부여되었는데, 인접한 해(수)역에서 발생하는 폭풍해일과 파랑활동에 따른 홍수해에 노출되어 있다는 것이 인정되었기 때문이다.

NFIP의 목표를 성취하기 위해서는 홍수해 위험지역사회에 대한 홍수해 보험조사(Flood Insurance Studies), 범람위험 평가와 지도화(Flood Insurance Rate Maps)가 필수적이다. 이러한 조사와 지도작성은 지역사회로 하여금 기술정보를 갖추게 하여, NFIP의 참여에 필요한 범람원 관리대책을 갖출 수 있도록 지원한다(FEMA, 1995c).

1995년 의회는 새로운 홍수해보험 계약 또는 기존의 홍수해보험의 계약 갱신에 따라 보험적용이 발효하는 시점 이전에 30일의 대기기간을 의무화시켰다. 여기에는 두 가지의 예외 규정이 있다. 저당융자를 얻거나 증액하거나 연장하기 위한 최초의 보험구매와 홍수해 위험지도가 개정된 후 1년 이내에 일어나는 최초의 보험구매는 이 규정에 해당되지 않는다.

NFIP의 또 다른 괄목할 만한 발전으로는, 1987년 주택 및 도시개발법의 업톤-존스 개정안 통과를 들 수 있다. 이 개정으로 의회는 침식으로 붕괴위험에 놓인 피보험건물의 해체나 이전에 필요한 특정비용을 NFIP가 지불하도록 허가할 수 있게 되었다(Platt et al., 1992). 업톤-존스 수정안의 목적은 소유주가 자발적으로 위험에 처한 건물을 이전하도록 권장하는 것이었다. 업톤-존스 수정안 이전에는 홍수해 또는 범람과 관련된 침식의 결과로 물리적 훼손을 입었다고 입증되는 피보험건물에 한해서만 NFIP가 지급요구를 지불하였다. 수정안은 실질적 훼손 이전에도 지급요구에 응할 수 있도록 허용함으로써 구조물의 이전(移轉) 또는 해체가 가능해졌다(NRC, 1990).

업톤-존스 수정안은, 침식위험지역의 구조물을 철거하도록 권장함으로써 공공안전을 높이고 NFIP의 비용을 줄일 수 있게 되었다. 여컨대 어떤 구조물의 높은 문화적 가치 때문에 붕괴 이후에 재건축에 불가피한 경우에는 사전에 안전한 곳으로 이전시킴으로써 비용을 크게 줄일 수 있다.

그러나 수정안이 저감을 강조했지만, 적용은 그다지 성공적이지 못했다. 자격요건이 너무 엄격(협소)하게 규정되어 있었기 때문에 지급청구가 거의 없었다. 이 제도의 편익을 이용하는 소유주가 거의 없었고 이전보다는 해체를 선택했다(Platt et al., 1992). 결국 업톤-존스 수정안은 1995년 9월 NFIP에서 삭제되었다. 1994년 국가홍수해보험개정법, 그리고, 1994년의 레이글 지역사회개발 및 규제법의 5장(P.L 103~325)에서 삭제되었다.

이 수정안을 1994년에 출범한 국가홍수해저감기금(NFMF, National Flood Mitigation Fund)이 대체하게 되었다. 반복적 훼손이 발생하는 개인소유 건축물을 정부가 수용하거나 이전시키는 사업에 이 기금을 사용하도록 허용하였다(P.L. 103~325). 이 기금의 출처는 기존의 홍수해보험 추징금에서 충당되고 있다. NFIF 지불비용을 얼마나 저감시킬 수 있는 사업이냐를 기준으로 지원사업이 선정된다. 이 기금이 아직 초기단계에 있지만, 장차 위험저감에 크게 기여할 것으로 전망된다.

1994년에 발효된 재난구조긴급사태원조법(Disaster Relief and Emergencey Assistance Act)이 수정되고, 오대호계획원조법(the Great Lake Planning Assistance Act)이 통과된 1988년 11월 23일도 저삼정책의 획기적 진보가 이루어졌던 기회였다. 이 수정안은 1988년 로버트 티 스태포트 재난구조 긴급사태원조법으로 명명되었고(P.L. 100~ 707에 의해 개정된 P.L. 93~288), 재해대비 계획과 프로그램을 필수사항으로 부과하였다.

스태포드법에 따라서 대통령은 모든 연방정부 원조의 승인 이전에 긴급재해사태를 선포해야 한다. 이 법은 대통령이 비용효율적인 위험저감 대책으로 판정한 사업과 재난지역에 더 발생할 수 있는 손실과 고통·훼손 등을 현저히 저감할 수 있는 대책에 대해서는 사업비의 70%까지 보조하고 있다(1988년에 수정된 P.L. 93~288). 스태포드법은 위험저감 프로그램을 수립했는데, 이 프로그램은 주정부나 지방정부의 저감사업에 대해 연방보조금을 지급하고 있다. 이 보조금도 대통령의 재난지역 선포와 연관되어 있다.

새로운 저감정책과 발맞추어 FEMA는 새로운 방향을 제시하였다. 1995년 FEMA는 "안전한 지역사회를 건설하기 위한 파트너십"이라는 국가저감전략을 발표하였다. 이 전략은 일반대중의 재해위험에 대한 인식에 근본적 변화를 일으키고, 저감활동이 미래의 더 큰 손실을 줄일 수 있는 비용효율적이고 환경적으로 건전한 접근이라는 것을 알리기 위한 것이었다. 이러한 국가의 선도적 정책과 궤도를 같이하는 주정부의 전략도 수립되었다. 보다 안전한 지역사회를 창출하고 해안자원에 위협을 끼치는 자연재해의 영향을 저감할 수 있는 전략이 그 주의 고유한 특성을 반영하는 전략을 정비할 수 있게 되었다.

주정부의 정책과 방향

해안지역의 개발과 재개발 계획

해안폭풍은 드물지 않게 재산이나 하부구조에 광범위한 피해를 입혔지만 재해 이후, 자연위험에 계속 노출되는 문제에 대한 고려 없이 이전상태로 재건과 복구가 이루어져 왔다. 이러한 형태의 복구노력은 지역사회를 신속하게 정상상태로 되돌릴 수는 있지만, 되풀이되는 수해와 복구라는 악순환이 계속될 뿐이다(FEMA, 1990). 이러한 형태의 해안개발로는 재산손실이 불가피하며 해안안정화에 더 많은 비용이 필요할 것이다.

이러한 악순환의 고리를 깨기 위한 노력으로 지역사회와 주정부는 폭풍위험저감전략을 채택하기 시작했다. 1984년 뉴저지 주 재난관리청(OEM)은 주정부위험저감계획을 수립했고, 대통령이 1992년 1월의 해안폭풍을 재난으로 선포함에 따라 1993년에 계획을 갱신하였다(NJOEM, 1993). 1994년 5월 재차 갱신을 거쳤는데, 이 계획에는 위험저감 지원체계가 정비되어 지방정부의 위험관리프로그램 수립에 도움이 되고 있다, 뉴저지 주의 독자적 노력 이외에도 FEMA는 주정부나 군정부, 자치읍 수준에서 채택할 수 있는 위험저감계획을 개발하고 있다.

폭풍위험저감계획은 전형적으로 폭풍 이후의 상황을 염두에 두고 있으나, 미래 발생할 폭풍에 대비한 폭풍 이전의 저감대책의 수립도 필수적이다. 폭풍 이후의 구호와 계획의 이행을 위한 전략으로는, (1) 위험지역의 파악, (2) 위험관리에 관한 사회교육, (3) 토지이용, 건축, 해안안정화사업 등에 걸친 관행의 변화를 거론할 수 있다. 토지이용계획을 개선하기 위해서는 여러 단계의 사업이 필요하다. 예컨대 코스탈 블루에이커 프로그램의 예와 같이 위험지역의 사유토지수용, 개발권의 양도, 건축제한선을 육지 쪽으로 후퇴시키는 셋백이나 사구보호조례의 시행과 같은 토지용도지구 재지정(rezoning), 위험지역으로부터 공용도로와 그 밖의 공공시설의 이전(relocating), 그리고 위험지역 토지의 환지(안전지대의 토지로) 등이 수반되어야 한다. 신축이나 훼손 건조물의 수선에 엄격한 홍수해지역 기준을 적용함으로써 앞으로 발생할 피해를 원칙적으로 줄어나갈 수 있다. 그러나 저감효과는 폭풍의 규모에 달려 있다. 초대규모의 폭풍이 발생하는 경우에는 이러한 정도의 조정으로는 감당할 수 없기 때문이다.

위험지역으로 판단된 지역에 건축이나 재건축의 허가를 유예하는 것도 좋은 방법이다. 해안선안정화 대책을 다시 수립하는 과정에는, 적정한 장소에 해안사구 조성이나 양빈사업과 같은 비구조물적 접근(대책)이 필요하다. 위험지역은 체계적인 프로그램을 통하여 철저히 파악된 이후에는 위험성의 변화 여부를 주기적(기계적)으로 감시해야 한다. 해안의 자연위험과 위험관리를 통하여 해안지역의 손실을 저감할 수 있다는 내용의 사회교육프로그램을 개발하는 것도 해안정책의 중요한 요소이다.

지역협조체제의 필요

뉴저지나 노스캐롤라이나, 플로리다와 같이 해빈이 광범위하게 발달된 지역의 주정부와 해안관리당국은 해안거주민의 문제를 관리해야 한다. 높은 인구밀도와 이에 수반된 하부구조는 해안의 자연현상과 늘 상충하고 있다. 전통적으로 이러한 문제는 임기응변적으로 처리되었다. 해안선안정화사업이 적용될 때 하류에 미치는 영향에 대해서는 고려하지 않았다. 예컨대, 어느 자치읍에서 돌제를 설치하면, 이 구조물은 하류에 위치한 자치읍의 해빈 유지에 필수불가결한 퇴적물의 공급을 차단할 수도 있다.

해안에 대한 수요가 증가함에 따라, 해안정보와 창조적 관리전략이 더욱 필요하게 되었다. 현재와 미래에 걸쳐 해안에 주어지는 부담(압력)의 문제를 잘 처리하여 더 많은 해안이용(편익)이 발생하고, 위험을 저감하고, 해안시스템의 생태적 온전성을 보존하려고 한다면, 보다 넓은 지역적 차원의 통합적인 해안관리대책이 개발되어야 한다. 특히 해안관리당국은 전체 해안선에 영향을 미치고 있는 해류와 파랑활동, (사질)퇴적물 이동, 해안선안정화 구조물의 유무, 침식률 등 전반적 상황을 주시해야 한다. 당국의 노력이 효율적 성과를 얻기 위해서는 거시적 접근에서 소홀이 다루어지는 미세한 변이를 초래할 수 있는 미시적 해안현상에 대해서도 주의를 게을리해서는 안 된다. 따라서 해안지역은 연안 셀, 지형구역 등과 같이 유사한 해안작용을 가지고 있는 차하단위로 구분해나가는 과정을 반복하여 포섭 위계구조(Nested Hierarchy)를 형성하여 적절한 규모와 내용의 대책을 적용하도록 한다. 이러한 목표를 이루기 위해서는 지역사회의 행정구역을 넘어서는 협조체제가 필요하다. 해안관리전략은 지역적 차원에서 기능을 발휘하도록 하고, 실행위원회가 주도적 역할을 하며, 실행위원회 사이의 의사소통을 원활하게 하여 해안관리프로그램의 더 큰 목표에 합치시키는 체제를 담고 있어야 한다.

공중홍보와 공중참여

공중의 인식을 고양시키는 과정에는 단순히 해안지역사회에 정보를 제공하는 것 이상의 노력이 필요하다. 의사소통의 목표와 함께 의사소통 계획 또는 과정을 수립해야 한다. 지역사회의 참여를 원활화시키는 기작을 마련하는 일은 성공적 협조체제의 수립에 매우 중요하다.

공중(사회)교육 과정은 이해상충의 해결과 협상 분야의 절차에서 도움을 얻을 수 있다(Fisher and Brown, 1989; Fisher, Ury, and Patton, 1991). 이해가 얽혀 있는 모든 집단을 참여시키고 여론을 형성할 수 있도록 유도해야 한다. 나아가 지역사회의 모든 견해가 피력되고 인지되도록 해야 한다. 지역사회로부터 의견제시(입력)를 권장하고 반영하는 방안의 선정은 공중참여의 성패를 좌우하는 중요한 요소이다. 시민들의 회합, 설문지 조사, 정보 핫라인 등도 공중참여를 유도하는 방법이다. 자원관리당국이 사업에서 차지하는 지역사회의 역할을 명료하게 정의하는 일뿐만 아니라 지역사회의 입력(제안) 수준을 지역사회 구성원들과 상호협의하는 것이 중요하다. 사업의 기술적 측면과 지역사회의 관심이나 우려를 처리하는 과정에 있어서 사업의 착수 시점부터 공중을 참여시키는 것이 최선책이다.

사업의 취지를 이해하는 공중을 관리전략의 이행에 참여시키려면 자원관리당국과 지역사회 사이의 생산적 대화가 이루어져야 한다. 효율적인 의사소통 전략을 위해서는 홍보목표, 대상에 대한 명확한 파악, 목표 성취 방법, 지역사회에 대한 당국의 응답 방법이 결정되어야 한다. 하버드 협상 프로젝트(Havard Negotiation Project)가 개발한 협상의 주요 원칙을 적용하는 것도 좋은 착상이다. 공중에 영향을 미치는 공공정책을 수행하는 사업에 유용하다.

국가위험저감전략

1993년 11월 28일 FEMA가 재조직됨에 따라 저감정책이사회가 발족하였다. 자연위험의 영향을 감소시키려는 목적의 저감정책이 FEMA의 조직구조상 중요한 요소 가운데 하나가 되었다(FEMA, 1995a). 당시 FEMA의 청장이었던 제임스 리 위트는 청내의 하부기구에 해당하였던 저감정책부서를 네 개의 주요 국 가운데 하나로 승격시켰다. FEMA는 국가위험저감전략을 "안전한 지역사회 구축을 위한 협조체제"로 선언하였다. 위험저감정책이 우선순위로 조정되고, 또한 지역사회안전망의 초석으로 삼았다(FEMA, 1995a). 이 정책의 개발은 고위험지역 관리에 대한 국가정책의 주요한 방향 수정을 나타내고 있다. 또 다른 변화로는 1996년 2월 FEMA가 내각 수준의 부로 승격한 것으로, FEMA와 위험관리정책에 더 큰 중요성이 부여되었다. FEMA의 새로운 정책 초점은 해안선조정(기획후퇴)에 있다. 이를 통하여 위험지역에서 인구를 이전시켜 공공안전을 지원하고, 자연위험의 피해복구비용을 줄이고, 동시에 2010년까지 국가홍수해보험 프로그램의 지불액수를 50%로 줄인다는 목표를 세우고 있다(1995a).

국가위험저감전략은 기본적으로 자연위험과 위험저감에 관한 일반대중의 인식을 변화시키고 저감정책이 가장 비용효율적이며 환경적으로 건전한 대책이라는 것을 알리고 있다. 이 전략의 장기적 목적은 자연위험에 대한 공중의 인식을 고양시키고, 15년 이내에 자연위험으로 빚어지는 인명 피해, 부상, 경제적 손실, 가정과 지역 공동체의 파멸을 현저히 줄이는 데 있다. 국가위험저감 목표를 달성하기 위한 FEMA의 노력을 정리하면 다음과 같다.

- 위험을 검토하고 전국에 걸쳐 지역사회의 위험을 평가하는 연구를 수행한다.
- 자연위험 처리에 관한 최신 기술의 개발을 장려하고, 주정부와 지방정부, 사기업 부문, 시민 개개인 등 사용자들이 이 기술을 마련하도록 지원한다.
- 자연위험에 관한 폭넓은 공중의 인식과 이해를 조성하여 자연위험저감

에 공중의 지원을 유도한다.

• 유인책을 마련하고 저감활동을 장려하여 공적 부분과 사적 부분의 자원을 저감전략 제 요소의 지원으로 전환시킨다.

• 국가위험저감 목표의 성취를 위하여 국가적 추진력, 연방정부의 기관들과 다양한 프로그램 사이의 조율, 그 밖의 각 수준의 정부(주정부나 지방정부)와 사적 부분 사이의 조정 등을 확보한다(FEMA, 1995a).

뉴저지 주의 위험저감

주정부의 위험저감계획

1981년 NJSPMP가 수립된 이후 연방정부와 주정부는 재난정책에 있어서 사후의 구조활동으로부터 사전에 피해를 경감시키거나 방지하는 방향으로 저감대책의 궤도를 수정하기 시작하였다. 연방정부가 몇 년에 걸쳐 이러한 대책을 논의해왔지만, 1995년까지 아무런 성과가 없었다. 이 당시까지 저감전략의 집행은 주로 주정부가 책임지고 있었다. 1985년 NJDEP는 NJOEM과 그 밖의 주정부 긴급사태 관리 기관들과 협력하여 위험저감계획〔the New Jersey State Hazard Mitigation Plan: Section 406 (NJ-HMP)〕을 개발하였다(NJDEP, 1986). 이 계획은 1992년 갱신되었고 1994년에 다시 조정되었다(NJOEM, 1993, 1994).

뉴저지 위험저감계획(NJ-HMP)은 주정부가 관리하는 저감대책 체제를 구성하는 권장사항과 저감 기술을 확보하여 자연재해로부터 비롯되는 인명과 재산 피해를 줄이려는 노력을 기울이고 있다. NJ-HMP는 또한 위험저감계획과 함께 주정부 각 기관 사이의 위험저감 대책반(SHMT, the State Interagency Hazard Mitigation Team)과 FEMA의 협조체제를 구성하여 지방정부와 주정부의 긴급사태 담당자들을 지원하고 있다(NJOEM, 1994). NJ-HMP는 해안과 함께 하천의 위험지역에 관한 권장사항을 확보하고 있지만, 여기에서는 해안에 관해서만 다루기로 한다.

뉴저지 위험저감계획의 이력

1985년 뉴저지 위험저감계획: 406장

1984년 3월 28일과 29일에 강력한 북동풍이 뉴저지 해안을 따라 천천히 통과했다. 이로 말미암아 폭풍해일은 범람을 일으켜 해안구조물을 훼손하고 해빈과 사구에 심각한 침식을 일으켰다. 같은 해 4월 4일과 5일에 다시 발생한 북동풍은 패세익 강의 전 유역에 걸쳐 광범위한 홍수해를 일으켰다(NJDEP, 1985a; U.S. ACOE, 1985). 4월 12일 레이건 대통령은 해안의 4개 군을 재난지역으로 선포하였다(FEMA-701-DR).

대통령의 재난선포 이후 뉴저지 정부는 1974년 발효된 재난구조긴급원조법 409조에 따라서 재난구조기금을 신청하였다. 앞서 설명한 것처럼 이 법에 따르면, 재난 이후 예상되는 훼손, 고난, 손실, 고통 등을 현저히 줄일 수 있고 비용-효율적이라고 판단된 위험저감대책인 경우에 그 비용의 75%까지 연방정부가 지원할 수 있다. 재난구호기금을 수혜받기 위하여 주정부는 장래에 일어날 자연위험에 대한 저감대책을 평가하고 수립해야 했고, 이러한 노력이 NJ-HMP의 발전으로 이어졌다.

NJ-HMP의 406항은 1984년의 하천범람과 해안폭풍으로 야기된 피해내용을 포괄적으로 기록하고 있다. 기존의 주정부 위험저감대책과 함께 제안된 장래의 위험저감대책을 요약하고 있다. 저감대책반은 훼손된 해안지역의 복구지원에 관한 23개 항에 걸친 장·단기 저감사업 요소를 권고하고 있다. 이들 사업요소는 특정한 지역과 동시에 해안의 전 지역에 적용할 저감활동으로 구성되어 있다.

단기대책으로 권고된 사항에는 애틀랜틱 시티 부두에 설치될 조위계 기록에 적용하는 폭풍해일 계산방법의 개선, NJ-HMP의 권고사항을 이행할 수 있도록 지방정부에 대한 기술적 원조의 제공, 호안구조물의 강화, 롱비치 아일랜드의 재난 발생 시 소개 및 경보체계에 관한 연구 보조금, 건축물 관리당국(Building Officials and Code Administrators, BOCA)이 건축물 규정을 변경할 수 있도록 승인할 것 등이 포함되어 있다. 장기저감대책에는 해안사구기능 증진과 복구사업, 침식률의 시간적 변화를 추적할 수 있도록 해빈단면 측량사업을 지속시킬 것, 위험지역의 사유건물 수용과 이전, 긴급 양빈사업이 확보될 때까지 시브라이트의 오션 애비뉴와 몬마우스 비치의 해안개발을 금지시킬 것 등이 제안되었다.

NJDEP와 NJDEM이 NJ-HMP를 작성하고 있는 중에, 허리케인 글로리아가 1985년 9월 27일에, 1984년의 폭풍으로 이미 취약해져 버린 뉴저지 해안을 통과했다. 전년도에 비해 피해는 작았지만, 대통령의 재난선포에 따라 장단기 위험저감대책이 추가로 개발되었다(FEMA-749-DR). 단기대책에는 CAFRA의 수정안이 있었는데, V-지구(Velocity Zones)의 개발금지, 해안선에 평행한 호안구조로부터 50피트 셋백을 제도화하는 것이다. BOCA에는 풍속조항에 따라 규정개정을 승인하도록 했다. 장기대책으로는 NJDEP가 해안지역에서 행정규제 권한을 계속 유지하며, 미 공병단이 뉴저지 허리케인 발생 시 소개방안 연구를 지속하도록 하고, 몬마우스 카운티에서는 보도밖 해양 쪽으로 해안사구를 조성하고, 케이프 메이 카운티 웨일비치의 사유건축물수용사업을 제안할 것 등이 포함되어 있다.

1992년의 해안폭풍(FEMA-936-DR-NJ) 기관 간 위험저감대책반 보고서

1985년에서 1992년 사이에 뉴저지에서 약 18회에 걸쳐 폭풍과 관련된 긴급 홍수해 사태를 처리하였다(NJOEM, 1993; U.S. ACOE, 1993a, b). 이러한 사태는 지방정부나 군정부, 주정부의 기금과 NJOEM의 저감활동으로 관리되었다. 1992년 1월 4일의 폭풍으로 초토화된 4개의 군을 재난지역으로 대통령이 선포한 것은 1992년 3월 3일이었다. 이미 1991년 10월의 폭풍으로 취약해진 해빈에 더욱 심각한 범람과 침식을 일으켰다. 이미 1985년과 1992년 사이에 NJ-HMP가 갱신되었지만, 스태포드법에 따라 재난구호기금을 수혜받기 위해 저감대책이 다시 개편되었다.

SHMT는 1993년 후속 보고서에서 공식적인 저감대책 권고사항을 수립하였다(NJOEM, 1993). 이 권고사항에는 저감대책의 집행/관리와 함께 공중의 인식/경보, 해안 현안문제, 재해 확인, 사회봉사 등의 감시를 수행할 항구적 기구의 창립이 포함되어 있다. 각 권고사항은 장차의 해안재해에서 발생할 손실을 방지하거나 저감에 유익하도록 설립되어 있다. NJ-HMP의 첫 번째 권고사항은 항구적인 주정부 기관 간 저감대책반을 설립하는 것이었다. 1985년 NJ-HMP가 수립되는 기간 동안, 임시대책반이 조직되어 NJDEP와 NJOEM이 기관 간의 저감대책 확인에 활용되었다. 1993년 NJ-HMP 이후 주지사의 행정명령으로 대책반의 공식적 조직이 이루어졌고, NJOEM이 주관기관으로 지정되었다. 대책반은 주정부의 저감시책에 관련 있는 NJDEP, 주 교통부, 주 지방행정부, 주 기획청, 미 공병단 등의 기관을 지원하고 있다.

뉴저지 주 긴급사태관리청 DR-9730NJ 위험저감계획

1992년 12월 뉴저지는 1985년 이후 두 번째의 대통령재난선포를 겪었다. 12월 11일과 17일 사이 강력한 북동풍으로 범람과 강력한 속도의 질풍이 일어나 광범위한 해안재해를 발생시켰다. 폭풍에 뒤이어 주정부의 위험저감계획이 개편되었는데, 새로운 저감대책의 필요와 기존 권고사항의 우선순위 조정이 반영되었다. SHMT의 폭풍 이후 해안지역 권고사항은 6가지의 범주로 구분되었다.

해빈과 사구지역 : 해안사구의 복구와 유지에 대한 재강조, 해안선안정화사업의 우선순위 수립, 해안선안정화 설비에 대한 연방정부 홍수해보험 기준

에 부적합한 가호안은 대체하거나 적합하게 조정할 것, 해빈이 반복적으로 훼손되는 지역공동체에서는 긴급대책활동보다 조례개정을 우선할 것, 폭풍 이후의 원조에 위험지역 재산수용 프로그램을 개발하고, 해빈-사구 지형도의 갱신할 것.

범람(홍수해)경보 : 지속적인 외해빈의 자료 수집과 내만의 범람 원격측정 장치 구축.

규제 : 옹벽의 축조 또는 개축에 관한 허가의 규제를 제도화. NJOEM이 폭풍으로 발생하는 쓰레기의 수거와 처리에 관한 절차와 정책을 개발하고 재해쓰레기관리계획을 집행할 것을 SHMT이 권고.

특정 해안지역 : 사우스 케이프 메이 메도우즈 지역의 연구를 통하여 침식 문제를 평가하고 긴급 사구관리의 대안을 개발할 것.

범람(홍수해)보험 : 고위험지역의 임대주택(건물)소유자가 임차인에게 범람(홍수해)보험에 관한 정보를 제공하도록 규정하는 조례를 채택하도록 함.

계획 : SHMT의 지속적 유지, HUD와 주정부의 지역사회부(Department of Community Affairs)가 지자체에 지역시회 정액교부금과 소도시 정액교부금을 긴급사태의 대책과 위험저감기금으로 사용할 수 있다는 것을 자문하도록 규정함.

뉴저지 위험저감계획의 성과

NJ-HMP의 출범 이후, NJOEM은 주정부의 해안위험저감에 전력해왔다. 이 계획의 6장에는 현재까지의 성과를 정리해놓고 있다.

지금까지 수행되어온 특정대책은 다음과 같다.

1. NJ-HMP의 권고사항 이행을 위한 NJDEP의 기술원조
2. 해안보호기금(the Shore Protection Fund)의 집행
3. 범람원관리국 수자원과가 1986년 완결한 롱비치 아일랜드 조사
4. CAFRA의 개정을 통한 NJDEP의 해안지역 규제권한 강화
5. 시브라이트 오션 애비뉴와 몬마우스 비치의 해안개발 금지
6. NJDEP의 해빈과 해안사구에 대한 지속적인 장기 감시
7. 시아일 시티 웨일비치의 공원계획에 대한 NJDEP의 지속적 추진
8. 1984년에 완성한 보고서, 「사구와 해안보호 조례 평가」(NJDEP, 1984a)
9. 1984년 폭풍으로 발생한 사구훼손의 복구비용으로 NJDEP가 수수한 교부금 200만 달러
10. 해안선안정화 규정을 개정하여 지방정부로 하여금 국가홍수해보험법의 보조금 지급규정을 준수할 수 있도록 해안 프로그램 규정을 완비하도록 지원함.
11. NJDEP로 하여금 폭풍피해 연구와 1985년 폭풍으로 사주섬에 발생한 피해를 대상으로 지역에 적합한 저감대책 연구를 완성함.
12. 주정부 범람원관리당국의 적극적 노력으로 주정부의 행정관리가 국가홍수해보험 프로그램에 부합하도록 함.
13. 주정부의 재난대비 능력 증진에 이용되는 뉴저지 허리케인 소개대책 연구(NewJersey Hurricane Evacuation Study)를 1992년에 완성함.
14. 해양 측 해빈 안정화의 수단으로 콘크리트 잠제의 사용을 비롯한 몇몇 저감대책에 관한 주정부 연구를 주도함.
15. NJDEP로 하여금 BOCA에 진전된 권고사항을 제공하도록 지원함.

주정부의 위험저감 노력의 증진을 위한 권고사항

위험저감계획이 착수된 이후, SHMT는 해안지역에 많은 저감대책을 실행해오고 있다. 어느 정도의 성과를 이루기는 했지만 공중에 미치는 해안위험의 피해를 지속적으로 줄여나가기 위해서는 아직도 주정부의 저감대책을 재검토하고 개선할 필요가 있으며 NJ-HMP에 새로운 전략을 추가할 필요가 있다. NJ-HMP를 통해 시행될 수 있는 몇 가지 저감대책을 거론하면 다음과 같다.

- 사구의 기능증진과 유지관리 프로그램의 지속을 권장할 것.
- 해안의 고위험지역을 파악하고 주기적으로 변화사항 목록을 갱신할 것.
- 공중 의식증진 교육프로그램을 지속할 것.
- FEMA의 국가 차원의 정책지침이 마련되면, 각 지방정부가 저감계획을 수립하도록 지원할 것.
- 고위험지역의 신규 개발과 재개발을 금지시킬 것.
- 고위험지역으로 확인된 지역의 (붕괴에 직면한) 사유구조물 수용을 권장할 것.
- 풍압저감기술상의 진보를 주정부의 건축규제 조항에 반영할 것.
- 저감정책에 참여하는 지역공동체에 기술적 지원과 장려금을 제공할 것.
- 저감전략을 이행하는 지방정부의 노력을 조건으로 해안선안정화사업을 계획할 것.
- FEMA의 위험저감 보조프로그램 기금을 위험저감활동에 이용할 것.
- (임기응변식보다는) 지역적 접근을 채택하는 저감전략을 지속적으로 개발할 것.

주정부와 연방정부 대책의 일관성

뉴저지해안보호기본계획(NJSPMP)은 연방정부 프로그램과 정책 부분의 '재난저감과 복구'절에서 거론하고 있는 위험관리 또는 위험저감을 따르고 있다. NJSPMP에 따르면, 자연재해로 입은 피해와 손실을 경감시키기 위해, 연방재해 구호프로그램이 주정부와 지방정부, 개인, 비영리시설의 소유주에게 원조를 제공하도록 계획되었다(NJDEP, 1981). 이들 프로그램은 사주섬의 피해지역을 포함한 재난지역의 재건축과 재활을 원조한다. 이 기본계획에서 가리키는 프로그램은 미 공병단과 연방정부 재난원조청(FDAA)의 프로그램이다. FDAA는 현재 연방긴급사태관리청(FEMA)으로 알려져 있으며, 1974년에 발효된 연방정부 재난구호법을 집행하고 있다.

NJSPMP는 고위험지역에서 폭풍으로 훼손된 구조물의 재건축을 장려함으로써 과거의 실수를 반복하는 일이 없도록 연방정부의 위험저감복구프로그램을 재조정할 필요가 있다고 권고했다(NJDEP, 1981). 중간 수준과 높은 수준의 보호에 각각 몇 가지 옵션을 제시했다. 중간 수준의 보호에 대한 옵션 가운데 하나는, 해빈과 사구의 천연적 호안능력과 이들 지형의 보존 필요성을 강조함으로써 해안안정화 과정에서 미 공병단의 역할을 강화시키는 것이다. 또한 미 공병단이 침식과 범람의 방지에 있어서 고비용의 구조물적 접근(경성호안)에서 토지관리적 접근(Cooperative land management)으로 전환할 것을 권고하고 있다(NJDEP, 1981). 최근 미 공병단이 양빈사업과 같은 연성호안 접근으로 전환하고 있으나 새로운 연성호안도 저비용은 아니다. 고비용으로 말미암아 양빈사업을 둘러싼 많은 논란이 일어나고 있다. 중간 수준의 또 다른 권고로는 FEMA와 중소기업청이 사후복구 융자 또는 보조금 수수에 관한 규정을 다음과 같은 조건으로 제정한다는 사항이 있다. (1) 주정부 재해법의 반영과 전폭적 시행을 규정하고, (2) 사주섬이 특히 재해에 취약하다는 것을 인식시키고, (3) 고위험지역의 개발을 억제함으로써 인명을 적절히 보호하는 규정을 장려하고, (4) 사주섬 외부에 재건축을 장려하기 위해서는 주정부가 조건부 재개발계획(Contingency redevelopment plan)을 촉진한다(NJDEP, 1981).

해안선안정화에 관하여 NJSPMP는 해안 고위험지역과 그 지역 내의 시설물 형태를 파악하여 폭풍으로 심각한 훼손을 입었을 때 같은 장소에 재건축을 목적으로 연방정부의 보조금을 수혜받을 수 없도록 하는 체계를 수립하라고 권고하였다(NJDEP, 1981). 고위험지역으로부터 개인주택이나 사업체가 이전할 수 있도록 보조금 지급이 가능하도록 규정했다. 1973년 발효된 연방홍수해보호법의 수정에 관해서는 고위험지역 내의 재건축에 재난구호금을 사용하지 못하도록 하고 자발적 의사에 따라 안전지역으로의 이전을 선택하는 경우에 재난구호금을 이전보조금으로 사용하도록 권고하는 등 업톤-존스의 수정안과 유사하다.

1974년에 발효된 재난구호법은 재해대비계획과 프로그램의 필요를 규정하고, 이의 채택을 조건으로 재해복구보조금을 지급하도록 개정할 것을 권고하였다. 이 법에 따라 대규모 재난 이전에 사주섬의 사전 조건부 계획(predisaster contingency plan)의 개발과 승인을 지원하기 위하여 '복구계획위원회'의 설립을 인가하도록 권고하였다(NJDEP, 1981).

이러한 내용은 스태포드법에 반영되었다. 또한 기존의 구호프로그램의 범위를 개편하고 확장시켜, 주정부와 지방정부의 포괄적인 재난대비 구호프로그램을 발전시켰고, 재난손실을 줄이기 위한 위험서감내색을 장려하였다. 또한 재해로 발생한 공적·사적 손실에 대한 연방원조프로그램을 확보하였다(P.L: 93~288).

1981년 NJSPMP가 개발된 이후 재해의 경감 또는 방지 수단으로서 연방정부 차원의 위험저감정책에 관한 논의가 많이 전개되어왔으나, 이러한 대책이 성공적으로 집행된 경우는 드물다. 따라서 저감전략의 성공적인 집행이 주정부의 주요 과업이 되고 있다.

1994년 판 NJ-HMP은 뉴저지 주 위험저감체계의 개략을 설명하고 있으며, 위험관리프로그램을 개발하는 주정부와 지방정부의 긴급사태관리당국의 지침으로 활용되고 있다. NJ-HMP는 또한, 위험관리와 저감계획을 검토하고 특정한 사업을 촉진시킬 수 있는 FEMA와 주정부 기관 간 위험저감대책반(SIHMT) 사이의 협조체제의 초석을 마련했다(NJOEM, 1994).

NK-HMP는 공중을 대상으로 위험관리와 저감의 실행 가능성을 설득하기 위한 수단으로서 정부와 사적부분 간의 긍정적 관계 수립의 필요성을 권고하고 있다(NJOEM, 1994). 다양한 비영리단체가 공중에 영향을 미치는 가치 있는 자원으로 기능할 수 있다. NJ-HMP는 전반적으로 저감활동에 필요한 수단을 확보하고 있지만, 주정부와 연방정부 수준에서 지원하는 기금의 부족으로 제한을 받고 있다. 이 때문에 NJOEM의 중요한 업무 가운데 하나는 주정부나 연방정부로부터 기금을 확보하는 일이다.

국가 저감전략과 주정부의 계획

NJ-HMP는 국가저감전략에서 선언된 것과 유사한 방향을 반영하고 있으며, 국가 수준의 목표에 부합하도록 쉽게 확장될 수 있다. 아래에서는 두 프로그램의 호환성과 주정부와 연방정부의 대책 사이의 유사성을 거론할 것이다. 국가전략이 효율적으로 주정부와 지방정부, 사적 부분, 공적 부분으로 전파되는 과정에 비중을 두게 될 것이다. 가능한 한 공공안전과 저감전략에 초점을 둘 것이다.

뉴저지 주는 기존의 NJ-HMP 저감전략을 바탕으로 주정부의 저감노력을 FEMA의 새로운 발의안 수준으로 확장시키려는 목표를 가지고 있다. FEMA의 다섯 가지 발의안과 관련시켜 볼 때 이러한 목표는 다음과 같은 수단을 통해 달성될 수 있다.

1. 위험 확인과 위험성 사전평가

- 긴급사태의 복구와 장기적 해안보호를 위한 해안사구의 조성, 복구, 유지와 확장에 관한 주정부, 연방정부와 지방정부 사이의 통합 프로그램을 개발한다.
- 폭풍 이후 상황을 반영하고 FEMA의 홍수해보험관리에 이용될 수 있도록 해빈과 사구지대의 지형도를 작성한다.
- 대형 항로 부이(LNB)의 제거로 발생한 공백을 보완할 외해빈의 수위와 기상자료의 추가 확보를 위한 대안을 국가기상청이 개발한다.
- 내만의 범람을 감시하기 위한 원격센서를 내만 지역에 설치한다.

2. 응용연구와 기술이전

- FEMA의 현행 지도 작성에 적용하는 사구평가 기준이나 홍수해보험관리용 지도개정에 근거한 파고분석이 필요한 해안 지자체의 우선순위 목록을 NJDEP가 개발한다.
- 공공안전의 증진에 필요한 장단기 전략의 적정성을 검토한다.
- 해안사구의 조성을 지원하고, 호안수준에 따른 사구의 크기와 함께 기준을 개발한다.
- 1990년 8월 20일의 연안역관리에 관한 뉴저지 주의 법에 따라 해빈과 사구관리에 관한 지방정부의 조례를 포함시키기 위해, 피해발생이 반복되는 해빈에 대한 긴급사태 업무적격기준을 개편한다.
- 주정부나 군정부는 장래의 폭풍재해 지원의 요건으로서 (재해지역 건물·토지의) 수용계획을 갖추어야 한다.
- 사우스 케이프 메이 메도우즈 지역의 침식문제는 지속적인 긴급사구관리와 함께 검토되어야 한다.
- 범람 방지, 이전, 토지용도지구 지정, 셋백 대책 등을 활용하는 포괄적 계획이 애틀랜틱 시티의 북단에 시행되어야 한다.

- 해변의 가호안과 이에 관련된 시설의 축조에 있어서 해안제방의 설치와 보수에 관한 허가를 규정하는 주 차원의 법제를 개발한다.
- 침식률이 높은 지대에 다양한 폭의 완충지대와 셋백을 설치할 수 있도록 셋백 규정을 개발한다.
- 재해로 발생한 쓰레기의 관리계획과 함께 쓰레기의 수집과 처리를 규정하는 표준정책과 과정을 개발한다.

3. 공중의 인식 확산, 훈련, 교육

- 내만의 원격센서를 통해 수집한 정보는 긴급사태에 대한 예보와 경보에 사용한다.
- 고위험지역 내에 위치한 임대건물의 소유주로 하여금 임대시점에 범람 위험정보와 홍수해보험 수혜에 관한 정보를 제공하도록 규정하는 조례를 지자체가 개발하도록 권장한다.

4. 유인책과 자원

- 긴급사태의 회복과 장단기 대책의 절차와 기금의 확보를 위한 사구조성 프로그램을 수립한다.
- 주정부는 양빈에 대한 공적자금 지출에 필요한 정책을 수립한다.
- 스태포드법 406조에 따른 공적자금 지원공식을 개정하여, 예컨대 연방정부보조금 40%와 비연방보조금 60%와 같이 주정부 수준에 더 큰 책임을 부여하고, 404조에 따라 발생하는 차액을 (위험지역의 건물이나 토지 등의) 재산수용에 사용할 수 있도록 한다.

5. 지도력과 조정

- 해안지역관리의 장기 목표 수립에 필요한 정책을 개발한다.
- 장단기 목표의 성취에 활용할 전략을 개발한다.

- 지역공동체는 장단기 목표에 따른 단계적 성과를 올릴 수 있도록 재정적 기술적 지원을 요청한다.
- 지역공동체는 NJ-HMP의 과업과 권고사항을 완성할 수 있도록 지원을 요청한다.
- SHMT가 지역공동체와 FEMA, 주정부 사이의 조정자 역할을 담당할 수 있도록 한다.
- 해안지대 관리에 대한 주정부의 법에 따라 표준절차를 개발하고, 이를 CAFRA에 의해 정의된 해안지역 내의 모든 개발에 적용하도록 한다.
- 위험저감 행정명령에 따라 항구적 주정부 위험저감대책반을 수립한다.

해안선의 위험저감 옵션(Shoreline Mitigation Options)

구조물을 동한 집근(Structural Approach)

앞에선 논한 바와 같이, 이전의 해안침식대책은 폭풍과 높은 파랑이 내륙으로 침입하지 못하도록 장벽을 축조함으로써 퇴적물 유실 증상의 해결에 주력하였다. 이러한 경성구조물은 수십 년에 걸쳐 설치되었고, 많은 해안에서 이러한 구조물을 볼 수 있다.

이러한 구조물에는 퇴적물의 고정과 안정화를 위해 해안과 평행하게 축조되는 피복공, 가호안, 해안제방이 있다. 연안퇴적물 이동을 간섭하기 위해 해안에 수직 방향으로 축조된 구조물로는 돌제와 도류제가 있다.

현재 해안구조물은 폭풍의 내륙지역 범람을 방지하는 효과적인 수단이지만 자연시스템과는 조화를 이루지 못한다는 사실이 인식되고 있다. 이러한 구조물로 말미암아 앞바다와 하류가 피해를 입을 수 있다는 것도 알려지게 되었다. 이러한 과정을 통하여 해안지역을 대표하고 관광객을 유치하는 데 도움이 되어온 해빈과 해안사구는 마침내 유실될 것이다. 그러나 특정한 경우에는 양빈을 병행하여 경성구조물로도 적당한 호안수준을 유지할 수 있다는 주장도 있다(NRC, 1990, 1995).

비구조물적 접근

사구의 유지와 보강 사구유지와 보강 프로그램을 수립하고 인공사구를 조성하는 것은 위험관리와 저감의 중요한 유형이다. 이미 살펴본 바와 같이 사구는 해빈과 모래를 교환하며 해안선이동률(침식률)을 줄임으로써 호안기능의 완충 역할과 폭풍해일과 고조위에 대한 방벽 역할을 수행하고 있다. 해안사구는 폭풍의 영향을 저감시킬 수 있는 대책으로 간주되고 있다. 인공사구나 천연사구를 불문하고 사구는 식생의 도움을 통하여 형성되고 보강될 수 있다. 식생은 비교적 저비용이며 내구적 특성을 가지고 있다. 사구를 조성하고 유지함으로써 해빈단면을 특정한 규모로 성장시킬 수 있다. 이러한 규모란 폭풍해일과 침식에 대해서 사전에 결정한 호안수준에 따라 정해진다. 사구가 해안안정화에 있어서 만병통치가 아니고 완전한 호안기능을 가지고 있지는 않지만, 위험관리와 저감 옵션으로서 주요한 대책이라고 할 수 있다. 뉴저지의 많은 지역공동체는 사구를 조성해왔고, 사구조례를 갖추고 있다. 그렇지 않은 공동체들은 이 목표에 노력을 기울이고 있다.

양빈 또 다른 비구조물적 접근으로는 양빈이 있다. 양빈은 침식해빈에 모래를 보충하는 과정이며, 대체로 양빈에 사용되는 모래는 외부로부터 공급된다. 이러한 과정은 시간과 비용이 많이 소요된다. 이 외에도 그 지역의 침식률, 양빈물질의 확보, 양빈기법, 양빈의 적정성 등 고려해야 할 요소가 많다. 양빈물질이 그 해빈의 물질과 유사해야 한다는 것도 중요하다. 또한 양빈은 단기 대책이며, 침식방지 대책이 아니라 다만 해안선의 침식을 유예시키는 것이라는 사실도 인지해야 한다. 따라서 이 접근은 긴 기간에 걸친 고비용 투자이기 때문에 지속적인 재정지원이 필요하다. 양빈을 적용할 때에는 지역적 차원의 사업이 되어야 하며 지역의 호안 목표와 일치해야 한다.

토지이용 관리

토지용도지구지정 또는 토지이용규제 토지용도지구지정 또는 토지이용규제의 적용은, 토지이용(주택지구, 산업지구, 또는 상업지구)과 토지의 질과 특성(용적률, 건축물 고도, 셋백)을 규제하는 지방정부의 일차수단으로 구성된다(Beatley, Brower, and Schwab, 1994). 뉴저지의 많은 해안지역공동체가 사구보호와 개발규제를 위해 저감조례를 채택해왔지만, 공공안전을 더욱 증진시키기 위한 목적으로 토지용도지구지정 조례에 반영할 수 있는 몇 가지의 저감전략이 아직도 남아 있다. 이들 대책에는 고위험지구지정과 최대개발밀도의 역치 설정이 있다.

해안공동체가 고위험지대를 명확하게 정의하고 토지용도지구를 지정한다면 발전의 억제 또는 금지에 조례를 적용할 수 있으며, 이를 통해서 공중의 위험 노출을 줄일 수 있다. 고위험지대는 사구지대와 함께 빈번한 워시오버, 급속한 침식, 또는 사주섬 파열 등을 겪는 지역에만 한정된 것이 아니고 이러한 지역을 포괄하도록 지정해야 한다. 고위험지역은 또한 지정 당시에는 없으나 정상적 조건에서 사구가 존재할 수 있는 지역도 포함해야 한다(NJDEP, 1984b). 이러한 고위험지역을 확인함으로써 지역공동체는 완충지역을 조성하고 해빈-사구의 상호작용을 촉진할 수 있다. 이상적으로 고위험지역은 해안선의 역동성을 나타내고 있기 때문에 주기적인 모니터링이 필요하고 해안선 변화에 따라 적절히 변동(이동)되도록 허용해야 한다.

고위험지역이 일단 확인되면, 위험관리와 저감목표를 성취하기 위해 특정한 구조물은 '부적합 용도'로 분류할 수 있다. 지자체도지이용법(N.J.S.A., 40: 55D-I)에 따르면, 부적합 용도로 밝혀진 구조물은 재난 이후 가벼운(not substantial) 손상을 입은 경우에 한하여 복구되거나 수선될 수 있다(NJDEP 1984b). 지역공동체가 '상당한 손상(substantial damage)'을 달리 정의할 수도 있지만, 50% 손실 이하를 가리킨다(NJDEP, 1984b). 50% 이상의 손실을 입은 부적합 구조물은 기존의 저감조례에 수록된 경우가 아니라면 재건축이 허용되지 않는다.

지자체가 위험저감에 사용할 수 있는 또 하나의 토지이용전략은 최대 개발밀도의 역치를 부과하는 방안이다. 최대역치를 부과함으로써 지속적으로 개발 밀도를 낮추어 장래에 해안폭풍에 노출되는 인구와 재산의 범위를 크게 낮출 수 있다. 개발밀도를 낮추는 것은 또한 긴급사태 기간에 인구수가 지역사회의 수용력(도로의 수용력, 용수공급, 의료지원, 하수처리능력, 토지면적 등)을 초과하지 않도록 보장한다.

해안폭풍위험저감 편람에서 NJDEP는 고위험지역에 고층건물이나 다세대주택의 건축을 금지하는 조례의 채택을 권고한다(NJDEP, 1984b). 이러한 지역에 이러한 형태의 구조물 건축금지는 장래의 폭풍에 노출되는 인구수를 현저하게 줄일 수 있는 방안이다. 해안선이 침식되더라도 큰 구조물에 비해 한 가구가 거주하는 소규모 건물을 용이하게 이전할 수 있다는 것도 이러한 형태의 지구지정에서 얻는 편익이다.

요약하면, 토지용도지구지정 제도의 적용은 지자체가 토지이용개발을 규제할 수 있는 일차수단이며 위험관리와 저감전략의 집행수단이 될 수 있다. 고위험 해안지역의 지정을 통하여 지역공동체는 개발 형태(단독주택과 다세대주택)와 지역의 밀도를 제한할 수 있다. 조례는 완충지역의 설정과 해빈-사구 시스템의 보존에 이용될 수 있다. 토지용도지구지정제도는 주민과 구조물의 재해위험을 저감할 수 있는 효과적인 수단으로 활용될 수 있다.

건축물의 셋백 토지용도지구지정제의 연장인 셋백라인은 극히 효율적인 위험관리저감전략이다. 주정부나 지방정부가 설정하는 셋백라인의 외측에는 해안선안정대책이나 수역의 이용에 필요한 구조물(부두, 계선시설)과 같이 예외적 면제사유가 없이 일체의 개발이 금지된다. 고위험 해안지역에서 셋백라인은 해안폭풍에 대비한 완충지역의 설정에도 이용될 수 있다. 이러한 지대는 해빈과 사구시스템의 개발 영향을 줄이고, 주민에게 피해를 입히는 해안폭풍의 영향을 줄이고 천연사구의 이동 공간을 확보한다.

셋백라인의 설정은 침식률, 파랑의 쳐오름 높이, V-Zone(Velocity-Zone) 경계, 사구의 유무, 식생 경계선, 호안선, 해안선으로부터의 거리, 고도 등의 종합에 따라 이루어진다(NJDEP, 1984b). 가장 강력한 셋백라인 가운데 하나는 노스캐롤라이나에 설정되어 있다. 해빈지역의 소규모 개발에 대해 부과하는 셋백라인은, 최초의 안정적 식생경계선으로부터 그 지역 해안선 침식율의 30배에 해당하는 거리에 설정되며, 모든 신규 개발에 적용된다(Platt, 1992). 개발은 1차사구의 마루로부터 그리고 전사구(frontal dune)의 말단으로부터 육지 쪽으로 한정된다. 이와는 달리 뉴저지에서는 주정부의 해안 고위험 셋백라인의 결정에는 '고정된 선(fixed line)'을 적용하고 있다. 뉴저지주 행정법규(NJAC) 7:7E～3.18(d)는 가호안과 피복공, 해안제방의 호안구조물의 해양 측 경계선으로부터 내륙으로 최소한 25피트의 거리를 물러서서 영구구조물을 축조하도록 규정하고 있다. 이 셋백라인은 폭풍파의 쳐오름과 침투로부터 구조물의 잠재적 손상방지에 활용되는 중요한 저감대책이다.

셋백라인은 호안구조물 배후의 건축물에 미치는 잠재적 손상을 저감한다. 그러나 뉴저지 주는 해안사구를 보호할 수 있는 셋백라인을 채택하지 않고 있다. 대부분의 해안지역공동체는 이것보다 정적인 사구보호지역을 지정하고 있는 사구조례를 따르고 있다. 1984년 사구조례 평가에서 NJDEP는 대부분의 사구조례가 건축제한선이나 사구지역과 같은 고정적이고 정적인 제한선을 기술하고 있을 뿐이며, 장래에 발생할 수 있는 해빈침식이나 사구이동, 즉 호안선을 지나 내륙으로 사구가 이동할 가능성의 문제에 대해서는 고려하지 않고 있다. 결과적으로 이들 조례는 건축제한선으로부터 내륙 방향에 위치한 천연사구지역 내의 건축을 금지하지 않고 있다(NJDEP, 1984a). 앞으로 뉴저지 주의 위험관리저감전략에 사구보호지대와 셋백라인을 포함시킬 기회가 있다. 이 지대에 사구 위치를 기술하고 적정한 정의와 함께 지도상에 표시할 수 있을 것이다. 이 지대로부터 내륙 방향에 셋백라인을 설정하여 자연적인 해빈-사구 현상이 연장될 수 있는 공간을 확보할 수 있다. 이러한 셋백라인은 바람과 워시오버를 통해 모래퇴적이 발생함으로써 사구가 내륙 방향으로 확장될 수 있는 여지를 만든다.

셋백라인의 효율성을 높이기 위해서는 라인의 위치를 유연하게 설정해야 한다. 즉, 환경조건의 변화에 따라 라인을 이동시킬 수 있어야 한다. 이 지대의 경계선은 주기적으로 검토되어야 하며 시간의 경과에 따라 발생하는 해빈-사구 단면의 변화를 수용할 수 있도록 조정되어야 한다. 그러나 해안학자는 해빈폭을 확장시키는 광범위한 양빈사업이 수행된 후에도 셋백라인을 바다 쪽으로 옮기도록 자문해서는 안 된다. 조례에는 사구지대와 셋백라인을 2년 내지 10년 마다 또는 유의수준의 폭풍이 내습한 이후마다 검토하여 재지정하도록 규정해야 한다.

이상을 요약하면, 셋백라인은 해안위험을 처리하는 효율적인 방법이라고 할 수 있다. 신규 개발과 폭풍 이후의 재개발에서 사구로부터 일정 거리를 확보할 것을 규정함으로써 위험관리와 저감에 필요한 완충지대를 조성할 수 있다. 이 지역은 사구를 보호할 뿐만 아니라 해안폭풍으로부터 직접적인 주민들의 피해를 줄일 수 있다. 사구보호지대나 완충지대의 기능이 원활이 발휘되기 위해서는 해안사구의 역동성을 신중하게 감안해야 한다. 효율을 높이기 위해서는 셋백라인을 고정적인 것으로 간주해서는 안 된다. 최대의 효율을 얻기 위해서는 셋백라인과 사구지대는 주기적인 검토를 거쳐 해안선 변화를 반영하도록 갱신되어야 한다.

구조물의 높이 또 다른 토지이용 옵션으로는 BFE(established Base Flood Elevation)으로부터 구조물의 높이를 들 수 있다. 범람이나 폭풍해일이 구조물을 훼손하지 않고 건물의 아래를 통과할 수 있도록 파일(piling) 위에 건물을 설치하는 방안이다.

이러한 옵션은 NFIP에 참여한 모든 지역공동체에 부여하는 훼손저감의

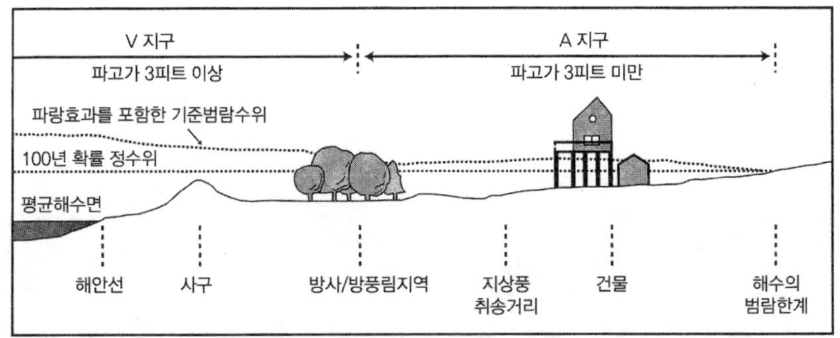

그림 9.1. V지구와 A지구의 수심과 쇄파고(NRC 1990에서 수정).

의무사항이다. 참여 지역공동체는 신규 건축물을 100년 확률 범람으로부터 보호할 방안을 강구해야 한다. FEMA가 작성한 BFE와 홍수해보험률 지도(Flood Insurance Rate Maps)에는 지역공동체가 사용할 수 있도록 100년 확률 해안범람원은 다시 V지대(Velocity zone)와 A지대(A-zone)로 구분된다.

V지대는 높은 속도의 파랑활동과 함께 조석단파로 침수되는 지역으로 해안고위험지역이며, 쇄파의 파고가 최소 0.9m에 이르고 100년 확률 범람 기간의 정수심이 1.22m 미만을 나타내는 100년 확률 범람원의 일부이다(그림 9.1). 해안 지역공동체의 FIRM은 파고나 100년 확률 범람의 파쳐오름 높이를 반영한 BFE를 참작하고 있다. V지대를 확정할 때 침식이 고려되지만 침식률은 비선형적 거동을 보이고 퇴적물수지에 미치는 인위적 간섭 때문에 침식률에 대한 예측은 쉽지 않다. A지대는 V지대의 경계에서 내륙으로 연장되며, 유의파랑활동의 영향은 받지 않는 100년 확률 범람원의 일부라고 정의되며, 쇄파의 파고는 0.9m 미만이다(그림 9.1, FEMA, 1986a).

V지대나 A지대는 인접해 있지만 각각에 대한 건축 요건은 다르다. 해안의 V지대는 하천변의 V지대와는 달리 신규 건물이나 구조물 가치의 50% 이상에 해당하는 기존 구조물의 현저한 증개축에는 고정된 파일이나 기둥(column)을 사용하여 구조물의 바닥(the lowest horizontal structural members)을

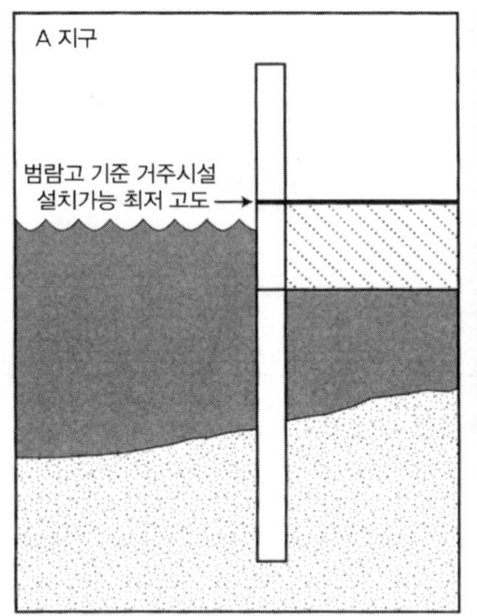

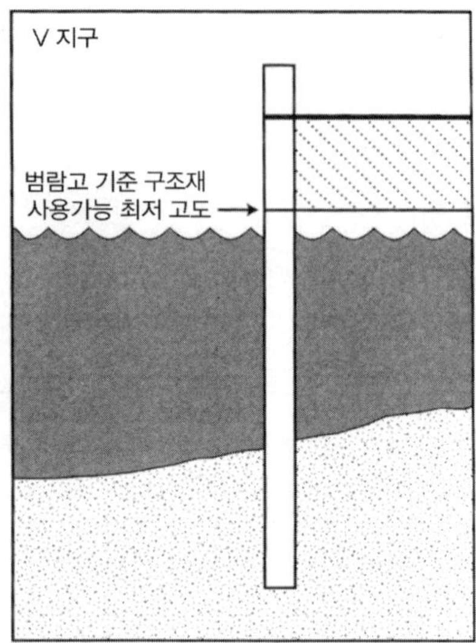

그림 9.2. V지구와 A지구의 건축요건

BFE 또는 그 이상이 되도록 하여 연방홍수해보험의 대상자격을 확보하도록 규정하고 있다(FEMA, 1986b).

구조물이 고정된 파일이나 기둥에 안전하게 고정되어 높은 유속의 창조류와 허리케인 해일파에 저항할 수 있다는 공인기술사나 건축사의 확인을 받아야 한다. 또한 V지대에서 신규 건물이나 현저한 증개축의 구조보강을 위해 성토를 해서는 안 되며, 해안사구를 변형해서 잠재적 홍수해가 증가해서도 안 된다. 해안의 A지대에서는 신규 건축 또는 현저한 증개축에서 지하실을 포함한 최하층이 BFE, 또는 그 높이 이상이 되도록 높여야 한다. 이곳에서는 성토를 통한 기초 높임이나 파일과 기둥을 사용할 수 있다(FEMA, 1986b). 그림 9.2는 V지대와 A지대의 건축규제를 도시하고 있다.

건축규정과 주택규정

건축규정은 재료에 관한 최소한의 공통 수준을 부과함으로서 신규 건축물의 전반적 질을 개선시키기 위한 노력을 나타내고 있다. 위험지역에서는 건축규정으로 신규 건물을 강화시켜 허리케인 폭풍과 파랑, 폭풍해일의 압력에 효율적으로 버틸 수 있도록 하여 해안폭풍으로부터 초래되는 구조적 훼손을 저감시키는 효과가 있다. 건축규정에는 신규 건축의 설계와 재료, 건축관행 등이 명시되며, 주택규정에서는 기존 건물의 증개축에 관한 내용이 다루어진다. 주택규정은 기존 구조물의 개축에 적용되기 때문에, 신규 건물의 기준과는 달리 전반적 효과는 제한적이며 해변까지의 거리에 따라 차이가 있다.

건축규정은 국가나 주정부, 지방정부 수준에서 시행될 수 있으며, 수준에 따라 뚜렷한 차이가 나타날 수 있다. 몇몇 기준은 국가적 수준에서 정해졌지만, 대부분의 건축규정은 지역적 차원에서 개발되어 건축환경의 차이를 반영하고 있으며 주정부나 지방정부 수준에서 발효 시행되고 있다(FEMA, 1991a). 상이한 환경요소를 반영하여 네 가지의 주요한 대표건축규정기구가 조직되었다. 즉, BOCA(the Building Officials and Code Administrators)와 SBCCI(the Southern Building Code Congress International), ICBO(the International Council of Building Officials), CABO(the Council of American Building Official) 등이다. 이러한 단체가 공포한 건축규정은 두 가지 형식, 즉 성능을 기준으로 삼거나 건축제원을 제시한다. 뉴저지와 동부, 중서부의 주들은 대체로 성능을 기준으로 택하고 있는 BOCA의 모형규정을 따르고 있다(NJDEP, 1984a).

뉴저지와 BOCA 규정 뉴저지 주에서는 BOCA의 국가건축법규(National Building Code)를 통일건축법(N.J.S.A 52:27D-1 et seq.)으로 채택하고 있으며, 모든 지자체에 통용되도록 규정하고 있다(NJDEP, 1984a). 즉, 지자체는 BOCA의 규정을 유일한 건축기준으로 준수해야 하며 필요에 따라 더 엄격한 기준을 적용해서도 안 된다. 뉴저지 주 지방행정부는 지방정부 수준에서 이 법을 시행하고 있다. 1981년 해안기본법이 통과된 이후, 통일건축법은

BOCA의 새로운 권고안에 따라 지속적으로 갱신되어 홍수해에 따른 재산상의 피해를 저감시켜오고 있다.

1984년 홍수해방지법이 최초 국가적으로 채택된 이후, 지속적으로 개정되고 있다(NJDEP, 1984a). 1993년판 BOCA 규정 3107.0조는 범람을 대비한 건축을 다루고 있다. 이 조항은 범람위험지역의 모든 신규 건축물과 함께 건축물 가치의 50% 이상에 해당하는 범위를 변경하거나 수리하려는 건물에 적용된다(BOCA, 1993). 범람위험지역은 홍수해보험률 지도상의 100년 확률 범람고도로 정해지며, 이 고도는 기초범람수위(base flood level)로 사용된다.

범람위험지역의 건물이나 구조물은 최하층의 높이가 기본범람수위 이상이어야 한다. V지대에 위치한 구조물은 최하층을 구성하는 구조가 모두 이보다 높게 설치되어야 한다. 범람방지법은 또한 범람위험지역의 모든 건물과 구조물의 구조적 체계가 구조물의 하중과 범람·폭풍해일의 압력으로 말미암아 부유하거나 붕괴 또는 측면으로 이동하지 않도록 설계하고 고정시킬 것을 규정하고 있다(BOCA, 1993).

FEMA와 모형건축규정 FEMA가 공중의 위험저감을 위해 주력하는 것 가운데 하나는, 주정부나 지방정부가 신규 건축이나 기존 건물의 증개축에 손실저감기준을 채택하도록 장려하는 것이다(FEMA, 1991b). 『위험저감: 모형규정을 통한 인명과 재산 피해의 저감』(FEMA, 1991a)이라는 소책자를 통해 자연재해나 인재로부터의 국가의 손실을 저감하기 위해서는 모형건축규정을 이차적 수단으로 채택할 것을 강조하고 있다. FEMA는 위에서 설명한 네 개의 국가적 수준의 건축규정기관과 긴밀히 협력하면서 지속적으로 모형규정에 범람방지 기준이 반영되도록 주력해오고 있다. FEMA의 노력으로 BOCA를 포함한 대부분의 기관이 국가홍수해보험 프로그램 건축규정의 대부분을 수용했다(FEMA, 1991a).

지역공동체가 NFIP에 참여하기 위해서는 FEMA의 최소범람원 관리기준을 충족시켜야 한다. 지역공동체가 이를 달성하도록 FEMA는 해안폭풍 범람위험지역의 건물 설계와 건축에 필요한 매뉴얼과 지침을 제작해오고 있다. 1986년 FEMA는 지침서의 2판에 해당하는 해안건축매뉴얼을 보급했다. 매뉴얼의 목적은 건축가와 설계자, 지역공동체, 주택소유자가 국가홍수해보험 프로그램의 성능기준에 따를 수 있도록 안내하는 데 있다. 매뉴얼은 위험지역의 건축을 권장하는 것이 아니고, 잠재적 홍수해를 최소화할 수 있는 설계와 건축을 보장하기 위한 것이라고 강조한다. 여기에는 브레이크어웨이 월 인클로저(breakaway wall enclosure)에 관한 설계지침, 관리상의 권고, 미국 토목학회 기준과 그 밖의 설계정보를 반영한 설계과정 개정 등이 수록되어 있다. 전반적으로 매뉴얼은 잠재적 위험을 방지하거나 감소시키고, 고위험지역에 위치한 구조물의 기반고를 높이고, 홍수해로부터 건물을 보호하고, 안정화시키기 위한 FEMA의 목표를 강조하고 있다.

풍압저감 기준 1990년대 수차례의 해안폭풍을 겪은 후에, 범람뿐만 아니라 허리케인의 풍압을 견딜 수 있는 구조에 관한 건축규정이 강조되었다. 풍해관련 기준이 일찍부터 채택되어왔지만, 1992년 플로리다 남부를 강타한 허리케인 앤드류를 통해 시속 120마일의 풍속을 견디도록 건축된 주택들은 심각한 손상을 입지 않았다는 것이 드러났다. 즉, 기존의 규정은 심각한 훼손의 방지에 부적절하다는 것이 반증되었다(FEMA, 1995b). 대안으로 당시의 성능위수 규정보다는 예방차원의 규정이 제기되었다(FEMA, 1991a). 성능위주 규정은 건축물의 성능을 규정하는 반면에, 예방차원의 규정은 새로운 구조물의 설계와 건축기준, 즉 규모, 제원, 재료 등을 지정한다. 풍해에 대한 건축설계를 반영하는 예방적 규정은 모범 건축규정에 반영되기 시작했다.

주정부 수준의 지도력 건축규정은 해안지역사회의 재해위험을 줄일 수 있는 방안으로 이미 확인되었다. 그러나 최대의 효율을 성취하기 위해서는 국가와 주정부 수준에서 개정되고 채택되어야 한다. 뉴저지 대부분 해안지역의 해안구조물은 폭풍파와 강풍을 비교적 잘 견디어내고 있는데, 이는 모범 건축규정을 채택했기 때문이다. 그러나 이러한 구조물의 대부분은 허리케인급의 폭풍조건이나 해일속도조건에서는 실험되지 않았다. 허리케인 앤드류는 성능기준의 채택으로는 충분하지 않으며, 국가적 수준에서 개선된 건축규정의 시행이 필요하다는 것을 증명했다. 뉴저지 주가 플로리다에서 발생하는 것과 유사한 재난을 방지하려고 한다면, 신규 건축에 부과하는 최소한의 규정에 예방적 규정을 포함시켜야 하고 통일건축법에 반영시켜야 한다. 해안지역공동체는 새로운 건축규정을 강제할 수 없기 때문에 BOCA나 주정부가 예방적 규정을 개발해야 한다. 대안으로는 새로운 입법을 통하여 지역공동체가 엄격한 홍수방지 감독으로 BOCA의 규정을 보완하도록 한다. 마지막으로 뉴저지 주정부는 보험산업의 풍해저감 유인책 프로그램 개발을 지원하고 가능하다면 이들을 활용해야 한다.

위험지역으로부터의 이전

극단적이어서 논의의 여지가 많지만 주정부나 해안지역사회가 택할 수 있는 또 하나의 위험관리저감 옵션으로, 침식을 받거나 범람위험이 있는 해안으로부터의 구조물 이전을 들 수 있다. 이는 인명과 구조물의 잠재적 피해를 줄일 수 있는 가장 효율적인 방안이다.

구조물 이전에는 수많은 제도적·경제적 장애가 있다. 구조물을 내륙으로 이전할 수 있는 공간(셋백 공간)이 동일한 필지 내에 없다면, 대체 입지가 마련되어야 한다(NRC, 1990). 대체 입지에서 바다를 조망할 수 없거나 해변으로의 접근로가 없다면, 이러한 요소가 재산가치의 큰 부분을 차지하고 있기 때문에 또 다른 문제가 제기될 것이다. 이전이 현실적인 위험관리저감 옵션이 되기 위해서는 해안거주에서 초래되는 위험에 대한 본격적인 공중교육이 필요하다. 고위험지역의 확인도 이러한 노력에 도움이 되고 공중의 위험에 대한 인식을 고양시킨다.

위험지대 내의 사유재산수용

위험지대에 입지한 사유재산의 수용도 해안학자나 토지이용계획당국, 공공정책입안당국이 제안하는 위험관리저감옵션 중 하나다. 고위험지역의 개인소유 토지를 수용함으로써 해안지역공동체와 주정부는 해안폭풍으로 야기되는 인명피해, 개인의 부상, 그리고 재산상의 피해를 저감할 수 있다. 토지수용은 또한 자연보호지역(완충지대)과 해안사구의 발달기회를 조성함으로써 잠재적인 폭풍관련 피해와 해안지역공동체의 취약성을 저감시킬 수 있다. 공중의 안전 확보 이외에도 해안토지수용에는 공공을 위한 해빈, 공중의 이용, 여가선용 기회, 보전지역의 확대 등과 같은 편익이 있다.

해안토지수용에는 몇 가지 단점이 있다. 첫째는 개발지의 재산수용에 소요되는 고비용과 재산세의 세입축소를 들 수 있다. 그러나 재산수용으로 여가선용의 기회를 확대시키면, 해빈이용료와 기타 서비스로부터의 세입증가로 세수입의 감소는 보상될 수 있다(NJDE,P 1984b). 지역공동체와 주정부, 연방정부가 얻을 수 있는 간접 편익으로는 토지수용 프로그램이 긴급재난사태로 말미암은 지출과 폭풍 이후의 청소와 수리에 대한 수요를 감소시켜 지방정부와 주정부, 연방정부의 비용을 절감할 수 있다.

고위험 해안토지는 자발적 수난(예컨대 사진 매도나 보전지역으로 주정부에 토지 증여) 또는 폭풍피해 이후 단순봉토가격이나 단순봉토가격 이하로 토지수용선언을 통해서 확보할 수 있다. 소유권과 재산권 전체가 양도되기 때문에 단순봉토권의 취득이 가장 바람직하다(Clayton 1987). LTS(Less Than Simple)도 유용한 수용전략이라고 할 수 있다. 지역권(地役權), 임차, 개발권 양도 등이 이에 해당한다. LTS가 단순봉토에 비하여 비용이 적게 들지만 소유권과 토지에 대한 권리행사에 대한 포괄적 권한이 제한받을 수 있다.

토지이용 프로그램은 폭풍 발생 이전이나 이후에 시행할 수 있다. 사전수용이 해안폭풍의 피해를 줄일 수 있기 때문에 선호된다(NJDEP, 1984b). 그러나 폭풍으로 재산이 현저히 훼손되기 전에는 고위험지역의 재산소유주들이 이전하기를 꺼린다. 따라서 주정부나 지역공동체가 폭풍피해 이전에 토지를 수용한다면 높은 수용비용이 지불해야 할 것이다. 1981년판 NJSPMP에서 폭풍피해가 수용비를 낮출 수 있기 때문에 사후수용이 선호되었다(NJDEP, 1981). 그러나 사후수용 전략은 변경되고 있고 최근에는 토지소유주에 대한 장려책으로 폭풍 직전의 공정한 시장가격에 따라 토지가 수용되고 있다. 뉴저지 주정부의 코스탈 블루에이커 프로그램(Coastal Blue Acres Program)은 사후수용의 공정시장가격 책정에 이 개념을 사용하고 있다.

코스탈 블루에이커 프로그램 1995년 뉴저지 주의회는 '블루에이커'로 알려진 코스탈 블루에이커 프로그램을 제정하였다. 폭풍과 침식의 위험에 처한 지역의 자진 매도자로부터 지역공동체가 토지를 수용하도록 지원하는 1,500만 달러의 채권프로그램이다(NJSGA, 1994; P.L., 1995, C.204). 이에 따라 고위험 해안토지의 수용은 한층 실행 가능한 주정부의 위험관리저감 전략이 되었다. 블루에이커 프로그램을 통하여 수용한 토지는 완충지 역할을 넘어서서 환경보전이나 대중의 여가선용 장소로 이용될 것이다. NJDEP 그린에이커오피스(Green Acre Office)에서 관리하는 코스탈 블루에이커 프로그램은 사전수용과 사후수용 형태로 나뉘어져 있다. 사후수용은 폭풍피해를 입은 개발지의 수용을 가리키고, 사전수용은 저지대나 수변 가까이에 위치한 공한지, 또는 개발 정도가 미약한 토지를 대상으로 한다.

사후 재산수용 프로그램에는 900만 달러가 책정되어 있다. 해안지역공동체는 폭풍으로 훼손된 토지를 보조금 50%와 대부금 50%의 조건으로 수용한다. 폭풍피해를 입은 토지가 블루에이커 프로그램의 대상이 되기 위해서는 피해액이 재산가치의 최소한 50%가 되어야 하며, 수용비용의 50%는 주정부 이외의 자금원으로부터 조달되어야 한다. 사후수용과 긴급재난구호를 진척시키기 위해서 사후수용의 주정부할당금은 다만 주의회의 통합예산감독위원회(Joint Budget Oversight Committee)의 승인을 거치도록 하였다. 신속한 재해대응을 통해서 지역공동체로 하여금 위험지역으로부터 주민을 이주시킬 수 있는 적기를 포착하도록 지원할 뿐만 아니라 피해자의 생활이 가능한 한 신속하게 안정되도록 지원한다(Patton, 1993).

나머지 600만 달러는 사전수용에 할당되는데, 보조금 75%와 대여금 또는 대응자금 25%의 조건으로 해안지역 토지수용를 지원한다. 수용기준은 폭풍 또는 폭풍관련 범람으로부터의 반복적 피해를 입어온 토지를 주 대상으로 하고 있으며, 이러한 토지수용으로 인접 토지에 완충효과가 있거나 그 토지에 위락이용/환경보전 효과가 있을 때 우선순위가 높아진다. 이러한 사전수용 형태는 긴급사태에 따르기보다는 계획에 따른 것이기 때문에 주의회의 승인이 우선되어야 한다.

코스탈 블루에이커 프로그램의 관리에서는 기금의 한계로 말미암아 우선순위가 매우 중요하다. 수용을 통하여 공공안전과 자연적인 해안보호효과가 증진될 수 있는 토지이어야 한다. 토지수용 이전에 NJDEP 그린에이커 담당자는 우선 이 법의 목적을 증진시킬 수 있도록 블루에이커 프로그램의 수용전략을 결정하여야 한다. 수용전략의 수립과 집행을 통해 블루에이커 프로그램은 고위험지역으로 알려진 지역 내에서 폭풍 이후의 정지작업과 수리, 해안선안정화사업에 소요되는 주정부와 시방정부의 지속적인 지출과 투자를 절감시킬 수 있다. 해안위험에 대한 공중의 노출과 장기적 위험을 줄이기 위해서는 고위험지역의 확인과 특성 파악이 필요하다. 일단 고위험지역으로 지정되면, 자문위원회는 그린에이커 당국의 토지구획 목록작성을 지원한다.

수용지원 자금원

뉴저지의 해안지대가 지속적으로 개발됨에 따라 재산가치는 계속 상승할 것이며, 이에 따라 토지수용은 점차 고비용 옵션으로 변할 것이다. 따라서 수용에 필요한 자금 확보 수준이 프로그램의 성패를 좌우하는 요소라고 할 수 있다. 몇 종류의 연방정부와 주정부, 사적 자금원이 잠재적 토지수용기금으로 활용될 수 있다. 블루에이커 프로그램으로 확보된 자금 외에 이러한 자금의 활용을 통하여 기금이 확대될 수 있다.

그린에이커 프로그램 뉴저지 주의 그린에이커 프로그램은 공한지수용사업비의 50%까지 지원하고 있다(P.L 1995, C.204). 그린에이커 프로그램 지원금은 해안지역을 포함한 주 전체를 대상으로 하기 때문에 고위험지역의 해안토지수용에 활용할 수 있는 잠재적 자금원이다. 이 프로그램에는 환경보전과 공공의 위락활용 목적으로 수변지나 수원지, 그 밖의 특성을 가지고 있는 토지를 수용하도록 지원한다. 해안지역에 국한된 블루에이커 프로그램이 지방정부에 한하여 기금을 할당하는 반면에, 그린에이커 프로그램에서는 비영리단체나 사적 단체도 대응자금을 조건으로 토지수용사업비의 50%까지 지원받을 수 있다.

비영리 부분 많은 비영리단체가 그린에이커 지원금을 받을 수 있기 때문에 토지수용사업에 몇몇 비영리단체가 적극적으로 참여하고 있다. 그린에이커 프로그램 이외에도 이러한 단체는 개인의 토지나 기부금을 증여받고 있다. 대부분의 비영리단체가 독특한 생물서식처의 종 다양성을 보존·보호하려는 목적으로 미개발토지를 수용하지만, 몇몇 토지는 공공 위락지 확장에도 이용되고 있다. 이러한 토지수용활동을 벌이고 있는 뉴저지의 비영리단체로는 공공토지신탁(the Trust for Public Land), 자연보전기구(the Nature Conservacy), 뉴저지자연보전협회(the NewJersey Conservation Foundation), 뉴저지

오더본협회(the Newjersey Audubon Society)가 대표적이다. 보조금 수혜를 위해서는 주정부 지원 부분 이외의 사업비가 확보되어야 하는데, 그러한 경우에 이들 단체는 그린에이커를 통한 해안토지수용사업의 잠재적 협력자가 될 수 있다.

사적 부분 개인기업이나 개인의 기부금도 사업비의 주정부할당액 이외 부분(비주정부 자원부분)의 충당에 필요한 잠재적 자원이다. 해변지역 기업이나 해변관련 관광기업은 코스탈 블루에이커 프로그램에 소득공제 기부를 할 수 있다. 개인들이 기부하는 토지나 돈도 중요하다(NJDEP, 1984b). 블루에이커 프로그램은 토지수용에 참여하는 지역사회나 단체에게 개인의 기부금을 비주정부 부문의 사업비로 활용하도록 장려하고 있다.

뉴저지 해안보호기금 해안보호기금은 해안선안정화사업의 재정지원을 목적으로 주의회가 제정하였다(P.L. 1992, C.148). 이 기금은 뉴저지 주의 부동산 양도세 수입으로부터 매년 2,500만 달러를 수수하여 해안선안정화 사업에 배정하고 있다. 해안관리의 한 방법으로 해안토지수용이 활용될 수 있기 때문에 이 기금도 잠재적 자금원이 될 수 있다. 예컨대 해안토지수용으로 인하여 500만 달러가 소요되는 해안안정화사업이 불필요하게 되었다면, 토지수용에 잠재적으로 500만 달러까지 추가 확보할 수 있기 때문이다.

FEMA의 위험저감보조금 프로그램 1993년에 발효된 스태포드법 406조에 따르면, FEMA는 승인받은 경우 위험관리 및 저감대책으로 사업비의 50%까지 지원할 수 있다. 재난으로 선포된 이후, 주정부와 지방정부는 FEMA를 통하여 공적 또는 사적 재산의 보호효과가 있는 수용 및 이전사업에 필요한 사업비를 신청할 수 있다(P.L 100-707, 1993). 1993년 홍수해를 입은 중서부의 여러 주에서 이 기금을 활용하여 주민과 건물을 효과적으로 이주·이전시켰고 현저히 훼손된 토지자산을 수용한 바가 있다(FEMA, 1993b). 이러한 위험관리저감 지원금은 지역공동체가 뉴저지의 블루에이커 사후 지원금/대여금 프로그램을 통해서 이루어지는 토지수용기금 확보에 매우 유용하게 활용될 수 있다.

HUD의 지역공동체개발정액지원금 프로그램　매년 주정부와 인구 5만 이하의 소도시는 지역공동체개발정액지원금(Non-entitlement)을 신청한다. 이는 미 주택도시개발부가 부동산수용사업을 지원하는 지원금으로 70%이상이 저소득층과 중소득층을 위한 사업활동에 사용되어야 한다는 조건이 뒤따르고 있다(U.S HUD, 1996). HUD는 또한 지역공동체개발정액지원의 108조에 따라 지역공동체의 수용사업자금을 지원하고 있다. 이 대여금은 저소득층과 중소득층에 편익을 주는 사업이나 지역사회개발사업에 교부하여 해안폭풍재난과 같은 지역사회의 위생과 복지에 심각하고도 절박한 위협을 주는 문제를 (수용이나 해체를 통해) 해결하도록 지원한다(U.S HUD, 1996). 이 지원금은 블루에이커 해안토지수용프로그램의 지역사회 할당부분에 충당할 수 있는 자금원으로 활용할 수 있다.

중소기업청 재해대여금　연방중소기업청은 재난선포지역에 재해대여금을 지원하며, 이는 FEMA가 관리하고 있다. 중기청은 주정부나 지방정부 프로그램 또는 개인보험의 혜택을 받지 못하는 재산상 그리고 개인소유물의 손실을 수리하거나 대체하도록 저리의 대여금을 제공하고 있다(FEMA, 1994b). 중기청 대여금에 따르면, 주택소유자는 수리와 대체에 필요한 20만 달러까지 신청할 수 있고, 부동산 손실의 저감대책에 활용하는 경우에는 추가로 20%까지 대여받을 수 있다. 기업의 경우에는 중기청의 재해인정을 받았을 때 무보험자산의 100%까지 대여금을 받을 수 있고, 앞의 경우와 유사하게 부동산의 손실저감 수단으로 대여금이 사용될 때에는 20%까지 추가될 수 있다. 따라서 다른 재난구조금과 함께 중기청 대여금을 활용하여 재난 이후 수용사업의 전반적 비용을 낮출 수 있다.

국가홍수해저감기금 국가 홍수해보험프로그램의 업톤-존스 수정안을 대체하는 국가홍수해저감기금이 1994년 창설되었다. 이 기금은 반복적인 손실을 겪고 있는 구조물의 이전과 수용과 같은 위험저감활동에 사용된다 (P.L. 103-325, 1994). 이 프로그램의 재원은 홍수해보험증권의 할증액으로 충당되며, 이는 해안토지수용기금으로 활용될 수 있다.

개인과 가구 지원 프로그램 중기청 대여금이나 그 밖의 재정적 또는 보험의 혜택을 받을 수 없는 주택소유자는 연방정부의 개인과 가구 지원 프로그램에 따라 대여금을 신정할 수 있나. 개인 지원 프로그램의 대여금은 재해로부터 피해를 당한 개인이나 가구의 피해복구를 위한 보조대여금 가운데 하나이다. 스태포드법에 따라 개인이나 가구는 재난구조금으로 1만 달러까지 받을 수 있다. 이 가운데 75%는 연방정부가 부담한다. 나머지 25%는 주정부 기금에서 지불된다(FEMA, 1995e). 중기청의 대여금과 유사하게 개인 지원프로그램의 대여금도 다른 재해 수혜금과 함께 활용하여 재해 이후 부동산 수용사업의 전체 비용을 절감시킬 수 있다.

이상을 요약하면, 고위험지역의 부동산 수용사업은 공중의 해안위험 노출을 줄이기 위한 지방정부와 주정부의 위험관리저감 옵션 가운데 하나를 차지하고 있다. 블루에이커 프로그램의 시작으로 고위험지역의 해안부동산 수용은 실행 가능한 주정부의 저감전략이 되었다. 블루에이커 프로그램에 1,500만 달러가 책정되어 있기 때문에 수용사업은 한계를 가지고 있다. 따라서 주정부와 지방정부는 기존의 보조적 수용사업 자금원을 활용하여 위험관리저감전략의 적용을 확장시킬 수 있다. 수용사업은 위험과 손실을 저감하기 위한 국지적 또는 지역적 프로그램의 일환으로 간주되어야 한다.

그 밖의 저감 옵션

보험

고위험지역으로 확인된 지역에 위치한 부동산의 신규 취득자는 저당요건으로 홍수해보험을 구매해야 한다. 뉴저지의 해안지대 전체는 고위험지역으로 간주되기 때문에 지난 수년 동안 해안보험료는 상승해왔다. 홍수해보험료 비율은 연방정부와 주정부 보험국장이 지정하고 명령하며, 보험료의 증액은 국가적 차원에서 시행된다. 따라서 홍수해가 빈번한 주의 재산소유주는 보험료 증액을 겪고 있다. 해안지대와 같이 특별한 지역이나 특정지대에 고위험과 연관된 고율의 보험료가 집중되는 것은 아니다. 그러나 미래에는 폭풍 이후의 정리정지비용이 급상승함에 따라 보험료가 위험수준과 연관되어 고위험의 고율보험료로 책정될 가능성이 크다. 투자위험을 감안한 이러한 보험정책은 1991년에 제도화되었는데, 1980년대의 저축·대부 금융위기 이후 은행업의 재기를 지원하기 위한 것이었다(Benston and Laufman, 1997).

풍압저감 유인책

주택보험의 관점에서 해안지역은 시간이 갈수록 손실불허용지역으로 간주되고 있다. 풍해가 관련사항에 해당한다. 과거에 FEMA는 NFIP 풍해대비의 기술적 지침을 제공해온 바가 있었으나, 주택 풍해관련 손실의 저감에 대해서는 보험업에서 적극적 대책을 세우고 있다. 1,600만 달러의 개인보험 손실을 초래했던 허리케인 앤드류 이후, 보험업은 재보험을 수용할 수 없었고 손실저감방안을 모색해야 했다(Moore, 1996). 반복적인 재난을 방지하기 위하여 보험업계는 건축기준을 변경하였고, 여기에는 풍해관련 손실저감에 대한 유인책이 포함되었다(FEMA, 1995b). 허리케인 앤드류 이전에도 보험업을 'Wind-Rite'라는 보다 정밀한 평가가 가능한 대변/차변 시스템을 고안하였다.

보험료 공제액은 풍해관련 위험을 저감시키기 위한 건축 관행에 따라 정해진다. 따라서 풍해저감이 고려된 건축물에는 보험료/공제액 비율이 낮추어진다. 허리케인 앤드류 이전에도 보험업계는 건축 관행을 개선시키기 위한 프로그램을 시작했다. 보험사정인이나 견습생이 건축법규 이행을 평가할 수 있도록 평가시스템을 개발하고 일반 건축법규에 이러한 변화를 반영하도록 주력하는 프로그램이었다(FEMA, 1995b).

보험업계는 또한 튼튼하고 안전한 주택에 대한 소비자의 수요를 창출한다는 희망에서 풍해에 대한 저항력이 강한 주택의 설계와 건설을 위한 연구개발 프로그램을 시작하였다(Moore, 1996). 예컨대, 노스캐롤라이나에서는 허리케인급 폭풍을 견딜 수 있는 주택의 개발을 위해 블루스카이라는 파일롯 프로젝트가 진행 중이다(Ross, 1995). 블루스카이 등의 프로젝트는 주택소유자의 재산 손실을 줄이고, 안전한 사회를 창출하고, 보험비용을 보상(보상비 지출과 보험료 징수의 차액)하고, 그 밖의 세금혜택을 마련하기 위한 것이다.

저감 유인책

FEMA는 저감 노력의 일부로서 지역사회등급체계(Community Rating System: CRS)를 선도했다. CRS는 NFIP의 최소요건을 넘어서서 지역사회가 수행하는 추가적 활동에 대한 보상을 추구하고 있다. NFIP는 범람원에 대한 양질의 관리와 홍수해의 최소화를 위한 노력을 목적으로 하고 있다. CRS 참여는 자발적으로 이루어지며, 다양한 득점활동(Credible activity)에 관한 서류의 제출은 지방정부의 책임 소관이다(Beatley, Brower, and Schwab, 1994). 이러한 활동이 이루어지는 지역사회 내의 부동산 소유자에게는 보험료를 줄여주며 지역사회는 보험료를 환불받는다.

CRS 프로그램은 네 개의 범주로 나누어지며, 득점은 18가지의 저감활동으로 이루어진다. 즉, 네 가지 범주에는 공보, 지도화와 규제, 홍수해 저감, 그리고 홍수해 대비가 있다. CRS의 목표성취 정도에 따라 이러한 활동에

표 9.1. 해안평가제도의 18가지 저감 조치

활동	최대점수	평균점수	지원자 (%)
300 공공정보 제공			
310 건물고도 증명서	137	73	100
320 (사전)도상입지결정	140	140	92
330 홍보 프로젝트	175	59	53
340 재난 명세	81	39	40
350 해일방어 자료실	25	20	77
360 해일방어 보조	66	51	45
400 지도화와 규제			
410 추가적인 해일 자료	360	60	20
420 오픈스페이스 보존	450	115	42
430 높은 규제 기준	785	101	59
440 해일 자료 보존	120	41	41
450 폭풍 시 수위관리	380	121	37
500 해일손실 저감			
510 반복적인 손실 예측	441	41	11
520 재산수용 및 재배정	1,600	97	13
530 개장	1,400	23	3
540 배수시스템 유지보수	330	226	82
600 해일 대비			
610 해일 경고 프로그램	200	173	5
620 안전	900	0	0
630 댐 안전	120	64	45

자료: Beatley, Brower, and Schwab(1994).

점수가 부여된다(표 9.1). 개별사항의 득점은 합산되어 지역사회의 총점이 되며, 이를 기준으로 보험료의 삭감액이 계산된다. 보험료 삭감은 특별범람위험지역(Special Flood Hazard Areas, SFHA)에서 5%로부터 45%에 이른다(표 9.2). SFHA 이외의 지역에서는 이미 보험료가 낮고 점수가 100년 확률 범람수위를 기준으로 주어지기 때문에 최대 5%까지 삭감된다(Beatley, Brower, and Schwab, 1994).

CRS 평가시스템은 좋은 의도에서 계획되었지만, 최고 등급을 받는 것은 거의 불가능하다. 지역사회가 높은 CRS 등급을 받기 위해서는 범람원에서 모든 거주민을 이주시켜야 한다. 따라서 오션 시티와 같이 많은 저감활동을

표 9.2. 18가지 해안평가제도 저감 인자에 기초한 보험료 하향조정

마을 점수 총합	분류 계급	특별홍수재난지역 공제율	비특별재난지역 공제율
4,500	1	45	5
4,000 - 4,999	2	40	5
3,500 - 3,999	3	35	5
3,000 - 3,499	4	30	5
2,500 - 2,999	5	25	5
2,000 - 2,499	6	20	5
1,500 - 1,999	7	15	5
1,000 - 1,499	8	10	5
500 - 999	9	5	5
0 - 499	10	0	0

자료: Beatley, Brower, and Schwab(1994).

선도하여 점수를 얻은 지역사회도 8등급(Class 8)에 머물러 있다.

폭풍 이후의 복구계획

폭풍 이후 복구계획을 수립(개발)하고 주기적으로 갱신하여 고위험지역에서 발생할 위험을 저감시키는 보조적 도구로 사용할 수 있어야 한다. 이들 계획은 토지이용 분포를 개선하여 위험지역의 개발을 방지하고 환경적 자원과 경제적 자원, 문화적 자원의 보호에 기여하는 지침서 역할을 할 수 있다. 대부분 해안지역에서 폭풍 직후가 기존의 토지이용을 변경시키고 장기 목표로 전진할 수 있는 기회를 제공하는 유일한 기간이다. 폭풍 이후 복구기간이 재해 취약성을 낮추고, 공공의 접근을 증진시키는 유인책을 적용하기에 적당한 시간이다(Burby, 1998b). 폭풍 이후 계획의 개발은 다음의 폭풍과 미래의 환경조건에 대비한 위험관리 수단으로 발전될 수 있다.

폭풍 이후 계획은 모든 수준의 정부 이해를 반영해야 한다. 연방정부와 주정부, 지방정부가 갖고 있는 각각의 목적이 대체로 일치하지만 상이할 수도 있다. 몇몇 지역사회는 폭풍위험 저감과 폭풍 이후의 복구계획에 주력

할 수도 있지만, 다른 지역사회는 장기 전략이나 계획 없이 일반적 개념의 개발에 노력할 수도 있다. 주 전체에서 수립되는 이들 계획의 조정과 통합을 이루기 위해서는 국지적 계획들이 통합되어 지역 차원의 계획이 되고, 이러한 과정을 거쳐 주 전체 해안관리의 장기 목표와 조화를 이루어야 한다. 또한 상위 수준의 정부지도자들은 장기적 목표에 주력하고 해안관리정책의 전반적 방향을 제시해야 한다. 지방정부 관리에게는 지역적 목표를 알리고 지방정부의 계획이 전체 시스템의 일부로 작용하는 과정을 이해시켜야 한다. 이러한 과정을 통하여 다음과 같은 사항이 홍보되어야 한다. 즉, 주정부의 장기 목표, 해안의 역동성, 위험관리와 저감전략의 적용, 폭풍 이전과 복구기간 중에 이용 가능한 재정지원 기회에 관한 정보가 제공되어야 한다. 복구계획의 중요한 사항으로 지역사회가 장기 목표를 성취하는 데 이용할 수단을 명시하여 연방정부와 주정부의 보조금 수수자격을 확보할 수 있도록 해야 한다. 이러한 정보는, 폭풍 이후 복구기간의 위험관리저감전략 개발과정에서 주정부와 지방정부의 정책입안자들이 참조할 수 있는 입력 자료가 될 수 있다.

해안위험관리의 미래

FEMA의 새로운 방향과 그 밖의 제도적·경제적 정책의 결과에 따라 해안개발과 재개발에 지원되었던 보조금이 중단될 수 있을 것이다. 이러한 변화와 함께 해안계획을 해안지대의 특정지역 재개발에 대한 지침으로 사용할 수 있는 기회가 가능해졌다. '호안'에 집중되었던 이전과는 달리 '해안위험관리'에 새로운 초점이 맞추어지고 있다. 재산의 보호보다는 공중의 보호와 미래 손실의 저감을 도모하는 공공안전이 부각되고 있다. 공적자금의 지원과 함께 여러 수준의 행정부와 행정경계를 포괄하는 해안의 자연위험관리와 저감이 목표에 반영될 것이다. 즉, 지역적 차원과 주정부 차원의 목표에 재개발 또는 복구계획이 중요하게 반영됨에 따라 지방정부의 위험관리프로그램을 지원하고 공적자금의 수혜 기회가 증가하고 있다. 역으로, 지방정부의 활동이 공공안전과 손실저감이라는 장기 목표에 기여하지 못하는 경우에는 공적자금을 수혜받을 수 없다. 원칙적으로 해안위험관리계획은 지방정부 수준으로부터 출발하여 군 수준에서 지역적 대책으로 통합되고, 다시 주 전체의 기존 해안위험관리저감 프로그램에 반영되어 사업자금이 확보되고 시행된다. 장기 목표의 개발과 지역적 관리저감 프로그램의 시작에 필요한 공적자금 확보에서 주정부와 (어쩌면) 연방정부의 지도력이 중요한 역할을 맡게 될 것이다.

결론

위험관리대책은 해안제방과 같은 경성구조물의 축조에서부터 양빈과 사구조성을 통한 자연시스템과 조화를 이루는 기법, 실용적 토지이용규제와 건축법규 개정, 위험지역의 부동산 수용에 이르기까지 다양하다. 이러한 접근 가운데에서 특정한 대책의 선택은 침식 정도, 지역이나 지형구역의 장기 목표, 경제적 고려, 정치적 또는 지역사회에 대한 고려, 지역사회가 선호하는 위험관리대책, 그리고 동원 가능한 기술 등에 의해 이루어진다. 몇몇 접근은 특정 사건에 대한 단기적 대책이며, 어떤 것은 장기 프로그램의 일부를 구성하기도 한다. 장기 프로그램 내에서 단기적 옵션이 선택될 수도 있다. 그 지역의 실정을 반영하여 몇 가지의 대책(접근)이 결합되어 프로그램이 완성된다.

이미 앞에서 강조한 바와 같이 해안은 거대한 모래공유체제이며 이는 다시 지역적으로 다양한 문화적·자연적 자원과 결합되어 있다. 자연자원과 인문자원의 상호의존성으로 말미암아 지역적 관리가 필요하며, 동시에 국지적으로 특별한 주의가 기울여져야 한다. 지금까지 논의된 옵션과 대책(접근)

은 국지적 환경뿐만 아니라 해안관리의 폭넓은 지역 목표의 성취에 조력하는 도구로 간주되어야 한다.

제10장

뉴저지 해안관리의 재평가

우리는 과거와 다른 양식으로 사회시스템, 환경시스템, 인공환경시스템을 통합할 필요가 있다 …… 어떻게 환경위험을 관찰하고 평가하고, 그리고 궁극적으로 환경위험에 대한 우리 사회의 취약성을 어떻게 저감시킬 것인가에 대한 신사고가 요청된다.

— S.L. Cutter, *American Hazardscapes: The regionalization of Hazards and Disasters* (2001)

국가 차원에서 국지적 손실저감보다 더 넓은 차원의 목표를 채택함으로써 지금까지 자연위험과 기술위험을 극복하는 데 동원됐던 접근에서 보다 발전적 전환을 이루어야 할 때가 되었다. 지난 수십 년간 이어졌던 연구와 관리방법을 지속하는 것은 연구와 실무, 정책입안 분야에서 더 큰 좌절을 가져올 뿐이다. 자연과 인간시스템에서 더욱 다양한 내용이 고려될 수 있도록 넓은 시야와 통찰력이 필요하다. 새로운 접근법은 즉각적으로 변화할 수 없는 사회적 · 문화적 · 경제적 힘과 양립할 수 있어야 하며 전체적 유익을 위해 이들 세력의 변화를 권장해야 한다…… 장기적 위험과 손실 저감을 촉진하고 미래 세대가 불필요한 위험을 부담하지 않도록 하는 것이 주목적이 되어야 한다.

— D. S. Mileti, *Disasters by Design* (1999)

배경 : 뉴저지해안보호 기본계획(NJSPMP)

역사적 기초

1978년 해빈항구채권법이 발효되었을 때 뉴저지 의회는 주 환경보호부로 하여금 포괄적인 해안선안정화 계획을 개발하도록 요구했고, 이것이 나중에 뉴저지해안보호기본계획(The New Jersey Shore Protection Master Plan)으로 발표되었다(NJDEP, 1981). 이 계획의 목적 가운데 하나는 해안선안정화기금의 배정을 통하여 환경보호부의 의사결정 당국을 돕는 것이었다. 이 법이 발효되기 이전에는 주 의회가 특정한 사업에 기금을 배정하거나, 비상사태에 따라 수리나 대책에 적은 액수를 배정하였다. 1천만 달러와 같이 큰 액수의 기금은 국지적 수요를 넘어서는 포괄적 대책, 즉 해안의 전반적 목표의 추진을 위해 고려되었다. NJSPMP에서 언급된 것처럼 일반적 목표는 해안선침식관리와 해안개발의 이해 충돌과 부정적 측면의 해소, 위험손실의 저감, 공평한 방법으로 사용자의 요구를 충족시키는 데 있다(NJDEP, 1981: vol.1. 1~2). 1981년 기본계획은 다음의 요소를 기본으로 삼고 있다. 즉, 침식을 일으키는 자연작용, 침식의 지리적 분포, 해안선안정화 기법과 계획의 재검토, 해안선안정화와 해안에 관련된 연방정부와 주정부 정책의 재검토, 침식피해 저감의 대안에 대한 평가, 안정화사업 우선순위 부여, 그리고 대안적 토지이용을 통한 해안관리 기법의 고려가 기본요소를 구성하고 있다. 연구 결과는 주정부의 정책과 목표에 일치하는 포괄적 계획으로 산출되었다.

기본계획의 중요한 특징은 해안 지형구역을 계획과 관리의 기본단위로 채택하고 있다는 것이다. 각 지역 또는 지형구역은 원칙적으로 구별되는 지형단위로서 퇴적구(sediment compartments)를 이루고 있다. 지형구역 또는 퇴적구는 조수통로를 통하여 구분할 수 있는 해안지대 구획이다. 이에 대한 예외로는 샌디훅까지 이르는 롱브랜치 북측 지형구역으로 이곳에서는 조수통로가 경계를 이루고 있지 않다. 퇴적물 관리는 인위적 행정단위보다는 지형의 관점에서 가장 잘 이루어진다는 암묵적 확신이 있고, 관리전략은 개별 지형구역에 따라 독특하게 수립될 수 있도록 허가했다. 이러한 접근은 44개 관리단위를 13개로 줄여서 관리 규모를 조정했다. 1981년 평가서에 수록된 뉴저지 해안지대의 상태와 작용에 관한 전반적 설명은 이런 종류로서는 수준 높은 역작이며, 하나의 전범으로 간주되고 있다. 그러나 NJSPMP가 완성된 이후 20년 이상 지나면서 자료 측면의 개선이 있었고 해안지대에 관한 지식과 위험관리 능력이 정교해졌다. 연방정부, 주정부, 지방정부 수준을 종합한 사업을 통해 이전에는 확립할 수 없었던 방대한 자료가 생성되어 왔다.

철학적 배경

NJSPMP는 뉴저지 주의 해안관리정책에서 중대한 발전이었다. 폭넓은 문제에 관심을 불러 일으켰고 해안선안정화와 같은 기본적 문제에 지역적 접근의 중요성을 실증했다. 관리상의 이해를 특정한 해빈의 지역적 문제에서 전체 지형구역 또는 전체 사주섬에 관련된 폭넓은 문제로 확대시켰다. 더욱이 해안지대를 변화하는 동적체계로 간주한 것은 처음이었다. 이러한 변화를 자연조건의 부분으로 수용하여 과거와 같이 무시하거나 억제하기보다는 정책수립에 고려해야 할 사항으로 인식했다. 해안선은 끊임없이 변화하며, 이러한 변화를 역행하거나 억제하려는 시도는 고비용의 행위일 뿐만 아니라 무익하다는 것이 NJSPMP의 주된 메시지이다. 주정부의 해안침식기술자문위원회나 1920년대에 제출한 최초의 보고서에도 이와 유사한 철학을 담고 있으며, 해안의 주택이나 여가 시설에 지속적으로 투자하는 것은 해안선안정화에 재정적 지원을 연장시키는 주요 원인으로 확인하고 있다(NJBEC, 1930).

최초의 보고서는 침식과 해안선 이동이 불가피한 것이지만 단기적 조정을 가능하도록 제안했다. 반세기가 지난 이후 NJSPMP가 나오기까지는 자연시스템의 동적 특성은 인정하면서도 이를 해안지역 관리목표에 반영하지 않았다. 제2차 국가 자연위험재평가와 이 분야 전문가들도 유사한 결론을 내린 바 있다(Burby, 1998a, b; Kuntenther and Roth, 1998; Milet, 1999). NJSPMP는 당시 주정부 해안선안정화 정책의 철학을 반영하고 있다. 즉, 해안작용과 연안지대의 퇴적물 이동을 교란시켜서는 안 된다는 것이다. 이러한 정책은 해빈과 조수통로에서 퇴적물 이동과 운반 과정을 심각하게 변화시켰다. 이는 경성구조물을 통한 대책으로부터의 전환을 가리킨다. 또한 비용편익분석을 통과했을 때에 한하여 지형구역 차원의 기술프로그램을 평가하고 시험할 것을 권장했고, 많은 기금이 필요한 장기 사업은 긴급대책사업으로 시행되어서는 안 된다고 조언했다.

NJSPMP는 단기적이고 임시방편적인 국지적 사업을 줄이고 지형구역 전체를 고려한 폭넓은 프로그램으로 대체할 것을 권장했다. 이러한 접근은 넓은 해빈과 사구가 존재하거나 존재할 수 있는 입지조건에서 이와 같은 자연시스템과 조화를 이룰 수 있는 정책수단을 적용할 수 있도록 했다. 모든 것을 보호한다는 사고방식에서 공공기금의 지불을 통해 최대 수익을 얻을 수 있는 사업들을 신중하게 고려한다는 방향으로 전환한다는 내용을 담고 있다. 나아가 위험지역으로부터 시설물을 옮기고 손실 발생 이후 토지 용도를 재지정하는 기회가 가능하다는 것을 인정하고 있다. 일반적으로 NJSPMP는 최소의 투자로 경제성장을 지속하고 자연자원을 개선할 수 있는 지역을 지원하지만, 침식률이 증가하고 유지보수에 많은 기금이 필요한 지역에는 지원 억제를 제안했다.

지형구역에 대한 기술적 접근

NJSPMP는 주로 각 지형구역의 특성을 평가한 후에 공학기술을 적용하여 유지하거나 개선시킬 수 있는 행동지침을 추천하는 방향으로 추진되었다. 이 기본계획의 유인책은 1978년 해빈항구채권법에 따라 확보된 1천만 달러였고, 해안기술 사업에 응모한 높은 순위의 사업 가운데에서 비용-편익률을 기준으로 사업기금을 배정했다.

NJSPMP는 각 지형구역의 다섯 가지 기술계획 대안에 대한 비용-편익분석을 포함하고 있었다. 다섯 가지 대안은 (1) 폭풍침식 보호, (2) 레크리에이션 시설개발, (3) 폭풍침식 보호와 레크리에이션 시설개발의 결합, (4) 제한적 복구, (5) 유지 등이다. 보호되는 재산가치, 기술계획의 비용, 각 지형구역이 주의 레크리에이션 경제활동에 미치는 상대적 기여도, 그리고 하부구조의 추가적 필요 등을 기준으로 네 개의 지형구역을 지원하도록 결정되었다. 펙 비치, 앱시콘 아일랜드, 세븐마일 비치 등 세 개의 해빈은 옵션 2의 레크리에이션 개발 대안에서 상대적으로 높은 가치가 인정되었고, 샌디훅에서 롱브랜치까지의 지형구역은 옵션 5의 유지 대안의 조건에서 지원이 인정됐다. 그 밖의 지형구역이나 기술계획대안은 편익/비용 비율 1:1을 만족시키지 못했다(롱비치 아일랜드의 레크리에이션 대안이 이에 근접했다).

편익/비용 비율 이외에도 많은 정보가 참작되었다. 침식문제의 원인을 설명하기 위해 기본적 해안작용에 관한 상세한 내용이 뒷받침되었다. 퇴적물 부족문제, 지역사회의 퇴적물 이동간섭, 해수면 상승의 영향 등이 해안시스템의 역동성을 설명하는 중요한 변수로 기록되었다. 위험저감 개념이 해안지대 관리의 길잡이로 제안되었다. 전반적으로 NJSPMP에서 거론된 우려는 모두 현재에도 동일하며 이 보고서에서 나타난 관리대책의 대부분은 요즈음에도 실용적이다. 그러나 몇몇 경우에는 뒷받침할 자료가 없고, 정보가 개발 단계에 있거나, 접근방법은 소개되었지만 시행절차가 아직 뒤따라 나오지 않았기 때문에 제한적이다.

재평가과정

NJSPMP의 재평가는 NJDEP의 요청에 따라 럿거스 대학 해양해안연구소의 후원 아래 1990년대 중반에 이루어졌다. 이 재평가사업의 전반적 목적은 기존 정보를 갱신하고, 새로운 정보를 수집하며, 이러한 정보를 확산시키고, 주정부나 공중, 이해관계자의 다양한 수준에서 해안관리 전략을 개발하는 것이었다. NJSPMP를 갱신하고 확장한 결과물은 『해안위험 관리보고서』(Psuty et al., 1996)로 출간되었는데, 새로운 자료와 해안관리에서 얻어진 통찰력을 근거로 하여 기초적 해안과정의 새로운 정보와 토지이용관리의 동향, 개발과 재개발의 옵션, 토지매수 프로그램의 수립, 폭풍 전후 계획 수립, 절차와 시행기준을 위한 권장사항 등을 포괄하고 있다. 이러한 노력에는 공중참여 과정의 이용과 기존 및 잠재적 해안관리 접근의 평가가 두 가지 필수요소를 구성하고 있다. 주요 결과로서 심각한 폭풍과 침식, 환경의 질 등을 다루는 실행계획이 개발되었다. 이러한 과정에는 경제적 중요성뿐만 아니라 환경적 관심사가 포함되었고, 기존 NJSPMP가 취하고 있는 협소한 주차원의 정책적 접근과는 달리 정책 형식화에서 유연성이 도입되었다. 보고서의 부분에 따라서는 해안지역을 구성하고 있는 다양한 지형구역에 적절한 전략 범위에서 현명한 자원관리 의사결정이 이루어질 수 있도록 노력했다. 이를 위해 해안관리 영역 내에서 옵션을 확장시키는 기초로서의 NJSPMP를 갱신하였고, 이들 옵션의 적용에 필요한 절차와 기준을 포함시켰다. 새로운 재평가는 해안선안정화 계획보다는 미래 해안위험관리 계획을 위한 수단과 안내를 제공한다.

이러한 업무를 다루기 위해서는 해안과학, 해안공학, 경제학, 경영학 그리고 공공정책학 등 여러 분야의 전문가가 필요하다. 이에 따라 해양해안연구소는 뉴저지 여러 교육연구기관 구성원들의 지식에 의존하였다. 프로젝트의 핵심을 이루었던 실무위원회(working committee)는 해양해안연구소의 연구원들과 스텝들로 구성되었고 외부 인력으로 보강되었다(그림 10.1). 실무위원회의 책무는 해안자료와 문헌자료를 갱신하고 공중참여와 교육, 프로젝트의 사회봉사 부문을 조직하고 기록을 유지하는 것이었다.

구체적 의무를 열거하면 다음과 같다.

- 기존 자료의 검색과 수집
- 교육과 사회봉사에 필요한 자료의 개발과 전파
- 일대일 회합의 조정과 운영
- 공중회합의 조직과 운영
- 시민자문위원회의 설립과 관리
- 공중과 공중 상호작용으로 얻어진 정보의 수집
- 잠정보고서와 중간보고서의 작성

실무위원회에 과학자, 기술자, 공무원, 선출직 공무원, 환경운동단체, 지역공동체, 그리고 관심 있는 시민들이 조력하였다. 지명, 전문영역의 추적, 참여 권면 등을 통하여 자문그룹이 자문위원회로 조직되었다. 자문위원회는 세 개의 소위원회로 구성되었다(그림10.1). 각 소위원회는 프로젝트 운영에 있어서 중요한 기능을 수행했다. 시장, 토지소유자, 선출직 공무원 등으로 구성된 지방정책 소위원회는 지방선출직 공무원이나 지역공동체 기구와의

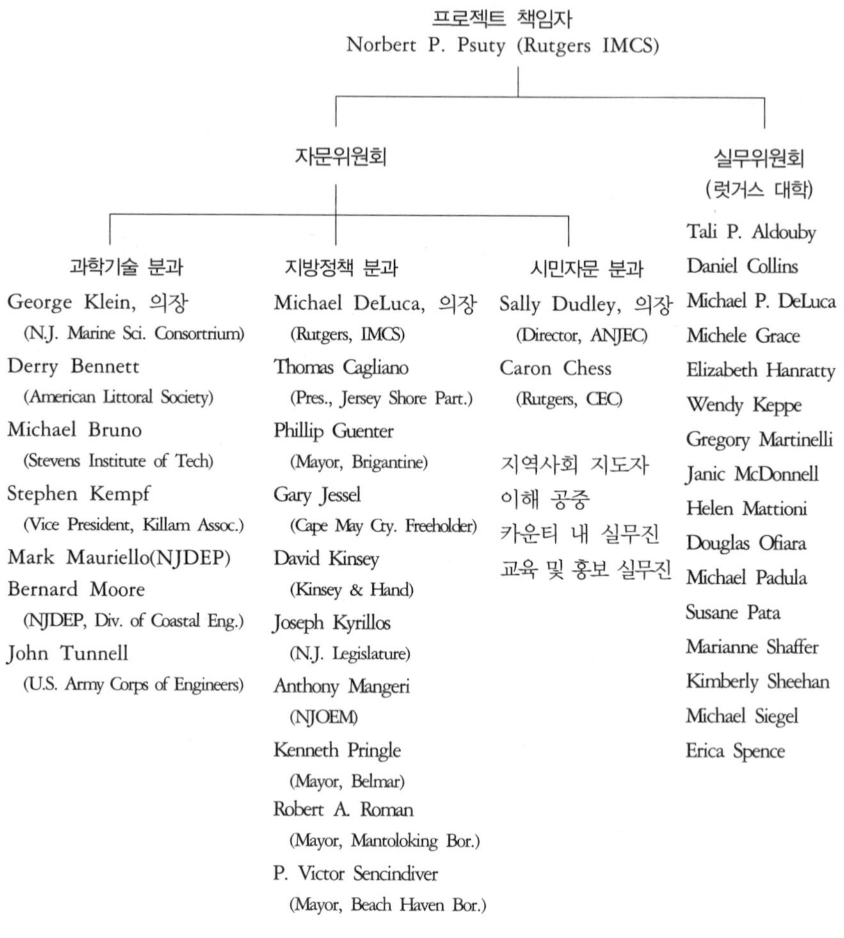

그림 10.1. 1996년 재평가를 수행한 조직의 조직표

정보교류와 상호작용을 직접 담당했다. 시민자문 소위원회는 뒤늦게 조직되었지만, 군 단위 회합과 지방조례의 검색에서 매우 중요한 역할을 수행했다. 상담역들은 공중이 제기하는 문제에 관련된 정보를 준비하고 분석하여 외부 전문가들의 도움을 받도록 하였다.

재평가의 주요 과업

공중참여와 사회교육 봉사

공중참여의 촉진과 사회교육 봉사의 실행을 위한 재평가의 노력에는 NJSPMP에 요약되어 있듯이 기존 지식을 확장시키기 위해 새로운 정보를 수집하고 이를 확산시키는 과정이 포함되어 있다. 사회봉사의 주요 과업은 실무위원회가 수행했다. 위원회 구성원들은 럿거스대학의 환경위험정보 홍보연구소의 직원들과 함께 대민 접촉을 확보하고, 사업팀에 인력을 확보할 수 있도록 공중참여 과정을 설계하고, 해안관리정보의 확산과 토의를 강조하고, 사업목적의 달성을 위해 개인과 기관 사이의 업무 관계를 유도해냈다. 이들은 또한 사회봉사과정의 설계방향을 결정하고 이전의 경험에서 지식을 얻기 위해 NJSPMP 작성자들도 접촉했다. 폭넓은 공중의 참여는 다양한 공적 분제, 예컨대 유해 페기물 처리시설, NIMBY 문제, 핵발전소와 교도소의 입지 등에서 긍정적 협상을 이끌어내는 데 기여한 것으로 알려져 있다(Fisher and Brown, 1989; Fisher, Ury, and Patton, 1991). 재평가 과정에서 사용된 과정은 하버드 협상 프로젝트와 같은 갈등해소와 협상노력으로부터 얻은 지식에 근거를 두었으며 주요 원칙은 다음과 같다.

- 사람과 문제의 분리
- 입장(position)이 아닌 이해관계(interest)에 초점
- 상호이익을 위한 옵션 창출
- 객관적 기준의 고수(Fisher, Ury and Patton, 1991)

실무위원회는 공중에 배포할 NJSPMP의 개정에 관한 유인물 시리즈, 해안관리문제의 계획보고서, 뉴저지 해안선의 특성에 관한 요점보고서, 학생들 사이에서 해안관리 문제에 관한 의식을 고양시키기 위해 기존 공립학교 과학커리큘럼과 융합될 수 있는 교육과정 등을 개발했다. 공중과 단체들

로부터의 의견을 수합하기 위해 개최되는 일대일 회합이나 공중모임에도 모두 교육자료가 산포되었다. 공중회합의 경우에는 사전에 보도자료가 배포되었다. 정보 확산을 촉진시키기 위해서 주요 인사들과 주소록에 수록된 그 밖의 이익단체들에게 배포자료를 우송하였다. 각 학군에 교육자료를 배포하는 과정은 뉴저지 해양교육자협회, 뉴저지 과학교사협회, 그리고 뉴저지 기초과학위원회의 도움으로 이루어졌다. 학군의 현직교사 연수, 수학과 과학교육의 개혁 추진과정에도 교육자료가 제공되었고, 실천 위주의 과학기술을 교실에 확산하는 운동인 Hunterdon 2001을 통해서도 교육자료를 배포했다.

이밖에도 실무위원회는 뉴저지의 주요 인사들과 일대일 회합을 추진했다. 이들은 해안지역사회의 지방공무원(시장, 재산소유자, 군청 기술공무원, 환경행정관)이나 주정부와 연방정부의 공무원, 공익단체, 해양상업단체 등과 같은 해안관리문제에 강한 이해관계를 가지고 있는 이익단체와 선거구를 대표하는 인사들이다. 재평가사업 연구원들은 비공식적으로 주요 인사들과 만나서 프로젝트의 목적과 과업을 설명하고, 지방의 문제를 토론하고, 그들이 대표하고 있는 선거구나 단체의 구성원들에게 프로젝트에 관한 정보를 확산시키도록 도움을 요청했다. 일대일 모임은 읍위원회 모임과 같은 지방회합의 공식 발표회 이후에 개최되었다.

정보교환이 한 차례 일어난 후에 실무위원회는 재평가에 초점을 둔 일련의 공중회의를 추진했다. 이 회의의 구조는 공중참여 과정계획에 따라 정해졌고, 각 분야 전문가의 발표와 함께 프로젝트 연구원과 일반 공중 사이의 대화가 포함되었다. 공중회의는 몬마우스, 오션, 애틀랜틱, 케이프 메이 등 해안에 면한 네 군에서 각각 개최되었다. 실무위원회 또한 바니갓 디코이 쇼와 벨마아 시푸드 페스티발과 같은 연중행사에 전람회를 개발하여 동참했다. 이 전람회는 프로젝트에 관한 정보를 더욱 확산시키고 행사 후원자와 토론하기 위하여 조직된 행사를 이용하도록 계획되었다.

수요평가 연구

수요평가 연구는 해안선 변화를 일으키는 해안의 물리적 작용과 제약사항에 관한 자료 가운데 부족한 부분을 확인하기 위해 수행되었다. 이 평가에서 해안자원 관리에 관련된 새로운 개념이 제시되었다. 지역의 자연적·문화적 요소에 대한 폭넓은 옵션을 확인하고, 변화하는 해안지역의 관리를 위한 새로운 기작에 이러한 대안들을 반영하기 위한 노력이 경주되었다. 이러한 발견 과정의 주요 업무는 뉴저지의 해안관리에 사용되고 있는 주요 기법을 확인하고 평가하는 것이었다. 평가는 다음의 상이한 세 가지 맥락에서 이루어졌다.

1. 해안작용과 해안선 변화, 해안선안정화기법에 관한 기초 정보
   - 파랑과 유동에 관한 자료
   - 해수면 상승
   - 해안선 변화의 규모와 방향
   - 양빈의 역사와 평가
   - 인공구조물의 분포와 성과

2. 체계적 인공사구 조성과 그 밖의 위험저감 프로그램
   - 인공사구 조성 프로그램
   - 위험관리계획
   - 해빈과 사구 복구를 위한 긴급 보조금
   - 지방조례

3. 기존 토지이용 관행의 개정
   - 해안위험에 관한 각 정부 수준의 기존 토지이용규제 평가
   - 해안위험을 성공적으로 처리한 토지이용관리 사례연구의 재검토

• 해안토지 구입, 폭풍 직후 계획, 그리고 시행기작의 전략 개발

처음부터 세 번째 맥락은 재평가과정에서 이론의 여지가 가장 많았으며, 특별한 주의가 필요하다는 것이 인지되었다. 예컨대 폭풍으로 피해가 발생한 기개발지를 구입하는 옵션은 감정을 폭발시켜 격렬한 논쟁을 일으켰다. 그럼에도 불구하고 이 문제는 여러 가지 가능한 전략 가운데 하나로 평가되었다. 공중회합에서도 이 요소가 검토되었다.

해안위험관리 접근의 맥락에서 폭풍 직후 계획의 공식화가 갖는 장점을 토론하기 위해서 공중과의 대화가 시작되었다. 이러한 옵션은 일대일 모임, 지역공동체위원회 모임, 공중회합 등에서도 비공식적으로 논의되었다. 폭풍 직후의 토지이용 평가에 관련된 목적, 전략, 그리고 과정의 수립, 미래의 재해 발생 시 인명과 재산, 하부구조의 피해(노출) 정도를 줄이기 위한 해안복구 등을 검토하기 위한 것도 대화의 목적이었다.

재평가 보고서

주요 자료를 기록한 서류와 공중의 의견 형태로 수합된 기초 정보를 기반으로 보고서가 작성되었다. 보고서는 (1) 위에서 설명한 수요평가를 포함하고, (2) 위의 목적을 성취하기 위해 적용할 수 있는 다양한 계획 옵션의 개요를 정리하고, (3) 각 옵션으로부터 예상되는 결과를 토의하고, (4) 각 옵션의 이행에 필요한 실행절차를 제시하였다. 토론을 통하여 많은 옵션이 나올 가능성이 인지되었다.

해안위험관리에 대한 관심을 공유하고 모든 측면으로부터의 정책옵션과 결과에 관한 의견을 제시하게 하고, 가능하다면 여론을 형성하기 위해서는 이러한 토론이 장려되어야 하고, 공중참여 과정이 이에 대한 최선의 접근이라는 것도 인지되었다. 이러한 과정 없이는 공공정책 제안은 목적에서 이미 실패한 것이나 다름없다. 이러한 과정에서 가장 어려운 일은 공중교육과

돌출된 갈등의 처리, 여러 단체가 제시하는 다양한 해안관리 비전을 종합적인 정책옵션으로 묶어내는 것이다.

그러나 재평가의 목적은 여론을 이끌어내는 것이 아니고 새로운 정보나 새로운 접근, 새로운 정책과 옵션, 심화되고 있는 해안위험지역의 공중안전에 대한 우려 등에 관한 정보를 제시하는 것이었다. 보고서에는 더욱이 의사결정과 정책개발을 담당하는 공무원과 기관에 도움을 주기 위해 가용한 정보체계에 포함시킬 많은 경제자료를 확인하려는 노력이 경주되었다.

공중참여

기존의 잠재적 해안위험관리 방안뿐만 아니라 잠재적 대안의 평가에서 공중과 이해당사자의 참여를 보장할 수 있는 과정의 설계가 재평가과정의 필수요소였다. 이 부분이 중요하게 간주되었던 이유는 부분적으로 NJSPMP 작성과정에서 공중참여의 시기와 구조에 취약점이 있었기 때문이다. 당시 공중참여 과정은 보고서 초고가 거의 완성되어서 시작되었다. 이미 작성된 보고서에 대한 반응을 조사하는 프로젝트 후반기에 공중을 응답자로 설정하였다. 따라서 문제에 관련된 주요 이해당사자들은 보고서의 실질적 작성에 영향을 미치지 못했다. 더욱이 1981년의 프로젝트 과정에서 의견제시 요청이 구조적으로 프로젝트에 지역적 관심을 반영하기 어려웠다.

이러한 단점을 고려하여 재평가과정에서 공중의 접근과 프로젝트 팀에 공중의 의견수렴을 보장시키는 과정실계에 많은 주의가 경주되었다. 뉴저지에서는 정책결정 권한이 지방정부에 귀속되어 있고 이 연구에서 제시한 대안의 실행 여부가 지방정부에 달려 있기 때문에, 재평가과정의 초점을 공중참여에 맞추어 계획하는 것은 매우 중요했다. 따라서 해안 지자체의 시민들이 이해당사자로 참여하고 연구 추진방향에 따라 분명한 역할을 가지고 조력하도록 연구과정의 구조가 짜여졌다. 이러한 접근을 통한다면 연구결과가 그만큼 더 수용되고 이해될 것이다. 근본적으로 주정부가 홀로 해안관리의 변화 방향을 정하는 것은 아니었다. 오히려 지방정부가 해안위험관리에서 목표결정 과정과 해안관리상의 특정한 요구를 해결하기 위한 최적전략을 평가하는 과정에서 큰 역할을 하였다.

공중참여 부분의 계획에 주력한 이후 출범기념 워크숍에서 공중에 의해 확인된 주요 문제를 다루기 시작하였고, 이는 또한 프로젝트 전체에서 주요한 추진체제의 역할을 하였다. 특히 워크숍은 세 가지 주요 분야에 걸쳐 해안관리의 잠재적 대안을 토의하고 평가하도록 조직되었다. 공중의 주요 관심사로서 세 가지 주요 분야는 해안관리전략, 사회경제, 그리고 정책이다. 각각의 주제 토론에서 의장은 실무소위원회의 간사가 맡았다. 의장들은 참여자들로부터 제시된 해안관리 문제의 우선순위 목록을 이끌어내었고, 실무소위원회에 일련의 문제점을 제출하였다(표 10.1 참조).

실무그룹

해안선 관리전략의 실무소위원회는 네 가지 분야에 초점을 맞추었다. 즉, 해안지역의 전략과 이에 관련된 수요, 백서주체, 자료원, 지역사회분야를 위한 접촉집단 등이다. 이 그룹은 전략 문제의 범위를 토의하였고, 다음과 같은 문제들이 요구되는 우선순위 문제로 확인되었다.

- 지방의 수요를 해안선안정화 전략에 반영
- 긴급사태에 대한 즉각 대처를 지원하기 위한 상위 계획
- 건물규제법과 집행의 일관성
- 폭풍 직후 계획과 장기 계획 사이의 고유한 차이를 반영하는 전략

소위원회는 시나리오나 사례연구에서 저감전략이 인접 지역사회에 미치는 영향(즉, 지역적 접근)과 지역 내에 전개되고 있는 다양한 해안관리전략 사이의 양립성을—특히 경성호안기법과 연성호안기법의 양립성—다루도록

표 10.1 해안위험관리의 잠재적 대안 개발을 위한 워크숍에서 제시된 질문

(1994년 1월 12일)

해안선 보호 전략

- 프로젝트 팀이 다뤄야 할 가장 중요한 해안관리 관련문제들은 무엇인가? 이 중 백서로 정리되어야 할 문제들을 무엇인가?
- 가장 적절한 해안관리전략을 선택하기 위해 고려되어야 할 과학적·기술적 요소/특성들은 무엇인가?
- 경성호안이 적합한 지역 혹은 연성호안이 적합한 지역을 어떻게 결정할 것인가?

법적/정책적 쟁점

- 프로젝트 팀이 다뤄야 할 해안관리 문제와 관련된 가장 중요한 법적·정책적 문제들은 무엇인가? 이들 중 백서로 정리되어야 할 문제들은 무엇인가?
- 어떠한 규제(주법 혹은 연방법)들이 해안관리를 담당하는 지방, 군 정부에게 부담이 되는가?
- 이와 같은 규제를 완화시키기 위해 프로젝트 팀에서 조사해야 할 방법은 무엇인가?
- 다른 주들, 특히 인구밀도가 높은 지역에서 성공적으로 판명된 해안관리정책은 무엇인가?

사회경제적 쟁점

- 프로젝트 팀이 다루게 될 해안관리 문제와 관련되어 있는 사회경제적 문제들 중 가장 중요한 것은 무엇인가? 이 중 백서로 정리되어야 할 문제들은 무엇인가?
- 해안관리에 소요되는 경비가 현재와 다른 방식으로 배당되어야 할 필요가 있는가?
- 해안관리를 재평가하는 프로젝트에 공중의 참여를 촉진하기에 적합한 방법은 무엇인가?

권장했다.

이 그룹은 폭넓은 기존의 자료를 확인했고 프로젝트 팀이 활용할 수 있도록 지역사회의 접촉점(대상) 목록을 작성했다. 마지막으로 백서에서 다룰 다섯 가지 주제를 제안했다.

- 계획 과정에서 지리정보체계의 사용

- 기존 자료의 편찬
- 각 해안지역사회에 대한 관리보호 우선순위의 재검토
- 폭풍 직후 계획과 장기 저감 전략
- 해안계획과 타 주(coastal states)의 경험을 포함한 재해대책의 역사적 검토

사회경제

사회경제 실무소위원회에 제출된 문제는 네 가지로 압축되었다. 첫 번째는 백서의 주제로 제시되었는데 다음과 같은 문제를 포함하고 있다.

- 자료와 방법의 원천으로서 NJSPMP의 평가
- 해안선안정화가 해안위험 저감으로 나타나는 편익의 규모와 분포의 정량화
- 이해당사자의 확인을 통한 공간적·시간적 축척의 명시
- 관리대안과 환경 또는 천연자원 지표 사이의 연관관계 확인
- 비용-편익분석이 반영하는 복수 영향의 명시
- 해안선안정화의 다양한 접근과 사회경제의 연계를 통하여 위험저감 옵션 명시

그 외의 고려사항은 해안선안정화 비용의 할당과 공중참여, 공중접근의 개선 등에 관련된 것이었다. 마지막 문제는 해안선안정화사업 공적자금이 공중접근과의 연계 여부에 관한 것이다.

정책

정책실무소위원회는 다양한 정책문제를 확인하고 토의하였다.

- 해빈-해양 접근
- 해안위험 자원보호지역의 지도
- 해안선안정화의 경제적 측면

- 공중 인식
- 홍수해보험 배상금의 이용
- 해안지역 홍수해보험의 타당성
- 해안선안정화의 구체적 접근과 비규제적 접근의 대비
- 비용분담을 통한 접근

또한 정책실무소위원회는 다른 주의 해안선안정화 정책의 검토를 권장하였다. 뉴저지 해안선이 다소 독특하지만 다른 주에서도 높은 인구밀도와 이용수준을 나타내는 해안지역이 나타난다는 것을 지적했다. 노스캐롤라이나 주가 사주섬을 갖추고 있고, 토지구입 프로그램을 적용하고 있는 곳으로 확인되었다. 다른 두 실무소위원회와 함께 정책실무소위원회는 공중으로부터의 의견수렴이 재평가에 유용한 수단이라는 것에 동의했다.

워크숍 요약보고서

각 실무소위원회 위원장은 마지막 총회 기간 중에 해당 소위원회의 검토 결과를 요약하고 워크숍 후에 서면 보고서를 제출하였다. 각 분야의 전문가들이 작성한 백서는 우선순위가 높은 문제들을 다루었다. 초고가 공중에 배포되고 공중과의 토론을 수행하는 과정을 통하여 지방의 관심사가 실제로 다루어졌다는 것이 확인되었다.

그 밖의 정보전달

프로젝트 연구원들은 다양한 지방, 국가, 국제수준의 회의에 참석하여 해안위험관리에 관련된 개혁운동에 보조를 맞추었다. 앞에서 지적한 것처럼 이동 전시회를 개발하여 재평가 기간 내내 프로젝트 회의와 조직된 행사에 활용하였다. 프로젝트 연구원들은 씨푸드 페스티벌과 그 밖의 해안관련 활동을 이용하여 행사 후원자들과 프로젝트에 관한 토론과 함께 프로젝트 관련 자료를 배포하였다.

공중의 관심사를 수합하기 위해 설문지를 배포하였다. 각 해안지역사회에 전단을 살포하여 재평가에 대한 토의를 촉진시켰다. 진행보고서를 유포하여 위원회와 관심을 가지고 있는 시민들에게 재평가에 관하여 그때마다 새로운 정보를 알렸다. 프로젝트 정보의 유포를 위해 럿거스 대학의 공개강좌 협력체 구성원들에게도 간략히 보고하고 이용자들에게 정보전달을 요청하기도 했다. 이들은 공중회의를 알릴 뿐만 아니라 조직하기도 했고 개황보고서와 같은 유인물을 배포했다. 이러한 상호작용은 공중접근을 목적으로 하는 다양한 홍보기구에 바로 파급되었다.

위원회 활동

실무위원회의 최초 활동 가운데 하나는 해안위험관리문제에 대한 공중의 관심사를 예상해내는 것이었다. 이러한 관심사를 처리하기 위해 여러 가지 문건이 작성되었는데 프로젝트에 관한 한 페이지짜리 설명문과 질의-응답지, 프로젝트 내용과 범위의 특성을 나타내는 상위 10개 항목 등이다. 일단 이러한 과정을 통해 우선순위가 높은 문제점을 밝힌 후에 특정한 주제, 예컨대 해수면 상승, 해안사구관리, 해안선관리전략 등에 관한 개황 보고서가 작성되었다.

최초에는 주요 이해당사자를 대상으로 프로젝트 연구원과의 일대일 회합이 계획되어 프로젝트의 목적과 과업, 그리고 지방의 관심사를 토의하고 프로젝트에 관한 정보를 그들의 지지층, 동료, 또는 단체 구성원들에게 전파하도록 요청했다. 이해당사자들은 지방의 선출직 공무원(시장), 재산소유자, 군청의 기술공무원, 주정부와 연방정부 공무원, 공익단체, 해양 통상단체 등으로 구성되었다. 지방회의는 프로젝트에 포함되어 있는 네 개의 군에서 각각 개최된 다소 형식을 갖춘 지자체 회의의 발표 후에 열렸다. 지자체 회의는 지역사회 접촉을 시작하기 위해 개최되었는데 프로젝트와 해안관리

문제에 관한 공중의 인식을 높이기 위한 것이었다. 이 회의에서는 각 분야 전문가의 발표가 있었고 프로젝트 팀과 일반 공중 사이의 대화가 촉진되었다. 또한 이 회의를 통해 시민자문위원회가 결성되었다.

출범을 기념하는 회합으로 시민자문위원회가 조직되었는데 위에서 거명한 네 개의 군에 각각 설치되었다. 뉴저지 해안선을 따라 전개되는 다양한 지역에 걸쳐 (공중의) 다양한 우선순위의 문제가 나타날 수 있다는 것을 보장하는 구조였다. 자문위원회의 책무, 그리고 위원회의 목적 성취에 필요한 절차에 관해서 합의가 이루어졌다. 특히 다음과 같은 책무가 합의되었다.

- 백서의 입력 내용으로서 해안위험관리에 관련된 지방의 관심사를 확인한다.
- 과거의 양빈사업, 인공구조물의 건축 등에 관한 일시와 범위에 관한 정보를 포함하여 각 군의 해안선안정화사업의 역사를 작성한다.
- 해안위험관리에 관련된, 특히 해안사구관리를 다룬 모든 지방조례의 사본을 수집한다.
- 재평가 노력에 대한 지식을 갖추며 세미나와 유인물의 배포, 전시회, 학교 프로젝트 등을 통하여 해안선안정화와 해안선관리, 지방정부당국에 미치는 해안위험 등에 관한 정보의 전파에 협력한다.
- 위에서 확인된 업무의 완성을 위해 자문위원회 회합일정표를 수립한다.

각 시민자문위원회의 의장이 선출되었고, 문제의 우선순위가 토론되었고, 일정표를 조정하고, 우선순위 처리에 관한 형식을 합의할 계획이 수립되었다. 프로젝트의 간부진에게는 각 위원과의 연락책임이 정해지고, 위원회가 필요로 하는 수단을 획득하도록 협력하였다. 시민 자문위원회 모임이 연속하여 열렸고, 모임에서는 관심이 있는 시민들이 위원회의 의장과 프로젝트 연구원들과 관심사를 제기하고 토론하였다(그림 10.2).

그림 10.2. 몬마우스 군의회 의장 데이비드 그랜트와 시민자문위원회 위원들이 샌디훅 해안선 관련 자료를 검토하고 있다.

지방의 관심사에 관한 의견수렴을 요청하는 수단 가운데 가장 효과적인 것은 지방의 선출직 공무원(특히 시장), 긴급사태 담당자, 그리고 시민과 함께 '해빈 둘러보기(beach walk)'를 개최하는 것이었고 대부분의 해안지역사회가 이 과정에 참여하였다(그림 10.3). 해안선을 따라 오르내리면서 프로젝트 팀은 이 과정을 통해 성과가 있었던 해안관리위험저감대책의 사례를 수집하였고, 지방의 의사결정 당국자가 안고 있는 문제를 파악했다(그림 10.4). 몇몇 경우에 프로젝트 팀은 현장에서 문제 지역에 필요한 자문과 조언을 제공할 수 있었다. 비치워크의 의도는 재평가과정에 지방의 문제를 반드시 다룰 수 있도록 하고, 사례연구 또는 시나리오 작성에 적절한 지역을 선택하는 것이다. 사례연구 또는 시나리오를 통해 해안지역사회는 고유의 수요충족에 필요한 해안위험관리전략의 선택에 도움을 받을 것이다.

텔레비전 뉴스 인터뷰도 재평가에 관한 정보 전달의 수단으로 이용되었다. 프로젝트 팀의 구성원이 당시의 적절한 해안문제를 대담함으로써 재평가 노력에 관해 논의할 기회를 가질 수 있었다(그림 10.5). 사회교육과 지역사

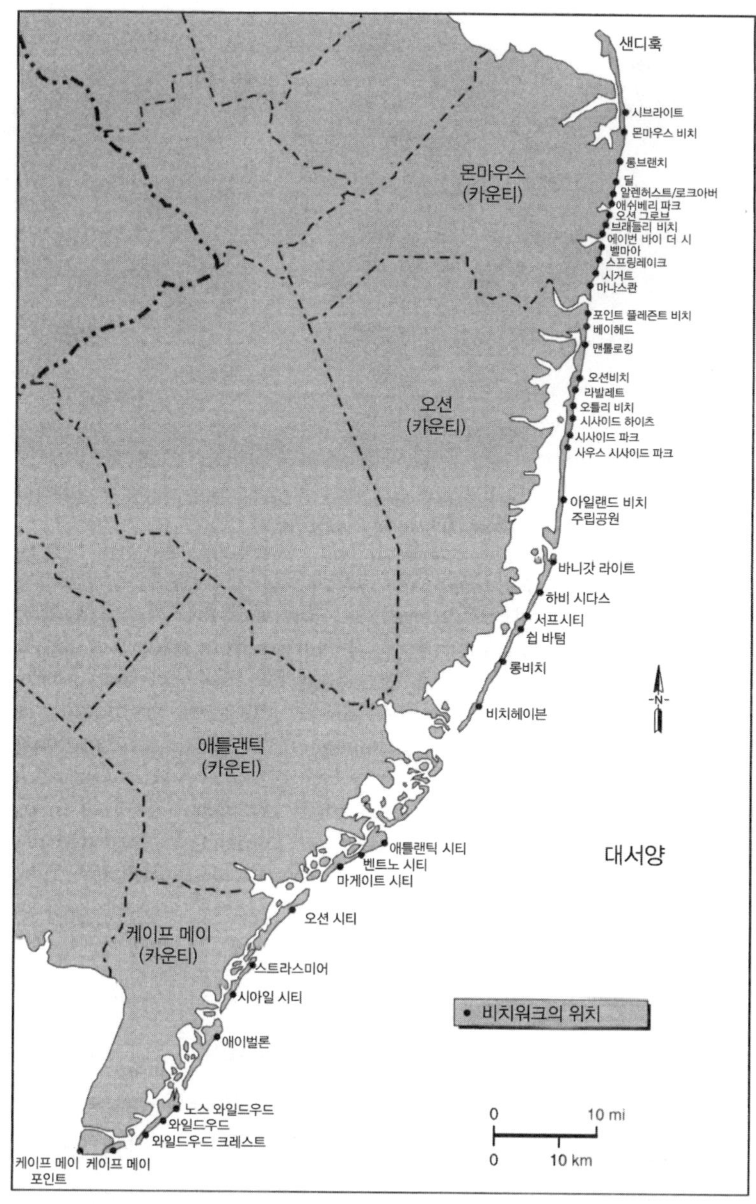

그림 10.3. 비치워크 프로그램에 참여한 여러 지역사회.

그림 10.4. 시사이드 파크의 지역사회 회원들이 프로젝트 대표 노버트 수티 교수와 해안문제에 대해 토의하고 있다(수잔 파타의 사진).

회 접촉활동은 프로젝트에 관한 공중의 인식을 높이고 해안위험의 문제와 이 과정에서 시민참여 방안을 널리 알릴 수 있는 기회를 제공했다.

이러한 노력은 주의회 의사당에서의 입법행사에서부터 정기적으로 계획된 공익단체 회합에 이르기까지 다양한 공식적·비공식적 현장에서 전개되었다.

교육, 사회봉사 활동, 그리고 대학진학 준비생들을 위한 설명 프로그램

NJSPMP는 공중교육과 훈련을 해안관리 프로그램과 정책에 관한 인식을 고양시키는 수단으로 간주하였다. 또한 이러한 프로그램의 기금은 주정부가 마련해야 하며, 공중참여 워크숍과 회의, 청문회 등을 지원해야 한다고 지적했다. 이러한 활동이 일반대중을 대상으로 한 홍보에 필요하지만, 전형적으로 대학진행 준비생 또는 (고등

그림 10.5. ≪뉴저지 뉴스≫지와 대담중인 노버트 수티 교수(수잔 파타의 사진).

학교) 12학년 계층에는 미치지 못하고 있다. 그러나 이들은 다음 세대의 의사결정자들이며 간과되어서는 안 될 계층이다. 이들은 장차 아이들과 젊은이들에게 환경과 재활용의 중요성을 인식시키는 과정에서 공헌할 수 있다.

다양한 주제와 교육기법이 소개되고 대학진학 준비생 계층을 통하여 지식을 갖춘 공중을 형성하는 데 이 자원이 이용되었다. 기존 학교시스템을 통해서는 공공정책 문제의 정보를 기존 커리큘럼에 반영시켜서 기초기술교육, 문제해결 능력, 그리고 비판적 사고능력의 개발을 강화시킬 수 있도록 계획하였다. 이러한 접근은 미래의 의사결정자이며 교육자인 학생들뿐만 아니라 현재의 의사결정자 계층인 부모들에게도 영향을 미친다.

프로젝트 팀은 럿거스 대학의 해양해안연구소에 근거를 두고 대학진학 준비생들을 목표로 삼고 있는 다양한 과학학습 프로그램인 '프로젝트 투모로'를 이용하여 해안선안정화와 해안위험관리에 관한 교육과 이에 관련된 주제 활동을 개발하였다. 이러한 시도의 핵심은 공중의 인식을 고양시켜 자연위험으로 발생하는 인명 손실과 부상, 경제적 피해, 그리고 가정과 사회적 혼란을 줄이는 과정이 장기적이라는 것을 인식시키는 활동이다.

이외에도 프로젝트 팀은 프로젝트 투모로의 간부진과 협동하여 공립학교와 사립학교 등의 공적 환경과 함께 자연탐방 센터와 수족관, 박물관 등의 비공식적 환경을 대상으로 교육활동을 개발하였다. 기존 커리큘럼의 강화를 통한 교육자료의 개발, 교사 워크숍, 도서관 정보시스템의 설치, 인터넷 홈페이지(http://marine.rutgers.edu)의 개설 등에 주력하였다.

커리큘럼의 강화

커리큘럼의 강화는 프로젝트 투모로의 지도 원리에 따라 시도되었다. 이 프로그램은 실천과 감성교육에 특히 중점을 두고 있는데, 실시간 연구와 교실과학교육을 연관시켜 학생들의 문제해결 능력과 비판적 사고능력을 개발시키는 데 주력하고 있다. 공중의 바다에 대한 관심으로 지원에 박차가 가해지고 있는 기초기술 훈련과 함께 이러한 능력의 개발은 다음 세대의 지식을 갖춘 의사결정자의 양성과 공중의 환경의식 고양에 필수적이라는 인식을 심어주고 있다.

프로젝트 팀은 20명의 고등학교 12학년 담당교사로 구성된 모임을 조직하고, 해안선안정화와 해안위험관리에 관련된 문제에 초점을 맞춘 교실과 야외활동의 개발에 주력하였다. 이러한 노력의 기초로서 두 가지 보조적 커리큘럼이 사용되었다. 즉, UC Berkeley의 Lawrence Hall of Science가 개발한 Marine Activities Resources and Education(MARE)과 메릴랜드 대학의 Event-Based Science이다. 이들 커리큘럼은 고등학교 12학년 학생들의 교실 및 야외 활동 가이드(14개과로 구성)의 설계에 모형으로 활용되었다. 활동은 해안지질, 해안생물, 지속가능한 개발(환경계획과 관리), 지구적 영향(해수면 상승과 폭풍빈도) 등의 네 가지 주제로 구성되었다. 안내서의 초판은 1976~1997년에 뉴저지 주의 여러 학교에서 예비시험을 거쳤다. 최종판은 뉴저지 주의 MARE 커리큘럼의 일부를 구성하게 되었다.

예비시험이 완료된 후에 교사보강 워크숍이 예정되었다. 또한 이러한 노력의 일환으로 프로젝트 팀은 인터넷 활동을 개발하였는데, 실제 자료를 사용하여 해수면 상승과 관련된 문제를 쌍방향 대화형식으로 실증하였다.

교사 워크숍

대학진학 준비생을 담당하는 교사를 대상으로 해수면 상승과 이것이 해안지대에 미치는 영향에 관한 주제로 두 번의 보강 워크숍이 진행되었다. 하나는 공식적 교육자와 다른 하나는 비공식적 교육자를 목표로 설계되었다. 워크숍을 통해서 환경적으로 건전한 개발을 가능케 하는 건강한 해안생태시스템의 중요성을 예시하는 커리큘럼 보조자료가 작성되었다. 이 커리큘럼은 뉴저지 학생들을 위한 1996학년도 과학 핵심기준을 다루었는데, 비판적 사고와 문제해결 능력의 개발에 초점을 맞추고 있다.

프로젝트 팀은 1996년 지구과학교사 컨퍼런스에 참여한 고등학교 12학년 담당교사들에게 해수면 상승과 해안관리전략에 관한 정보를 제공하였다. 이 모임은 학급활동을 기존 커리큘럼에 반영시키는 방안을 예시하는 이상적인 기회가 되었다. 비공식적 워크숍의 개최를 통해서도 학교체제에 해안위험 정보를 반영시키는 작업을 계속 추진하였다. 이러한 모임으로는 '해빈교육컨퍼런스(Teach at the Beach Conference)', 지구환경 변화와 지속가능 개발에 관한 교사 워크숍, 그리고 뉴저지 해양교육자협회 연례회의 등이 있었다.

도서관 정보시스템과 인터넷 홈페이지

재평가과정에서 프로젝트 팀은 해빈침식과 해안구조물의 수치자료에 관한 기술보고서에서 뉴저지 해안 경제활동과 해안역사에 관한 문헌에 이르기까지 방대한 양의 보고서, 논문, 그리고 그 밖의 문헌을 수집하였다. 이를 바탕으로 종합 문헌목록을 만들었고, 이를 도서관 정보시스템에 포함시켜 광범위한 정보의 확산과 편리한 정보 접근을 도모했다. 완성된 문헌목록을 인터넷 홈페이지(http://marine.rutgers.edu)를 통해 접속할 수 있도록 하였다.

프로젝트 팀이 구축한 인터넷 홈페이지는 프로젝트에 관한 정보를 공유하고, 해안위험 문제, 해안침식과 안정화, 해안관리 등에 관하여 프로젝트 팀이 일반 공중과 대화를 진행하는 효율적인 수단이 되었다. 프로젝트 정보에 관한 요청도 접수되고 전산처리되었다.

공중과의 상호작용의 결과

참여과정과 교육-사회봉사를 통하여 프로젝트 팀은 공중이 공감하는 우선순위를 작성하고 사구관리 업무에 관한 최신 정보의 요청 등과 같은 특정문제 분야에 토론을 집중시키고, 공중의 관심사를 재평가 보고서와 문서에 반영시킬 수 있었다. 공중회합과 프로젝트에 관련된 의견교환에 대한 요약보고서와 함께 1994년 7월 12일 워크숍의 후속행사로 개최된 1995년 1월 18일의 총회 요약보고서가 위원회 구성원 전체에게 배포되었고, 이러한 의견교환의 결과를 통해 작성한 백서의 주제 목록은 표 10.2에 나타난 바와 같다.

대부분의 토론은 뉴저지 해안의 하부구조를 위협하고 있는 해수면 상승과 침식, 빈번한 폭풍 등의 위험을 저감시킬 수 있는 새로운 대책의 요구에 초점이 맞추어졌다. 과거의 형식적이고 경직적인 대책으로는 지역의 관심사에 조응하는 해안위험관리 전략의 개발에 필요한 대화를 촉진시킬 수 없다는 것이 분명하다. 해안의 인명과 재산의 보호를 증진시키는 수단은 이러한 관심에 의해 가장 직접적인 영향을 받는 시민의 지역적 행동에 의존해 있기 때문에 모든 새로운 해안위험관리 정책의 개발에는 계획수립과 집행과정에서 시민들의 참여가 있어야 한다.

표 10.2. 백서의 예상 주제

해안작용
침식과 퇴적
*사구관리
모래 이동
*해빈보호를 위한 기술적 대안들
경성/연성호안 기법들
인공 산호초
신기술
*사회경제적인 고려
비용과 편익
해빈이용
관광
*해수면 상승
증가율
폭풍 규모와의 관계
*폭풍 빈도
교육과 홍보
공식적인 교육과 비공식적인 교육
일반대중의 인식
(적절한) 정보에 기초한 의사결정
*비교 사례 연구
연방정부의 연안역 프로그램
뉴저지 주의 연안 프로그램
다른 주들이 채택하고 있는 해안대책
지역적 전략

* 이 주제는 최종 보고서와는 별도의 문서로 정리됨.

지속적인 공중의 참여

이해관계자 참여과정 가운데 하나는 해안주민과 의사결정자들을 해안위험 문제와 해안침식 안정화에 관한 정보의 수집과 전파에 참여시키는 것이었다. 또한 이를 넘어 공중참여를 지속시키는 것도 목적에 속한다. 이러한 형태의 참여는 진행 중인 의사결정 과정에 공중의 접근이 더 용이하도록 계획되어야 한다. 참여도가 높아지면 공중의 지식이 높아져서 감정에 좌우되지 않고 또한 각각 처한 입장보다는 중요성에 따라 의사결정이 이루어진다. 따라서 부각된 정책에 대한 이해가 높아지고 이에 따라 정책이 폭넓게 수용되고 존중받게 된다.

지역사회가 해안관리에 접근하는 양식은 지식을 갖춘 공중의 존재 여부에 달려 있기 때문에 재평가의 가장 중요한 과업 가운데 하나는 시민자문위원회가 지속적으로 운영되도록 하는 것이다. 이 소위원회는 프로젝트의 특성을 결정하는 데 있어서 매우 중요한 역할을 하였으며, 새로운 해안위험관리정책의 집행을 촉진시키는 논리를 제공한다. 다른 주나 국가의 경험은 위원회의 구조와 활동범위를 조정하는 데 도움을 줄 수 있으며, 영국의 사례가 좋은 참고가 된다(Oakes, 1994).

잉글랜드와 웨일즈에서는 지역의 해안그룹이 지역해안관리계획의 수립에 참여해오고 있다(Oakes, 1994). 이들은 자원봉사그룹이지만, 정부는 이들에게 해안위험관리의 개선을 위임하고 있다. 그 내용은 다음과 같다.

- 해안관리책임기관 사이의 협조 강화
- 자료와 경험의 공유
- 최선 업무사항의 확인
- 연구필요 사항의 확인
- 해안위험관리를 위한 전략적 계획의 진척
- 대안 정책수행의 장애요소 확인
- 정책개발과 연구개발, 그 밖의 이니셔티브에 관한 의식 유지

그룹 모임은 분기마다 열리며, 구성은 해당정부기관의 대표, 기술전문가, 그리고 시민들로 이루어져 있다. 주기적으로 그룹의 의장들이 만나 공통의 관심사를 논의하고 해안위험관리에 대한 국가적 대책을 개발한다.

잉글랜드와 웨일즈에서는 이러한 접근을 통해 국가적 저감전략이 촉진되고 있으며, 저감대책은 퇴적물 순환 셀 또는 지형구역에 따라 구성된다. 이러한 체제는 곧 지형구역 내에 적용하고 있는 대책들 사이의 양립성을 중요하게 간주한다는 것을 반영하고 있다. 해안작용은 행정구역 경계에 따라 발생하는 것은 아니다. 해안을 따라 자연의 작용력이 운행하는 범위를 반영하는 지역적 접근이어야 해안작용이 방해받지 않는다. 이 때문에 해안 지자체 사이의 폭넓은 협조, 특히 지형구역 차원의 위험관리프로그램 개발이 필요하다. 군청이 조직한 뉴저지의 시민자문위원회는 이러한 지역적 범위 또는 지형구역 차원의 해안위험관리에 적절하다.

제9장에서 논의된 해안위험과 관련된 위험의 저감을 위해서 계획된 시민자문위원회를 뉴저지 주정부, 특히 환경보호부가 다시 조직하여 새로운 해안관련 전략의 개발과 집행을 돕는 공식적 기작으로 활용하는 것이 바람직하다. 각 위원회는 해당 정부기관(공병단, 연방 긴급사태 관리청, 지질조사소, 뉴저지 환경보호부, 뉴저지 긴급사태관리청), 대학과 민간기업의 기술전문가, 지방정부의 선출직 공무원과 긴급사태 관리담당자, 해안지자체와 이익단체의 대표 등으로 구성되어야 한다. 이들 위원회는 해안관리 문제에 관해서 뉴저지 환경보호부와 직접 의견교환을 할 수 있도록 해야 한다(그림 10.6).

이들 위원회의 주요목적은 장기 해안위험관리 프로그램의 개발과 집행에서 주정부에 협조를 제공하는 것이다. 구체적 책무에는 다음과 같은 사항이 포함될 수 있을 것이다.

- 위험관리와 해안침식 문제를 다룰 지역 차원의 해안관리계획의 수립에 조력한다.
- 지방의 관심사를 확인하여 지역 차원의 계획에 반영한다.
- 지방 차원의 집행을 위해 해안조례의 모범안을 수립한다.
- 해안위험문제, 침식과 안정화, 그리고 관리전략에 관한 최신 정보를

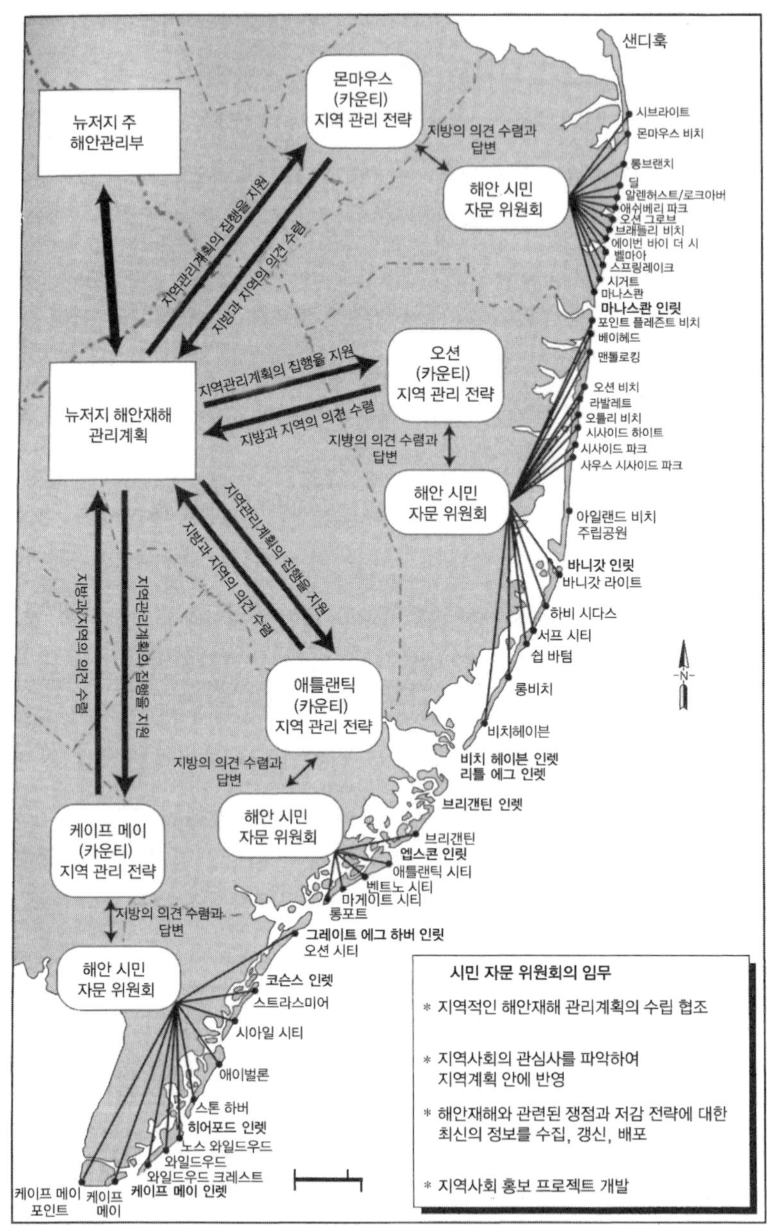

그림 10.6. 해안선 관리에 대한 지역적 접근에 적합하다고 판단되는 동원 가능한 관련 단체들.

수집, 유지, 확산한다.

- 지역 차원의 시범사업을 개발한다.

이러한 책무의 이행에는 주정부기금이 장려책으로 활용되어 위원회로 하여금 필요한 경우에는 기술전문인을 고용하고 군립도서관에 지역정보실을 마련하고 사회봉사를 수행하고 자원자의 저감 감시운동을 정착시킬 수 있어야 한다. 마지막에 거론된 사항에는 폭풍이나 침식으로 훼손된 해안사구의 복구활동을 전개하고 복구과정을 감시하는 지역사회와 학교의 조직이 예가 될 수 있다. 또한 자문위원회가 시간의 경과에 따른 해안변화의 파악에 이용할 수 있는 해빈과 퇴적물의 정보를 수집하기 위해 이들 조직을 가동시키고 준비시킬 수 있다. 이와 유사한 예로 바니갓 베이와 뉴저지 주의 다른 유역체계에서 시행 중인 수질감시 운동을 들 수 있다. 이러한 정보는 이후의 의사결정과정에 활용된다.

재평가과정에서 수집된 문헌목록과 홈페이지, 배경정보를 통해서, 이들 정보의 저장과 관리가 전산화되었고, 해안위험과 해안관리에 관한 방대한 양의 자료를 이용할 수 있게 되었다. 이러한 시스템은 자문위원회의 지원을 위해서 관리되고 지속적으로 갱신되어야 한다. 이 시스템은 또한 군 단위의 자료실과 연계될 수 있었고, 그룹 간 또는 자문위원회 간의 활동 조정에도 이용되었다. 나아가 영국의 지역해안그룹과 유사한 기능을 발휘하기 위해서는 각 자문위원회 대표들이 정기적으로 회합을 갖고 상호 의견교환과 군단위 위원회 사이의 정보유통을 촉진시켜야 한다. 주정부는 이들 위원회를 통하여 해안위험관리뿐만 아니라 그 밖의 많은 해안문제에 관한 공중의 의견을 수렴해야 한다.

지속적인 교육과 사회봉사

FEMA의 국가저감전략은 공중교육과 훈련을 통하여 해안지역사회의 해안관리 방식에 변화를 일으키는 데 초점이 맞추어져 있다. 성공적인 변화는 교육에서 비롯된다. 이미 살펴본 바와 같이 변화는 두 그룹의 주요 목표, 즉 공식적인 대학진학 준비생 계층과 비공식적 교육계층을 통해서 이루어질 수 있다.

대부분의 해안교육 운동과 프로그램은 공식적·비공식적 교육계층을 목적으로 한다. 기존프로그램과의 연대를 통하여 자원을 효율적으로 사용할 수 있고, 이 두 계층에 관련되어 있는 참여자를 이용할 수 있다. 자원과 전문가들로부터 최선을 유도할 수 있고 정보를 확산시키기 위해 기존 네트워크를 이용할 수 있다면 연대체제를 늘 활용해야 한다.

공식적 대학진학 준비생(K–12) 교육

뉴저지 주 내의 MARE의 확산을 위해 프로젝트 투모로의 간부진들이 주력하고 있다. 이 프로그램과 과학기반 보조커리큘럼은 해안위험과 해안관리문제에 대한 정보를 대학입학준비생(K-12) 계층에 전파하는 효율적 수단으로 이용될 수 있다. 실험활동, 인터넷 활동, 그리고 프로젝트 팀이 제작하여 뉴저지 주의 학교에서 검증을 거친 야외 안내서(휴대용 도감)가 뉴저지 MARE 프로그램에 활용되고 있다. 뉴저지의 교육자들은 럿거스 대학 해양해안연구소에 위치한 해양환경 과학자료실을 통하여 보조자료를 구할 수 있다.

비공식적 교육

벽보, 플래카드, 표지

해설용 벽보와 공중 플래카드는 해안작용과 폭풍에 대한 사회의 취약성, 해수면 상승의 장기적 함의 등을 이해시키는 데 좋은 수단으로 간주되고 있다. 과거의 고조위나 폭풍해일 수위를 나타내거나 앞으로 100년 동안 진행될 해수면 상승의 결과를 보여주는 기둥이나 그 밖의 가시적 수위표도 고려할 만하다.

1938년의 초대형 허리케인 이후, 뉴잉글랜드 지역에서 이러한 장비를 많이 사용해오고 있다. 해설용 벽보는 목도나 자연탐방센터, 공중회합장소, 케이프 메이에서 애틀랜틱, 오션, 몬마우스 카운티을 지나는 코스탈 해리티지 트레일 등과 같은 인기 있는 지점에 설치할 수 있다.

간단한 비디오

간단한 교육용 비디오가 과학정보의 해설, 재평가 과정에서 발견한 정보의 교환, 해안위험과 해안관리의 이해를 위한 효율적 도구로 이용되어왔다. 다른 주에서는 이러한 접근으로 큰 성과를 거두었다. 예컨대 루이지애나 주정부의 자연자원부는 〈Reversing the tide〉란 비디오를 통하여 습지복구의 중요성과 해안지대의 역동성을 부각시켰다. 이 비디오는 공영방송을 통해 방영되고 있으며 초·중·고등학교에 무료로 제공하고 있다.

공공서비스 공고

국가의 연안역 관리프로그램은 'Coast Weekend Estuaries Day'와 같은 연례 공공행사를 지원하고 있다. 이러한 활동은 카누 항해, 해설을 겸한 습지탐방, 해빈 청소, 탐조 등 하구역과 하구역 보전의 중요성에 대한 공중의 인식을 높이는 행사들로 특징을 이루고 있다. 프로그램의 일환으로서 라디오나 텔레비전 방송국은 이러한 행사와 그 중요성에 대한 공중의 의식을 증가시키기 위해 2분 정도의 공공서비스 광고를 방송한다. 해안위험과 해안관리에 관한 정보도 이러한 행사에 포함시킬 수 있다.

인쇄매체와 뉴스레터

지방 신문과 인기 출판물의 폭넓은 배포를 통해서도 교육과 의식고양에 도움을 받을 수 있다. 지방 신문이나 논설, 단보 등에 배포되는 보도자료는 해안위험 문제와 관리옵션의 의식 고양에 효율적인 수단이 된다. 환경단체나 시민단체, 뉴스레터의 단보나 논설도 자연해안위험과 관리옵션을 개개인의 뇌리에 각인시키는 효율적인 수단이다.

상담국(Speaker Bureau)

재평가서 작성과정 내내 상담국은 주정부와 지방정부 기관, 대학진학준비생, 계층, 그리고 일반 공중을 대상으로 지역사회활동을 수행하였다. 프로젝트에 관한 상세한 정보, 또는 구체적 해안위험 문제와 관리옵션에 관한 정보를 요청할 때 이에 응답하는 각 분야별 전문가와 프로젝트 간부진들로 상담국이 구성되었다. 상담국은 공중 의식을 고양시키고 프로젝트에 지방의 관심사를 끌어들이는 또 다른 효율적 수단이었다.

기존 교육프로그램의 활용

언급한 바와 같이 기왕의 자원과 대상을 이용하기 위해서는 해안지대의 기존 프로그램과 제휴하여 대학진학 준비생에 대한 공식적 교육과 함께 비공식적 교육 프로그램을 수립해야 한다. 이러한 접근은 기존의 해안그룹들과 제휴단체가 기존의 정보를 종합할 수 있고 행동을 집중시킬 수 있는 중심 분야를 드러낼 것이다.

멀리카 강과 그레이트 만을 자크 꾸스또 국립하구역 연구보호구(NERR)로 지정했던 일은 하구역과 해안문제에 대한 의식을 고양시켰고, 교육 제휴로 훌륭한 성과를 냈던 주요 예라고 할 수 있다. 1972년의 연안역 관리법의 일환으로서 NERR 프로그램은 해안자원과 이의 국가적 중요성을 공식적으로 인정하며 주요 보호지구의 수립·관리·유지를 위해 연방정부와 주정부 당국과 함께 업무를 추진하고 있다. 코스탈 헤리티지 트레일은 사회봉사활동과 교육프로그램이 전개되는 또 다른 현장이다. 이 트레일은 뉴저지 해안관광객 수백만 명이 방문하고 있으며, 비공식 교육프로그램에서 매우 훌륭한 역할을 수행하고 있다.

결론

공공정책 문제와 관심사에 관한 대부분의 연구와 같이 NJSPMP의 재평가에서는 기존 정보를 재검토, 분석하고 새로운 정보를 수집, 평가하고 전 과정을 통하여 일반 공중과 이해당사자의 폭넓은 참여를 확보하기 위해서 철저하고도 체계적인 노력을 경주하였다. 해안과학, 해안공학, 경제학, 경영학, 공공정책 등의 분야 전문가로 구성된 프로젝트 팀 이외에도 연방정부와 주정부, 지방정부, 민간단체의 다양한 전문가들이 참여했다. 공중참여와 함께 이러한 포괄성은 재평가가 최선의 해안위험관리 정보에 입각해서 이루어졌다는 것을 보증한다.

제11장

해안위험관리:

경향, 옵션 그리고 전망

주택소유자나 기업이 연방정부로부터 재해구제금 명목으로 저리의 융자금이나 교부금을 넉넉히 받을 수 있다고 확신한다면 저감대책에 투자할 의욕이 생기지 않을 것이다. 따라서 해안위험으로부터 발생하는 손실을 저감하기 위한 전략개발 과정에서 지역사회는 저감과 재해에 대한 종합대책을 자세히 검토해야 한다. 종합대책의 결과에는 다양한 이익단체의 이해관계가 걸려 있다.

– H. Joh Heinz Center for Science, Economics, and the Environment(2006)

자연위험에 영향을 미치는 연방정부와 주정부의 프로그램이 토지이용 방향을 혼란으로 몰아넣은 경우도 많았다.

– R. J. Burby, *Cooperating with Nature*(1998)

뉴저지 해안을 포함하여 대부분의 해안지역이 안고 있는 문제의 핵심에는 위험관리라는 주제가 자리하고 있다. 해안선안정화와 광의의 해안관리 문제의 대부분은 해안위험관리 측면에서 다루어질 수 있다. 해안 환경과 그 과정의 이해를 통해서 궁극적으로 해안위험이 가지고 있는 특성에 대한 통찰력과 대응전략을 얻을 수 있다. 이러한 목적을 위해서 해안위험관리와 해안관리방법의 필수적 요소들을 앞에서 거론하였다. 해안선안정화 기술, 폭풍의 영향을 완충시키는 해안사구, 해안선안정화의 경제적 평가와 적용, 해안지역의 경제적 중요성, 손실위협 저감에 적용되는 위험관리 분야의 접근법, 그리고 해안침식과 해안선의 역사적 변천 등이다. 이 장에서는 자연재해와 관련된 공공정책과 민간 보험업의 최근 경향을 요약하고 위험 저감대책을 평가하고, 옵션과 미래에 대한 전망을 논의하고자 한다.

공공정책, 보험업, 그리고 자연재해: 최근의 경향

이미 공공정책 이니셔티브로 자연재해(natural catastrophes)와 자연위험(natural hazards)이 다루어지기 시작하였다.

이러한 사변(재해와 위험)의 예측은 매우 어려우며, 전통적으로 공공정책의 주요 협의사항에 속하지 않았다. 그러나 최근에 발생한 심각한 자연재해는 이 주제를 핵심사항으로 부각시켰다. 1989년에서 1999년 사이에 미국을 강타한 4회의 대형 허리케인은 총 234억 달러, 1회당 평균 58억 5천만 달러의 손실을 초래했고, 보험손실액으로는 1회당 10억 달러를 이상의 손실을 기록했다(ISO, Inc., 1999; H. J. Heinz Center, 2000a). 더욱이 미국 서부 해안지역은 1989년 이래 지진참사를 겪어오고 있다. 1994년 샌프란시스코를 덮친 노스리지 지진은 보험손실액 125억 달러를 포함하여 총 500억 달러의 손실을 발생시켰고, 1989년 로마 프리타 지진은 재산피해 60억 달러, 1992년의 랜더스/빅베어 지진은 9천만 달러의 손실을 초래했다(Palm, 1998).

보험손실액으로 측정할 때, 자연재해와 위험으로 인하여 초래되는 손실 수준이 최근 급격하게 상승하고 있다(표 11.1과 그림 11.1). 자료에 따르면 장기간에 걸친 변화추세는 비선형적이다. 1989년 이전에는 보험업계가 일회당 10억 달러를 초과하는 재해를 경험한 적이 없었으나, 1989년 이후 1997년 달러가격으로 1회당 10억 달러를 상회하는 재해가 10회나 발생했다(Kunreuther, 1998). 1989년부터 1999년에 이르는 기간 동안 미국에서 일어난 자연재해의 손실액(보험 손실액과 비보험 손실의 합)은 2,860억 달러에 달했다. 이는 1980년에 저축과 대부 분야에서 발생한 손실액 900~1,300억 달러, 할인금액으로 1,400~1,500억 달러, 비할인금액으로 3,500~5,000억 달러에 필적한다(White, 1991). 미국의 해안지역이 당면하고 있는 문제, 즉 위협과 손실의 증가를 잘 보여주고 있다.

위와 유사한 패턴이 뉴저지 주에서도 나타나고 있다. 1950년부터 1999년까지의 자연위험과 재해가 초래한 손실액(보험손실액의 통계에 따르면)은 비선형적 증가를 뚜렷이 보여주고 있다(그림 11.2). 1950~1988년과 1989~1999년 기간의 보험손실액을 비교하면 거의 254%가 증가했다. 뉴저지 주는 허리케인보다는 북동폭풍에 취약한데, 표 11.2와 11.3에서 보는 바와 같이

표 11.1 대통령 재난선포지역 지정 요청건수와 지정건수. 1984~1997(회계연도 기준)

회계연도	요청건수	지정건수	지정비율
1984	48	35	72
1985	32	19	59
1986	38	30	79
1987	32	24	75
1988	25	17	68
1989	43	29	67
1990	43	35	81
1991	52	39	75
1992	56	46	82
1993	51	39	76
1994	51	36	71
1995	45	29	64
1996	85	72	85
1997	66	49	74
1998	NA	62	NA

출처: H. J. Heinz Center(2000b); 미 회계감사원(1995).

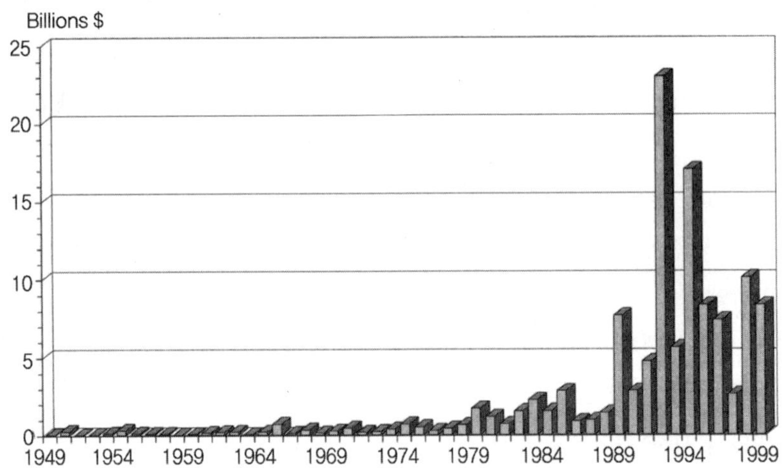

그림 11.1. 보험처리 재난손실액. 1949~1999(자료: 미 보험평가원[1] 손해사정국).

1) ISO(Insurance Service Office). 보유하고 있는 방대한 기초자료를 바탕으로 보험요율을 산정하고 보험관련 법률자문을 비롯한 보험업계에 필요한 정보를 수집, 분석,

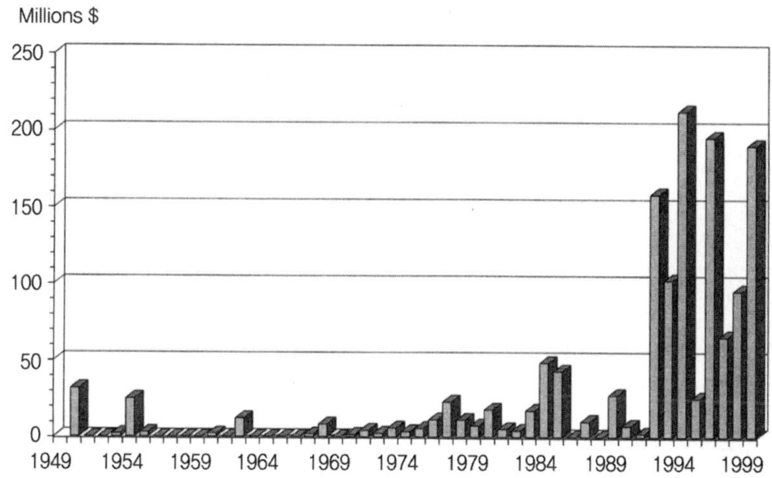

그림 11.2. 뉴저지의 보험처리 재난손실액. 1950~1999(자료: 미 보험평가원 손해사정국).

같이 22회의 주요 위험사태 가운데 16회가 북동폭풍과 관련된 것이다.

자연재해로 초래되는 보험손실액의 증가에는 자연위험의 심각성뿐만 아니라 최근의 해안지역 인구증가도 반영되어 있다. 미국의 동부 연안과 걸프 연안의 인구는 꾸준히 증가하였는데, 1980년부터 1993년까지 해안에 면한 군 지역은 15%, 비해안 군 지역은 12%의 증가율을 보여 좋은 대조를 이루고 있다(표 11.4). 뉴저지 주에서는 같은 기간 해안의 군 지역은 17%, 비해안의 군 지역은 6%의 인구증가율을 나타냈다. 해안지역의 이러한 인구증가 추세는 공급량이 한정되어 있는 주택과 부동산에 대한 수요를 부추겨 부동산 가격을 한층 상승시키고 있다. 걸프 연안과 대서양 연안에 면한 주를 볼

제공하는 기관. 1971년 기존의 요율산정기관과 통계·분석기관이 통합되어 설립되었다. 정부기관 혹은 정부산하기관이 아니며 오히려 보험협회기관이라고 보는 것이 더 적절하다. 이와 유사한 활동을 하는 국내기관으로는 보험개발원이 있다. Property Claim Service는 ISO 산하의 조직단위이므로 '손해사정국'으로 번역하였다 – 역자 주.

표 11.2 뉴저지의 보험처리 재난손실 중 상위 22개 사례(1950~1999)

연도	일시와 재난의 유형		추정 손실지급액
1992	12. 10~13	바람, 해일, 눈	150,000,000
1999	9. 14~17	허리케인 플로이드	95,000,000
1994	1. 17~20	바람, 눈, 얼음, 동결	65,000,000
1993	3. 11~14	바람, 회오리바람, 눈 등	55,000,000
1998	9. 6~8	바람, 회오리바람, 해일	55,000,000
1996	1. 12~13	바람, 눈, 얼음, 해일	50,000,000
1999	1. 1~4	바람, 눈, 얼음, 해일 등	40,000,000
1999	1. 17~18	바람, 회오리바람, 해일 등	40,000,000
1996	10. 18~21	바람, 해일	35,000,000
1994	2. 10~12	바람, 해일, 눈, 얼음 등	35,000,000
1993	3. 4~5	바람, 해일, 눈, 얼음	30,000,000
1994	1. 27~29	바람, 얼음, 해일	30,000,000
1985	9. 26	허리케인 글로리아, 바람, 해일	27,500,000
1950	11. 24~27	바람	25,000,000
1984	3. 27~30	바람, 회오리바람, 눈 등	20,000,000
1984	4. 3~7	바람, 회오리바람, 해일	20,000,000
1996	1. 17~20	바람, 눈, 회오리바람 등	20,000,000
1996	3. 16~21	바람, 회오리바람, 해일	20,000,000
1997	6. 18	바람, 회오리바람, 해일	20,000,000
1997	8. 15~17	바람, 회오리바람, 해일	20,000,000
1998	5. 30~6.1	바람, 회오리바람, 우박	20,000,000
1977	11. 6~9	바람, 해일	19,500,000
		총계	$ 892,000,000

자료: 미 보험평가원 손해사정국(2000).

표 11.3 뉴저지의 보험처리 허리케인 재난손실 중 상위 10개 사례(1950~1999)

연도	일시와 재난 유형		추정 손실지급액
1999	9. 14~17	허리케인 플로이드	95,000,000
1985	9. 26	허리케인 글로리아, 바람, 해일	27,500,000
1954	10. 15~16	허리케인 헤이즐	10,000,000
1954	8. 30~31	허리케인 캐롤	7,000,000
1976	8. 8~10	허리케인 벨르	5,125,670
1979	8. 30~9 .6	허리케인 데이비드	4,800,000
1971	8. 27~28	열대폭풍 도리아	4,230,000
1955	8. 11~13	허리케인 코니	2,000,000
1960	9. 9~11	허리케인 도나	2,000,000
1975	9. 16~26	허리케인 엘로이즈	476,000
		총계	$ 158,131,670

자료: 미 보험평가원 손해사정국(2000).

표 11.4. 걸프만과 대서양 연안주의 해안거주 인구변화(1980~1993)

주	1980년 인구		1993년 인구		%변화(1980-1993)		1993년 전체인구 대비 해안인구(%)
	해안지역	전체	해안지역	전체	해안지역	전체	
텍사스	1,287,865	14,229,186	1,411,245	17,568,472	10	23	8
루이지애나	1,461,593	4,205,909	1,401,493	4,258,216	-4	1	33
미시시피	297,871	2,520,650	313,626	2,600,012	5	3	12
앨라배마	443,442	3,893,874	488,144	4,109,593	10	6	12
플로리다	7,659,364	9,746,320	10,501,222	13,527,968	37	39	78
조지아	327,020	5,463,108	401,731	6,710,896	23	23	6
사우스캐롤라이나	546,540	3,121,818	663,375	3,596,623	21	15	18
노스캐롤라이나	514,854	5,881,747	645,183	6,805,129	25	16	10
버지니아	822,706	5,346,838	1,031,896	6,358,402	25	19	16
메릴랜드	2,323,834	4,216,965	2,527,443	4,913,350	9	17	51
델라웨어	594,335	594,335	687,214	687,214	16	16	100
뉴저지	1,328,691	7,364,847	1,554,286	7,796,867	17	6	19
뉴욕	7,080,247	17,558,086	7,288,604	18,117,594	3	3	40
코네티컷	1,935,639	3,107,578	2,038,022	3,306,319	5	6	62
로드아일랜드	947,156	947,156	1,008,938	1,008,938	7	7	100
매사추세츠	2,941,588	5,737,042	3,109,281	6,017,970	6	5	52
뉴 햄프셔	274,983	920,605	354,169	1,117,261	29	21	32
메인	548,082	1,124,648	635,635	1,244,147	16	11	51
총계	31,340,808	226,546,368	36,061,500	254,293,104	15	12	14

*자료: 미 보험조사위원회(1995).

표 11.5 걸프만과 대서양 연안주의 해안지역 피보험 재산가치(1980, 1993)

주	거주용 건물		업무용 건물		총합		%변화(1980~1993)		
	1980 (1980$)	1993 (1993$)	1980 (1980$)	1993 (1993$)	1980 (1980$)	1993 (1993$)	거주용	업무용	총합
텍사스	20,355,288	43,441,516	28,271,910	85,197,376	48,627,198	128,638,896	113	201	164
루이지애나	26,358,420	43,571,616	38,957,144	79,892,216	65,315,564	123,463,832	65	105	89
미시시피	4,644,828	10,110,020	3,531,034	15,343,068	8,175,862	25,453,088	117	334	211
앨라배마	7,506,048	16,946,840	7,689,400	19,961,476	15,195,448	36,908,316	125	159	142
플로리다	177,709,426	418,392,736	155,213,287	453,288,896	332,922,713	871,681,664	135	192	161
조지아	4,262,578	12,423,317	5,150,122	20,085,646	9,412,700	32,508,964	191	290	245
사우스캐롤라이나	4,262,578	27,177,172	7,608,740	27,562,476	17,008,123	54,739,648	189	262	221
노스캐롤라이나	9,399,383	23,081,062	5,713,113	21,890,876	13,154,626	44,971,936	210	283	241
버지니아	7,441,513	32,872,384	10,912,406	34,895,616	24,555,990	67,768,000	140	219	175
메릴랜드	40,969,895	103,350,240	36,101,614	99,239,744	77,071,509	202,589,984	152	174	162
델라웨어	12,453,050	31,348,320	9,059,654	36,272,740	21,512,704	67,731,056	152	300	214
뉴저지	35,614,156	95,903,160	15,477,539	56,866,296	51,091,695	152,769,456	169	267	199
뉴욕	111,997,023	363,934,048	76,278,532	231,668,512	188,275,555	595,602,560	224	203	216
코네티컷	54,071,915	143,672,144	36,443,194	104,391,352	90,515,109	248,063,488	165	186	174
로드아일랜드	17,296,893	46,156,076	15,460,444	36,918,872	32,757,337	83,074,944	166	138	153
매사추세츠	54,109,154	177,115,248	50,354,124	144,503,136	104,463,278	321,618,368	227	186	207
뉴 햄프셔	6,072,027	18,233,048	3,943,331	16,691,802	10,015,358	34,924,848	200	323	248
메인	11,692,546	31,902,472	7,901,399	22,634,296	19,593,963	54,536,768	172	186	178
해안지역 전체	615,597,745	1,639,741,419	514,066,987	1,507,304,396	1,129,664,732	3,147,045,815	166	193	178
U.S. 전체	4,240,948,850	10,378,875,018	3,807,890,750	11,043,124,377	8,048,809,600	21,421,999,395	135	192	161

*자료: 응용 보험연구, 재산손실 감소문제 연구소, 미 보험조사위원회(1995).

때 1980년부터 1993년 사이 보험에 가입된 해안지역 재산(주택과 상업시설)은 그 가치가 178% 상승하였다. 미국 연안의 주 전체로는 161%가 상승하였다. 플로리다 주가 1993년 현재 보험가입 재산이 8억 7,170만 달러로 최대를 나타낸다. 그 다음이 뉴욕 주로 5억 9,560만 달러, 매사추세츠 주가 3억 2,160억 달러에 이른다(표 11.5).

뉴저지 주는 1993년 현재 6번째로 1억 5,280억 달러에 달한다. 보험업계와 긴급위험사태 관리당국이 큰 관심을 가지고 있는 지역은 뉴욕과 뉴저지, 델라웨어, 메릴랜드 등의 대서양 중부연안으로, 이들 주가 10억 1,869만 3,056달러의 해안지역 재산을 보유하여 걸프 연안과 대서양 연안 주 총 해안재산의 32%를 차지하고 있다. 결국 엄청난 양의 해안지역 재산이 위험한 장소에 집중되어 있다는 것을 의미하고 있다. 뉴욕 주만 해도 총재산의 19%를 차지한다. 허리케인 앤드류와 비슷한 규모의 사태가 대서양 중부 연안에 발생한다면 엄청난 재앙이 일어날 것이다.

자연위험에 대응한 연방정부 정책의 공식화는 국가홍수해보험법이 통과된 1968년부터 시작되었지만, 해안지대의 인구증가에 따른 손실위협의 증가에 다시 대처한 것은 1990년대 이후의 일이다. 정책 이니셔티브는 국가홍수해보험프로그램(NFIP) 확보를 반영하고, 지역사회는 우선 위험관리계획을 세우고, 이를 연방긴급사태관리청이 평가한다. NFIP에 지속적인 참여 여부는 지역사회의 위험관리 수단(접근) 채택과 자연위험 발생에 따라 정해진다. 프로그램에는 미래의 손실위협과 인명피해의 저감을 위한 폭풍 이후 복구단계의 개요가 설명되어 있다. NFIP 가입 경향은 표 11.6과 표 11.7에 나타나 있는데, 표 11.6은 1998년 1월 31일까지 해안과 비해안 군지역의 가입수를, 표 11.7은 1998년 6월 30일까지 해안 군 지역의 가입수를 보여주고 있다. 가입수로는 플로리다가 1위이며, 상위의 다섯 주에는 캘리포니아, 루이지애나, 텍사스, 뉴저지가 속해 있다. 이들 네 개의 주는 주로 해안폭풍 위험을 겪고 있다. 해안의 군 지역만 고려할 때는 1989년 허리케인 휴고를

표 11.6 국가홍수해보험제도 현황(1998년 1월 현재)

주	보험증서 발급건수	보험계약건수	보험금($)	보험료($)
앨라배마	31,267	23,693	3,040,828,800	12,590,206
알래스카	2,269	2,124	253,792,900	894,127
애리조나	25,844	25,061	2,787,814,000	9,370,586
아칸소	13,132	12,994	830,143,900	4,804,696
캘리포니아	379,227 (2)	361,986	54,938,258,200	148,117,394
콜로라도	14,601	13,010	1,604,555,200	6,393,360
코네티컷	26,607	22,093	3,422,757,700	15,770,825
델라웨어	14,216	10,543	1,766,024,500	6,384,508
콜롬비아 지구	335	86	19,704,400	83,424
플로리다	1,635,721 (1)	1,102,863	190,579,653,100	526,508,110
조지아	51,823	49,362	6,774,150,700	22,160,783
하와이	45,536	14,117	5,334,955,100	13,713,026
아이다호	8,128	8,016	1,228,966,300	2,787,577
일리노이	46,254	42,595	3,995,726,500	19,576,667
인디애나	25,216	25,178	1,731,097,400	10,674,440
아이오와	9,763	9,749	721,136,400	4,616,649
캔자스	10,069	10,032	710,527,200	4,158,461
켄터키	22,264	21,979	1,350,636,100	8,598,709
루이지애나	334,045 (3)	327,369	32,888,330,600	119,883,650
메인	6,443	6,029	652,649,200	3,524,444
메릴랜드	45,678	27,843	4,516,394,900	14,800,547
매사추세츠	35,098	31,007	4,162,194,200	21,558,946
미시간	26,293	25,019	2,241,978,500	11,341,981
미네소타	13,184	12,889	1,137,582,800	4,572,150
미시시피	41,378	40,606	3,491,664,200	15,302,304
미주리	22,754	22,636	1,897,445,800	11,454,638
몬태나	9,570	9,397	976,254,500	2,919,701
네브래스카	11,941	11,888	854,533,700	4,776,598
네바다	11,877	11,791	1,575,761,300	4,993,559
뉴 햄프셔	4,211	3,673	393,918,500	2,097,915
뉴저지	157,534 (5)	133,893	19,332,025,400	81,685,889
뉴멕시코	10,373	10,266	812,552,600	3,824,770
뉴욕	87,543 (7)	82,833	10,876,776,400	49,791,682
노스캐롤라이나	73,660 (8)	65,141	8,843,212,300	31,423,193
노스다코타	12,686	12,497	1,257,150,200	3,949,441
오하이오	33,144	31,864	2,386,721,400	14,329,736
오클라호마	14,182	14,022	1,076,584,300	5,532,267
오리건	21,159	20,313	2,675,936,700	9,423,163

표 11.6 ~(계속)

주	보험증서 발급건수	보험계약건수	보험금($)	보험료($)
펜실베이니아	62,885 (10)	61,536	5,590,188,100	29,312,187
로드아일랜드	10,579	9,176	1,260,573,200	6,668,231
사우스캐롤라이나	105,847 (6)	74,823	14,796,686,500	43,794,852
사우스다코타	4,528	4,528	456,029,100	1,705,060
테네시	13,104	12,725	1,262,243,700	5,472,716
텍사스	280,215 (4)	265,240	32,721,302,200	102,971,224
유타	2,369	2,015	273,127,800	909,735
버몬트	2,422	2,375	202,402,600	1,247,577
버지니아	63,200 (9)	55,054	7,364,603,500	23,198,088
워싱턴	25,757	25,093	2,883,529,900	11,054,833
웨스트버지니아	18,072	18,033	1,034,512,200	7,729,741
위스콘신	11,707	11,584	865,058,800	5,028,062
와이오밍	2,818	2,812	388,351,800	1,092,419
총계	3,938,528	3,201,451	452,239,005,300	1,474,574,847

자료: 전미 홍수보험제도, H. J. Heinz Center(2000b).
주: 괄호 안의 숫자는 상위 10개 주를 지시하는 것임.

겪은 사우스캐롤라이나가 6번째를 차지하고 있다.

허리케인과 북동폭풍에 매우 취약한 노스캐롤라이나가 7번째이며 뉴욕이 8번째(본토에 속한 지역만 고려할 때)에 속한다. 보험청구 정보도 역사적으로 파괴적인 해안폭풍을 경험한, 취약한 주를 보여주고 있다. 이 경우 루이지애나가 첫 번째이고 플로리다와 텍사스가 뒤를 잇고 있다. 보험 지불요구 건수로는 뉴저지와 캘리포니아가 뒤따르고, 보험지불액으로는 사우스캐롤라이나가 네 번째, 뉴서시가 다섯 번째를 차지하고 있다. 반복적 손실에 대한 지불에 있어서는 루이지애나, 플로리다, 텍사스, 뉴서시, 뉴욕이 상위 5개 순위를 점하고 있는데, 모두 빈번한 대규모 해안폭풍을 겪어왔다.

완만하지만 가속화되고 있는 해수면 상승에 따른 해안지역 침수도 취약성을 심화시키고 있다(Psuty, 1986; Najjar et al., 2000). 해안과학자들은 이 영향으로 미래의 해안폭풍이 초래할 손실을 더욱 확대시켜 중소규모의 폭풍은 중대규모의 폭풍효과에, 대규모 폭풍은 백년 확률의 폭풍효과에 가까워질

표 11.7 주별 해안지역(군 단위) 홍수해보험 현황

주	보험증권 (발급) 건수[a]	보험료[b] (단위: 천 달러)	보험금[a] (단위: 백만 달러)	지급건수[a]	총지급액[a] (단위: 천 달러)	반복적인 지급액 규모[c] (단위: 천 달러)
앨라배마	21,690	8,704	2,258	10,938	108,847	26,811
캘리포니아	181,742 (3)	74,125	28,392	23,345 (5)	199,331 (7)	84,382 (6)
코네티컷	23,698	14,693	3,157	11,166	83,606	39,276
델라웨어	15,247	6,708	1,848	2,589	15,305	6,021
플로리다	1,624,220 (1)	532,534	190,850	92,456 (2)	1,069,313 (2)	178,681 (2)
조지아	35,846	15,834	5,133	2,061	17,496	6,072
하와이	47,687	14,111	5,433	3,175	53,155	6,920
루이지애나	265,977 (2)	102,389	27,812	115,517 (1)	1,113,016 (1)	468,897 (1)
메인	4,457	2,617	528	1,943	11,927	2,537
메릴랜드	31,470	7,972	2,706	1,890	10,899	505
매사추세츠	29,720	18,818	4,549	18,991 (9)	188,689 (8)	80,473 (7)
미시시피	19,172	7,268	1,911	5,931	33,108	17,414
뉴저지	121,128 (5)	61,447	15,165	41,095 (4)	296,846 (5)	130,630 (4)
뉴욕	45,103 (8)	30,022	7,056	23,147 (6)	186,224 (9)	112,751 (5)
노스캐롤라이나	57,035 (7)	24,503	7,213	19,644 (8)	218,359 (6)	51,985 (9)
오리건	9,038	4,194	1,120	1,059	9,050	2,349
로드아일랜드	6,128	4,227	764	1,229	8,661	3,283
사우스캐롤라이나	105,311 (6)	43,506	14,662	21,742 (7)	384,120 (4)	55,389 (8)
텍사스	123,826 (4)	45,091	14,069	50,015 (3)	406,115 (3)	151,516 (3)
버지니아	9,913	4,408	1,139	1,096	3,695	1,110
워싱턴	7,632	3,302	819	1,355	16,489	3,579

*자료: H. J. Heinz Center(2000b), 미 연방비상관리국(FEMA, Federal Emergency Management Agency)의 미발간 자료.

*주: 괄호 안의 숫자는 순위를 의미하는 것임.

*a: 1978년 1월 1일~1998년 1월 30일

b: 1998년 11월 16일 현재

c: 1978년 1월 1일~1997년 11월 30일

것이라는 데 모두 동의하고 있다. 해수면 상승은 손실이나 재앙 규모에서 비선형적 경향을 보이고 있는 폭풍의 규모를 더욱 증대시킬 것이다.

공공정책의 관점에서 최근 자연재해로 빚어지는 재산보험업계의 수용력 변화는 심각한 우려가 아닐 수 없다. 이 문제는 플로리다 주나 캘리포니아 주에 영향을 주고 있다(Kunreuther, 1998; Roth, 1998; Lecomte and Gahagan, 1998). 1992년 플로리다를 강타한 허리케인 앤드류와 1994년 캘리포니아 노스릿지 지진에 따른 보험 지불요구를 보면 민간보험회사가 지난 10년 내지 15년간 벌어놓은 이윤을 단 한 차례의 위험사건으로 소진시켰다. 많은 민간보험회사가 보험 지불요구를 감당하지 못하고 도산할 수밖에 없었다. 겨우 살아남은 보험회사들도 재보험회사와의 협정으로 겨우 버틸 수 있었다. 그러나 이들 회사도 재정상태가 매우 취약해져서 재산보험 분야에서 퇴출될 수밖에 없었다. 따라서 플로리다 주와 캘리포니아 주에서는 어쩔 수 없이 주정부가 개입하여 홍수해보험 보상과 지진관련 손실을 처리하였다(Kunreuther, 1998).

해수면 상승의 전망을 받아들인다면, 장차 웬만한 규모의 해안폭풍이 발생하더라도 허리케인 앤드류나 휴고의 손실에 버금가거나 뉴저지 해안의 80%에 달하는 대규모 손실과 침식을 일으켰던 1962년 재의 수요일 폭풍과 유사한 재앙이 초래될 가능성이 있다. 뉴저지 주와 그 밖에 역사적으로 해안폭풍에 취약했던 루이지애나, 텍사스, 사우스캐롤라이나, 노스캐롤라이나, 뉴욕 등과 같은 주에서는 플로리다나 캘리포니아 주에서 경험했던 바와 유사한 어려움을 보험회사들이 겪게 될 것이다. 따라서 주정부와 연방정부 차원의 정부기관들이 보험 보상범위의 부분적인 혹은 전체적인 재정 책임을 떠맡아야 할지도 모른다. 따라서 자연위험의 위협을 저감하고 해안 관리문제를 다루는 프로그램을 고안하거나 향상시켜야 할 것이다.

이 과정에서 중요한 측면 가운데 하나는 해안선안정화 공적기금의 사용을 더욱 정밀하게 검토하는 일이다. 정책입안당국은 위험과 수익의 상반관계

표 11.8 주별 FEMA 재해지원금: 회계연도 1989~2000(2000년 2월 29일 현재, 단위: 달러)

주	공공보조	개인보조	위험저감	분담금[a]	운영비	총 지원금액
앨라배마	182,358,351	64,483,081	27,484,099	4,818,790	21,873,560	301,017,882
알래스카	92,619,513	4,955,539	14,440,972	155,836	4,451,365	116,623,225
아칸소	46,122,233	16,785,805	7,960,131	7,607,749	10,280,235	88,756,153
애리조나	128,324,192	2,933,629	6,588,779	3,852	3,265,140	141,115,592
캘리포니아	6,304,738,711	1,771,333,027	949,716,284	46,859,616	344,059,991	9,416,707,629
콜로라도	11,997,980	8,988,504	3,435,691	59,400	5,620,213	30,101,788
코네티컷	35,814,757	4,751,687	550,794	57,239	3,342,435	44,516,912
콜롬비아 지구	6,989,778	-	410,653	803	123,116	7,524,350
델라웨어	17,386,262	2,621,197	1,572,774	25,746	2,421,113	24,027,092
플로리다	1,296,908,349	503,533,418	72,902,124	496,805,403	148,591,036	2,518,740,330
조지아	431,872,269	97,183,082	69,521,611	19,287,012	53,265,888	671,129,861
하와이	162,452,380	40,914,341	5,803,887	22,741,823	47,883,879	279,796,311
아이오와	182,191,225	126,212,999	48,807,525	12,864,986	22,819,655	392,896,390
아이다호	37,347,076	9,279,731	8,299,450	738,574	7,608,723	63,273,554
일리노이	257,825,828	311,316,731	78,017,619	13,542,609	28,996,313	689,699,099
인디애나	70,451,910	18,088,622	6,328,736	758,571	7,614,559	103,242,398
캔자스	105,989,875	69,290,559	25,194,908	7,678,928	27,140,174	235,294,444
루이지애나	146,664,857	219,641,150	25,981,092	8,379,523	24,505,193	425,171,814
매사추세츠	114,276,692	42,952,840	16,080,325	406,357	11,468,685	185,184,900
메릴랜드	43,830,869	6,105,260	2,976,872	168,994	5,250,691	58,332,686
메인	72,777,108	11,128,728	9,906,997	1,687,549	11,291,368	106,791,749
미시간	72,246,557	26,811,623	8,437,581	-	4,904,731	112,400,492
미네소타	362,130,245	75,817,900	55,694,911	1,010,168	28,257,522	522,910,745
미주리	169,992,731	105,462,604	45,481,252	7,291,892	26,503,067	354,731,546
미시시피	122,571,224	42,090,954	18,712,993	5,743,847	16,973,465	206,092,484
몬태나	12,605,769	-	1,423,314	29,900	1,734,720	15,793,703

노스캐롤라이나	485,567,376	280,186,417	135,214,782	162,720,736	85,045,963	1,148,735,274
노스다코타	319,953,469	153,547,423	59,891,937	29,953,564	43,703,085	607,049,477
네브래스카	138,914,846	6,262,296	23,456,012	364,034	4,354,300	173,351,488
뉴 햄프셔	22,472,739	3,295,519	2,250,099	94,306	5,087,671	33,200,333
뉴저지	102,809,866	53,606,088	3,542,032	734,582	26,771,469	187,464,038
뉴멕시코	8,659,358	748,061	480,229	235	857,114	10,744,997
네바다	23,612,605	3,960,801	4,117,231	621,510	6,057,358	38,369,505
뉴욕	373,704,616	74,842,877	32,096,199	2,762,744	43,372,272	526,778,708
오하이오	80,537,639	50,485,403	20,986,561	2,551,419	15,541,419	170,012,441
오클라호마	81,079,924	23,207,280	15,343,980	36,489,227	34,171,990	190,292,401
오리건	92,817,819	26,954,588	15,472,717	1,729,957	12,661,167	149,636,248
펜실베이니아	218,827,177	111,167,581	39,800,941	3,039,466	39,086,300	411,921,466
로드아일랜드	16,242,003	25,965	471,329	22,811	986,410	17,748,518
사우스캐롤라이나	277,271,601	107,271,040	12,661,378	37,429,369	20,891,515	455,524,903
사우스다코타	97,109,927	48,220,636	14,643,457	5,485,923	24,189,350	189,649,293
테네시	174,099,425	15,741,571	16,074,352	212,033	15,331,937	221,459,319
텍사스	168,305,188	309,568,692	51,541,922	4,912,762	53,286,641	587,615,206
유타	1,845,728	118,147	95,048	16,000	1,213,214	3,288,137
버지니아	114,495,034	31,723,331	11,479,466	6,847,174	24,012,307	188,557,312
버몬트	36,589,678	5,082,102	4,989,134	199,726	9,217,514	56,078,155
워싱턴	291,812,340	60,626,806	41,938,098	1,359,020	18,805,748	414,542,013
위스콘신	55,162,473	72,311,099	22,798,149	335,219	7,980,823	158,587,763
웨스트버지니아	56,933,534	42,261,897	14,107,815	110,483	15,209,610	128,623,339
와이오밍	816,513	-	44,889	-	298,187	1,159,589
총계	13,728,127,619	6,927,367,684	2,413,091,252	1,374,917,086	2,175,240,808	26,618,744,449

*자료: FEMA의 미발간 자료.

*a: 타 기관에 위임된 임무.

와 함께 해안침식과 해수면 상승과 같은 해안선안정화사업 조정 이외의 위험(외생적 위험)을 다룰 수 있는 의사결정모형과 향상된 정보를 필요로 할 것이다. 이러한 모형은 정책 당국으로 하여금 현실적 시나리오 아래서 보다 정통한 해안관리 정책을 수립할 수 있는 도구가 될 것이며 연구자나 공무원들에게는 복잡하고도 동적인 위험관리 문제에 대한 이해와 해안선안정화 대책수립에 도움이 될 것이다. 이러한 요소로는 해안관리 대책의 정도(수준), 효율적인 해안선안정화 사업구성의 확인, 위험과 불확실성의 정도, 해안선안정화사업 투자결정의 시기와 포기, 그리고 폭풍 이후 지역사회 하부구조의 재투자와 입지에 관한 결정 등이 있다.

그러나 위험지역의 지역공동체는 혼란스런 메시지(mixed message)를 받아왔다. 하나는 NFIP의 참여를 권유하기 위해 보험통계산정률보다 낮은 가격으로 국가홍수해보험 보장을 제공하는 것이고 다른 하나는 재해가 발생했을 때 FEMA와 그 밖의 연방기관에서 제공하는 재해보조구제기금이다. 미국 전체로는 1989~2000년 동안 총 216억 달러가 재해구제금으로 지불되었다(표11.8).

이 중 공공기관 보조, 개인보조, 위험저감 등이 총 구제금의 87%를 차지하고 있다. 재해 구제기금을 많이 수령한 상위 3개 주로 캘리포니아가 총액의 35%, 플로리다가 9%, 그리고 노스캐롤라이나가 4%를 받았다. 홍수해보험에 할인율을 적용받을 수 있고 동시에 재해구제금을 자동적으로 받을 수 있다는 것은 위험노출지역에 입지한 지역사회에 구제조치가 취해지리라는 메시지다. 그러나 홍수해보험 보장비용이 정상적(자급자족적) 비율로 산정되고 재해구제금이 3분의 1로 줄어들거나 손실이 반복되지 않는 지역 또는 위험저감사업에만 지불된다면 인식이 달라질 것이다.

그렇게 되면 사적재산 소유자들은 위험지역을 점유하는 책임 가운데 많은 부분을 부담해야 하고 위험노출지역의 개발은 줄어들 것이다. 예컨대, 1999년 9월 허리케인 플로이드의 손실을 입은 노스캐롤라이나의 복구에 관련된 총 구제금(유예된 기금과 지불된 기금의 합)은 10억 달러에 달한다(표 11.9).

표 11.9 허리케인 플로이드의 피해복구에 투입된 자원(2000년 노스캐롤라이나)

항목	개인/가족 지원기금	주택복구	소규모사업 운영대출	공공보조	위험저감지원 (승인)	위험저감지원 (보류)	실업해소지원	임시주거지원[a]
승인된 비용 ($)	81,760,425	78,156,588	437,183,600	79,548,358	44,823,366	194,392,239	5,817,947	43,931,509
승인된 지원 (건수)	21,762	36,188	11,247	537	768	3,062	5,813	
평균 승인비용	3,757	113,109	38,871	148,135	58,364	63,485	1,001	
보류건수	1,390	3,240	1,289					
부적합건수	21,050	36,188						
총 지원건수	47,059	66,015		221,295,717[b]				

*자료: 노스캐롤라이나 비상관리, 정보기획 분과, 허리케인 플로이드 복구사업에 관한 미발간 자료.

*a: 주 임시 주거비용에서 총 $46,000,000을 책임짐.

b: 공공보조에 적합한 최근 총 손실. 이 금액 중 미 연방비상재난관리국이 $126,402,255를 책임짐.

이 금액 가운데 24%가 위험저감 대책에 지불되었다. 이러한 수준은 권장할 만한 액수이지만 최소한 절반(5억 달러)이 위험저감에 책정된다면 매우 다른 인식을 줄 것이다. 더욱이 공적 자원의 희소성과 전반적인 사회적 수요를 고려할 때 공적기금의 사용 방향은 이와 같아야 한다. 앞으로 허리케인 플로이드와 같은 재해는 빈발할 것이다. 10억 달러가 개인재산을 사들이고, 위험지역의 시설을 옮기고, 이러한 재산을 모두가 향유할 수 있는 공유지로 전환하는 데 사용된다면, 반복적인 재해에 지불되는 비용을 줄일 수 있고 공적 편익을 크게 실현할 수 있을 것이다. 위험저감 노력을 통해서 얻을 수 있는 잠재적 편익을 다음의 예에서 살펴보도록 하자.

최근의 위험저감 노력에서 얻은 통찰력

1982년에서 1991년을 지나는 동안, 플로리다 주는 해안건축규제선(Coastal Construction Control Line, CCCL)으로 알려진 일련의 건축법규를 제정하였다(FEMA, 1997). 이러한 토지이용 건축법규(건축과 고도에 관련된)는 NFIP가 H-존(high-velocity zone)에 위치한 재산에 대해 부과한 건축요건보다 엄격하고, 풍압 대비요건도 표준건축법규의 규정보다 엄격했다. 1995년 허리케인 오팔이 플로리다에 내습했을 때, CCCL허가를 받은 576개 주거건물 가운데 실질적 훼손(시장가격의 50% 이상의 훼손)을 입은 건물은 단 한 채도 없었던 반면, CCCL지대 외측의 해안에 입지한 비허가건물 770채는 실질적 훼손을 입었다. 효율적인 토지이용규제와 건축법규요건을 통하여 위험저감대책이 성공적으로 이루어진 사례라고 할 수 있다.

사유재산의 수용, 고도조정, 주거건물의 이전을 통하여 위험저감대책이 수립된 예로는 1993년 중서부 홍수해가 일어났던 미주리 주의 아놀드 시에서 찾을 수 있다. 홍수해의 총 피해액수는 120억에서 160억 달러로 평가되었는데 총 2억 300만 달러를 재해위험 저감보조 프로그램으로 비축했다(25% 비연방정부 대응자금 포함). 하천범람으로 상습수해를 겪어온 지역들을 광범위하게 실사한 이후, 아놀드 시를 FEMA의 재산수용프로그램 대상지로 선정했다. 훼손되었거나 전파된 재산을 수용하고, 주택이전에 보조금을 지불하고, 녹지대를 만들어 아놀드 시의 범람원에 편입시켰다. 1993년의 홍수해로 인하여 250채의 주택이 훼손을 입었고 528가구가 구제보조금을 신청하였다. 재해구제금이 200만 달러를 넘어섰다. 위험지역의 재산수용과 이전 프로그램 이후였던 1995년에 아놀드 시의 역사상 네 번째의 대형 홍수가 발생하였으나, 구제보조금을 신청한 경우는 26가구에 불과했고 피해액은 4만 달러에도 못 미쳤다. 시 관리인에 따르면 심각한 재해를 입었던 지역의 재산은 이미 수용되었고 사람이 거주하지 않았기 때문에 피해가 심하지 않았다(FEMA, 1995f). 이와 유사한 프로그램이 일리노이 주의 밸마이어 시에도 채택되었는데 이곳에서는 주택 이전이 프로그램 전체를 구성했다. 미주리의 워켄다에서는 주민을 이주시키고 지자체를 해산했다(FEMA, 1997). 이상의 두 예는 위험저감대책을 통해 위험사건이나 자연재해의 손실을 저감할 수 있다는 것을 보여주고 있다. 가장 단순한 대책 가운데 하나는 위험지역으로부터 시설의 이전이며, 가장 효율적인 장기 대책이라고도 할 수 있다.

정책 전망

주정부의 해안선 계획과 관리에 결정적으로 중요한 두 가지 국가정책 발전 방향이 1990년대에 나타났다. 하나는 연방정부가 양빈사업 보조금에 대해 갈수록 부정적인 태도를 취한다는 것이다. 몇 년간 연방정부는 양빈사업에 대해서 예산을 배정하지 않았다. 지방의 국회위원들은 특별예산을 얻어 그 지방의 사업을 지원해왔다. 이는 연방기금의 확보가 갈수록 어려워지고 보조금도 줄어들 것이라는 징후이다. 따라서 주정부는 양빈사업에 큰 규모의 예산을 세우거나 양빈 이외의 해빈침식대책을 찾아야 할 것이다. 두 번째로 연방정부 이니셔티브에는 해안침식과 범람 등 자연위험으로부터 비롯되는 손실을 줄이기 위한 국가저감전략이 반영되어 있다. 국가이니셔티브는 위험지역으로부터 주민과 시설의 이전을 지원하고 있다. 폭풍 전후의 이전사업 지원기금은 이러한 정책결단에 힘을 실어줄 것이다.

광범위한 해안지역의 개발 때문에 많은 저감비용이 소요된다. 위험지역으로부터 주민과 시설을 이전하거나 줄이기 위해서는 이러한 목적에 전용할 수 있는 공공기금이 필요할 것이다. 동시에 해안지역의 기존 건물과 하부구조를 유지하기 위해서는 지속적으로 고비용이 요구된다. 따라서 해안지역의 위험을 줄이기 위해서는 많은 공적자금이 지불될 수밖에 없다.

장기적 침식문제와 해안자원의 침수문제에서 임시방편적 접근은 성과가 없다. 해안선 관리와 계획은 지역적 차원에서 기능을 갖추도록 주력해야 효율성을 높일 수 있다. 폭풍 발생 직후가 계획 추진에 적기이지만 폭풍 이후의 정지작업, 재해관리 등을 포함한 의사결정과 계획은 그 이전에 수립되어야 한다는 것이 전문가들의 의견이다. 이러한 장기 계획에서는 추진자금 확보를 염두에 두어야 한다. 그러나 홍수해보험 보장과 재해구조는 위험관리 대책을 지원하는 방향으로 계획되어야 한다. 이들 프로그램은, 최근 플로리다와 캘리포니아에서 발생했던 것과 유사한 대재앙이 발생했을 때 민간보험업계가 취했던 조치를 감안하여 조정될 필요가 있다. 이러한 새로운 사실들은 국가저감전략에 관한 국가시책 방향에 반영되어야 한다.

다양한 정책옵션의 비교와 분석연구는 이러한 시책에 도움이 될 것이다. 가능한 조처, 결과, 장기적 효과 등의 연구를 통해서만 사회 전체에 유익한 수단을 확인하기 시작할 수 있다. 많은 경우에 의사결정은 지역사회의 비전을 반영하겠지만, 주정부와 연방정부의 정책 방향과 기금확보 여부가 중요하다. 반복적인 손실을 입는 지역에 대해서는 정책의 선회가 곧 일어날 것이며, 과거의 정책으로부터 궤도 수정이 불가피할 것이다.

해안 사주섬 개발에서 자연시스템 변화를 반영할 수 있고 위험저감 프로그램을 적용받을 수 있는 정치적 기회가 늘어나고 있다. 재해위험에 노출되어 있고 이에 따라 경제적 어려움이 나타날 수 있는 지역을 확인하도록 주력해야 한다. 이러한 지역의 확인과정에는 공중의 적극적 참여가 권장되어야 한다. 이러한 검토과정에는 이미 거론한 것처럼 반복적인 보험청구, 고도, 노출 정도, 침식률, 수역과의 접근도 등과 같은 변수가 유용하다. 3장의 심각한 수준의 침식지역을 설명하는 부분에서 제시한 여러 기준도 이러한 과정에 유용하다.

미국의 위험처리 옵션

1990년 후반에 출간된 몇 편의 별도의 보고서에서 위험지역의 사용에는 높은 비용이 소요된다는 우려를 다루고 있다. 제2차 국가 자연위험평가에는 자연위험 분야의 주요 전문가들이 소집되었다. 이 회의에서는 재해로부터 빨리 회복하는(disaster-resilient) 지역사회, 높은 환경의 질, 경제적 지속성, 그리고 위험지역 거주민의 개선된 삶의 연구를 통하여 미국의 위험을 보는 시각, 위험연구와 위험관리의 방법 등이 지적되었다(Burby, 1998a; Kunreuther and Roth, 1998; Milet, 1999; Cutter, 2001; Tierney, Lindell, and Perry 2001). 평가과정에서 나온 주요 연구와 일련의 보고서에서 자연위험지역 손실비용의 서삼에 개선이 없는 이유를 밝혔다. 밝혀진 주요 문제는 위험지역 거주민들이 과학기술이 자연을 순치시켜 안전을 확보할 수 있을 것이라는 믿음을 갖고 있다는 것, 그리고 인간과 자연환경 사이의 관계에 대한 근시안적이고도 협소한 개념을 바탕으로 위험을 인식하고 있다는 것이다(Mileti, 1999). 이들 보고서는 이러한 문제를 인지하고 사고방식의 재조정을 통하여 자연환경과 공생하는 지역사회를 개발하고 지속가능한 자연위험 저감정책으로 전환할 것을 제시하고 있다(Milet, 1999). 이러한 목적의 성취에 필요한 많은 정책과 옵션에서 변화가 지적됐다.

전문위원들은 연방정부가 주정부나 지방정부와의 협조를 개선하여 파트너십을 결성하는 동시에 보조금을 줄이는 일관된 정책을 채택할 것을 권고했다(Mileti, 1999). 재해보조금이 지불되는 한, 또는 사람들이 그렇게 믿는 한, 위험지역에 거주하거나 재산을 보유하는 것으로부터 초래되는 결과를 스스로 책임져야 한다는 것을 공중에게 납득시키기 어려울 것이다. 따라서 모든 형태의 연방보조나 재해구제제도가 검토되어야 한다. 정책이 시행되기 이전에 그 정책이 재해보조금에 미치는 효과를 분석해야 한다. 위험 방지 구조물의 비용은 주정부와 지방정부, 그리고 그 구조물로부터 편익을 얻는 집단이 부담해야 하며 이를 통해서 연방정부의 예산을 절감할 수 있다. 연방정부는 바람직한 결과를 얻을 수 있도록 인센티브와 디스인센티브를 활용해야 한다. 예컨대, 지역사회가 토지이용계획과 그 밖의 계획에 참여하는 정도에 따라 하부구조와 개발에 대한 연방보조금을 교부해야 한다. 일관성을 갖춘 연방정책규제를 새로 설정하여 개발과 재개발 계획과정에 자연위험의 문제를 고려하도록 보장할 수 있다. 또한 상습적인 보조금 요구에는 제한선을 설정할 필요가 있다(Mileti, 1990). 제2차 국가평가에서는 공공단체와 사설단체 사이의 파트너십 결성에 주력하여 모든 단체가 건축규제법 개선에 참여할 것을 지적하고 있다. 비용과 안전에 관한 정보가 보강되면 주민이 납득할 수 있기 때문에 높은 집행 수준의 법규개발에 도움이 될 것이다. 보험업에서는 기존 구조물에 발생하는 훼손을 저감시키고 신규 개발을 제한시키는 저감대책과 보험을 지속적으로 연계시켜야 한다. 훼손방지에 대한 최소기준을 설정해야 하며, 이는 건축규제법에 반영시켜야 한다. 또한 검사관의 검증을 거치게 함으로써 저감에 대한 바람직한 인센티브를 확보하고 공평한 보험료를 책정하도록 한다(Mileti, 1999: 284). 과거와 미래의 성과를 관찰할 필요도 있다. NFIP를 예로 들면, 그 성과를 철저히 조사한 바가 없었다. 결국, NFIP는 비용과 편익에 대한 명확한 이해가 결여된 채로 진행되었던 많은 프로그램 가운데 하나라고 할 수 있다. 이와 함께 정책프로그램의 정보, 비용, 편익, 손실과 훼손, 그리고 재개발비용 등에 관한 데이터베이스가 구축되어 관련된 모든 이들에게 공개되어야 한다. 여타 데이터베이스에는 미래 손실에 대한 지역별 수용 능력에 관한 정보를 포함시켜 예상되는 미래 손실을 지역별 수용 능력과 비교하는 모의실험을 실시, 지역별 차이나 잠재적 역치 등을 산정하는 작업을 현실화할 수도 있을 것이다. 나아가 모든 지식은 미국과 해외의 연구자, 전문가, 정책입안자, 공무원 집단 사이에 공유될 필요가 있다. 이는 다른 지역에서 효과를 보고 있는 정책과 저감대책에 관한 지식의 확대로 이어질 것이다. 마지막으로 미국과 기타 여러 나라들이 위험평가에 관련된 정보를 공유할 때 적절한 평가절차를 구성하고 자연위험이 초래하는 변화의 공간적 범위를 결정하는 데 도움을 얻을 수 있다는 또 다른 편익을 가져다줄 것이다.

H. 존 하인츠 3세 과학, 경제학 및 환경연구소는 전문가들을 연결시켜 해안개발과 관련된 문제들을 확인하고 평가하고 이 문제들을 극복할 수 있는 전략을 개발하는 데 도움을 제공해왔다. 즉, 피해지역과 인접지역의 기업활동 중단, 사회와 가정의 붕괴, 위생비용, 공공 및 개인건물, 자연자원과 환경시스템에 끼쳐진 훼손 등과 연관된 손실을 파악한다. 최근의 NRC 연구에 대해 자세히 밝히면서 해안위험과 관련된 손실을 밝혀내는 방법을 개선하고 해안지역사회의 취약성을 처리할 수 있는 정책대안을 찾는 데 주력하고 있다.

연구소가 펴낸 침식위험에 관한 두 번째 보고서에서는 침식위험을 과소평가하고 있으며, 현재 해안선에서 500피트 이내에 위치한 네 개의 주택 중 하나는 2060년 이내에 침식으로 소실될 것이라고 지적했다(H. J. Heinz Center, 2000b). FEMA에는 침식위험지도를 작성하여 홍수해 위험지도를 보강하고 공중과 은행, 보험업계에 공개할 것을 권고하고 있다. 침식에 따른 손실 비용은 해안의 홍수해보험에 반영할 것도 권고하고 있다. 이들 보고서와 NRC(1996b)의 최근 보고서에서 다루고 있는 공통적인 주제는 현재의 위험관리 노력과 제도로는 해안지대의 변화로 발생하는 문제를 해결하기에 부적절하다는 것이다. 주요한 과제는 과거의 지침에서 미래의 지침으로의 전환을 촉진하면서 수십 년 이후에 나타날 한계와 특성에 적합한 새로운 전략을 창출하는 것이다.

해안지역에 발생하는 변화의 비율과 스케일이 다양할 것이라는 사실은 문제이면서 동시에 이점이다. 자연위험의 발생으로부터 지식을 쌓고 전략과 제도를 정비하여 역동적 해안시스템 내에서 공중안전을 향상시킬 수 있는 기회를 포착할 수 있는 것이다.

옵션과 미래의 방향

해수면 상승으로 퇴적물 공급 부족의 영향이 심화됨에 따라 뉴저지 주의 현재 해안선은 지속적으로 침식을 받아 주거지역으로 다가올 것이다. 연방정부나 주정부로부터 재건축과 현재 해안선의 위치를 유지할 수 있는 대규모 교부금을 받지 못한다면 해안계획은 해안안정화(고정화)보다는 해안위험관리 쪽으로 전환될 것이다. 이미 FEMA의 국가위험저감정책 등 연방정부 수준에서 이러한 변화의 증거가 나타나고 있다. 자연재해 위험이 높은 지역을 확인하는 목적과 함께 해안의 공공안전을 증대시키는 방향에 주력하고 있다. 위험관리 프로그램에는 소규모 폭풍의 영향에 대한 단기적 대책과 함께 고위험지역으로부터의 이전을 포함하는 장기적 대책이 반영될 수 있고 또 반영되어야 한다.

많은 해안지역에서 인공사구 조성이나 제한된 규모의 양빈사업과 같은 단기적 대책을 통하여 소규모의 해안폭풍에 적절하게 대처할 필요가 있다. 서서히 진행되는 퇴적물 공급 부족과 해수면 상승효과는 이 정도의 가시적인 해안선조정으로 막을 수 있을 것이다. 그러나 대규모 해안폭풍은 이러한 수준으로 차단할 수 없는 커다란 변화를 초래하기 때문에 토지이용의 변화가 필요하며 해안선 위치를 유지하기 위해서는 대규모의 양빈이 필요하다. 대규모 투자의 필요성이 확대될 것이다.

해안지대 이용에 대한 수요가 증가하면서 지속적인 해안자원의 이용과 보호를 위해서 정확한 정보와 보다 창의적인 관리전략이 요구되고 있다. 해안을 끼고 있는 다른 주에서는 통합조정기법을 적용하여 지역적 스케일로 일어나는 해안작용을 현명하게 처리하고 있다. 이러한 목표를 이루기 위해서는 행정구역을 초월하는 협력이 필요하다. 예컨대 뉴저지 해안의 관리책임을 단독으로 담당하는 행정기관을 창설할 수도 있을 것이다. 이러한 기관이 있다면 목표를 잘 조정해서 선정하고 공중과 함께 군정부와 지방정부의 계획담당부서와 긴밀한 협력을 유지하며 기능을 발휘할 수 있을 것이다. 공중의 안전을 증대시키기 위한 장기적 목표가 필요하다. 자연위험저감을 위한 장기적 전략은 주정부 수준에서 개발되어야 하며 지역적 규모에서 시행되어야 한다. 고위험지역에서의 폭풍 이후 토지이용 전환과 같은 장기적 접근을 통하여 주정부의 해안관리 목표를 달성할 수 있다. 폭풍 이후의 기간이 토지이용 변화를 추진하고 해안개발 내용을 변화시킬 수 있는 유일한 기회이기 때문에 이것은 매우 중요하다. 소규모 폭풍에도 심각한 피해가 일어나고 손실이 반복되는 저지대가 특히 중요하다. 이러한 대책을 시행하기 위해서는 고위험지역의 개발밀도를 제한하는 용도지정 조례를 발효시키는 것과 같은 새로운 정책을 주도할 필요가 있다. 기술 자료의 지속적 수집을 통하여 지방의 자원관리당국이 의사결정 과정에서 최신의 정확한 정보에 접할 수 있는 환경을 조성해야 한다. 또한 해안에 연관된 재해위험에 대한 공중의 인식을 배양할 필요가 있다. 이러한 위험에 대한 공중의 경각심은 공공안전의 개념을 고취시키고 초대형 폭풍의 영향에 대한 복구 처리에 따르는 재정적 한계를 인식시킨다. 해안위험관리보고서(Psuty et al., 1996)는

NJDEP로 하여금 해안위험문제의 인식에 근거를 둔 공중의 적응력을 개발하고 안전을 강조하며 위험지역의 이용에 불이익(디스인센티브)를 줄 수 있는 근거를 갖추도록 작성되었다.

뉴저지 주의 정책과 관리접근

다음은 뉴저지 주의 해안에 관련된 정책과 관리방침에 대한 평가이다. 이는 NJSPMP에서 검토한 과거의 정책활동과 1996년 재평가에 근거를 둔 개연성이 높은 정책 활동에서 추론한 것이다. 여기에서 제시된 철학적 방향과 정책활동은 FEMA의 국가적 시책과 유사하다.

해안위험관리에 방향을 맞춘 개연성 높은 정책활동을 전개할 수 있는 일반적 영역은 다양하다. 이 가운데에는 모든 행정 수준에서 정책협조와 조정의 개선을 통해서 성취될 수 있는 공공정책의 변화, 위험보조금의 제한, 재해구제금의 방향전환, 연방정부보조금을 지역사회의 특정 위험관리프로그램 참여와 연관시키는 등의 정책적 인센티브의 개선을 들 수 있다.

이와 유사한 권고사항이 제2차 국가자연위험저감 평가에서도 일찍이 제시된 바가 있다(Miletti, 1999). 이 평가에서도 지적된 그 밖의 주요 영역으로는 공공단체와 민간단체 등의 모든 이해관계단체의 입력을 유도하여 민관의 협조를 개선하고 데이터베이스를 포함한 성과의 감시를 개선하고 연구자와 전문가, 정책입안자, 공무원, 일반 시민 사이의 정보유통이 중요하다는 것을 인식시키는 부분이 있다.

1996년 재평가의 새로운 접근

NJSPMP와 1996년 재평가에서 지적된 이러한 우려는 다음과 같은 문제를 제기하였다. 즉 미래의 사정은 어떠한가? 50년 후(또는 미래의 어느 시점)의 해안은 어떤 모습을 갖고 있을까? 이러한 질문은 토지이용을 변화시킬 수 있고 자원관리 방향을 전환할 수 있는 옵션이 있을 때, 미래의 목표를 달성하기 위하여 지금 어떤 결정을 내릴 것인가로 요약할 수 있다.

해안에 대한 관리결정은 고비용이 뒤따르기 때문에 관리목표를 세우고 기금의 사용 방향을 조정하여 장기 목표가 성취될 수 있도록 일관성과 체계를 갖춘 프로그램이 뒷받침되어야 한다. 이 과정에서 지역적 접근이 매우 중요하다.

해안지역의 인명과 재산의 보호를 개선시키는 일은 궁극적으로 직접 영향을 받는 시민들의 지역적 활동에 따라 결정된다. 따라서 새로운 해안관리는 위험관리정책의 개발과정에 이들과 같은 이해관계자들의 의견을 반영해야 한다. 1996년 재평가 과정이 진행되는 동안, 공식적인 공중참여는 시민자문위원회를 통하여 이루어졌다. 위원회는 정보의 유통이 쌍방향으로 진행되었고 다양한 견해가 확인되고 공포되는 과정을 통하여 지역의 관심사가 다듬어 질 수 있었던 구조를 가지고 있었다. 이러한 과정을 통해 성과를 이루었고, 이로써 지역사회 참여를 바탕으로 지역적 접근이 이루어져야 한다는 확신을 갖게 되었다.

위험관리 또는 저감은 해안관리의 철학인 동시에 공식적 접근이라 할 수 있다. 이것은 자연위험저감을 위해 계획된 최근의 연방정부 정책의 기초를 이루고 있다. 이러한 관점에서 FEMA의 국가저감전략 프로그램 개발은 주정부 해안관리 계획의 방향전환 촉발이라는 관점에서 시의적절하다. 공공안전을 개선시키고 손실을 줄이기 위해 국가적 목표를 뉴저지 주 위험저감 계획에 반영하는 것은 나아가 보다 일관된 정책과 관리접근을 가능케 하고 유인책의 구성에 보다 일관성을 갖도록 유도하며 효과적이고도 효율적인 해안지대의 이용을 가능케 할 것이다.

해안의 미래

1996년 연방긴급사태관리청(FEMA)이 대통령 각의수준으로 승격되어 권한이 증가되고 국가정책당국과 직접적 연계를 갖게 되었다. FEMA의 장은 국가위험저감전략의 수립을 발표하였는데, 전략의 초점은 위험지역으로부터의 주민이주, 공공안전 지원 확보, 자연위험으로 인한 손실에 따른 복구비용의 절감, 2010년까지 국가홍수해보험프로그램 지출의 50% 절감 등에 맞춰져 있다.

1994년부터(2002년까지) 몇 차례 연방 행정부가 미 공병단의 해빈안정화사업에 재정지원을 승인하지 않았다. 의회가 즉시 사업비를 복원시켰던 예가 몇 번 있었지만, 연방정책은 장기적으로 해안안정화사업비를 계속 삭감할 것으로 보인다. 시간이 지날수록 주정부와 연방정부 수준의 해안안정화사업비용 부담은 늘어날 것이다.

민간보험과 재보험업계는 해안의 고위험지역을 수용불가의 손실지역으로 관리하고 있다. 그 결과 보험요율과 최저공제금액도 상승할 것으로 예상되고 홍수해보험의 구매비용도 갈수록 증가할 것이다. 플로리다 주의 민간보험사들이 그러했던 것처럼 몇몇 보험사는 홍수해보장보험을 중단할 가능성도 있다.

이러한 영향의 관점에서 볼 때 해안계획은 해안지대의 개발을 관리하고 규제하는 수단이 될 것이다. 연방정부의 이니셔티브가 나타내고 위험관리의 주요 전문가들이 권고하는 바와 같이 해안안정화보다는 해안위험관리에 초점이 맞추어져야 할 것이다. 해안지역의 공공안전을 증대시키고, 해안자연위험과 관련된 고위험지역을 파악하고, 손실과 훼손위협을 줄일 수 있는 발전전략을 채택하고, 위험지역으로부터 개발시설을 이전하는 방향으로 더 많은 노력이 기울여져야 할 것이다.

고위험지역에서 발생할 손실을 저감하기 위해서는 폭풍 직후의 복구 프로그램이 긴요한 접근이 될 것이다. 폭풍 이후 토지이용의 변화를 추진할 고위험지역을 파악하고 대상을 선정하는 일은 매우 중요하다. 폭풍 직후의 기간이 일반적으로 토지이용 전환을 발효시키고 해안개발을 변경시킬 수 있는 유일한 기회이기 때문이다. 위험에 대한 시민의식의 고양을 통하여 공공안전이 증대되고 대규모 폭풍으로 초래된 피해의 처리에는 막대한 비용이 소요된다는 것이 인식된다. 새로운 계획은 반드시 공중의 의견(입력)을 반영하고 해안위험문제의 인식에 근거를 두어야 하고, 안전을 강화하고, 위험지역의 개발을 억제하도록 해야 한다. 장차 널리 이용될 개연성이 높은 옵션에는 획득과 구매가 있다. 이러한 프로그램은 1993년 중서부지역 홍수해의 경험에서 볼 수 있는 것처럼 지역사회와 대부분의 사회에서 실행가능한 해결책이다.

주요 문제의 평가는 다음과 같은 사항의 인식을 반영하고 있다.

- 자연작용은 해안의 지형학적 · 생물학적 자원을 축소시킨다.
- 해안자원의 손실비율은 시간 경과에 따른 해수면 상승에 따라 증가한다.
- 해안지대는 잘 인지되어 있는 경제활동의 원천이다.
- 기존의 관리적 접근은 소규모 폭풍에서 효과적일 것이다.
- 주정부의 장기 해안관리 목표는 해안을 지역적으로 관리하도록 이끌어낼 수 있는 지도력으로 뒷받침되어야 한다.
- 관리전략은 지역적 차원에서 개발되고 적용되어야 한다.
- 폭풍 직후의 복구과정은 토지이용 변화를 창출할 수 있는 유일한 기회를 제공한다.
- 위험저감프로그램에는 단기적 접근과 장기적 접근이 가능하다.
- 해안선 관리에 대한 공중의 견해와 인식은 공중안전과 위험저감을 지원하는 방향으로 반드시 수정되어야 한다.

뉴저지 해안관리조직: 주정부의 조정

뉴저지 주민들은 해안의 안정과 변화를 제어하는 자연작용을 끊임없이 위협하는 높은 인구밀도의 문제에 직면하고 있다. 개발지역 해안시스템의 전통적 관리기법 가운데 하나는 지자체마다 상이한 관리전략을 수행하는 것이다. 뉴저지에서는 지방자치제도가 해안관리에 개별적 접근을 촉진해왔다. 이러한 법규는 각각 동일한 목적, 즉 해안지대의 올바른 관리를 성취하려고 하지만 일관성을 갖춘 기초 위에서 공평하고 합리적인 방식으로 해안지대를 관리할 수 있는 포괄적 행정조직을 장비할 수 없게 만들고 있다.

단순하지만 효율적인 하나의 포괄적 계획법규 아래에서 하나의 행정조직을 개발할 수 있을 것이다. 단일한 주정부 차원의 행정조직체로 하여금 뉴저지 해안관리의 책임을 전적으로 담당하도록 한다. NOAA가 수행한 2001년 주정부 해안관리 프로그램 평가에서 주정부 내 해안위험관리 기능의 통합을 뒷받침하고 있다. 현재 해안관리 업무는 NJDEP 내의 몇 개 국, 즉 환경계획국, 해안기술국, 토지이용규제국 내의 해안인허가 관련부서 등과 뉴저지 주 경찰청의 긴급사태관리대비국 등이 맡고 있다. 이처럼 해안관리를 담당하는 다양한 기관을 통합한다면 군정부와 지방정부의 계획 담당 부서들과 긴밀한 협조 아래에서 기능을 발휘하는 새로운 지역적 접근을 갖출 수 있을 것이다.

통합은 정책의 효율성을 성취하고, 비생산성과 혼란, 정책수단의 상충을 초래하는 중복과 불필요한 업무를 저감시켜 줄 것이다. 단일한 기관으로 재조직한다면 목표를 잘 정비할 수 있으며, 이러한 책임을 담당하는 주정부 기관은 오늘날의 환경계획국과 같은 형태가 될 것이다. 이 기관은 현재 해안지대 관리에 할당된 연방기금을 관리하고 있으며 해안문제에 관한 광범위한 전문기술을 확보하고 있다. 이 기관에 규제와 저감의 책무를 이전하는 것 이외에도 연락부서를 설치하여 해안관리정책이 주정부의 개발, 재개발

계획에 반영되도록 해야 한다. 통합은 주정부의 관리업무를 단순화시킬 뿐 아니라 강화시킬 것이다.

각 지역의 해안문제에 관한 지방의 입력(의견)을 청취하는 수단으로 지역사회의 시민자문위원회를 사용하는 것도 일리가 있다. 주정부의 새로운 해안담당기관은 이들 위원회와 상호 교류하여 지방과 지역 차원의 해안정책 목표를 해안위험관리전략과 통합시킬 수 있을 것이다. 이러한 프로그램은 주정부가 지방정부, 모든 이해관계 단체 사이의 협력체제를 확보할 것이며 목표에 관한 다양한 단체의 여론을 이끌어낼 수 있는 기회를 만들 것이다.

이상적으로는, 다양한 수준에서 목표에 관한 합의가 이루어졌을 때 공적 자금이 지역프로그램의 지원에 사용될 수 있으며, 각각의 지방프로그램은 지방 수준에서 수행될 것이다. 새로운 해안담당부서는 또한 모든 이해관계 단체를 수용하는 과정을 통하여 포괄적이고도 폭넓은 폭풍 이후 대책과 복구 프로그램을 개발할 수 있을 것이다.

FEMA의 이니셔티브에 따라 취할 수 있는 폭넓은 옵션 가운데 하나는 해안토지수용프로그램(예를 들면, 뉴저지 주의 해안 블루에이커 프로그램)이며 이를 통하여 토지수용의 지침과 토지수용 우선순위 목록을 확인할 수 있다. 폭풍 직후 수용 기회가 폭증하기 때문에 이러한 순위 목록은 특히 중요하다. 마지막으로 해안담당부서는 해안문제에 관련된 공공정보-대민 봉사활동 프로그램을 수립할 수 있을 것이다.

이러한 일반적 조직 속에서 해안위험관리대책은 주정부와 지방정부 수준에서 효율적으로 실행될 수 있을 것이다. 해안담당부서는 일련의 권장지침과 포괄적인 해안계획 요건을 이행할 수 있을 것이다. 특히 해빈-사구 시스템과 해안침식에 관련된 지침에서 그러할 것이다. 이미 지방과 지역 차원의 저감프로그램에 포함된 고위험 침식지역은 주정부의 재산수용 우선순위 목록에 수록될 것이다. 델라웨어 주에서 시행되었던 것처럼 고위험지역에서 건축행위를 자제하는 해안의 토지소유자와 개발업자들에게는 인센티브(개발밀도 보너스와 크레딧과 같은)를 주는 프로그램을 시행할 수도 있다. 단순하게 말하자면, 단일한 주정부 수준의 기관이 창설되면 강력한 공중참여를 바탕으로 공공이익에 합치되는 방향으로 해안개발과 해안자원 보존을 추구할 수 있다.

그러나 이러한 접근이 효율적으로 이루어지기 위해서는 시민과 정부가 함께 문제를 해결할 수 있는 기작이 명확히 정비되어야 한다. 의사결정 과정에는 시민의 감시와 감독, 정부와 시민단체가 공동으로 소집하는 회의, 그리고 기술자문인을 고용하고 사업을 수행할 수 있는 자금이 마련되어야 한다.

해안관리 정책활동

해안지대의 지역적 관리를 이끌어나갈 수 있는 지도력을 갖추기 위해서는 주정부 수준에서 장기 목표가 개발되어야 한다. 해안에 면한 주가 주력할 수 있는 내용은 다음과 같다.

- 2050년까지의 주정부 해안관리 목표를 지원할 장기 저감전략. 2050년의 바람직한 해안의 모습은? 해빈과 사구는 계속 존재할 것인가? 토지이용과 인구밀도, 하부구조 등은?
- 목표선정 과정에서 해수면 상승과 변화된 해안지대를 미래 계획에 반영
- 예상되는 해수면 상승률과 침식률, 요청되는 해안폭풍으로부터의 보호 정도 등에 관련하여 저감목표와 전략을 개발
- 동적 해안시스템을 인식하여 이처럼 변화하는 시스템에 상호작용하는 유연한 수단을 적용한다는 자세(양식)에서 목표와 전략을 개발
- 백베이 시스템과 그 밖의 해안 저지대를 지역적 저감추진 대상에 반영하여 폭풍과 범람, 해수면 상승으로 인한 손실을 저감하도록 목표를 설정

일단 주 차원의 목표가 개발되면 이러한 목표가 달성되도록 해안관리 전략이 수립되어야 한다. 이러한 노력에는 다음과 같은 사항이 포함될 수 있다.

- 연방정부와 주정부의 저감노력에 보조를 맞추면서 공공안전을 증진시키고 공중의 해안위험 노출을 저감시키는 일에 주력
- 해안지대가 변화하기 때문에 주정부의 장기 목표가 완수될 수 있도록 이러한 전략의 지속적인 검토와 평가에 주력
- 뉴저지 위험저감계획 등과 유사한 주정부 문헌에 기록된 다양한 저감정책과 기술, 그리고 주기적으로 갱신되는 권고사항을 장기 관리전략에 반영
- 지역사회가 저감목표와 FEMA의 국가저감전략을 충족시킬 수 있도록 협조. 이것은 공공의 위험을 저감시킬 뿐만 아니라 지역사회 평가시스템의 순위를 높일 것이다.

주정부는 지역적 차원에서 전략을 적용해야 한다. 정책은 다음과 같은 요구로 구성된다.

- 자연작용은 지형구역의 차원에서 일어나며 위험관리전략에 입각하여 해안지대의 토지이용을 현명하게 결정해야 한다는 관점에서 지역계획의 추진이 이루어져야 한다.
- 지역적으로 발생하는 해안작용의 영향을 다루기 위해서는 지방의 의견을 반영시켜 주정부의 관리계획을 개발해야 한다.
- 적정한 토지이용과 토지이용밀도, 장기 전략의 수립을 목적으로 지역계획이 이용되어야 한다.
- 지방의 사업계획에 대한 주정부와 연방정부 기금은 사업 내용이 주정부

와 연방정부의 목표와 일치하는가의 여부와 연계되어야 한다. 주정부의 위험저감 목표와 공공안전 개선에 일치하는 사업에 기금 지원의 우선순위가 부여되어야 한다.

- 주정부의 목표에 불일치하는 사업계획일 경우에는 그 지방 지역사회의 부담으로 사업이 수행되어야 한다.
- 고위험지역 개발사업에서 공적자금을 삭감해야 한다.

주정부는 해안의 고위험지역에 지역사회 저감노력의 초점을 맞추어야 한다. 이를 위해 다음 사항을 고려해야 한다.

- 고위험 해안지역의 특성은 지역마다 확인되어야 한다. 이러한 과정은 해안위험에 대한 공중의 인식을 높이는 데 도움이 될 것이다.
- 이러한 지역은 공중에 미치는 위험 정도에 따라 우선순위가 정해져야 하며, 평가는 주기적으로, 특히 폭풍 직후 갱신되어야 한다.
- 내만 주변의 지역공동체를 포함한 저지대는 소규모 폭풍에도 범람이 발생하기 때문에 특히 중요하다.
- 뉴저지 해안 블루에이커 기금과 유사한 주정부 프로그램은 고위험지역으로 확인된 지역의 재산수용에 사용될 수 있을 것이다.
- 재산수용활동이 지방의 저감 목적에 충족된다면 블루에이커 기금의 비율은 50대 50이어야 하며, 지역/주정부 저감 목표를 동시에 성취시키는 경우에는 100%까지 증가시켜야 한다.

정책적 접근

해안지역사회는 해안폭풍과 이에 관련된 위험에 대한 천연 호안수단으로 해안사구를 지속적으로 이용해야 한다. 사구계획 수립에 다음과 같은 사항이 포함되어 있다.

- 긴급사태 복구와 장기적 완충능력의 확보를 위한 사구의 조성과 복구, 사구에 대한 인식, 사구관리, 확장에 관한 정부조정 프로그램 개발.
- 지역사회의 사구보전 목표 개발. 목표가 일단 수립되면 지자체로 하여금 사구조례와 관리프로그램을 채택하여 사구조성과 사구향상(보강)을 촉진하도록 유도한다.
- 사구의 경계는 과학적으로 정의되어야 하며 자연력에 의해 사구가 이동한다는 사실이 수용되도록 유연하게 설정되어야 한다. 이 경계는 주기적으로, 특히 폭풍 직후에 재검토되어야 한다.
- 사구완충지역이 유효하다는 셋백 경계선은 정적이거나 고정시킬 수 있는 것이 아니기 때문에 셋백 경계선과 완충지대는 주기적으로, 특히 폭풍직후에 재개정해야 한다는 내용을 조례에 포함시켜야 한다.
- 사구형성작용이 내륙으로 확장될 수 있는 곳이라면, 지역사회는 인공사구로부터 내륙으로 완충지대를 설정해야 한다.
- 모래저장 기능, 서식처, 심미적 기능, 생물종 다양성 등 그 밖의 해안사구 속성들도 지자체 사구보전노력의 대상에 포함되어야 한다.

해안위험관리계획은 해안선 장기 관리 상세계획을 반영하고 고위험지역의 폭풍 이후 토지이용 조정(변화)을 추진할 수 있도록 수립되어야 한다. 계획상에서 재산보호보다는 공공안전에 미치는 위험의 저감에 주력해야 한다. 계획을 통하여 이상적인 토지이용규제를 발효시킬 수 있는 지침을 마련할 수 있고, 위험지역의 개발을 차단할 수 있고, 지역의 환경적·경제적·그리고 문화적 자원을 이용할 수 있다. 계획은 다음과 같은 요건을 갖추어야 한다.

- 지역사회를 기준으로 긴급사태 피난계획을 개발한다. 이 계획 수립에는 기존의 피난통로, 대체통로, 또는 새로운 통로의 설치 필요, 인구밀도,

지원시설의 이용도 등의 분석을 포함한다.

• 침식과 범람 위험지역을 피해서 새로운 하부구조시설을 이전시키는 옵션을 고려한다. 재난복구기금은 도로와 수세식 오물처리시설 등과 같은 하부구조를 위험지역으로부터 이전시키는 사업에 사용되어야 한다.
• 고위험지역의 개발유형을 제한시키고, 완충지역의 설정, 해빈-사구시스템의 보존을 위하여 토지용도지정조례(zoning ordinances)를 발효시킨다.
• 고위험지역으로 확인된 지역에 폭풍 이후 토지이용 조정을 반영시킨다. 여기에는 개발금지, 훼손재산의 수용, 이러한 지역으로부터의 인구이전 등이 포함된다.
• 뉴저지 주의 해안 블루에이커 기금과 유사한 주정부 프로그램의 지원하에 이루어지는 폭풍 직후 재산수용사업을 대비하여 고위험지역에 위치한 재산을 파악한다. 주정부나 지자체는 고위험지역에 토지를 수용하고 이러한 저감전략을 확장하는 일에 기존의 기금자원을 활용해야 한다.
• 건축규정 준수를 강화시키는 법규를 개발하거나, 플로리다의 CCCL지대에서 적용되는 것과 유사한 보다 엄격한 홍수방지 규제를 통하여 BOCA규정을 보강하는 수권입법을 도입한다.

폭풍피해 방지를 위한 구조물은 조건부로 채택할 수도 있지만, 구조물은 해빈과 사구를 훼손시킬 수 있다. 구조물은 해안선 관리에 대한 지역적 차원의 접근과 함께 사용되어야 한다. 해빈의 호안기능과 레크리에이션 기능의 복구에 양빈이 사용될 수 있지만, 양빈은 고비용의 단기적 전략이며, 지역적 차원의 해안선 관리 프로그램의 일환이라는 것을 양해해야 한다.

사회봉사와 교육정책활동

사회봉사와 교육영역의 노력은 해안위험에 대한 충분한 정보를 근거로 계획과 지역사회의 대책에 초점이 맞추어져야 한다. 이러한 대책에는 다음과 같은 사항이 포함될 수 있다.

- 시민자문위원회를 해안선안정화 문제에 대한 인식을 높이는 수단으로 이용하고 관리한다. 이를 통해 주정부의 저감 목표를 이행시키기 위해서는 지역적 차원의 전략 개발에 필요한 지방의 의견을 요청하고 정보의 확산을 촉진시킨다.
- 럿거스 대학 해양해안과학연구소로 하여금 해안위험관리보고서 문헌목록과 홈페이지, 해안위험 문제에 관한 참고문헌을 유지하도록 한다.
- 자원봉사자의 저감 노력과 감시 노력을 조직, 조정한다.
- 지방의 자원관리 담당자들로 하여금 심각한 폭풍과 해안침식의 피해를 저감시키는 관리전략에 관한 정보에 쉽게 접근할 수 있도록 배려한다.
- 공식적 프로그램과 비공식적 활동을 통하여 해안위험에 관한 의식을 고양시킨다.
- 해안위험에 대한 주민의 취약성과 이러한 위험에 관련된 잠재적 비용, 그리고 위험저감 수단에 관한 공중의 의식을 고양시키는 프로그램을 개발한다.

과학기술 협조

해안지대에서 모든 과학기술 원조기금의 공적 지출은 평가프로그램을 통해 감시되어야 한다. 평가자들의 소임으로는 다음과 같은 사항이 있다.

- 사용되는 기술적 방법이 믿을 수 있고, 반복될 수 있고, 비용효율적이며, 과학적 연구에 근거를 두고 있는가를 확인한다.

- 해안시스템의 동적 특성과 이에 관련된 자연위험에 관한 응용연구 결과를 해안정책당국에 알린다.
- 공적자금의 지원을 받는 사업의 평가결과를 확보하여 성과가 높은 프로그램이 지속될 수 있도록 뒷받침한다.
- 지역적 차원의 접근 내에서 퇴적물 관리기법의 평가과정을 수립한다.
- 지역적 차원의 해안선 관리전략을 지원하기 위하여 지역적 차원의 시범사업을 고안한다.

주정부는 해안선 변화와 해안작용에 관한 자료의 수집과 분석, 전파 등을 장려해야 한다. 이 과정은 다음과 같은 요소로 구성된다.

- 상세한 퇴적물 분포 특성과 운반작용에 관한 지식을 바탕으로 지역적 차원의 해안선 관리시행을 장려한다.
- 규칙적인 모니터링을 실시하여 미래의 의사결정에 유용한 일관성과 균일성을 갖춘 데이터베이스를 유지할 수 있도록 한다.
- 해안지대의 자연적 역동성을 지속적으로 측정하기 위하여 해빈-사구 단면을 중심으로 해안선 모니터링을 실시한다.
- 폭풍 규모의 변화에 대한 사구반응의 측정체계를 주기적으로 갱신한다. 이때 폭풍 규모는 환경이나 그 밖의 변화를 반영한다.
- 확고한 의사결정에 필수적인 파랑과 유동에 관한 자료의 수집을 위하여 자기 기록장치를 설치한다.
- 외해빈지대의 사이드스캔 소나 매핑(sidescan sonar mapping)을 지원한다.
- 해수면 상승효과를 포함한 해안작용을 연구하고 이에 대한 이해를 높이기 위해 주력한다. 연구 영역에 퇴적물 역동성과 사구-해빈 역동성을 포함시킨다.
- 하구역과 습지 손실의 역동성을 조사한다.

• 지역과 지방의 자원관련 담당부서와 계획당국, 시민자문위원회 등이 즉시 이용할 수 있도록 GIS 데이터베이스에 모든 유용한 수치정보를 보관한다.

지방과 지역, 주 차원에서 해안의 경제적 중요성 측정에 적합한 자료를 수집하도록 프로그램을 수립해야 한다. 주력해야 할 내용은 다음과 같다.

• 해안관리 투자에 대한 해안관광의 상대적인 경제적 중요성을 정확하게 평가할 수 있는 길을 확보하기 위해 인정된 연구방법과 계획에 근거하여 적정한 통계자료를 사용한 미래의 경제연구에 주력한다.
• 해안관리정책 연구에서 상대적 중요성과 유용성을 결정할 수 있는 방법으로, 재정학 분야로부터 도입된 비용편익분석과 의사결정모형과 같은 경제적 기법을 사용한다.
• 상반 문제를 다룰 수 있는 개선의사결정모형에 주력한다. 상반 문제의 예로는 위험과 수익, 해안침식과 해수면 상승, 위험저감기법의 사용과 같은 해안선안정화사업 통제 범위 이외의 위험효과(외생적 위험) 등이 있다.
• 특정한 경제적 접근, 종국적으로 관리기법의 보다 정확한 경제적 평가에 필요한 자료의 관리와 지역적 관리전략의 개선을 위하여 제작, 유지되는 적성데이터베이스에 주력한다.

계절을 기준으로 해안지대와 특정한 양빈사업에 따라 발생하는 경제적 활동을 구분하고 확인하는 연구를 수행한다. 이러한 연구에는 입지에 따라 발생하는 경제적 활동과 관광지출에 관한 자료가 필요할 것이다. 입지에 따라 발생한다는 것은 해안선이나 양빈사업으로부터의 상대적 거리(또는 접근도)로 평가된다. 이러한 자료는 비용편익측정의 불확실성 효과와 함께 사업실패와 결과에 관련된 위험요소를 반영시키는 데 필요하다. 미래의 경제분석에는 정책의 상반문제로 간주되는 그 밖의 요소가 포함될 것이다. 예를 들면, 개발 수준과 침식 수준, 폭풍 발생 등이 있다.

부록 A

지자체 사구보호 조례 모형

서론

사구조례는 지역사회가 해안 폭풍의 영향으로부터 일정수준의 공공안전을 유지할 수 있는 법적 장치이다. 강력한 사구조례를 채택함으로써 지역사회는 사구의 보존, 복구, 유지, 개선 프로그램을 개발할 수 있다. 다음의 조례 모형은 지역사회로 하여금 현재의 규성을 재평가하고 개발하도록 도움을 주기 위하여 기존의 사구조례로부터 재구성한 것이다. 인용 과정에서 해당 지자체를 밝혔고 개선의 여지가 있는 부분은 **굵은 고딕체**로 나타냈다. 논평 부분은 괄호로 묶었다.

1. 목적

지속적으로 상승하는 해수면과 **퇴적물** 감소의 환경하에서 해안구조물을 장기적으로 보호할 수 있는 **경제적으로 타당한 수단은 없을지라도, 폭풍해일과 범람에 대비하여 단기적·중기적으로 효율적인 대책이 있다. 잘 발달된 사구시스템은 폭과 높이를 갖추고 있어 해양으로부터 위험을 특정 수준까지 막아낸다. 잘 발달되어 있는 온전한 전사구는** 폭풍해일에 대한 방어기능과 폭풍파의 영향을 저감시킬 수 있는 모래공급 기능을 가지고 있기 때문에 **내륙과** 해안의 재산을 포함하여 **지역공동체(마을)** 전체에 편익을 끼친다.

따라서, 본 자치읍은 해양측 해빈과 해안사구의 지속적인 유지와 보호에 특별한 관심을 가지고 있으며 훼손이나 파괴가 일어났을 때에는 복구를 주장할 권리를 갖는다(Montoloking, 1995).

해양과 내만에 인접한 사구는 지질적·위락적·경관적 측면과 호안기능 등에서 뛰어난 가치를 가지고 있는 역동적 자연환경 요소이다. 해안사구의 보호와 보존은 우리 시와 국가의 현세대의 시민과 다음 세대에 매우 중요한 의미를 갖는다. 사구는 역동적으로 이동하는 자연현상이며, 인접한 내륙의 인명과 재산보호에 도움을 주며 허리케인과 폭풍, 범람, 침식 등 주요 해안위험으로부터 사주섬과 해빈사취를 보호한다. 동시에 천연사구시스템은 야생생물종의 중요한 서식처를 제공한다(Brigantine, 1986).

사구는 바람과 물이 일으키는 자연현상에 의해서, 그리고 사구관리 책임자들의 적절한 보호가 결여되었을 때에도 쉽게 훼손된다. 사구의 침식률을 줄일 수 있는 최선의 수단은 사구를 훼손시키는 무분별한 출입, 건축행위 등을 막고 토착식물을 사용하여 사구를 안정시키고, 사구울타리 등을 사용하여 풍식을 줄이고, 표면의 풍식에 대한 저항력과 뿌리층의 강화, 정상적인 지형과 그 밖의 천연상태의 해안사구가 갖는 특성을 유지시키는 일이다(Brigantine, 1986).

사구와 해빈의 경계는 뚜렷하지 않으며 고정시킬 수 없기 때문에 자연작용에 따라 사구가 자유로이 이동하는 경우에는 완충지역을 갖추어야 하며, 이러한 장소를 수용하거나 소유자들이 공익에 부응하도록 토지를 이용하도록 유도해야 한다(Brigantine, 1986).

이 조례는 사구의 경계와 기능, 관리 등에 관한 모든 제한과 지침을 정의하고 규제하는 것이 아니며, 자치읍 의회(Borough Council)는 주기적으로 새롭고도 유익한 적정한 지식을 반영하여 이 조례를 검토하고 갱신하려는 의도를 천명한다(Mantoloking, 1995).

연안사주-해빈-사구로 연결되는 시스템은 대서양으로부터 내습하는 폭풍의 침식과 범람 등으로부터 자치읍 내의 공적·사적 재산과 인명을 보호할 수 있는 유일한 이용 가능한 수단이기 때문에 이 조례의 모든 규정은 필요하고 적합하며 실제적인 것으로 간주된다. 따라서 이 규정들은 면제되거나 변경되어서는 아니 된다(Mantoloking, 1995).

2. 정의

퇴적(accretion): 해빈지역에서 자연적 또는 인위적인 수단에 의하여 퇴적물이 쌓이는 현상, 자연적 퇴적은 물이나 바람에 실려온 물질이 오로지 자연의 힘에 의해서 쌓이는 현상이며 인위적 퇴적은 방파제나 기계적 수단으로 퇴적되는 양빈 등 인간의 행위로 말미암아 발생하는 유사한 퇴적이다 (Atlantic City, 1984; Brigantime, 1986).

해빈, 해빈지역(beach area): 평균고조선으로부터 육지 방향으로 형성되어 있는 완만한 경사지형으로 식피가 없으며 모래나 그 밖의 비고결물질로 구성되어 있다. 해빈의 육지 쪽 경계는 식피가 나타나는 곳이나 일반적으로 해안에 평행하게 나타나는 인공구조물, 즉 해안제방 구조물이나 직립벽, 도로 등이 이루는 선이다. 내만 방향이나 해양 방향을 막론하고 바다 방향의 경계는 사구각부(砂丘脚部, dunefoot)가 형성하기도 한다(Barnegat Light 1994).

개발제한선(Development Restriction Line): 해안을 따라 사구지대, 또는 사구원(dunefield)으로부터 내륙 방향으로 개발이 허용된 최말단부를 연결한 인위적 경계선이다(Brigantime 1986).

사구(dunes): 바람과 파랑, 또는 인위적 모래지형(모래언덕이나 선형의 릿지)으로 일반적으로 해빈의 내륙 방향의 경계에 접하며 해빈과 평행하게 나타난다. 해빈의 육지 방향 경계와 사구사면의 육지 방향 각부(the foot of the most inland dune slope) 사이에 전개되는 지형이다. 사구에는 전사구, 이차사구, 삼차사구의 사구열[1]이 포함되며 인공사구가 있다면 이것도 포함된다.

1) 해빈의 내륙 방향 경계에서부터 사구지형이 시작된다. 바람이나 파랑 작용 또는 개발과정에 의해 교란된 정도에 불문하고 해안제방구조나 울타리, 식재식물, 그리고 그 밖의 수단으로 안정화되어 있는 지형이다.
2) 폭풍활동의 결과로 말미암아 가로나 구조물 위에 쌓여있는 작은 모래 둔덕은 사구로 간주되지 아니한다. 이 정의는 CAFRA(해안지역시설물검토법)에 의한 정의(N.J.A.C. 7:7E-3.16)를 반영하고 있으며, 수시로 개정될 수 있다(Berkeley, 1994).

사구지역(dune area): 사구의 바다 방향 가장자리와 육지 방향 가장자리 사이의 면적을 가리키며, 사구보전지구(dune maintenance district)와 사구복구지구(dune restoration district), 사구재건지구(dune reconstruction district) 등이 포함된다(Brigantime, 1996). 이 지역의 경계는 계절에 따라 바람과 폭풍에 반응하여 이동하는 역동적 특성을 갖는다. 따라서 그 경계는 최소한 12개월마다, 그리고 겨울철과 사구지역에 커다란 훼손을 초래하는 폭풍 직후마다 재검토되어야 한다. 경계 재검토는 시의회가 공공토목국, 뉴저지 주 환경보호부 대표, 해안자원위원회 등에 의해 수행될 수 있다(Atlantic City, 1989).

---

1) 보통 사구는 전사구(일차사구)와 이차사구로 나눈다. 여기서 '일차', '이차'의 의미는 사구생성이 해빈으로부터 직접 공급된 모래로 이루어진 것인지, 아니면 일차사구(전사구)의 생성 이후 전사구 모래의 재동으로 형성되거나 전사구 앞에 새로운 전사구열이 형성되어 해빈과의 직접적인 상호작용이 제한되는 등, 이차적인 요인에 의해 생성된 것인지를 구분하는 것이다. 원문에서 foredune, secondary and tertiary dune ridges라 하여 일차, 이차의 의미를 형성되는 사구열의 수와 연관시키는 듯 표현하고 있는데 이는 개념적인 혼동이다. 여기서는 원문을 존중하여 그대로 번역해 둔다 – 역자 주.

사구컨설턴트(dune consultant): 사구에 관한 전문적 지식을 갖춘 자로서 자치읍 당국이 고용할 수 있다. 정식으로 이러한 전문가가 고용되어 있지 않은 기간에는 자치읍 의회가 지정한 사람을 가리킨다(Mantoloking, 1995).

사구마루(dune crest): 사구의 최고 고도지점 또는 이 지점들을 이은 선(Brigantime 1986).

사구감독관(dune inspector): 자치읍 의회의 동의를 얻어 시장이 임명한 사람(Mantoloking 1995).

사구보전지구(dune maintenance district): 하나 또는 그 이상의 사구릿지를 포함하는 300ft 이상의 폭을 가지고 있는 사구원(dunefield)으로서 보전지구로 지정된 영역. 사구표면은 자연식생으로 안정되어 있다(Brigantime, 1986).

사구복구지구(dune restoration district): 해빈과 육지 쪽 인공구조물 사이의 사구원에 지정되는 지구이며, 하나 또는 이상의 사구릿지를 포함하고 릿지는 불연속인 경우가 많으며 폭이 300ft 미만이다(Brigantime, 1986).

사구재건지구(dune reconstruction district): 폭 75ft 미만의 규모이며 사구가 부재하고 서개발 상태이며 불안정한 지역에 지정한 인위적 지역(artificial area)이다(Brigantime, 1986).

사구해안선지도(dune and shoreline map): 사구원과 해빈에 걸친 지형측량을 통하여 작성한 지도로서 사구보존지구와 사구복구지구, 사구재건지구 등을 표시하고 있다. 이 측량 지도에는 사구마루선, 사구릿지, 그리고 사구의 해양 쪽과 육지 쪽의 경계, 또는 이 밖의 정보를 포함하기도 한다. 이 지도는

12개월마다 재검토되며 사구지역의 상당부분을 훼손시킨 폭풍이 발생할 경우에는 재검토된다(Brigantime, 1986; Atlantic City, 1989).

사구식생(dune vegetation): 미국 북동부의 해빈과 사구에서 발견되는 모든 식물로서 토착종이거나 도입종을 불문하고 사구를 형성하고 안정시키는 식물을 가리킨다. 특히 다음 종이 흔히 발견된다.

American beachgrass (*Ammophila breviligulata*)

Sea rocket (*Cakile edentula*)

Seaside spurge (*Euphorbia polyonifolia*)

dune cordgrass (*Spartina patens*)

Seaside goldenrod (*Solidago sempervirens*)

dusty miller (*Artemisia stelleriana*)

bayberry (*Myrica pennsylvanica*)

beach pea (*Lathyrus japonicus*)

Salt spray rose (*Rose rugosa*)

beach plum (*Prunus maritima*)

이러한 종들은 사구의 사면이나 사구후면에서 정상적으로 성장하며 사구지역에 도입된 경로는 구분하지 않는다(Mantoloking, 1995).

침식(erosion): 자연력에 의해 지형이 깎여나가는 과정을 가리킨다. 해빈에서는 파랑의 활동, 조류, 연안류, 또는 바람의 작용으로 해안물질(퇴적물)이 깎여나간다.

사구의 육지 방향 경계(Landward Edge of the Dune): 인접 임해토지의 육지 방향 사구 가장자리의 일반 경계를 이은 선, 또는 사구의 해양 방향 경계선과 평행하고 사구의 해양 방향 경계선으로부터 서쪽으로 60ft 떨어져서 달리는 선 가운데 더 서쪽에 위치한 경계선이다(Mantoloking, 1995).

평균고조선(mean high water line): 평균고조위의 고도면과 해빈의 경사면이 교차하여 이루는 선(Mantoloking, 1995).

평균해수면(mean sea level): 어떤 장소의 해수면 평균고도. 19년 이상의 기간(tidal epoch)에 걸친 조위기록을 근거로 계산된다.

통로(pathway): 사구와 같은 고도로 사구를 가로질러 나가는 접근로이며 일반적으로 사구의 보호를 위해 통로 이외의 통행을 금지시킨다.

사람, 또는 법인(Person): 자연인, 조합, 회사, 협회, 합지회사, 신디케이트와 법인, 그리고 법에 의하거나 법원, 주정부 또는 연방정부가 지정한 수령자, 수탁자, 임원, 후견인, 또는 그 밖의 공무원 등을 가리킨다. 뉴저지 주, 군, 지자체, 당국, 그 밖의 정치구획, 그밖에 앞에서 거론한 정부 내의 부와 청을 의미한다(Atlantic City, 1989).

모래울타리 혹은 사구울타리(sand fence): 모래를 퇴적시키고 사구의 형성에 유익하도록 선형 또는 어떤 패턴을 따라 설치된 눈 울타리(snow fence) 또는 방책 형태의 울타리이다. 4피트 크기의 나무울타리로 구성되며 철사로 나무 말뚝에 연결되어 있다. 사구컨설턴트가 인정한다면 다른 형태의 울타리로 사용할 수 있다(Mantoloking, 1995).

사구의 해양 방향 경계(seaward edge of dune): 일차사구의 해양 측 사면(전사면)과 해빈의 사면이 교차하여 이루는 선, 식생선(Vegetation line), 또는 연안퇴적물 상한선(upper driftline) 가운데 가장 동쪽에 위치한 선이다(Bay Head, 1993).

건축후퇴선 혹은 셋백 라인(setback line): 사구지역의 육지 방향 서측 가장자리의 말단을 이은 선으로 사구해안선지도에 표시된다. 계절에 따라 바람과 폭풍에 반응하여 역동적 변화를 나타내기 때문에 매 5년마다 재검토되어야 한다.

연안퇴적물 상한선(upper driftline): 겨울철 대조 시(일년 중 최고조위)에 형성되는 지형상의 선으로 이 선을 따라 해양 쓰레기의 퇴적(해초 등의 부유물)과 씨앗, 근경 또는 떨어져 나온 식물체 등이 나타난다. 이곳에서 식물이 착생하여 새로운 사구식생을 이루기도 한다(Mantoloking, 1995)

식생선(vegetation line): 다년생식물이 자연적으로 발생하는 지점 가운데 가장 해양 쪽에 위치한 지점들을 이은 선(Mantoloking, 1995).

보도(walkway): 자치읍의 승인에 따라 사구지역을 관통하여 건설된 통로(Brict, 1988).

3. 허가된 활동과 금지된 활동

건설행위: 사구의 육지 쪽 경계로부터 해양 방향으로 모래이동을 방해하는 물체를 건설하거나 위치(임시적인 경우는 예외)시키는 행위는 금지된다. 다만 이 조례와 CAFRA, 자치읍의 토지이용 조례가 허용하는 다음의 경우는 예외가 적용된다(Mantoloking, 1995).

- 자연식생의 보충 식재, 모래울타리의 설치, 인공적 범(berm)이나 인공사구의 조성 또는 서면승인을 통해 허가받은 그 밖의 프로그램 등 (Brigantime, 1986).

사구단(dune platform): 〔사구단은 사구의 안정성과 모래이동에 영향을 주기 때문에 권장되지 않지만 몇몇 지역공동체에서 허가되고 있다. 따라서 다음의 내용은 이미 사구단을 허가한 지역사회를 위한 지침으로 사구에 미치는 간섭을 최소화하기 위한 방안이다.〕 임해필지에서 토지소유주에게 지정한 사구지역 내에 200평방피트 미만의 사구단을 허용할 수 있다. 모든 사구단은 사구통로(pathway)나 보도(walkway)와 같은 형태와 규정에 따라 유지되어야 한다. **사구단 크기는 폭과 길이에서** 18ft를 넘어서는 아니 되며 6인치 미만의 금속재료를 사용한 4×4 지지말뚝으로 모래표면으로부터 최소한 18인치 이상 높게 설치하고 난간은 수직 길이가 2인치 이하로 하고, 면적의 16% 이상이 덮이지 않도록 폭 4인치 이하의 널빤지를 사용하여 풀이 사구단 밑에서 자라도록 해야 한다. 사구단의 허가신청에는 개요도가 첨부되어야 하며 축적이 적용된 개요도에서 현재 지도상의 사구마루선으로부터 최소한 10피트 이상 내륙 쪽에 위치한다는 것을 제시해야 한다. 개요도는 사구감독관이 작성할 수 있다. 사구가 성장하여 5피트 이내에서 사구단의 일부와 모래표면의 수직거리가 6인치 이내로 줄어들면, 사구단의 높이를 증가시키거나 재건축해야 한다. 기존 사구단의 높이를 증가시키는 데는 허가가 불필요하지만 재건축에는 허가가 필요하다(Mantoloking, 1995; Point Pleasant, 1994).

모래채취 혹은 모래제거(sand removal): 바람이나 조석, 폭풍 또는 이러한 현상의 조합으로 운반되어온 모래를 그 장소로부터 이동하거나 제거해서는 안 된다. 정비된 가로의 말단에 쌓인 잉여모래는 해빈과 사구에 되돌릴 수 있다(Mantoloking, 1995).

불법침입(trespass)

1) 다음 사항을 제외하고는 누구도 사구지역에 들어가서는 아니 된다.

a. 정비된 통로, 보도, 또는 사구단을 이용한 통과

b. 사구 또는 허가된 구조물의 조성과 유지에 필요한 합리적 행위를 수행하기 위한 경우

c. 검사, 지형측량, 또는 이 조례의 시행을 위한 목적에서 출입하는 경우는 소송대상의 불법침입으로 간주되지 아니한다(Mantoloking, 1995)

2) 허가된 건축 또는 사구관리를 위해 필요한 경우를 제외하고 사구지역 위에서 또는 사구지역을 가로질러 자동차를 운행할 수 없다(Bay Head, 1993)

사구보호장치의 부당한 변경(tampering with dune protection devices) : 이 조례에 의하여 허가된 건축이나 유지에 필요한 경우를 제외하고 사구식생, 모래울타리, 또는 자치읍 의회가 사구보호장치로서 승인한 그 밖의 보호장치를 제거하거나 자르거나 태우거나 파괴하는 행위는 금지된다(Mantoloking, 1995).

사구지역이나 해빈에 죽은 나무나 나뭇가지, 관목, 그 밖의 잔해를 위치시켜서는 아니 된다(Atlantic City, 1989).

4. 사구시스템의 조성과 확장

해빈이용과 해빈접근(beach access): 폭풍 내습기간과 고수위 발생기간에 사구의 통로는 해안 사구릿지의 취약지점에 해당하기 때문에 오버워시와 파열이 일어나는 경우가 흔하다. 사구 위에 허가된 인공구조물이 늘어나는 것은 미관상 좋지 않으며 불필요한 일이기도 하다. 따라서 자치읍은 해빈접근로를 가로의 말단부에 설치하도록 제한해야 한다. 사구에 훼손을 일으키지 않고 사구와 범을 통과하여 해빈에 접근할 수 있도록 설치된 사구통로와 계단은 다음 조건 아래에서 허가되어야 한다.

사구해안선지도에 표시된 모든 지구의 해빈과 사구원에 대한 접근은 이 지도상에 표시된 접근로를 통해서만 이루어져야 한다. 사구원을 통과하는 접근로는 자치읍의 허가 없이 소유자 개인이 건설해서는 아니 된다(Brigantime, 1986). 공공가로 또는 골목에 인접한 경계선, 또는 개방해빈에 접근하는 지역권이 있는 토지 위에 또는 그 토지를 통과하여 해빈에 연결되는 보도나 계단, 또는 이들의 조합형태의 통로는 허가될 수 없다(Long Beach, 1994). 각 주택에 사구지역을 통과하는 하나의 통로나 보도를 허용한다. 일반적으로 주택과 사구의 해양 측 가장자리 사이의 최단거리에 걸쳐 폭 4피트 미만으로 설치한다(Bay Head, 1993). 〔사구의 폭이 충분하다면, 바람과 파랑에 의하여 통로를 통해 모래가 내륙으로 직접 이동하는 것을 차단할 수 있도록 통로가 사구지역에서 평면상 지그재그나 오프셋 형태를 갖추어야 한다.〕

사구컨설턴트 혹은 사구감독관이 이 조례에서 추구하는 지속적 보호기능을 갖는 사구의 조성과 유지에 통로나 보도가 해롭다는 의견을 나타내는 경우에는, 토지소유자는 이 조례의 허가사항의 규정에 따라야 한다(Bay Head, 1993).

보도는 다음과 같은 조건에서는 건축허가규정에서 면제된다. 즉, 사구의 육지 방향 가장자리에서 서쪽으로 또는 사구의 해양 방향 가장자리에서 동쪽으로 연장되지 않고, 보도가 지나가는 부분에서 사구의 최고 높이보다 보도가 최소한 4인치 이상일 때 폭은 4피트 이하이고 보도 밑의 사구표면에서 풀이 자랄 수 있도록 최소한 보도표면의 16%가 공백일 때, 5인치 미만의 수직 횡단면의 측면 지지대와 보도표면이 설치되어 있을 경우이다(Bay Head, 1993).

고가보도가 설치되어 있고 사구마루의 모래표면에 보도가 맞닿아 있고 인접 사구마루보다 보도가 낮을 정도까지 모래가 퇴적되어 있는 경우에, 사구고가 더 성장할 수 있다면, 자연적 퇴적현상이 방해를 받는다. 이러한 경우, 사구감독관은 토지소유주에게 퇴적기록에 대한 서면통지를 보내어 이 조례에 따라 보도의 높이를 증가시키도록 한다. 통지일자로부터 6개월 이내에 보도의 높이를 교정하지 아니하면 자치읍은 소유주의 비용으로 보도의 높이를 조정한다. 이 경우 건축비용은 사구의 바로 서쪽에 위치한 부동산에 대한 유치권이 된다(Bay Head, 1993).

해빈 접근에 고가보도를 사용하지 않는 경우에는, (임해)토지가 사용(점유)되지 않을 때 표면으로부터 (쉽게) 제거할 수 있도록 모래표면에 적정한 재료를 덮어서 통로를 보호해야 한다. 마루선 간격 깊이(the depth of a crestline gap)는 사구마루를 지나는 통로의 바닥과 통로 양측으로부터 20피트 내에서 사구의 최고점을 연결한 선의 수직거리이다(Mantoloking, 1995). **사구지역의 보전을 위해 사구마루선 위에 고가보도를 건축하도록 장려한다**(Bay Head 1993).

사구마루선 간격 깊이가 2피트 또는 그 이상으로 기준이 정의된 경우, 그 기준에 이를 때는 언제나 통로의 높이를 조정하여 높이도록 한다 (Mantology 1995).

〔사구의 용적 : 이 조례의 목적 가운데 하나는 침식과 폭풍의 영향으로부터 최선의 호안 능력을 이끌어낼 수 있는 수준까지 사구를 관리하는 것이다. 이 목적을 달성하기 위해서는 어떤 사구도 소유주나 대리인의 행위 또는 나태로 말미암아 직접적 또는 간접적으로 높이와 폭이 감소되어서는 아니 된다. 사구감독관이 유의하다고 간주하는 용적에 비하여 높이가 낮거나 폭이 좁은 사구는, 인지되어 있는 기준을 적용하고 이 조례의 목적과 토지의 합리적인 사용을 적절히 고려하여, 소유주는 이 조례에서 설명하고 있는 시방에 따라 소유주의 비용으로 모래울타리를 설치하고 식재할 의무가 있다. 소유주는 필요한 경우 울타리의 유지와 교체에 대한 의무를 부담한다. 이 경우 건축비용은 사구의 바로 육지 쪽 부동산에 대한 유치권이 된다. 사구지역의 크기는 다음과 같아야 한다.〕

사구는 평균고조위(MHT) 선으로부터 육지 방향으로 100피트 정도에 위치해야 한다. 사구의 경사는 1:5(수직:수평)보다 완만하게 유지되어야 한다. 높이/폭 비율은 1:10 이하로 유지되어야 한다. 사구의 높이는 가호안선에서 평균해수면으로부터 최소한 14피트가 되고 임해건축선에서 16피트가 되도록 유지해야 한다.

사구식생과 식재: 사구지역의 효과적인 보호 또는 복구를 위해서 각 소유주는 인접 사구지역에 적정한 식생을 식재하거나 식재가 이루어지도록 해야 하며, 이 조례에서 설명하고 있는 시방서에 따라 그리고 미 자연자원보전국의 현행 기준에 따라 적정한 모래울타리를 설치해야 한다(Brick, 1988). 최초의 식재 또는 빈약한 지역의 재식재에는 'Cape' American beachgrass (*Ammophila breviligulata*)를 사용해야 한다. 사구지역 전체에 식재하도록 한다. 땅이 얼지 않는다면, 10월 15일부터 4월 1일 사이에 식재할 수 있다. 봄철의 식재에는 반드시 자주 물을 주도록 한다. 최초의 그리고 후속 시비는 1천 평방피트당 2파운드의 비율(slow-release 10-10-10)로 실시한다. 식재식물의 크기는 16~18인치로 해야 하며, 식재 간격은 18인치 이내로 하고, 한 구덩이에 2개의 줄기를 최소 7인치 깊이로 심는다. 물을 듬뿍 주지 않은 채 심는다면, 식재 이전에 내린 비로 모래가 다져질 수 있으며, 공기가 그만큼 빠져나간다. 비치그래스(beachgrass)를 심은 후에 그 밖에 적정한 식생을 추가할 수 있다(Mantoloking, 1995).

모래울타리: 울타리는 상태가 양호안 표준 4피트의 목재. 모래(눈) 울타리를 사용하며 최소길이 6.5피트, 최소 단면적 4평방 인치의 목재 말뚝으로 고정시키고, 말뚝의 간격을 최대 12피트로 설치해야 한다. 사구컨설턴트의 조언과 함께 사구감독관이 사전에 승인한 대체품을 사용할 수도 있다. 각 토지마다 사구지역을 따라 최소한 두 개 열의 울타리를 설치해야 한다. 최소한 하나의 열은 지그재그 형태를 하고, 연속되는 두 말뚝은 최소한

5피트 정도 서로 엇갈려 설치한다. 사구후면의 울타리는 키를 반으로 줄일 수 있다. 사구지역의 침입을 막을 수 있도록 직선(또는 지그재그) 형태의 울타리를 사구의 해양 쪽 말단부에 설치할 수도 있지만, 해양 쪽으로 3피트 이상 나아가 설치할 경우에는 허가를 받아야 하며, 겨울철에는 철거해야 한다(Mantoloking. 1995).

후빈의 서쪽 경계와 사구지역을 따라 울타리를 설치하고 사구지역을 확인하는 적정한 표지를 세워서 무분별한 통행으로 인하여 사구에 미치는 위험을 방지하도록 해야 한다(Beach Haven 1994).

5. 해안사구의 수리와 유지

식생관리: 식생이 정착한 곳에는 재성장이 시작된 후 봄철마다 시비를 해야 한다. 유지 목적으로 매년 시비하는 경우에는 1에이커당 1년에 질소 50파운드를 초과해서는 안 된다. 식생이 파괴된 곳에는 미 자연자원보전국이 제시한 시방서에 따라 아메리칸 비치그래스(*Ammophila breviligulata*)로 교체한다.

경고표지: 하절기 휴양지를 방문하는 사람은 단기 체류자들이기 때문에, 사구는 쉽게 훼손되며 사구 위를 걷는 것은 불법이라는 것을 일깨우는 것이 필요하다. 표지는 해빈이용자들을 대상으로 홍보와 교육적 효과를 얻을 수 있는 곳에 세워야 한다. 모래울타리에 바로 표지를 부착하도록 고려해야 한다.

블로우아웃의 수리: 사구의 움푹 파인 부분, 즉 블로우아웃은 모래울타리를 세워서 수리해야 한다. 하나 또는 그 이상의 울타리가 필요할 것이다. 울타리의 말단을 기존의 사구체에 연결시켜 말단에서 풍속이 높아져 모래가 패나

가는 일이 없도록 해야 한다.

사구보강: 지자체는 뉴저지 주 환경보호부 해안자원국의 서면허가를 받지 않는 한, 해빈과 사구지역에서 땅 고르기, 경사완화, 스크레이핑 등을 포함한 기계장치를 이용한 조작을 해서는 안 된다(Brick 1988).

허가:

1. 이 조례에서 제시한 승인된 기준을 따라 사구식생 또는 적정한 식생을 식재하거나 모래울타리를 설치하거나 사구지역의 임시통로 보호재를 설치하는 일에는 허가를 필요로 하지 아니한다. 이 조례에서 특별히 면제시키지 않은 한, 그 밖의 모든 건축, 변경, 변조 등의 행위에는 소유주나 대리인이 허가(Dune Area Permit)를 얻어야 한다. 허가를 필요로 하는 행위에는 고가통로, 사구단, 사구의 해양 측 가장자리에서 3피트 이상 떨어져 모래울타리를 설치하는 행위 등이 포함된다. 모든 허가는 허가 장소의 조건변화가 있을 경우에 사구컨설턴트의 조언을 얻어 사구감독관이 정하는 바에 따라 취소, 정지, 또는 변경될 수 있다. 요청이 있을 때 피허가자 또는 대리인은 즉각 자치읍 직원이 허가 또는 공증된 사본을 검토할 수 있도록 허용해야 한다.

2. 사구감독관은 주기적으로 점검해야 하며 소유주에게 서면충고를 해야 한다. 이 서류는 조례 위반의 통지로 간주되지 않지만, 대상 재산에 대한 기록으로 유지되어야 한다. 이 조례의 위반에 대한 차후의 기소에서 유죄가 확증될 경우 법원의 형벌부과 참고자료가 될 수 있다. 사구감독관은 이 조례가 성취하고자 하는 목적에 부합되도록 사구컨설턴트와 협조해야 한다(Mantoloking, 1995).

모래제거(이동)에 대한 허가발행 조건: 현장조사를 바탕으로 모래제거가 인명이나 재산에 위험을 초래하거나 증가시키지 않을 것이라는 지자체 기술담당자(City Engineer)의 판단이 없이는 이러한 허가가 발행되어서는 아니 된다. 모래의 제거나 이동으로 다음과 같은 현상이 일어날 때 허가가 발행되어서는 아니 된다.

- 사구해안선지도에 나타나 있는 지구 또는 지형구역 내 타 지자체의 연안퇴적물 이동에 악영향을 미칠 때
- 사구해안선지도에 나타난 사구의 호안기능을 저하시킬 때
- 사구해안선지도에 나타난 지구의 일반지형에 악영향을 미칠 때
- 그 밖에 실제로 이 조례의 취지와 목적, 목표를 훼손하거나 이와 상충할 때

시행: 자치읍 의회와 자치읍 사구감독관 또는 감독관의 부재 시 경찰서장은 이 조례에 제시된 바에 따라 각 임해토지소유주가 적극적 의무를 이행하도록 해야 한다.

소유주는 서면통지를 받은 후 30일 이내에 조례에 따라야 하며 그러하지 아니할 경우 재산에 대한 유치권을 통해 법정최고율의 이자와 함께 비용을 지불해야 한다(Mantoloking, 1995).

위반과 처벌: 이 조례에 제시된 규정 또는 기준, 또는 이 조례에 따라 발행된 허가의 조건에 대한 각각의 위반 행위에 대하여 이러한 위반이 발생한 해빈 또는 사구지역의 토지소유주, 또는 소유주의 대리인과 계약자는 관할 법정의 재량에 따라 각 위반건수에 대해서 천 달러 미만의 벌금, 또는 90일 미만의 구류에 처해질 수 있다. 위반행위가 지속되는 경우 위반일수를 위반건수로 계산한다(Bay Head, 1993).

부록 B

뉴저지 주의 여행과 관광지출(1987~1994년)

연도	항목	비용(백만 달러)	비용92(백만 달러, 1992년 달러가격)	방문객 추정치 (천 명)
1987	이용철 임대료	1.7	2.10	
1987	일일 임대료	1.8	2.22	
1987	해빈이용료	58.0	71.63	
1987	주차료	52.0	64.22	
1987	주간 위락비	482.0	595.29	
1987	식료품	625.0	771.90	
1987	식비와 음식점비	612.0	755.84	
1987	야간 위락비용	653.0	806.48	
1987	오락비	1135.0	1401.76	
1987	선물	224.0	276.65	
1987	총계			6.0
1988	이용철 임대료	1.2	1.42	
1988	일일 임대료	1.7	2.02	
1988	해빈이용료	43.0	51.00	
1988	주차료	56.0	66.41	
1988	주간 위락비	453.0	537.24	
1988	식료품	657.0	779.18	
1988	식비와 음식점비	466.0	552.66	
1988	야간 위락비용	666.0	789.85	
1988	오락비	1119.0	1327.10	
1988	선물	191.0	226.52	
1988	총계			4.8
1989	이용철 임대료	2.0	2.26	
1989	일일 임대료	2.7	3.05	
1989	해빈이용료	33.0	37.34	
1989	주차료	57.0	64.49	
1989	주간 위락비	658.0	744.50	

연도	항목	비용(백만 달러)	비용92(백만 달러, 1992년 달러가격)	방문객 추정치 (천 명)
1989	식료품	495.0	560.07	
1989	식비와 음식점비	477.0	539.70	
1989	야간 위락비용	643.0	727.52	
1989	오락비	1301.0	1472.02	
1989	선물	279.0	315.68	
1989	총계	0	0	5.7

연도	군	항목	비용 (백만 달러)	비용92(백만 달러, 1992년 달러가격)	방문객 추정치 (천 명)
자료 형태: 군단위					
1990	애틀랜틱	숙박료	502.23	517.35	4115.3
1990	애틀랜틱	식비와 음식점비	1186.94	1222.67	4115.3
1990	애틀랜틱	오락비	286.70	295.33	4115.3
1990	애틀랜틱	자동차	584.83	602.44	4115.3
1990	애틀랜틱	지방 교통비	36.19	37.28	4115.3
1990	애틀랜틱	임대료	1025.34	1056.21	4115.3
1990	애틀랜틱	도박	2598.03	2676.24	4115.3
1990	케이프 메이	숙박료	228.14	235.01	2583.9
1990	케이프 메이	식비와 음식점비	502.51	517.64	2583.9
1990	케이프 메이	오락비	116.61	120.21	2583.9
1990	케이프 메이	자동차	232.99	240.00	2583.9
1990	케이프 메이	지방 교통비	14.48	19.92	2583.9
1990	케이프 메이	임대료	364.20	375.16	2583.9
1990	케이프 메이	도박	0.00	0.00	2583.9
1990	몬마우스	숙박료	78.66	81.03	1990.3
1990	몬마우스	식비와 음식점비	277.74	286.10	1990.3
1990	몬마우스	오락비	54.93	56.58	1990.3
1990	몬마우스	자동차	117.53	121.07	1990.3
1990	몬마우스	지방 교통비	7.81	8.05	1990.3
1990	몬마우스	임대료	221.89	228.57	1990.3
1990	몬마우스	도박	0.00	0.00	1990.3
1990	오션	숙박료	69.83	71.93	1990.3
1990	오션	식비와 음식점비	251.99	259.58	1990.3
1990	오션	오락비	51.60	53.15	1990.3
1990	오션	자동차	105.09	108.25	1990.3
1990	오션	지방 교통비	6.56	6.76	1990.3
1990	오션	임대료	192.69	198.49	1990.3

연도	군	항목	비용 (백만 달러)	비용92(백만 달러, 1992년 달러가격)	방문객 추정치 (천 명)
1990	오션	도박	0.00	0.00	1990.3
1991	애틀랜틱	숙박료	473.82	488.08	4115.3
1991	애틀랜틱	식비와 음식점비	1121.24	1154.99	4115.3
1991	애틀랜틱	오락비	270.65	278.80	4115.3
1991	애틀랜틱	자동차	552.30	568.93	4115.3
1991	애틀랜틱	지방 교통비	34.19	35.22	4115.3
1991	애틀랜틱	임대료	968.95	99.812	4115.3
1991	애틀랜틱	도박	2489.79	2564.74	4115.3
1991	케이프 메이	숙박료	236.84	243.97	2583.9
1991	케이프 메이	식비와 음식점비	518.82	534.44	2583.9
1991	케이프 메이	오락비	120.32	123.94	2583.9
1991	케이프 메이	자동차	241.36	248.63	2583.9
1991	케이프 메이	지방 교통비	15.08	15.53	2583.9
1991	케이프 메이	임대료	376.29	389.68	2583.9
1991	케이프 메이	도박	0.00	0.00	2583.9
1991	몬마우스	숙박료	78.74	81.11	1990.3
1991	몬마우스	식비와 음식점비	275.43	283.72	1990.3
1991	몬마우스	오락비	54.63	56.27	1990.3
1991	몬마우스	자동차	116.83	120.35	1990.3
1991	몬마우스	지방 교통비	7.76	7.99	1990.3
1991	몬마우스	임대료	220.17	226.80	1990.3
1991	몬마우스	도박	0.00	0.00	1990.3
1991	오션	숙박료	72.99	75.19	1990.3
1991	오션	식비와 음식점비	256.58	264.30	1990.3
1991	오션	오락비	52.90	54.49	1990.3
1991	오션	자동차	107.57	110.81	1990.3
1991	오션	지방 교통비	6.71	6.91	1990.3
1991	오션	임대료	195.91	201.81	1990.3
1991	오션	도박	0.00	0.00	1990.3
1992	애틀랜틱	숙박료	657.72	638.60	.
1992	애틀랜틱	식비와 음식점비	1198.31	1163.48	.
1992	애틀랜틱	오락비	247.67	240.47	.
1992	애틀랜틱	자동차	567.37	550.88	.
1992	애틀랜틱	지방 교통비	42.56	41.32	.
1992	애틀랜틱	임대료	861.12	836.09	.

연도	군	항목	비용 (백만 달러)	비용92(백만 달러, 1992년 달러가격)	방문객 추정치 (천 명)
1992	애틀랜틱	도박	3129.76	3038.79	.
1992	케이프 메이	숙박료	237.20	230.31	.
1992	케이프 메이	식비와 음식점비	385.26	374.06	.
1992	케이프 메이	오락비	71.07	69.00	.
1992	케이프 메이	자동차	17.57	165.61	.
1992	케이프 메이	지방 교통비	13.98	13.57	.
1992	케이프 메이	임대료	215.92	209.64	.
1992	케이프 메이	도박	0.00	0.00.	.
1992	몬마우스	숙박료	87.42	84.88	.
1992	몬마우스	식비와 음식점비	432.78	420.20	.
1992	몬마우스	오락비	107.97	104.83	.
1992	몬마우스	자동차	202.58	196.69	.
1992	몬마우스	지방 교통비	10.29	9.99	.
1992	몬마우스	임대료	421.63	409.38	.
1992	몬마우스	도박	0.00	0.00	.
1992	오션	숙박료	58.30	56.61	.
1992	오션	식비와 음식점비	317.35	308.13	.
1992	오션	오락비	77.51	75.26	.
1992	오션	자동차	142.02	137.89	.
1992	오션	지방 교통비	6.96	6.76	.
1992	오션	임대료	290.39	281.95	.
1992	오션	도박	0.00	0.00	.
1993	애틀랜틱	숙박료	662.23	642.98	4317.20
1993	애틀랜틱	식비와 음식점비	1112.83	1080.48	4317.20
1993	애틀랜틱	오락비	214.59	208.35	4317.20
1993	애틀랜틱	자동차	517.68	502.63	4317.20
1993	애틀랜틱	지방 교통비	41.62	40.41	4317.20
1993	애틀랜틱	임대료	736.80	715.38	4317.20
1993	애틀랜틱	도박	3167.74	3075.67	4317.20
1993	케이프 메이	숙박료	243.79	236.70	2394.80
1993	케이프 메이	식비와 음식점비	476.75	462.89	2394.80
1993	케이프 메이	오락비	102.50	99.52	2394.80
1993	케이프 메이	자동차	220.59	214.18	2394.80
1993	케이프 메이	지방 교통비	15.40	14.95	2394.80
1993	케이프 메이	임대료	331.20	321.57	2394.80
1993	케이프 메이	도박	0.00	0.00	2394.80

연도	군	항목	비용 (백만 달러)	비용92(백만 달러, 1992년 달러가격)	방문객 추정치 (천 명)
1993	몬마우스	숙박료	90.18	87.56	1392.50
1993	몬마우스	식비와 음식점비	372.69	361.86	1392.50
1993	몬마우스	오락비	84.00	81.56	1392.50
1993	몬마우스	자동차	166.83	161.98	1392.50
1993	몬마우스	지방 교통비	9.65	9.37	1392.50
1993	몬마우스	임대료	332.58	322.91	1392.50
1993	몬마우스	도박	0.00	0.00	1392.50
1993	오션	숙박료	59.94	58.20	1392.50
1993	오션	식비와 음식점비	281.80	273.61	1392.50
1993	오션	오락비	63.02	61.19	1392.50
1993	오션	자동차	120.58	117.08	1392.50
1993	오션	지방 교통비	6.60	6.41	1392.50
1993	오션	임대료	120.08	230.19	1392.50
1993	오션	도박	0.00	0.00	1392.50
1994	애틀랜틱	숙박료	645.75	611.33	6365.90
1994	애틀랜틱	식비와 음식점비	1216.34	1151.50	6365.90
1994	애틀랜틱	오락비	263.74	249.68	6365.90
1994	애틀랜틱	자동차	578.98	548.12	6365.90
1994	애틀랜틱	지방 교통비	41.38	39.17	6365.90
1994	애틀랜틱	임대료	916.95	868.07	6365.90
1994	애틀랜틱	도박	3202.84	3032.11	6365.90
1994	케이프 메이	숙박료	649.49	614.87	8984.10
1994	케이프 메이	식비와 음식점비	722.93	684.39	8984.10
1994	케이프 메이	오락비	179.68	170.10	8984.10
1994	케이프 메이	자동차	331.99	314.29	8984.10
1994	케이프 메이	지방 교통비	18.14	17.17	8984.10
1994	케이프 메이	임대료	625.28	591.95	8984.10
1994	케이프 메이	도박	0.00	0.00	8984.10
1994	몬마우스	숙박료	451.39	427.33	1344.26
1994	몬마우스	식비와 음식점비	451.39	427.33	1344.26
1994	몬마우스	오락비	113.77	107.71	1344.26
1994	몬마우스	자동차	210.15	198.95	1344.26
1994	몬마우스	지방 교통비	10.33	9.78	1344.26
1994	몬마우스	임대료	446.18	422.40	1344.26
1994	몬마우스	도박	0.00	0.00	1344.26
1994	오션	숙박료	404.50	382.94	1279.52

연도	군	항목	비용 (백만 달러)	비용92(백만 달러, 1992년 달러가격)	방문객 추정치 (천 명)
1994	오션	식비와 음식점비	404.50	382.94	1279.52
1994	오션	오락비	101.57	96.16	1279.52
1994	오션	자동차	180.26	170.65	1279.52
1994	오션	지방 교통비	8.42	7.97	1279.52
1994	오션	임대료	385.59	365.04	1279.52
1994	오션	도박	0.00	0.00	1279.52
자료형태: 군별 사주섬					
1992	애틀랜틱	숙박료	18.310	17.778	117.8
1992	애틀랜틱	식비와 음식점비	4.756	4.618	117.8
1992	애틀랜틱	오락비	2.648	2.571	117.8
1992	애틀랜틱	자동차	0.603	0.586	117.8
1992	애틀랜틱	지방 교통비	-	-	117.8
1992	애틀랜틱	임대료	3.481	3.380	117.8
1992	애틀랜틱	도박	0.951	0.923	117.8
1992	케이프 메이	숙박료	363.275	352.716	2488.7
1992	케이프 메이	식비와 음식점비	62.265	60.456	2488.7
1992	케이프 메이	오락비	13.732	13.333	2488.7
1992	케이프 메이	자동차	11.734	11.393	2488.7
1992	케이프 메이	지방 교통비	-	-	2488.7
1992	케이프 메이	임대료	3.481	3.380	2488.7
1992	케이프 메이	도박	0.951	0.923	2488.7
1992	몬마우스	숙박료	20.619	20.020	90.9
1992	몬마우스	식비와 음식점비	3.534	3.431	90.9
1992	몬마우스	오락비	0.779	0.757	90.9
1992	몬마우스	자동차	0.666	0.647	90.9
1992	몬마우스	지방 교통비	-	-	90.9
1992	몬마우스	임대료	3.305	3.209	90.9
1992	몬마우스	도박	0.00	0.00	90.9
1992	오션	숙박료	138.233	134.215	579.9
1992	오션	식비와 음식점비	23.693	23.004	579.9
1992	오션	오락비	5.225	5.073	579.9
1992	오션	자동차	4.465	4.335	579.9
1992	오션	지방 교통비	-	-	579.9
1992	오션	임대료	22.195	21.515	579.9
1992	오션	도박	0.00	0.00	579.9

연도	군	항목	비용 (백만 달러)	비용92(백만 달러, 1992년 달러가격)	방문객 추정치 (천 명)
1993	애틀랜틱	숙박료	19.460	18.894	110.7
1993	애틀랜틱	식비와 음식점비	5.032	4.886	110.7
1993	애틀랜틱	오락비	2.802	2.721	110.7
1993	애틀랜틱	자동차	0.638	0.620	110.7
1993	애틀랜틱	지방 교통비	-	-	110.7
1993	애틀랜틱	임대료	3.684	3.577	110.7
1993	애틀랜틱	도박	1.006	0.977	110.7
1993	케이프 메이	숙박료	431.595	419.050	2954.1
1993	케이프 메이	식비와 음식점비	73.975	71.825	2954.1
1993	케이프 메이	오락비	16.314	15.840	2954.1
1993	케이프 메이	자동차	13.941	13.535	2954.1
1993	케이프 메이	지방 교통비	-	-	2954.1
1993	케이프 메이	임대료	69.185	67.174	2954.1
1993	케이프 메이	도박	0.00	0.00	2954.1
1993	몬마우스	숙박료	21.303	20.684	94.0
1993	몬마우스	식비와 음식점비	3.651	3.545	94.0
1993	몬마우스	오락비	0.805	0.782	94.0
1993	몬마우스	자동차	0.688	0.668	94.0
1993	몬마우스	지방 교통비	-	-	94.0
1993	몬마우스	임대료	23.720	23.030	94.0
1993	몬마우스	도박	0.00	0.00	94.0
1993	오션	숙박료	147.972	143.671	621.4
1993	오션	식비와 음식점비	25.362	24.625	621.4
1993	오션	오락비	5.593	5.431	621.4
1993	오션	자동차	4.780	4.641	621.4
1993	오션	지방 교통비	-	-	621.4
1993	오션	임대료	23.720	23.030	621.4
1993	오션	도박	0.00	0.00	621.4
1994	애틀랜틱	숙박료	21.297	20.161	117.5
1994	애틀랜틱	식비와 음식점비	5.461	50170	117.5
1994	애틀랜틱	오락비	3.087	2.922	117.5
1994	애틀랜틱	자동차	0.698	0.661	117.5
1994	애틀랜틱	지방 교통비	-	-	117.5
1994	애틀랜틱	임대료	4.018	3.804	117.5
1994	애틀랜틱	도박	10.216	9.671	117.5
1994	케이프 메이	숙박료	395.086	374.025	2881.0

연도	군	항목	비용 (백만 달러)	비용92(백만 달러, 1992년 달러가격)	방문객 추정치 (천 명)
1994	케이프 메이	식비와 음식점비	68.118	64.487	2881.0
1994	케이프 메이	오락비	14.909	14.114	2881.0
1994	케이프 메이	자동차	12.745	12.065	2881.0
1994	케이프 메이	지방 교통비	-	-	2881.0
1994	케이프 메이	임대료	63.724	60.327	2881.0
1994	케이프 메이	도박	0.00	0.00	2881.0
1994	몬마우스	숙박료	27.886	26.400	140.2
1994	몬마우스	식비와 음식점비	4.808	4.552	140.2
1994	몬마우스	오락비	1.052	0.996	140.2
1994	몬마우스	자동차	0.900	0.852	140.2
1994	몬마우스	지방 교통비	-	-	140.2
1994	몬마우스	임대료	4.498	4.258	140.2
1994	몬마우스	도박	0.00	0.00	140.2
1994	오션	숙박료	127.366	120.576	-
1994	오션	식비와 음식점비	21.960	20.789	-
1994	오션	오락비	4.806	4.550	-
1994	오션	자동차	4.109	3.890	-
1994	오션	지방 교통비	-	-	-
1994	오션	임대료	20.543	19.448	-
1994	오션	도박	0.00	0.00	-

자료: 1987-89, Opinion Research Corporation(1989); 1990-91, Longwoods International(1992); 1992-93, Longwoods International(1994a); 1994, Longwoods International(1995), 8장의 참고문헌.

주: 비용은 여행관광비용 추정치이며 연구가 수행된 해의 시세이고, 단위는 백만 달러이다. 비용92는 소비자물가지수로 조정한 1992년 달러가격으로 환산한 액수이며, 단위는 백만 달러이다. 방문객 추정치의 단위는 천 명이다. 1992년 관광지출 추정치는 롱우즈 인터내셔날의 연구에 의한 것이다. 비용은 1993년 달러가격이며, 비용92의 기준인 1992년 달러가격에 맞추었다(deflated). 방문객 추정에는 지역 수준의 자료가 유일하기 때문에 오션과 몬마우스 두 개의 군은 전역을 해안지역으로 간주했다(롱우즈 인터내셔날 연구를 참조할 것).

참고문헌

Asbury Park Press. 1992. Storm '92: The Nor'easter That Changed the Face of the New Jersey Shore. *Asbury Park Press,* December 20: special section.

Atlantic City. 1989. *Article VII: Beach Protection Code (Ordinance # 22-1989).* Atlantic City, N.J.

Auerbach, A. J. 1985. The Theory of Excess Burden and Optimal Taxation. In *Handbook of Public Economics,* ed. A. J. Auerbach and M. Feldstein. Vol. 1, 61–127. New York: North-Holland.

Barth, M. C., and J. G. Titus, eds. 1984. *Greenhouse Effect and Sea Level Rise.* New York: Van Nostrand Reinhold Co.

Bates, T., and K. Moore. 1996. Erosion of Some Beaches Severe. *Asbury Park Press,* January 9: 8.

Bay Head, City of. 1993. *Ordinance 1993–8: Dune and Beach Regulation, Protection, and Preservation.* Bay Head, N.J.

Beatley, T. 1998. The Vision of Sustainable Communities. In *Cooperating with Nature: Confronting Natural Hazards with Land-Use Planning for Sustainable Communities,* ed. R. J. Burby, 233–262. Washington, D.C.: Joseph Henry Press.

Beatley, T., D. Brower, and A. Schwab. 1994. *An Introduction to Coastal Zone Management.* Covelo, Calif.: Island Press.

Belcher, C. 1986. *Fertilization of American Beachgrass on Sand Dunes.* Somerset, N.J.: Northeast Plant Materials Center.

Bell, F. W., and V. R. Leeworthy. 1985. An Economic Analysis of Saltwater Recreational Beaches in Florida, 1984. *Shore and Beach* 52 (April): 16–21.

———. 1986. *An Economic Analysis of the Importance of Saltwater Beaches in Florida.* SGR-82. Gainesville, Fla.: Florida Sea Grant College.

———. 1990. Recreational Demand by Tourists for Saltwater Beach Days. *Journal of Environmental Economics and Management* 18: 189–205.

Benston, G. J., and G. G. Kaufman. 1997. FDICIA after Five Years. *Journal of Economic Perspectives* 11 (3): 139–158.

Berkeley Township. 1994. *Ordinance #94-40-OAB: Beach Protection Amendment.* Berkeley, N.J.

Beukema, J. J., W. J. Wolff, and J.J.M.N. Browns, eds. 1990. *Expected Effects of Climatic Change on Marine Coastal Ecosystems.* Amsterdam: Kluwer Academic Publishers.

BOCA. *See* Building Officials Code Administrators.

Bockstael, N. E. 1995. Economic Concepts and Issues: Social Costs and Benefits of Beach Nourishment Projects. Appendix E. In National Research Council, *Beach Nourishment and Protection.* Washington, D.C.: National Academy Press.

Brealey, R. A., and S. C. Myers. 1991. *Principles of Corporate Finance.* New York: McGraw-Hill.

Brick, Township of. 1988. *Chapter 134: Dune Preservation Ordinance.* Brick, N.J.

Brigantine, City of. 1986. *Ordinance #7 of 1986: An Ordinance Modifying Ordinance #28 of 1981.* Brigantine, N.J.

Brigham, E. F., and J. F. Houston. 1998. *Fundamentals of Financial Management*. New York: Dryden Press.

Broadway, R. W., and N. Bruce. 1984. *Welfare Economics*. Oxford: Basil Blackwell Publishers.

Bruno, M. S., T. O. Harrington, and K. L. Rankin. 1996. The Use of Artificial Reefs in Erosion Control: Results of the New Jersey Pilot Reef Project. *Proceedings*. National Conference on Beach Preservation Technology.

Building Officials Code Administrators. 1993. *The BOCA National Building Code–1993*. Washington, D.C.: BOCA.

Burby, R. J., ed. 1998a. *Cooperating with Nature: Confronting Natural Hazards with Land-Use Planning for Sustainable Communities*. Washington, D.C.: Joseph Henry Press.

———. 1998b. Introduction. In *Cooperating with Nature: Confronting Natural Hazards with Land-Use Planning for Sustainable Communities*, ed. R. J. Burby, 1–26. Washington, D.C.: Joseph Henry Press.

Carter, R.W.G. 1989. *Coastal Environments*. New York: Academic Press.

Carter, R.W.G., T.G.F. Curtis, and M. J. Sheehy-Skeffington, eds. 1992. *Coastal Dunes: Geomorphology, Ecology, and Management for Conservation*. Rotterdam: A. A. Balkema.

Clayton, G. 1987. An Acquisition Program for Storm-Damaged Properties on Coastal Barriers: The State Role. In *Cities on the Beach: Management Issues of Developed Coastal Barriers*, ed. R. Platt, S. Pelczarski, and B. Burbank, 281–288. Chicago: University of Chicago Press.

Cordes, J. J., and A. M. Yezer. 1995. *Shore Protection and Beach Erosion Control Study: Economic Effects of Induced Development in Corps-Protected Beachfront Communities*. IWR Report 95-PS-1. U.S. ACOE, Institute for Water Resources, Alexandria, Va.

Culliton, T., M. A. Warren, T. Goodspeed, D. Remer, C. Blackwell, and J. McDonough. 1990. *The Second Report of a Coastal Trends Series: 50 Years of Population Change along the Nation's Coasts, 1960–2010*. Rockville, Md.: National Oceanic and Atmospheric Administration.

Curtis, T. D., and E. W. Shows. 1982. *Economic and Social Benefits of Artificial Beach Nourishment Civil Works at Delray Beach*. Prepared for Florida Department of Natural Resources, Division of Beaches and Shores, Tallahassee, Fla.

———. 1984. *A Comparative Study of Social Economic Benefits of Artificial Beach Nourishment—Civil Works in Northeast Florida*. Prepared for Florida Department of Natural Resources, Divison of Beaches and Shores, Tallahassee, Fla.

Cutter, S. L., ed. 2001. *American Hazardscapes: The Regionalization of Hazards and Disasters*. Washington, D.C.: Joseph Henry Press.

Dinwiddy, C., and F. Teal. 1996. *Principles of Cost-Benefit Analysis for Developing Countries*. New York: Cambridge University Press.

Doehring, F., I. W. Duedall, and J. M. Williams. 1994. Introduction. *Florida Hurricanes and Tropical Storms, 1871–1993: An Historical Survey*. Technical Paper 71. Division of Marine and Environmental Systems, Florida Institute of Technology, Melbourne, Fla.

Dolan, R., and R. Davis. 1992. An Intensity Scale for Atlantic Northeast Storms. *Journal of Coastal Research* 8 (4): 840–853.

———. 1994. Coastal Hazards: Perception, Susceptibility, and Mitigation. *Journal of Coastal Research*, Special Issue no. 12: 103–114.

Eckstein, O. 1958. *Water Resource Development: The Economics of Project Evaluation*. Cambridge: Harvard University Press.

Ekelund, R. B., and R. D. Tollison. 1991. *Economics*. New York: Harper Collins.

Falk, J. M., A. R. Graefe, and M. E. Suddleson. 1994. *Recreational Benefits of Delaware's Public Beaches: Attitudes and Perceptions of Beach Users and Residents of the Mid-Atlantic Region*. DEL-SG-05-94. Newark, Del.: University of Delaware, Sea Grant College Program.

Farrell, S. C., P. Venanzi, D. Inglin, S. Hafner, and S. Tatar. 1988. *Final Report for 1987 on New Jersey Beach Profiles Network: A Series of FEMA Monitoring Survey Stations*. Pomona, N.J.: Coastal Research Center, Richard Stockton College of New Jersey.

Farrell, S. C., and S. Leatherman. 1989. *Computer-based Coastal Erosion Rate Maps for the State of New Jersey and Its Inlets*. Trenton: Division of Coastal Resources, New Jersey Department of Environmental Protection.

Farrell, S. C., B. Sullivan, S. Hafner, and T. Lepp. 1994. *New Jersey Beach Profile Network Analysis of the Shoreline Changes in New Jersey, Coastal Reaches One through Fifteen, Raritan Bay to Delaware Bay*. Pomona, N.J.: Coastal Research Center, Richard Stockton College of New Jersey.

Farrell, S. C., B. Sullivan, S. Hafner, T. Lepp, and K. Cadmus. 1995. *New Jersey Beach Profile Network Analysis of the Shoreline Changes in New Jersey, Coastal Reaches One through Fifteen, Raritan Bay to Delaware Bay.* Pomona, N.J.: Coastal Research Center, Richard Stockton College of New Jersey.

Farrell, S. C., B. Speer, S. Hafner, and T. D. Lepp. 1997. *New Jersey Beach Profile Network Analysis of the Shoreline Changes in New Jersey, Coastal Reaches One through Fifteen, Raritan Bay to Delaware Bay*. Pomona, N.J.: Coastal Research Center, Richard Stockton College of New Jersey.

Farrell, S. C., S. Hafner, B. Speer, T. D. Lepp, S. E. Ebersold, and C. Constantino. 1999. *New Jersey Beach Profile Network Annual Report on Monitoring New Jersey Beaches Fall of 1997 through Spring of 1998*. Pomona, N.J.: Coastal Research Center, Richard Stockton College of New Jersey.

Federal Emergency Management Agency. 1986a. *Coastal Construction Manual.* FEMA-55. Washington, D.C.: FEMA.

———. 1986b. *Retrofitting Flood-prone Residential Structures.* Washington, D.C.: FEMA.

———. 1990. *Post-Disaster Hazard Mitigation Planning Guidance for State and Local Governments.* Washington, D.C.: FEMA.

———. 1991a. *Disaster Mitigation: Reducing Losses of Life and Property through Model Codes.* FEMA-209. Washington, D.C.: FEMA.

———. 1991b. *Answers to Questions about Substantially Damaged Buildings.* Washington, D.C.: FEMA.

———. 1993a. *FEMA's Disaster Management Program: A Performance Audit after Hurricane Andrew.* Washington, D.C.: FEMA.

———. 1993b. *Hazard Mitigation Grant Program*. Washington, D.C.: FEMA.

———. 1994a. *Flood Insurance Reform Act of 1994*. Washington, D.C.: FEMA.

———. 1994b. *Small Business Administration (SBA).* Washington, D.C.: FEMA.

———. 1995a. *National Mitigation Strategy: Partnerships for Building Safer Communities*. Washington, D.C.: FEMA.

———. 1995b. *An Integrated Approach to Natural Hazard Risk Mitigation*. FEMA-261. Washington, D.C.: FEMA.

———. 1995c. *Federal Emergency Management Agency: 44CFR Part 65 Review of Determinants for Required Purchase of Flood Insurance*. Washington, D.C.: FEMA.

———. 1995d. *Letter to National Flood Insurance Program Policy Issuance 8-95—Subject: 30-day Waiting Period.* Washington, D.C.: FEMA.

———. 1995e. *Disaster Assistance: A Guide to Recovery Programs*. FEMA-229(4). Washington, D.C.: FEMA.

———. 1995f. *Out of Harm's Way: The Missouri Buyout Program*. Mitigation Directorate. Washington, D.C.: FEMA.

———. 1996. *Hurricane Opal in Florida: A Building Performance Assessment*. Mitigation Directorate. Washington, D.C.: FEMA.

———. 1997. *Report on Costs and Benefits of Natural Hazard Mitigation*. Mitigation Directorate. Washington, D.C.: FEMA.

FEMA. *See* Federal Emergency Management Agency.

Fisher, J. J. 1967. Origin of Barrier Island Chain Shorelines: Middle Atlantic States. *Geological Society of America Special Paper* 115: 66–67.

Fisher, R., and S. Brown. 1989. *Getting Together: Building Relationships as We Negotiate*. New York: Penguin Books.

Fisher, R., W. Ury, and B. Patton. 1991. *Getting to Yes: Negotiating Agreement without Giving In*. New York: Penguin Books.

Freeman, A. M. 1979. *The Benefits of Environmental Improvement*. Baltimore: Johns Hopkins University Press.

———. 1993. *The Measurement of Environmental and Resource Values: Theory and Methods.* Washington, D.C.: Resources for the Future.

Gares, P., K. Nordstrom, and N. P. Psuty. 1982. *Coastal Dunes: Their Function, Delineation, and Management.* Trenton, N.J.: NJDEP.

Garofalo, J. 1992. *Coastal Storm, January 4, 1992.* Trenton, N.J.: NJDEP.

Gittinger, J. P. 1972. *Economic Analysis of Agricultural Projects.* Baltimore: Johns Hopkins University Press.

Godschalk, D. R., T. Beatley, P. Berke, D. J. Brower, and E. J. Kaiser. 1999. *Natural Hazard Mitigation: Recasting Disaster Policy and Planning.* Covelo, Calif.: Island Press.

Hamer, D., B. Cluster, and C. Miller. 1992. *Restoration of Sand Dunes along the Mid-Atlantic Coast.* Somerset, N.J.: U.S. Department of Agriculture, Soil Conservation Service.

H. John Heinz III Center for Science, Economics and the Environment. 2000a. *Evaluation of Erosion Hazards.* Prepared for the Federal Emergency Management Agency, Washington, D.C.

———. 2000b. *The Hidden Costs of Coastal Hazards: Implications for Risk Assessment and Mitigation.* Covelo, Calif.: Island Press.

Herfindahl, O. C., and A. V. Kneese. 1974. *Economic Theory of Natural Resources.* Columbus, Ohio: Charles E. Merrill Publishing Co.

Hillyer, T. M. 1996. *Shore Protection and Beach Erosion Control Study: Final Report: An Analysis of the U.S. Army Corps of Engineers Shore Protection Program.* IWR Report 96-PS-1. U.S. ACOE, Institute for Water Resources, Alexandria, Va.

Hotta, S., N. Kraus, and M. A. Horiwaka. 1987. Function of Sand Fences in Controlling Wind-Blown Sand. *Coastal Sediments '87* 1: 772–787.

Houghton, J. T., G. J. Jenkins, and J. J. Ephraums, eds. 1991. *Climate Change: The IPCC Scientific Assessment.* Cambridge: Cambridge University Press.

Houston, J. R. 1995a. Beach Nourishment. *Shore and Beach* 63 (January): 21–24.

———. 1995b. The Economic Value of Beaches. *The CERCular* CERC-95-4: 1–4.

Howe, C. W. 1971. *Cost-Benefit Analysis for Water System Planning.* Washington, D.C.: American Geophysical Union.

Hull, C.H.J., and J. G. Titus, eds. 1986. *Greenhouse Effect, Sea Level Rise, and Salinity in the Delaware Estuary.* Washington, D.C.: U.S. Environmental Protection Agency.

ICF, Incorporated. 1989. *Developing Policies to Improve the Effectiveness of Coastal Flood Plain Management: Executive Summary to New England/New York Coastal Zone Task Force,* Fairfax, Va.: ICF, Inc.

Insurance Research Council. 1995. *Coastal Exposure and Community Protection: Hurricane Andrew's Legacy.* Malvern, Pa.: IRC.

Insurance Services Office, Inc. 1999. Insured Catastrophic Loss Data. Property Claims Division, Jersey City, N.J.

IRC. *See* Insurance Research Council.

ISO. *See* Insurance Services Office, Inc.

Janin, L. F. 1987. Simulation of Sand Accumulation around Fences. *Coastal Sediments '87* 1: 202–212.

Jensen, R. E. 1983. *Atlantic Coast Hindcast, Shallow-Water Significant Wave Information.* Wave Information Studies Report 9. Vicksburg, Miss.: U.S. Army Engineer Waterways Experiment Station.

Johansson, P. O. 1987. *The Economic Theory and Measurement of Environmental Benefits.* New York: Cambridge University Press.

———. 1991. *An Introduction to Modern Welfare Economics.* New York: Cambridge University Press.

———. 1993. *Cost-Benefit Analysis of Environmental Changes.* New York: Cambridge University Press.

Johnston, J. 1984. *Econometric Methods.* New York: McGraw-Hill.

Jones, G. V., and R. Davis. 1995. Climatology of Nor'easters and the 30 kPa Jet. *Journal of Coastal Research* 11 (4): 1210–1220.

Judge, G. G., R. C. Hill, W. E. Griffiths, H. Lutkepohl, and T. C. Lee. 1988. *Introduction to the Theory and Practice of Econometrics*. New York: John Wiley & Sons.
Just, R. E., D. L. Hueth, and A. Schmitz. 1982. *Applied Welfare Economics and Public Policy*. Englewood Cliffs, N.J.: Prentice Hall.
Kohli, K. N. 1993. *Economic Analysis of Investment Projects: A Practical Application*. New York: Oxford University Press.
Koppel, R. 1994. *Report on Five Studies for the United States Army Corps of Engineers: Absecon Island and Seven Mile Island, New Jersey; Stone Harbor, Avalon, Atlantic City, Longport, Margate, Ventnor—Surveys of Beach Users, Businesses, and Homeowners*. Camden, N.J.: Forum for Policy Research and Public Service, Rutgers University.
Kriebel, D. L. 1995. *Users Manual for Dune Erosion Model: EDUNE*. Research Report no. CACR-95-05. Newark, Del.: Ocean Engineering Laboratory, University of Delaware.
Kriebel, D. L., and R. G. Dean. 1985. Numerical Simulation of Time-Dependent Beach and Dune Erosion. *Coastal Engineering* 9: 221–245.
Kucharski, S. 1995. Beach Policy: New Jersey's Great Shore Debate. M.S. thesis, Rutgers University, Camden, N.J.
Kunreuther, H. 1998. Introduction. In *Paying the Price: The Status and Role of Insurance against Natural Disasters in the United States*, ed. H. Kunreuther and R. J. Roth, Sr., 1–16. Washington, D.C.: Joseph Henry Press.
Kunreuther, H., and R. J. Roth, Sr., eds. 1998. *Paying the Price: The Status and Role of Insurance against Natural Disasters in the United States*. Washington, D.C.: Joseph Henry Press.
Lecomte, E., and K. Gahagan. 1998. Hurricane Insurance Protection in Florida. In *Paying the Price: The Status and Role of Insurance against Natural Disasters in the United States*, ed. H. Kunreuther and R. J. Roth, Sr., 97–124. Washington, D.C.: Joseph Henry Press.
Lelis, L. 1995. Low Tide Blunts Storm's Blow. *Asbury Park Press*, November 15: 1, 5.
———. 1996. Scarred Beaches Prompt Concern for Future. *Asbury Park Press*, January 10: 1, 3.
Leontieff, W. 1986. *Input-Output Economics*. 2d ed. New York: Oxford University Press.
Levy, M., and M. Sarnat. 1994. *Capital Investment and Financial Decisions*. Hertfordshire: Prentice Hall, International.
Lewis, P. D. 1993. *Governor's Disaster Planning and Response Review Committee*. Governor's Disaster Planning and Response Review Committee, Tallahassee, Fla.
Lindsay, B. E., and H. C. Tupper. 1989. Demand for Beach Protection and Use in Maine and New Hampshire: A Contingent Valuation Approach. *Coastal Zone '89*, 79–87.
Lloyd, J. B. 1994. *Eighteen Miles of History of Long Beach Island*. Harvey Cedars, N.J.: Down the Shore Publishing.
Long Beach Township. 1994. *Ordinance #94-16C*. Long Beach, N.J.
Longwoods International. 1992. *The Economic Impact, Performance, and Profile of the New Jersey Travel and Tourism Industry, 1990–91*. Prepared for N.J. Division of Travel and Tourism, Trenton, N.J.
———. 1994a. *The Economic Impact, Performance, and Profile of the New Jersey Travel and Tourism Industry, 1992–93*. Prepared for N.J. Division of Travel and Tourism, Trenton, N.J.
———. 1994b. *The New Jersey 1993 Travel Research Program*. Prepared for N.J. Division of Travel and Tourism, Trenton, N.J.
———. 1995. *The Economic Impact, Performance, and Profile of the New Jersey Travel and Tourism Industry, 1993–94*. Prepared for N.J. Division of Travel and Tourism, Trenton, N.J.
Ludlum, D. 1983. *New Jersey Weather Book*. New Brunswick, N.J.: Rutgers University Press.
———. 1991. Weatherwatch. *Weatherwise*, December: 48–49.
Lyles, D., L. E. Hickman, and H. A. Debaugh, Jr. 1988. *Sea Level Variations for the United States*. Washington, D.C.: U.S. Department of Commerce, Office of Oceanography and Marine Assessment.
Manheim, T., and T. J. Tyrrell. 1986a. *Social and Economic Impacts from Tourism in Block Island, Rhode Island*. R.I. Sea Grant Report. Narragansett, R.I.
———. 1986b. *Social and Economic Impacts from Tourism in Newport, Rhode Island*. R.I. Sea Grant Report. Narragansett, R.I.

Mantoloking, City of. 1995. *Ordinance #348: Beach and Dune Protection*. Mantoloking, N.J.
Markowitz, H. M. 1959. *Portfolio Selection*. New York: John Wiley.
———. 1989. *Mean Variance Analysis in Portfolio Choice and Capital Markets*. Cambridge: Basil Blackwell.
Meltz, R., D. H. Merriam, and R. M. Frank. 1998. *The Takings Issue: Constitutional Limits on Land Use Control and Environmental Regulation*. Covelo, Calif.: Island Press.
Methot, J. 1988. *Up and Down the Beach*. Navesink, N.J.: Whip Publishers.
Meyerson, A. L. 1972. Pollen and Paleosalinity Analysis from a Holocene Tidal Marsh Sequence, Cape May County, New Jersey. *Marine Geology* 12: 335–357.
Mileti, D. S. 1999. *Disasters by Design: A Reassessment of Natural Hazards in the United States*. Washington, D.C.: Joseph Henry Press.
Mishan, E. J. 1976. *Cost-Benefit Analysis*. New York: Praeger Publishers.
Mitsch, W. J., and J. G. Gosselink. 1994. *Wetlands*. New York: John Wiley and Sons.
Moore, K. 1996. Home Quality May Help Insured. *Asbury Park Press*, April 6 (A): 5.
Munich Reinsurance Group. 1995. *Topics: Annual Review of Natural Catastrophes, 1995*. Washington, D.C.: Division of American Reinsurance Group.
———. 1996. *Topics: Annual Review of Natural Catastrophes, 1996*. Washington, D.C.: Division of American Reinsurance Group.
———. 1997. *Topics: Annual Review of Natural Catastrophes, 1997*. Washington, D.C.: Division of American Reinsurance Group.
———. 1998. *Topics: Annual Review of Natural Catastrophes, 1998*. Washington, D.C.: Division of American Reinsurance Group.
Murray, J. D. 1993. *Mathematical Biology*. New York: Springer-Verlag.
Najjar, R. G., H. A. Walker, P. J. Anderson, E. J. Barron, R. Bord, J. Gibson, V. S. Kennedy, C. G. Knight, P. Megonigal, R. O'Connor, C. D. Polsky, N. P. Psuty, B. Richards, L. G. Sorenson, E. Steele, and R. S. Swanson. 2000. The Potential Impacts of Climate Change on the Mid-Atlantic Coastal Region. *Climate Research* 14: 219–233.
National Oceanic and Atmospheric Administration. 1987–1994 (various years). *Yearly Mean Sea Levels and Monthly Tidal Summary Reports for: Atlantic City, NJ; Battery, NY; Lewes, DE; Philadelphia, PA; and Sandy Hook, NJ*. Rockville, Md.: U.S. Department of Commerce, National Ocean Service.
———. 1992. *Natural Disaster Report: The Halloween Nor'easter of 1991, East Coast of the United States—Maine to Florida and Puerto Rico*. Beltsville, Md.: NOAA, National Weather Service.
———. 1993. *Comparison of Historical Highest Water Levels at NOS Tide Stations along North Eastern Coast of the U.S. and Highest Recorded as a Result of the Dec. 1992 Northeaster*. Washington, D.C.: NOAA.
———. National Ocean Service. 1996. *Tide Tables: High and Low Water Predications for the East Coast of North and South America including Greenland, 1985–1996*. Washington, D.C.: NOAA.
———. National Buoy Data Center. 1998. Delaware Bay Data Buoy Station 44009. Website: *www.ndbc.noaa.gov*.
National Research Council. 1987. *Responding to Changes in Sea Level*. Engineering and Technical Systems Commission. Washington, D.C.: National Academy Press.
———. 1990. *Managing Coastal Erosion*. Washington, D.C.: National Academy Press.
———. 1995. *Beach Nourishment and Protection*. Washington, D.C.: National Academy Press.
———. 1999a. *The Impacts of Natural Disasters: A Framework for Loss Estimation*. Washington, D.C.: National Academy Press.
———. 1999b. *Our Common Journey: A Transition Towards Sustainability*. Washington, D.C.: National Academy Press.
New Jersey Beach Erosion Commission. 1950. *Report on the Protection and Preservation of the New Jersey Beaches and Shorefront*. Trenton, N.J.: NJBEC.
New Jersey Board of Commerce and Navigation. 1922. *The Erosion and Protection of New Jersey Beaches*. Trenton, N.J.: Engineering Advisory Board, NJBCN.
———. 1930. *Report on the Erosion and Protection of the New Jersey Beaches*. Trenton, N.J.: NJBCN.

New Jersey Department of Environmental Protection. 1977. *Statewide Comprehensive Outdoor Recreation Plan (SCORP)*. Trenton, N.J.: Office of Green Acres, NJDEP.
———. 1980. *Proposed New Jersey Coastal Management Program*. Trenton, N.J.: Division of Coastal Resources, NJDEP.
———. 1981. *New Jersey Shore Protection Master Plan*. Prepared by Dames and Moore for Division of Coastal Resources, NJDEP, Trenton, N.J.
———. 1984a. *Assessment of Dune and Shore Protection Ordinances in New Jersey*. Trenton, N.J.: NJDEP.
———. 1984b. *Coastal Storm Hazard Mitigation: Atlantic County Barrier Islands and Ocean City, NJ*. Trenton, N.J.: NJ DEP.
———. 1985a. *Coastal Storm Hazard Mitigation: A Handbook on Coastal Planning and Legal Issues*. Trenton, N.J.: NJDEP.
———. 1985b. *Guidelines and Recommendations for Coastal Dune Restoration and Creation Projects*. Trenton, N.J.: NJDEP.
———. 1986. *Hazard Mitigation Plan: Section 406*. Trenton, N.J.: NJDEP.
———. 1995. *Digitized Historical Shoreline Profiles*. CD-ROM. Trenton, N.J.: NJDEP.
———. 1997. *GIS Tools for Decision Making: Mapping the Present to Protect New Jersey's Future*. Series 2, volume 1. Trenton, N.J.: NJDEP.
New Jersey Office of Emergency Management. 1993. *Coastal Storm 1992 (DR-936-NJ) Interagency Hazard Mitigation Team Report*. Trenton, N.J.: NJOEM.
———. 1994. *Hazard Mitigation Plan for New Jersey*. DR-973-NJ. Trenton, N.J.: New Jersey State Police.
New Jersey Senate and General Assembly. 1995. *Green Acres, Farmland and Historic Preservation, and Blue Acres Bond Act of 1995 (P.L. 1995, c.204)*. Trenton, N.J.: Legislative Services.
New Jersey State Legislator. 1993. *P.L. 1993 c. 190, CAFRA*. Trenton, N.J.: N.J. Office of Administrative Law.
NJBCN. *See* New Jersey Board of Commerce and Navigation.
NJBEC. *See* New Jersey Beach Erosion Commission.
NJDEP. *See* New Jersey Department of Environmental Protection.
NJOEM. *See* New Jersey Office of Emergency Management.
NJSGA. *See* New Jersey Senate and General Assembly.
NOAA. *See* National Oceanic and Atmospheric Administration.
Nordstrom, K. F. 1994. Beaches and Dunes of Human Altered Coasts. *Progress in Physical Geography* 18: 497–516.
Nordstrom, K. F., S. Fisher, M. Burr, E. Frankel, T. Buckalew, and G. Kucma. 1977. *Coastal Geomorphology of New Jersey*. Technical Report 77-1. 2 vols. New Brunswick, N.J.: Center for Coastal and Environmental Studies, Rutgers University.
Nordstrom, K. F., P. A. Gares, N. P. Psuty, O. Pilkey, Jr., W. Neal, and O. H. Pilkey, Sr. 1986. *Living with the New Jersey Shore*. Durham, N.C.: Duke University Press.
Nordstrom, K. F., N. P. Psuty, and B. Carter, eds. 1990. *Coastal Dunes: Form and Process*. Chichester: John Wiley & Sons.
NRC. *See* National Research Council.
Oakes, T. A. 1994. The Role of Regional Coastal Groups in Planning Coastal Defense. *Littoral* 1: 63–76.
Ocean City, City of. 1994. *Beachfront Construction and Maintenance Plan*. Ocean City, N.J.
Ofiara, D. D., and B. Brown. 1999. Assessment of Economic Losses to Recreational Activities from 1988 Marine Pollution Events and Assessment of Economic Losses from Long-term Contamination of Fish within the New York Bight to New Jersey. *Marine Pollution Bulletin* 38 (11): 990–1004.
Ofiara, D. D., and N. P. Psuty. 2001. Suitability of Decision-Theoretic Models to Public Policy Issues Concerning the Provision of Shore Stabilization and Hazard Management. *Coastal Management* 29: 271–294.
Ofiara, D. D., and J. J. Seneca. 2000. *Economic Losses from Marine Pollution: A Handbook for Assessment*. Covelo, Calif.: Island Press.

Olshansky, R. B., and J. D. Kartez. 1998. Managing Land Use to Build Resilience. In *Cooperating with Nature: Confronting Natural Hazards with Land-Use Planning for Sustainable Communities*, ed. R. J. Burby, 167–201. Washington, D.C.: Joseph Henry Press.

Opinion Research Corporation. 1989. *The Economic Impact of Visitors to the New Jersey Shore: The Summer of 1989*. Prepared for N.J. Division of Travel and Tourism, Trenton, N.J.

Ostle, B., and R. W. Mensing. 1975. *Statistics in Research*. Ames: Iowa State University Press.

Palm, R. 1998. Demand for Disaster Insurance: Residential Coverage. In *Paying the Price: The Status and Role of Insurance against Natural Disasters in the United States*, ed. H. Kunreuther and R. J. Roth, Sr., 51–66. Washington, D.C.: Joseph Henry Press.

Patton, A. 1993. *From Harm's Way: Flood-Hazard Mitigation in Tulsa, Oklahoma*. Tulsa: City of Tulsa Public Works Department.

Philadelphia Inquirer. 1987. Storm Belts Area with Snow, Rain: New Jersey Shore Girds for Tides and Flooding. January 2 (B): 7, 9.

Platt, R. H., H. C. Miller, T. Beatly, J. Melville, and B. G. Mathenia. 1992. *Coastal Erosion: Has Retreat Sounded?* Boulder: Institute of Behavioral Science, University of Colorado.

Podufaly, E. T. 1962. Operation Five-High. *Shore and Beach* 30 (2): 9–17.

Prichard, M. 1995. Felix Likely Another Near Miss. *Asbury Park Press*, August 17: 1, 3.

Property Claim Services, Insurance Services Office, Inc. 2000. PCS Catastrophe History Database. Kearney, N.J.

Psuty, N. P. 1986. Holocene Sea-Level in New Jersey. *Physical Geography* 7: 154–167.

———. 1992. Estuaries: Challenges for Coastal Management. In *Ocean Management in Global Change*, ed. P. Fabbri. New York: Elsevier Applied Science.

———, ed. 1988. Dune/Beach Interaction. *Journal of Coastal Research*, Special Issue no. 3. Lawrence, Kansas: Allen Press.

———, panel chair. 1991. *The Effects of an Accelerated Rise in Sea Level on the Coastal Zone of New Jersey, U.S.A.* Contribution 91-55. New Brunswick, N.J.: Institute of Marine and Coastal Sciences, Rutgers University.

Psuty, N. P., D. Collins, M. DeLuca, M. Grace, W. Keppe, G. Klein, H. Mattioni, G. Martinelli, J. McDonnell, D. D. Ofiara, M. Padula, S. Pata, M. Siegel, and E. Spence. 1996. *Coastal Hazard Management Report*. Final report to NJDEP. New Brunswick, N.J.: Institute of Marine and Coastal Sciences, Rutgers University.

Psuty, N. P., Q. Guo, and N. Suk. 1993. *Sediments and Sedimentation in the Proposed ICWW Channels, Great Egg Harbor Bay, NJ*. New Brunswick, N.J.: Institute of Marine and Coastal Sciences, Rutgers University.

Psuty, N. P., and T. A. Piccola. 1991. *Foredune Profile Changes, Fire Island, New York*. New Brunswick, N.J.: Institute of Marine and Coastal Sciences, Rutgers University.

Psuty, N. P., and C. Tsai. 1997. *Coastal Storms and Higher Frequency Storm Events: Dimensional Responses to 10-, 20-, and 30-Year Recurrence Interval Storms*. Report to New Jersey Office of Emergency Management, Trenton, N.J.

Pye, K. 1993. *The Dynamics and Environmental Context of Aeolian Sedimentary Systems*. London: Geological Society.

R L Associates. 1987. *Economic Impact of Tourism to the New Jersey Shore in 1987*. Prepared for N.J. Division of Travel and Tourism, Trenton, N.J.

———. 1988. *The Economic Impact of Visitors to the New Jersey Shore: The Summer of 1988*. Prepared for N.J. Division of Travel and Tourism, Trenton, N.J.

Ross, N. 1995. Houses That Stand Up to Hurricanes. *Washington Home*, October 12 (A): 8–9.

Roth, R. J., Sr. 1998. Earthquake Insurance Protection in California. In *Paying the Price: The Status and Role of Insurance against Natural Disasters in the United States*, ed. H. Kunreuther and R. J. Roth, Sr., 67–96. Washington, D.C.: Joseph Henry Press.

Savadove, L., and M. T. Buchholz. 1993. *Great Storms of the Jersey Shore*. Harvey Cedars, N.J.: Down the Shore Publishing.

Seymour, R. J. 1996. An Introduction to the Marine Board Study on Beach Nourishment and Protection. *Shore and Beach* 64: 3–4.

Shelby, K. 1992. Nor'easter Pounds Region Flooding Worst in 30 Years. *Asbury Park Press*, January 12: 1, 5.

Silberman, J., D. A. Gerlowski, and N. A. Williams. 1992. Estimating Existence Value for Users and Nonusers of New Jersey Beaches. *Land Economics* 68 (2): 225–236.
Silberman, J., and M. Klock. 1988. The Recreational Benefits of Beach Renourishment. *Ocean and Shore Management* 11: 73–90.
Smith, R. 1991. *Final Tabulations of Significant Tidal Events in Relation to Mean Lower Low Water and Mean Low Water at the Steel Pier and Ventnor Pier.* Washington, D.C.: National Ocean Service.
State Hazard Mitigation Team. 1993. A Comparison of Historic NGVD/MLLW Tidal Storm Surge Levels at Atlantic City. Unpublished report. New Jersey Department of Environmental Protection, Trenton, N.J.
Stronge, W. B. 1994. Beaches, Tourism, and Economic Development. *Shore and Beach* 62 (2): 6–8.
———. 1995. The Economics of Government Funding for Beach Nourishment Projects: The Florida Case. *Shore and Beach* 63: 4–6.
Sugden, R., and A. Williams. 1990. *The Principles of Practical Cost-Benefit Analysis.* Oxford: Oxford University Press.
Teal, J. M., and M. Teal. 1969. *Life and Death of the Saltmarsh.* Boston: Little, Brown.
Thomas, P. 1990. Fraud Is Called Small Factor in S&L Cost. *Wall Street Journal,* July 20.
Tierney, K. J., M. K. Lindell, and R. W. Perry. 2001. *Facing the Unexpected: Disaster Preparedness and Response in the United States.* Washington, D.C.: Joseph Henry Press.
Titus, J. G., ed. 1988. *Greenhouse Effect, Sea Level Rise, and Coastal Wetlands.* Washington, D.C.: U.S. Environmental Protection Agency.
Titus, J. G., S. P. Leatherman, C. H. Everts, D. L. Kreibel, and R. G. Dean. 1985. *Potential Impacts of Sea Level Rise on the Beach at Ocean City, Maryland.* Washington, D.C.: U.S. Environmental Protection Agency.
Titus, J. G., and V. K. Narayanan. 1995. *The Probability of Sea Level Rise.* Washington, D.C.: U.S. Environmental Protection Agency.
U.S. ACOE. *See* U.S. Army Corps of Engineers.
U.S. Army Corps of Engineers. 1964. A Pictorial History of Selected Structures along the New Jersey Coast. Miscellaneous paper no. 54. Coastal Engineering Research Center, U.S. ACOE, Fort Belvoir, Va.
———. 1971. *National Shoreline Study: Regional Inventory Report for North Atlantic Region.* Vols. 1–2. New York: North Atlantic Division.
———. 1972. *Tide Flood Plain Information, Sandy Hook Bay, and Raritan Bay Shore Areas, Monmouth County, New Jersey.* New York: U.S. Army Corps of Engineers.
———. 1985. *Post-Storm Report, Coastal Storm 1984, Delaware and New Jersey.* Philadelphia: U.S. Army Corps of Engineers.
———. 1986. *Engineering and Design: Storm Surge Analysis.* EM-1110-2-1412. Washington, D.C.: U.S. Army Corps of Engineers.
———. 1989a. *Atlantic Coast of New Jersey, Sandy Hook to Barnegat Inlet Beach Erosion Control Project Section I—Sea Bright to Ocean Township, New Jersey. General Design Memorandum, Main Report with Environmental Impact Statement.* Vol. 1. New York District, New York.
———. 1989b. *Atlantic Coast of New Jersey, Sandy Hook to Barnegat Inlet Beach Erosion Control Project Section I—Sea Bright to Ocean Township, New Jersey. General Design Memorandum, Technical Appendices.* Vol. 2. New York District, New York.
———. 1990. *New Jersey Shore Protection Study: Report of Limited Reconnaissance Study.* Philadelphia District, Philadelphia.
———. 1991a. *Delaware Bay Coastline, New Jersey, and Delaware: Reconnaissance Report.* Philadelphia District, Philadelphia.
———. 1991b. *Delaware Bay Coastline, New Jersey, and Delaware: Reconnaissance Report—Technical Appendices.* Philadelphia District, Philadelphia.
———. 1991c. *National Economic Development Procedures Manual—Coastal Storm Damage and Erosion.* IWR Report 91-R-6. Fort Belvoir, Va.: Institute for Water Resources.
———. 1992. *New Jersey Shore Protection Study: Barnegat Inlet to Little Egg Inlet—Reconnaissance Report,* Philadelphia District, Philadelphia.

———. 1993a. *Coastal Storm 1992, Delaware and New Jersey*. Philadelphia: U.S. Army Corps of Engineers.
———. 1993b. *Post-Storm Report, Coastal Storm of December 1992, Delaware and New Jersey*. Region II, Philadelphia.
———. 1993c. *Raritan Bay and Sandy Hook Bay, New Jersey Combined Flood Control and Shore Protection Reconnaissance Study*. New York District, New York.
———. 1994a. *Atlantic Coast of New Jersey, Sandy Hook to Barnegat Inlet Beach Erosion Control Project Section II—Asbury Park to Manasquan, New Jersey: General Design Memorandum, Main Report and Environmental Impact Statement*. Vol. 1. New York District, New York.
———. 1994b. *Atlantic Coast of New Jersey, Sandy Hook to Barnegat Inlet Beach Erosion Control Project Section II—Asbury Park to Manasquan, New Jersey: General Design Memorandum, Technical Appendices*. Vol. 2. New York District, New York.
———. 1994c. *Comparative Storm Data since 1991: Delaware and New Jersey*. Philadelphia: U.S. Army Corps of Engineers.
———. 1994d. *New Jersey Protection Study: Lower Cape May Meadows—Cape May Point, Reconnaissance Study*. Philadelphia District, Philadelphia.
———. 1994e. *Shoreline Protection and Beach Erosion Control Study—Phase I: Cost Comparison of Shoreline Protection Projects of the U.S. Army Corps of Engineers*. IWR Report 94-PS-1. Alexandria, Va.: Water Resources Support Center, Institute of Water Resources.
———. 1995. *New Jersey Shore Protection Study: Barnegat Inlet to Little Egg Inlet—Reconnaissance Study*, Philadelphia District, Philadelphia.
———. 1996. *New Jersey Shore Protection Study Update*. Philadelphia District, Philadelphia.
U.S. Department of Housing and Urban Development. 1996. *Guide to HUD's Community Planning and Development Programs*. Washington, D.C.: HUD.
U.S. General Accounting Office. 1995. Disaster Assistance: Information on Expenditures and Proposals to Improve Effectiveness and Reduce Future Costs. GAO/T-RCED-95-140. Washington, D.C.: GAO.
U.S. Geological Survey. 1981. *Guidelines for Determining Flood Flow Frequency*. Bulletin no. 17b. Washington, D.C.: U.S. Geological Survey.
U.S. HUD. *See* U.S. Department of Housing and Urban Development.
U.S. Natural Resource Conservation Service. 1992. *Restoration of Sand Dunes along the Mid-Atlantic Coast*. Somerset, N.J.: U.S. Department of Agriculture.
———. 1995. *Plant Sources from Cape May Plant Materials Center*. Cape May, N.J.: U.S. Department of Agriculture.
———. 1996. *Initial Evaluation of Sea Oats (Uniola paniculata)*. Somerset, N.J.: U.S. Department of Agriculture.
University of North Carolina. 1991. *Evaluation of the National Coastal Zone Management Program*. Chapel Hill: Center for Urban and Regional Studies, University of North Carolina.
Uptegrove, J., L. Mullikin, J. Waldner, G. Ashely, R. Sheridan, D. Hall, F. Gilroy, and S. Farrell. 1995. *Characterization of Offshore Sediments in Federal Waters as Potential Sources of Beach Replenishment Sand—Phase I*. New Jersey Geological Survey Open-File Report, OFR 95-1. Trenton, N.J.: New Jersey Department of Environmental Protection.
Warrick, R. A., E. M. Barrow, and T. M. L. Wigely, eds. 1993. *Climate and Sea Level Change: Observations, Projections, and Implications*. Cambridge: Cambridge University Press.
Weimer, D. L., and A. R. Vining. 1991. *Policy Analysis: Concepts and Practice*. Englewood Cliffs, N.J.: Prentice Hall.
White, L. J. 1991. *The S&L Debacle: Public Policy Lessons for Bank and Thrift Regulation*. New York: Oxford University Press.
Williams, J. M., and I. W. Duedall. 1997. *Florida Hurricanes and Tropical Storms*. Gainesville, Fla.: University of Florida Press and Florida Sea Grant College Program.
Woodhouse, W. W., Jr. 1978. *Dune Building and Stabilization with Vegetation*. Special Report no. 3. Fort Belvoir, Va.: U.S. Army Corps of Engineers, Coastal Engineering Research Center.

찾아보기

(ㅇ)

(ㅈ)

(ㅊ)

(ㅋ)

(ㅌ)

지은이

노버트 P. 슈티(Psuty)
럿거스 대학교 지리학과 해양해안연구소 명예교수
웨인주립 대학교(학사), 마이애미 대학교(석사), 그리고 루이지애나 대학교(박사) 졸업
국제지리연합 해안시스템분과위원회 위원장 역임
주요 연구 분야: 해안지형학, 해안침식과 연안역관리 분야, 해안 고생태학

더글러스 D. 오피아라(Ofiara)
아메리칸 인터내셔널 칼리지(학사), 로드 아일랜드 주립대학교(석사), 뉴욕시립대학교(박사) 졸업
서든메인 대학교 공공행정대학원(머스커 스쿨) 공공정책·관리 전공의 조교수 역임
럿거스 대학교 해양해안연구소의 방문교수 역임
주요 연구 분야: 자연자원·환경경제학, 환경위험평가, 사회복지정책 등
주요 저서: *Economic Losses from Manne Pollution: A handbook for Assessment*(공저)

옮긴이

유근배
서울대학교 지리학과 졸업
서울대학교 대학원 지리학과 졸업
미국 University of Georgia 대학원 지리학과 졸업(Ph. D)
국제지리연합 해안시스템분과위원회 위원 역임
현 서울대학교 지리학과 교수
지형학과 환경보전론을 가르치며 해안지형과 해안관리에 연구관심을 가지고 있다.

한울아카데미 982

해안위험관리

지은이 | 노버트 P. 슈티·더글러스 D. 오피아라
옮긴이 | 유근배
펴낸이 | 김종수
펴낸곳 | 도서출판 한울

편집책임 | 안광은

초판 1쇄 인쇄 | 2008년 2월 5일
초판 1쇄 발행 | 2008년 2월 18일

주소 | 413-832 파주시 교하읍 문발리 507-2(본사)
121-801 서울시 마포구 공덕동 105-90 서울빌딩 3층(서울 사무소)
전화 | 영업 02-326-0095, 편집 02-336-6183
팩스 | 02-333-7543
홈페이지 | www.hanulbooks.co.kr
등록 | 1980년 3월 13일, 제406-2003-051호

Printed in Korea.
ISBN 978-89-460-3825-7 93980

* 책값은 뒤표지에 있습니다.

* 이 도서의 국립중앙도서관 출판시도서목록(CIP)은 e-CIP홈페이지
(http://www.nl.go.kr/ecip)에서 이용하실 수 있습니다.(CIP제어번호 : CIP2008000291)